园林植物种植设计

雷 琼 赵彦杰 等编著

化学工业出版社
·北京·

全书共分为9章，包括绪论、园林植物种植设计程序、园林植物种植设计的植物材料选择、园林植物种植设计的基本法则、园林植物种植设计的一般技法、小环境植物种植设计（含建筑、屋顶花园、城市道路、水体、山石、花境、花坛等小环境）、园林植物种植、园林养护、园林植物造型设计。部分章后面附有国内外经典实例赏析或分析，有利于读者更好地理解相关内容。

本书注重理论与实践相结合，插图与文字并茂，说明性强，可供从事园林植物种植设计景观、植物保护等领域的技术人员和管理人员参考，也可供高等学校园林景观、植物保护、花卉栽培及相关专业师生参阅。

图书在版编目（CIP）数据

园林植物种植设计/雷琼等编著．—北京：化学工业出版社，2017.8（2022.9重印）
ISBN 978-7-122-30043-0

Ⅰ.①园…　Ⅱ.①雷…　Ⅲ.①园林植物-景观设计
Ⅳ.①TU986.2

中国版本图书馆CIP数据核字（2017）第149360号

责任编辑：刘兴春　卢萌萌　　　装帧设计：史利平
责任校对：王素芹

出版发行：化学工业出版社（北京市东城区青年湖南街13号　邮政编码100011）
印　　装：天津盛通数码科技有限公司
787mm×1092mm　1/16　印张20¼　字数513千字　2022年9月北京第1版第5次印刷

购书咨询：010-64518888　　　售后服务：010-64518899
网　　址：http://www.cip.com.cn
凡购买本书，如有缺损质量问题，本社销售中心负责调换。

定　　价：78.00元

前言

Foreword

随着城市化进程的加快，人们渐渐向城市聚集，于是城市中高楼大厦开始拔地而起，道路设施开始大兴土木。人们在城市里学习、工作和生活，效率提高了，节奏变快了，效益增加了，但他们却开始向往悠闲的田园生活，怀念大自然里的山山水水，并开始在城市里的庭院角落和广场河边等场地复制自然界的景观，由此，景观设计就产生了。植物作为景观中有生命的造园材料，在城市景观和生态环境系统中起着不可替代的作用。英国造园家克劳斯顿(B. Clauston)提出：“园林设计归根结底是植物材料的设计，其目的就是改善人类的生态环境，其他的内容只能在一个有植物的环境中发挥作用。完美的园林植物种植设计，需要设计者熟悉和掌握各类植物美学和生态学特性的相关知识，具备设计方案表现能力、施工图绘制能力、文本撰写能力，同时还有一定的创新意识和美学素养。”

《园林植物种植设计》从园林植物种植设计理论、设计步骤、设计技法到实例分析，系统地介绍了国内外园林种植设计的现状及发展趋势、园林种植设计植物材料选择的美学和生态学依据、园林种植设计的一般技法，以及后期的施工养护技术和方法等内容。

本书共分为9章，包括绪论、园林植物种植设计程序、园林植物种植设计的植物材料选择、园林植物种植设计的基本法则、园林植物种植设计的一般技法、小环境植物种植设计、园林植物种植、园林养护、园林植物造型设计。部分章后附有实例赏析或分析，有利于读者更好地理解相关内容。

本书主要由雷琼、赵彦杰编著；另外，李辉、韩敬、孙会兵参与了部分章节的编著和审定，陈月、孙兆斌、戴文萍等仿绘了部分图例，在此向他们表示诚挚感谢！全书最后由雷琼、赵彦杰统稿、定稿。

本书在编著过程中参阅了国内外一些文献资料、网站资源等，也引用了部分图片，限于篇幅，不再一一罗列；同时，在编著过程中也曾得到多方建议，在此一并表示衷心的感谢。

由于编著者水平所限，书中难免存在不足和疏漏之处，敬请读者批评指正。

编著者

2017 年 5 月

目录
Contents

绪论

1.1 园林植物种植设计在园林景观规划设计中的地位和作用

植物是现代园林设计中的重要设计因素，也是提升园林生态环境价值的重要组成部分。于是，在人们对环境生态意识逐渐重视的今天，合理而科学地进行园林景观设计中的植物布景便显得非常重要而且必要。在实践园林设计中，设计人员也常常对不同植物进行合理搭配布置，并已达到科学和艺术的结合，提高园林景观整体的人文性与生态性，进而为人们的生活营造一个良好的生存环境。

1.1.1 园林植物种植设计的概念

植物在园林设计中的应用由来已久，在古今中外的园林设计中都有先例，并积累了丰富的经验。植物作为现代园林中的重要组成部分，更是作为园林生命力的象征，是园林发挥生态环境效益的主要凭借所在。园林种植设计是20世纪70年代逐渐再次提出的方向，主要是指以大量地植物材料作为主体，对园林景观进行系统地建设，并通过生态艺术、人文艺术等手法，充分发挥出植物本身的彩色、线体等方面的自然美，以创造一个适宜、协调共存的生态艺术环境。

20世纪中后期以来，随着人类社会经济的迅速发展，人们的生态理念、环境意识逐渐浓厚，并对生活环境水平提出了更高的追求。此外，随着园林景观、景观生态学等学科的进一步发展及生态园林的深入开展，人们对于园林景观设计已经不仅仅局限于视觉的美观效果，更在乎其良好生态效益与人文价值的完美结合。于是，植物景观设计被赋予新的概念含义及更广泛的理解是具有时代意义与深远的现实意义的，也远远超越了传统园林建设对于植物运用的认识。2002年，在建设部颁布的行业标准《园林基本术语标准》（CJJ/T 91—2002）中将其定义为：按照植物生态习性和园林规划设计要求，合理配置各种植物，以发挥它们的园林功能和观赏特性的设计活动。可见，植物种植设计应遵循植物自身的生长规律，从生物科学、生态科学的角度完善植物种植设计的结构与形式。随着种植设计的发展，目前，业内人士更加认可的概念是：园林种植设计是根据园林总体设计的布局要求，运用不同种类及不同品种的园林植物，按科学性及艺术性的原则，布置安排各种种植类型的过程、方法。园林种植设计也简称为种植设计，简单地说，就是营造、创建植物种植类型的过程、方法。完美的园林种植设计，既要考虑植物自身的生长发育特性、植物与生境及其他植物间的生态关系，又要满足景观功能需要，符合艺术审美及视觉原则，其最终目的是营造优美舒适的园林植物景观及植物空间环境，供人们欣赏、游憩。

1.1.2 园林植物种植设计的地位和作用

景观设计的四大要素就是土地、植物、水体和建筑。植物是环境的构成，又是主题的烘托甚至是表现者，所以景观植物在景观设计中起着至关重要的作用。曾经人们把植物景观简单地理解为苗圃或简单地插上树，或周边再用绿篱围成一圈，植物在景观设计过程中也显得随意、可有可无。通常在园林设计中，植物起着决定性的作用，人们应用乔木、灌木、藤本以及一些草本植物等素材，通过艺术手法，结合考虑各种生态因子的作用，充分发挥植物本身的形体、线条、色彩等方面的美感，来创造出周围环境相适应、相协调，并表达了一定意境或具有一定功能的艺术空间。其科学性及艺术性的水平都比较突出，对在景观设计中植物的选取，以及如何根据设计意图进行配植都涉及植物的生物学特征和它的生态习性等科学性的问题；此外，也涉及了美学中的有关意境、季相、色彩对比等艺术性问题。一组优秀的植物景观，在效果上既要为人们产生视觉上的愉悦，本身又要能健康生长，相对稳定。在景观要素中，宏伟的或造型新颖的建筑或构筑物、华丽的铺装或是新颖独特的小品等，往往会给人们留下较深的印象，人们在欣赏它们的同时却忽略了植物的景观，这也许是由于精品的植物造景的作品太少和人们轻视植物景观两方面造成的。但不管是什么原因，不管是现在还是未来，植物景观由于它的特殊性，是其他造景手法无法比拟的，其在景观设计中的地位和作用也会随着社会的发展而日益突出和重要。

1.1.2.1 植物在园林景观设计中的作用

（1）植物在景观设计中的美化作用是其他景观要素无可替代的

植物有其特殊的特性，其“特”就“特”在植物是有生命的物质，在自然界中已经形成了固有的生态习性。在景观表现上有很强的自然规律性和“静中有动”的时空变化特点。“静”是指植物的固定生长位置和相对稳定的静态形象构成的相对稳定的物境景观。“动”则包括两个方面。一是当植物受到风、雨等外力时，它的枝叶、花香也随之摇摆和飘散。这种自然动态与自然气候给人以统一的同步感受。如唐代诗人贺知章在《咏柳》一诗中所写：“碧玉妆成一树高，万条垂下绿丝绦。不知细叶谁裁出，二月春风似剪刀”，形象地描绘出春风拂柳如剪刀裁出条条绿丝的自然景象。又如高骈的诗句：“水晶帘动微风起，满架蔷薇一院香”，是自然界的微风与植物散发的芳香融于同一空间的自然美的感受。二是植物体在固定位置上随着时间的延续而生长、变化，由发芽到落叶，从开花到结果，由小到大的生命活动。如苏轼在《赠刘景文》一诗所描述的“荷尽已无擎雨盖，菊残犹有傲霜枝。一年好景君须记，最是橙黄橘绿时”。园林植物的自然生长规律形成了“春花、夏叶、秋实、冬枝”的四季景象。这种随自然规律而“动”的景色变换使园林植物造景具有自然美的特色。

（2）植物景观对园林道路的作用

园林道路除必要的路面用硬质材料铺装外，路旁均以树木、草皮或其他地被植物覆盖。幽静小路也以碎石或鹅卵石铺于草地中，才能达到“草路幽香不动尘”的环境效果。曲折的道路若无必要的视线遮挡，不能有空间实分，否则就只有曲折之趣而无通幽之感。虽然可用山冈、建筑物进行分隔，但都不如园林植物灵活机动，而且可以用乔木构成疏透的空间分隔，也可用乔、灌组合进行封闭性分隔。这也说明园林植物还是障景、框景、漏景的构景材料。

（3）植物对园林建筑景观的作用

园林植物造景对园林建筑的景观有着明显的衬托作用。首先是色彩的衬托，用植物的绿色中性色调衬托以红、白、黄为主的建筑色调，可突出建筑色彩；其次是以植物的自然形态和质感衬托用人工硬质材料构成的规则建筑形体。另外，由于建筑的光影反差比绿色植物的光影反差强烈，所以在明暗对比中还有以暗衬明的作用。除了上述所说之外，植物景观在一定程度上还能改善园林中的空气等环境质量问题。现代保留的园林（如苏州园林）一般面积较大，而游客在其中的游玩停留的时间又较长，由太阳辐射、高温以及空气污浊等引起的环境问题都可被植物所调节，为园林营造一个良好、舒适的环境。

（4）植物在园林景观中的意境的创造

为创建有鲜明文化特色、稳定的文化环境的植物景观，除了掌握植物种群的竞争共生、相克等关系外，还应了解植物所引起人的精神属性——园林意境美。例如，松的永恒、坚贞；竹的清高、雅洁、虚心；梅表示气节品质；桂花作为高雅、胜利和喜庆的象征；百合花表示纯洁，万事如意；橄榄枝象征和平等。利用园林植物进行意境创作，是中国传统园林典型造景风格和宝贵的文化遗产。巧妙地运用我国文化底蕴中为各种植物材料赋予的人格化内容，从欣赏植物的形态美到欣赏植物的意境，达到天人合一的理想境界。

1.1.2.2 植物在城市景观设计中的作用

（1）植物将城市的街道装扮成一条绿色长廊

城市的道路是城市的走廊，很容易给人留下鲜明的城市第一印象，所以城市景观设计中很重视对城市道路的绿化。道路绿化既能够美化道路，又能够作为城市园林绿地系统的一部分，形成城市中的带状绿化环境，起到了联系其他绿色要素的作用。城市中的道路绿化属于城市内部绿色走廊，用绿色植物构成连续的构图和丰富的季相变化，不仅使街景丰富多彩，也将改变整个城市景观面貌，形成花园城市。

（2）植物可以改善一个城市的生态系统

植物在城市景观中的又一个重要作用就是营造城市各种生态防护体系，保护城市环境和生态系统。城市绿地系统作为城市结构中的自然生产力主体，以植物的光合作用和土地资源的营养成分为条件，以转化太阳能为动力来实现城市生态系统的循环；为城市提供氧气、调节温度湿度、滞尘吸尘、杀菌减噪、保持水源、净化水体。城市各种防护林体系能很好地保护城市绿地系统，也能使城市绿地和周边环境结合，形成城郊绿地系统，这也能更大程度地将城郊的新鲜空气引入到城市当中，从而改善城市内部空气环境质量。

综上所述，园林植物是园林重要的构成元素之一，园林种植设计是园林总体设计的一项单项设计，一个重要的不可或缺的组成部分。园林植物与山水地形、建筑、道路广场等其他园林构成元素之间互相配合、相辅相成，共同完善和深化了园林总体设计。

1.2 国内外园林植物种植设计概况及发展趋势

1.2.1 国内园林植物种植设计发展概况

1.2.1.1 中国早期的园林植物种植设计概况

中国的园林种植设计可以追溯到三千多年前的殷商时代。最初的形式是“圃”或“苑囿”，即圈出一块空地，让草木鸟兽在其中自然生长繁育，并挖池筑台，供帝王和大臣们狩猎和游乐。此时的“圃”和“苑”“囿”呈现不同的价值功能：前者主要是满足人的物质生活需要，而“囿”“苑”则是满足人的精神需要。园林艺术虽然和精神文明密切相关，但物质文明是它的基础，园林的建造和管理必须依赖于蓄养、种植乃至建筑等物质生产技术。商周时代的园林种植带有原始古朴的特点，基本上是天然状态的地形、地貌和自然风物，人工因素极少，具有浓厚的自然野趣。

春秋战国时代，中国园林开始有了成组的风景，既有土山又有池沼和台。自然山水的主题开始萌芽，并且在园林中构亭营桥、栽花种树，中国园林的构成要素都已具备，不再是简单的“囿”了。《诗经·陈风·东门之枌》记载：“东门之枌，宛丘之栩，子仲之子，婆娑其下。”文中描述了陈国的郊野有一大片高平的土地，那里种着密密的白榆、柞树，在某一美妙的好时光，小伙姑娘便去那里幽会谈情，姑娘舞姿翩翩，小伙情歌婉转，非常浪漫美妙的景象，说明早在2500～3000年前，帝王园苑及村旁就有选择性植树，这虽谈不上是什么植物景观的艺术性，但已初具雏形。

战国时期，吴王夫差营造“梧桐园”“会景园”。《苏州志》记载：“穿沿凿池，构亭营桥”“所植花木，类多茶与海棠。”这说明当时造园活动用人工池沼，构置园林建筑和配置花木等手法已经提升到了观赏的水平。

秦统一中国后，为便于控制各地局势，大修道路，道旁每隔8m“树以青松”，被称为中国最早的行道树栽植。

西汉时期，汉武帝修建上林苑，《三辅黄图》载：“帝初修上林苑，群臣远方各献名果异卉三千余种，植其中。”“聚土为山，十里九坡，种奇树”表明汉代不仅在园中挖池掇山，而且配制花木，植树工程日臻完善；《西京杂记》列举了上林苑大量植物名称，但对种植方式却记载甚少。“长杨宫，群植垂杨数亩”“池中有一洲，上椹树一株，六十余围，望之重重如车盖。”这是建筑旁林植及池中小岛上孤植树的宏伟景观。

魏晋南北朝时期，私家园林盛极一时。由于园主身份不同、素养不同，园林的内容、格调也有所不同，进而对植物景观产生影响。官僚、贵戚的宅园华丽考究，植物多选珍贵稀有或色艳芳香的种类，如官僚张伦的宅园“其中烟花露草，或倾或倒；霜干风枝，半耸半垂。玉叶金茎，散满阶墀。燃目之绮，裂鼻之馨。”而文人名士崇尚出世隐逸，向往自然之美，私园的风格更趋朴质天成，植物多用乔木茂竹，不求珍稀，也不刻意求多，陶渊明在《归园田居》《饮酒》等田园诗作中，体现出文人名士居处田园，尽情享受大自然的美好赐予的园林景观。“采菊东篱下，悠然见南山”“山气日夕佳，飞鸟相与还。此中有真意，欲辨已忘言”，这一时期的植物配置已经开始有意识地与山水地形结合联系，注意植物的成景作用。谢灵运营造山居时注意到树木的不同姿态与山水相映表现出的美感。

隋唐时期是我国古代园林发展的全盛期。皇家园林植物种植转向以观赏为主要目的。植物栽植作精心布局，使山水、建筑、花木交相辉映，景色如画。

唐代园林在此时开始由自然山水园逐步走向写意山水园，文人墨客的情趣深深地影响着园林的发展。这一时期，皇家御苑在种植设计方面更趋合理，除了利用天然植被外同时还进行了大量的人工种植，如华清宫的苑林区即天宝所植松柏，遍满岩谷，望之郁然。私家园林则以文人私园为代表，由于此时文人开始参与造园，使之在植物的选择和种植设计方法上开始追求诗情画意。白居易有插柳作高林，种桃成老树的审美要求；王维在辋川建别业，园内利用多种花木群植成景，划分景点，园中有斤竹岭、木兰柴、宫槐陌、柳浪、竹里馆等多处以植物为主题的景点，并将文杏馆、木兰柴、柳浪、竹里馆、椒园、辛夷坞按照游赏的顺序，构成一个完整的景观序列。

到唐代后期，较为清新的“山居”别业开始逐渐进入城乡之间，典型的如晚唐诗人陆龟蒙宅的苏州宅园：“旷若郊野”“百树鸡桑半顷麻”“篱疏从绿槿，檐乱任黄茅”显示了其粗犷的田园风光，但“一方潇洒地，之子独深居。绕屋亲栽竹，堆床手写书”，又极具文人情趣。“趁泉浇竹急，候雨种莲忙……与杉除败叶，为石整危根。薜蔓任遮壁，莲茎卧枕盆”可见宅园内生活闲适，晴耕雨读，与友人对饮相醉，自在畅快。园内植物材料丰富，景观多样，杉树成林、修竹摇曳、荷叶田田、薜荔满壁，另有绿槿做围篱栽植。

综合而言，唐代园林植物种植设计大致有两种类型：第一类是清新粗犷的“篱疏檐乱”质朴田园风格；第二类则是以色调鲜艳的植物，如牡丹、桃花、菊花、荷花等花繁叶大的植物形成主题的种植设计模式，体现了唐朝“繁花盛世”的审美情趣。种植设计中注重以列植、林植形成大体量的植物景观，对园路两侧的植物景观尤为重视，形成了杞菊蹊、竹径、桃花径等比较流行的植物种植设计模式。

五代时期，江南最著名的私家园林是苏州钱元璙修建的南园，为当时占地最大的江南园林。《吴郡图经续记》记载：“酾流以为沼，积土以为山；求致异木，名品甚多。比及积岁，皆为合抱”，可见对植物景观的重视，采用的皆是名品和干径较大的大树。

北宋时期，由宋徽宗参与设计的著名皇家园林东京艮岳大约130个景点，其中以植物为景观主体的景点多达45处，如梅岭、斑竹麓、海棠川、梅渚、芦渚、椒崖、药寮、万松岭、龙柏坡等，这些区域是纯粹植物造景的区域，群植成景，片植成林，气势恢宏。北宋东京城外西侧有两座御苑南北相对，北为金明池，南为琼林苑，《东京梦华录》记载东京琼林苑便是一座以植物为主体的园林。植物配植从种类选择到配植手法都形成了自身的风格，注重花木形体的对比、姿态的协调、季相的变化，利用乔木、灌木、花草巧妙搭配，结合诗情画意，创造丰富多彩的植物景观。

到了南宋，临安马塍的花卉种植十分兴盛，并开始对植物进行修剪和整形，《梦粱录》记载：又有钱塘门外溜水桥东西马塍诸圃皆植怪松异桧，四时奇花，精巧窠儿，多为龙蟠凤舞飞禽走兽之状……好事者多买之，以备观赏也。可见当时的人们已经开始对整形的树木有一定的审美需求。

明清时期是园林种植设计极为成熟的时期，这一时期种植设计的科学性得到了发展。清代陈淏子的《花镜》就有关于花木生态习性的记载：故草木之宜寒宜暖，宜高、宜下者……赖种植时位置之有方耳。可见此时种植设计从植物本身的生态习性出发，同时还更加重视考虑色彩的搭配问题，以其中色相配合之巧，又不可不论也。

明代引种技术达到高潮，从国外大量引种，大大地丰富了园林中可用的植物品种。关于植物种植的研究也达到了一定的高度，并出现了大批的植物研究的专著，如高濂《兰谱》、周履靖《菊谱》、陈继儒《种菊法》、黄省曾《艺菊》、薛凤翔《牡丹八木》、曹培辑《琼花集》等，同时出版了一批综合性著作如周文华《汝南圃史》、玉世懋《穴圃杂疏》、王象晋《二如亭群芳谱》以及各种茶花谱、荔枝谱等。

明清时期的种植设计既有对前朝的继承，又有在此基础上的发展，皇家园林重视宫苑内景观设计，完全城市平地造园，天然植被不甚丰富，但有元代留下的人工植被作为基础，再经过广泛绿化，精心经营，形成了宛若山林的自然环境，如西苑。紫禁城内的御苑则由于建筑密度较高，山池花木仅作点缀，树木大量应用松、柏、榆、槐等，以体现皇室的威严和万古长青，花木少而精，多选牡丹、芍药、海棠等名贵种类。私家园林与两宋一脉相承，造园更为频繁，遍及全国，植物景观各具地方风格。种植设计注重通过植物配置体现空间和层次，花木与山体讲究山比树高，高大的乔木，娇小的灌木，形成不同的视线遮挡，与古怪嶙峋的山体在一起，用以衬托山势；水面配置植物，以保持必要的湖光天色、倒影鲛宫的景象观赏为原则，在不妨碍美丽倒影的水面上可配置一些以花取胜的水生植物（常用荷花、睡莲），但应团散不一，配色协调。植物配置形式多呈孤植、群植。小院里花木起到点缀，大院里孤树偏于一角，借其挺拔、苍劲、古拙、袅娜多姿、盘根错节。在某种情况下，茂密的树木甚至在限定空间中担任主要角色，例如当建筑物比较稀疏、分散，以致不能有效地形成界面时，依靠密植的树木则能补偿建筑的不足，而在限定空间中起主导作用。如苏州拙政园中部景区就属于这种情况。

1.2.1.2 中国近现代的园林植物种植设计概况

鸦片战争以后，大量西方事物涌人，从某种程度上也改变了中国园林的设计风格，此时开始出现公园。例如黄埔公园是我国最早的公园，于1868年在上海建成，当时的名称叫作外滩公园，其按照英国的园林风格设计，在种植设计上一反中国传统的种植设计模式，出现了草坪和规则式的种植形式。

辛亥革命后，一些中国人自己建造的园林开始出现。但究其园林平面布局却很少模仿西方的规则式园林平面布局，中国式的自然山水园占据主流，但在局部也采用了西方园林的景观要素，如花坛、开敞的草坪等。这个时期，我国已开始了植物园的兴建。1929年由“中山先生纪念植物园”改建的“南京中山植物园”是我国第一座国立植物园。之后又建立了江西庐山植物园，成为我国建立最早的一座亚高山植物园。

中华人民共和国成立后，我国的园林绿化事业得到了蓬勃的发展。新建和改建了很多大型公园，并在植物园方面加大了建设数量。1956年规划建设了北京植物园，面积达400多公顷（1公顷$=10^4\mathrm{m}^2$，后同），是目前我国北方最大的植物园。当时的园林种植设计在继承中国传统园林种植设计艺术的基础上，师夷长技，学习了国外的先进种植经验，创造出一批兼有民族特色和富有时代气息的新型社会主义园林，既发扬了优秀的传统又具有巨大的革新。

1977年之后，我国园林事业重新进入新篇章，这一时期，园林建设在理论和实践方面都得到了长足的发展，建立了大批的公园绿地，相关专著和论文也纷纷涌现。20世纪90年代后，城市的发展进程加快，城市环境问题的日趋严重，人们越来越认识到植物景观重要性的逐渐认识，特别是生态问题成了社会关注的焦点后，植物种植开始更多的应用于保护和改善环境，植物种植设计更加注重科学与艺术的结合。随着文人园林的兴起，植物种植更加注重按照其文化生态环境意蕴进行种植，呈现出自然式、象征性等特点。随着社会的发展，植物种植设计先后经历了“绿化”“植物配置”“种植设计”、植物造景等发展历程。此后，80年代后期提出了生态园林的概念，到20世纪90年代末，北京市开始了园林绿化生态效益的研究，从绿量的角度分析了植物景观的生态效益，且对植物在不同环境下的种植结构进行了定量研究，极大地推动了植物种植设计在科学性方面的发展。

同时，随着社会经济大发展浪潮带来的人类生存环境不断恶化等负面效应的凸出，人们的生态意识增强，植物景观在改善生态环境质量、建设宜居城市等方面的功效日益突显，其重要性被提上议事日程。然而受急功近利、形式上的感官享受等“城市形象”“政绩工程”等影响，植物种植设计背离了科学的发展规律，在繁华的城市现代园林建设背后出现了不科学、不理性的现象，甚至盲目地“跟风”“模仿”，使得植物景观的民族性、地域性、独创性缺失，人为割裂了科学性与艺术性的统一，为追随时尚或理想化的景观形式，盲目放大了植物的观赏功能，忽视了植物本身的环境适应性、种类多样性。

1.2.1.3 园林植物种植设计发展趋势

植物种植设计在发展的各个时期都体现出了不同的时代特征和内涵，在现代社会，人们更加关注周围的人居环境质量，植物种植设计应遵循科学性和艺术性的原则，从而在园林建设中实现生态效益、社会效益和经济效益最大化。

(1) 适地适树，从结构上提高植物种植设计科学内涵

按照植物的生态习性，遵循园林规划设计的要求以及植物自身的生长规律，合理地搭配和选择各种植物，进而实现园林植物功能性和观赏性的融合。

(2) 确立绿量指标，优化植物种植结构

植物具有吸收二氧化碳、释放氧气，阻滞尘埃，调节小气候环境温度、湿度，降低噪声，防风固沙、涵养水源，吸收有毒有害气体等多种生态功能，且主要是通过叶片进行生理活动的，因此，园林绿地中物质及能量流动大小主要取决于植物叶片面积的大小，从而决定其产生生态效益的总量大小。因此，以叶面积为主要标志的绿量是决定园林绿化生态效益大小最具实质性的因素。将绿量作为衡量园林绿化建设水平的指标，重视绿化结构，改善现有绿地种植结构不合理的现状，提高绿化建设的质量和水平，可进一步提高城市园林绿化建设的科学性。改善人们生活环境，提高生态环境质量是园林植物种植的目的之一。一直以来，我国沿用绿地率、绿化覆盖率、人均绿地面积、人均公共绿地面积等平面指标对园林绿地建设水平进行定量评估，2008 年 2 月国土资源部提出要进一步增加绿地率的比率，即绿化用地占总规划用地的百分比。然而，绿地中不同植物种类、不同种植结构，其生态效益差异很大：相同绿地面积的群落绿化绿地与纯草坪绿地的生态效益相差几十倍；即使同一树种，由于受不同树龄，不同生长环境等自身及外界因素影响，其生态效益也很不同。仅仅依赖原有的平面绿化水平衡量指标，不能量化其实际生态效益，绿量作为立体评价指标则能较好地反映不同种类植物、不同种植结构绿地、同一植物不同生长时期、不同生长环境的实际生态效益。因此，确立绿量指标，结合生物科学、生态科学以及环境科学等原理和方法，优化植物种植结构，促进植物生态效益的发挥。

(3) 优化整合，实现植物景观功能多样性

园林作为一项系统工程，包括建筑营建、叠山、理水和植物种植 4 大部分，植物作为其中具有生命力的要素，不仅具有美学、生态及经济等功能，且还能从系统的角度，优化整合园林各组分优势，充分实现园林景观的现代意义。

① 体现整体性　植物在我国传统园林中没有形成整体景观结构，更多的是作为配景，通过孤植、对植、丛植等表现形式与建筑、山石、水体等配合形成局部景观，这与大尺度的现代园林景观建设是相悖的。作为构成现代园林景观的重要组分，植物种植设计必须在尊重地域、自然、地理条件的基础上，立足于构建园林景观整体性，将整个景观作为一个有机的生态系统进行分析研究。同时，现代园林植物景观要实现多样性，应由形态、功能不同的绿地类型组成，这种思想从根本上改变了传统的植物种植设计方法，主张用景观生态学原理来指导植物种植设计。如在系统研究园林景观其他组成的特点、优势的基础上，依据景观生态学原理，应用植物的形态、功能、物种多样性，通过版块、廊道、基底等形式，将建筑、地形、水体等有机整合，实现园林景观的整体性。

② 体现地域性　不同地域由于自然、地理条件不同生长着不同的植物种类，不同植物种类以其特有的形态、质感、色彩，在竖向上所表现出来空间范围和围合感是不同的，不但具有丰富和分割园林环境空间的作用，还能营造场所精神，体现地方文化、民族风格。在现代园林植物种植设计中，植物种类选择应以乡土植物为主，适应性强的外来树种为辅，形成

稳定的近自然植物群落，建立起具有地方特色的、体现地方风貌的植物群落，从而构建具有地域特色的园林绿地景观，成为地域特征识别的重要标志。

现代城市运动也影响到园林景观设计，使其遵循的原则和表现形式发生了根本性变化，表现在植物种植设计中，产生了多元化倾向。英国风景园林师科鲁斯顿指出植物种植设计应体现保存性、观赏性、多样性和经济性四个方面：保存性即对基地自然生态系统的保护与完善；观赏性是园林建设中植物种植设计有别于其他绿化的显著性特征，构建优美的植物景观供人们观赏是植物种植设计的基本任务；多样性是要形成稳定的植物群落结构、多样的景观形式；经济性体现在对于人工绿化的后期维护与管理上。因此，植物种植设计不仅要遵循其自身的发展规律，更要从系统的角度综合应用其他相关学科知识，促进植物种放权有偿分配和交易机制；建立环境保护和节能减排的政府问责制和企业责任制，推行环境维护和服务的市场化、社会化。

1.2.2 国外园林植物种植设计概况及发展趋势

1.2.2.1 西方古典园林植物种植设计概况

15 世纪初到 17 世纪的法国、意大利、德国等国家的园林设计中，植物种植设计多是以规则式的种植形式出现，按照当时造园家对自然美的理解：“自然界中的树、水和石本身并不美丽，也不值得赞颂，只有经过人类控制并施以‘人为中心’的秩序感、平衡度和对称性，才能达到优美和谐、尺度适宜”花园中的植物通常被修剪成各种几何形体及动物形体，以体现植物也服从于人们的意志，这些规则式的植物景观与规则式的建筑的线条、外形乃至体量协调意志，有较高的人工美的艺术价值，如欧洲紫衫被修剪成高而厚的绿墙，与古城堡的城墙风格统一协调；锦熟黄杨常被修剪成各种模纹或成片的绿篱，体现出强烈的秩序感。

18 世纪 60 年代以英国为首的西方发达国家开始了划时代的工业革命，城市化进程迅速加快。城市的快速发展繁荣了经济，促进了文化事业的进步，同时也带来了大量的社会和环境问题；同时期，生物学、博物学等科学迅速崛起，大机器生产对传统手工业和工艺产生了巨大的冲击，人们面临着一个新的世界。在问题和科学技术的双重催生下，19 世纪初开始出现了包括植物种植在内的一系列新思想和新方法，导致了传统植物种植的部分变革。

格特鲁德·杰基尔（Gertrude Jeky Ⅱ，1843～1932）是英国一位著名的园艺师，她对于造园艺术的影响力遍及整个世界直至今天，而且她在园艺知识方面的著书相当多，如她在《花园的色彩》中指出：“我认为只是拥有一定数量的植物，无论植物本身有多好，数量多充足，都不能成为园林，充其量只是收集。有了植物后，最重要的是精心的选择和有明确的意图……对我来说，我们造园和改善园林所做的就是用植物创造美丽的图画。”安德森·杰克逊·唐宁（Andrew Jackson Downing，1815～1850）是美国著名的风景园林设计研究者和植物学家，在景观设计中起着承前启后的作用，他既是雷普顿和劳顿风格的模仿者，又是美国景观风格的提倡者。他对雷普顿的三项基本设计原则进行了新的阐述，认为统一是建立设计的主导理念，多样是通过装饰和复杂激发的兴趣，协调是从属于整体布局需要的。1854 年，奥姆斯特德主持修建了纽约中央公园，此后在美国掀起了一场声势浩大的公园运动，并逐渐影响到了世界其他各地。这时期植物种植设计在形式上虽然主要是沿袭自然式风景园的外貌，但在设计思想和植物群落结构上明显已有了更多生态的意识和相应的措施。

19 世纪末和 20 世纪初，植物种植设计在形式上有了一系列有意义的探索，如英国园林设计师鲁滨逊（William Robinson，1838～1935）主张简化烦琐的维多利亚花园，满足植物的生态习性，任其自然生长。尽管因为社会的发展未到一定阶段或由于植物景观在当时还主要被看成是一种园艺或生态环境，这种变革在当时还没有形成燎原之势，但他们的努力为其后园林形式上的革新做了必要的准备。

美国风景园林设计大师丹·凯利（Dan Kiley）说："恰当的植物造景能产生美感。例如怎样选择植物材料的比例、尺度、质感、色彩，以及如何对它们进行合理的搭配，都是设计人员应该精心考虑的。"风景园林师南希 A·莱斯辛斯基在《植物景观设计》中系统地回顾了植物景观设计的历史、对植物景观构成等方面进行了论述，将植物作为重要的设计元素来丰富外部空间设计。她认为风景园林设计的词汇主要有两大类：由植物材料形成的软质景观和由园林建筑及其他景观小品构成的硬质景观。植物景观设计与其他艺术设计比较，其最大的特点在于其是最具有动态的艺术形式。植物种植设计的关键在于将植物元素合理地搭配，最终形成一个有序的整体。她提出了植物种植设计构成的5个基本要素，即线条、外形、群植、质感、色彩。英国风景园林师克劳斯顿（Brian Clouston）在《风景园林植物配置》中指出园林植物生态种植应体现在4个方面，即保存性、观赏性、多样性和经济性。其中，保存性强调的是对于自然生态系统的保护与完善，人类是唯一具有改变其生存环境的物种，具备干扰和破坏自然生态平衡的能力，保持自然界的长期生态系统的稳定与平衡是风景园林的最重要的任务，也是园林植物种植设计的最重要的层面。观赏性是园林植物景观设计有别于其他绿化的显著性特征，构建优美的植物景观供人们观赏是植物景观设计的基本任务。多样性是自然法则中的一个重要规律，是形成植物群落结构稳定、景观形式多样的前提。经济性则体现在对于人工绿化的后期维护与管理上。他还强调了乡土植物可以真实地反映出当地季节变化所形成的真实的季相景观，乡土植物对当地自然气候具有极强的适应性。在世界景观趋同的时代，乡土植物是体现地方景观风格特征的重要层面。

20世纪70年代，随着环境运动的诞生，生态问题成了社会关注的焦点，"保护和凝聚，保存和过程占据了统治地位"。受景观设计师伊恩·麦克哈格（Ian McHarg，1920～2001）著作《设计结合自然》的影响，植物造景开始更多地关注保护和改善环境的问题。几乎与此同时，文化又重新得到重视，玛莎·舒瓦茨（MarthaSchwartz）的"城堡"广场、G. Clement和A. provost等的巴黎雪铁龙公园的植物造景明显具有了更多文化的意味。80年代以后，整个社会开始意识到科学与艺术结合的重要性与必要性，植物造景的创作和研究上也反映出更多"综合"的倾向。例如，《Planting Design：A Manual of Theory and Practice》《Landscape Design With Plants》《Planting the Landscape》等著作的共同特点是强调功能、景观与生态环境相结合。

1.2.2.2 西方现代园林植物种植设计概况

（1）西方现代园林设计的思想

在西方欧美国家，现代主义园林讲究的是自由的平面与空间布局、简洁明快的风格、丰富的设计手法及注重功能、使园林能够真正为人民设计的思想。在设计中主要体现3个主要的设计思想，即真正为大众设计的思想，形势与功能相适应的思想以及创新的思想。

（2）西方现代园林设计的风格

在现代主义园林新的设计思想的指导下，其设计风格也发生了极大的变化。现代主义园林不再局限于"意大利式""法国式""英国式"或"折中式"。现代主义园林除了注重使用功能以外，在形式上依然强烈反对模仿传统的样式，却把现代艺术的抽象几何构图和流畅的有机曲线运用到构图中，形成了现代园林特有的简洁、自由的园林设计风格。

① 西方现代园林追求简洁的构图　由于受到现代主义建筑“少就是多”的思想影响，现代主义园林在构图上追求简洁的均衡构图，反对传统的严格对称和复杂的装饰。无论是采用简单的几何形体，还是自然线形进行构图，都充分地体现了简单明快的现代风格。

② 自由的布局　在平面布局上，现代主义园林打破了传统园林生硬、呆板的对称式布局，采用更为自由、丰富的平面布局形式。在采用几何线形进行规整式布局外，更多的园林采用曲线进行结合，形成更加自由流动的平面布局。

③ 西方园林丰富的元素　同中国现代园林相似，西方现代园林在发展改善西方传统园林的基础上，引入中国、日本古典园林元素，如园林的石块、院门、水池等的特殊布置使西方园林在传统园林发展的基础上增添了东方园林的韵味，使其形式与景观更加丰富、更具有美感。

(3) 西方当代植物景观设计方向

随着时间的淘汰，传统的功能逐渐开始舍弃了过于复杂的配置方式，同时逐渐向地方特色与乡土自然气息方向发展，例如，在城市环境中加入一些未经驯化的野生植物，与人工构成物形成对比，共同构建成为一种独特的美丽风景。

在长期的历史演变中，西方传统的景观设计逐渐从遮阴、营造小气候的基本功能转变为现代的植物景观设计。由于文化思维的差异，西方的植物景观设计主要趋向于层次感与逻辑感，典型的代表为凡尔赛园林，更为直白简单地表现出园林的本来特色，这是一种重视比例、讲究比例协调为主导的美学思想。

无论中西方园林植物景观设计，只要是精华，我们都需要学习，我们都需要参照，这也是园林技术进步的主要路径之一。在园林植物景观设计中如何将自然要素融入世界的潮流之中，同时创造出有地方特色的社会环境风格，是对植物景观设计者的主要考验，也是园林植物景观设计的发展方向。

园林植物种植设计程序

种植设计是一道程序、一种艺术、一门科学。为了获得精美的艺术特色和植物景观，种植设计的原则必须与科学的严密性相结合。种植设计的程序主要包括前期的接收任务、现场调查和综合评估分析，中期进行方案设计和后期的施工图设计几个主要步骤。

2.1 接收任务

设计者从设计委托方（甲方）处接收图纸、各类资料，并充分了解委托方对设计的具体要求、愿望等信息，这是整个种植设计的前提。

2.1.1 了解甲方对设计任务的要求

2.1.1.1 仔细阅读设计任务书

作为一个建设项目的业主（甲方）会邀请一家或几家设计单位进行方案设计，作为设计方（俗称“乙方”）在与业主初步接触时，要了解整个项目的概况，包括建设规模、投资规模、可持续发展等方面，特别要了解业主对这个项目的总体框架方向和基本实施内容。总体框架方向确定了这个项目是一个什么性质的绿地，基本实施内容确定了绿地的服务对象。这两点把握住了，规划总原则就可以正确制定了。

2.1.1.2 与甲方交流获取资料信息

通常对于规模较小的项目，往往没有设计任务书，而是由甲方直接告知设计方，在这种情况下，需要深入地和甲方进行沟通和交流，了解委托方对于植物景观的具体要求、喜好、预期的效果以及工期、造价等相关内容。在交流过程中设计师可参考以下内容进行提问。

（1）公共绿地（如公园、广场、居住区游园等绿地）的植物配置

1）绿地的属性：使用功能、所属单位、管理部门、是否向公众开放等。

2）绿地的使用情况：使用的人群、主要开展的活动、主要使用时间等。

3）甲方对该绿地的期望及需求。

4）工程期限、造价。

5）主要参数和指标：绿地率、绿化覆盖率、植物数量和规格等。

6）有无特殊要求：如观赏、功能等方面。

（2）私人庭院的植物配置

1）家庭情况：家庭成员及年龄、职业等。

2）甲方的喜好：喜欢（或不喜欢）何种颜色、（或不喜欢）何种植物景观等。

3）甲方的爱好：是否喜欢户外的运动、喜欢何种休闲活动，是否喜欢园艺活动，是否喜欢晒太阳等。

4）空间的使用：主要开展的活动、使用的时间等。

5）甲方的生活方式：是否有晨练的习惯，是否经常举行家庭聚会、饲养宠物等。

6）工程期限、造价。

7）特殊需求。

2.1.2 获取图纸资料

由甲方提供设计地的地理位置图、现状图、总平面图、地下管线图等图纸资料。设计师根据图纸可以确定以后可能的栽植空间以及栽植方式，根据具体的情况和要求进行植物景观的规划和设计。

2.1.2.1 测绘图或者规划图

从图纸中设计师可以获取的信息有：设计范围（红线范围、坐标数字），园址范围内的地形、标高，现有或者拟建的建筑物、构筑物、道路等设施的位置，以及保留利用、改造和拆迁等情况；周围工矿企业、居住区的名称、范围以及今后发展状况，道路交通状况等。

2.1.2.2 现状树木分布位置图

基地中现有树木的位置、品种、规格、生长状况以及现有的古树名木情况、需要保留的植物等。

2.1.2.3 地下管线图

图内包括基地中所有要保留的地下管线及其设施的位置、规格以及埋深深度等。

2.1.3 获取基地其他的信息

① 该地段的自然状况　水文、地质、地形、气象等方面的资料，包括地下水位、年与月降雨量、年最高和最低温度及其分布时间、年最高和最低湿度及其分布时间、主导风向、最大风力、风速以及冰冻线深度等。

② 植物状况　地区内乡土植物种类、群落组成以及引种植物情况等。

③ 人文历史资料调查　地区性质、历史文物、当地的风俗习惯、传说故事、居民人口和民族构成等。

以上的这些信息，有些或许与植物的生长并无直接的联系，例如周围的景观、人们的活动等。但实际上这些潜在的因子却能够影响或者指导设计师对于植物的选择，从而影响植物景观的创造。总之，设计师在拿到一个项目之后要多方收集资料，尽量详细、深入地了解这一项目的相关内容，以求全面的掌握可能影响植物生长的各个因子。

2.1.4 听取设计委托方要求，签订合同

设计者听取设计委托方的设计目的和要求、设计风格和形式、设计项目及造价等。双方协议取得一致后签订合同。

2.2 现场调查与测绘

2.2.1 现场调查

无论何种项目，设计者都必须认真到现场进行实地调查。一方面是在现场核对所收集到的资料，并通过实测对欠缺的资料进行补充；另一方面，设计者可以进行实地的艺术构思，确定植物景观大致的轮廓或配置形式，通过视线分析，确定周围景观对该地段的影响。

在接收任务初期，业主会选派熟悉基地情况的人员，陪同总体规划师至基地现场踏勘，收集规划设计前必须掌握的原始资料。

这些资料包括：a. 处地区的自然条件，由气温、光照、季风风向、水文、地质土壤（酸碱性、地下水位）、植被及群落构成；b. 周围环境，包括主要道路，车流人流方向、周围的设施、道路交通、污染源及其类型、人员活动等；c. 基地内环境，包括湖泊、河流、水渠分布状况，各处地形标高、走向等。

总体规划师结合业主提供的基地现状图（又称“红线图”），对基地进行总体了解，对较大的影响因素做到心中有底，今后做总体构思时，针对不利因素加以克服和避让；有利因素充分地合理利用。此外，还要在总体和一些特殊的基地地块内进行摄影，将实地现状的情况带回去，以便加深对基地的感性认识。

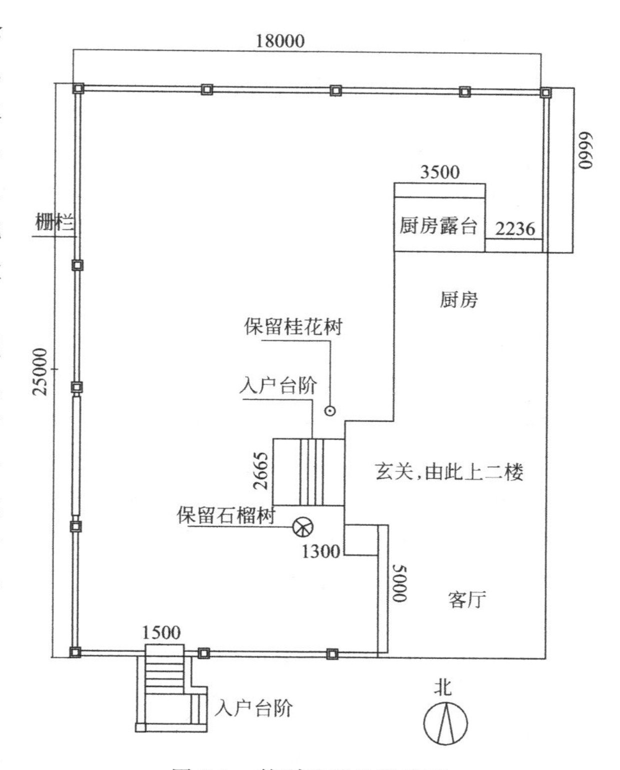

图 2-1 某别墅基地现状图

2.2.2 现场测绘

如果甲方无法提供准确的基地测绘图，设计师就要进行现场实测，并根据实测结果绘制基地现状图，如图 2-1 所示。基地现状图中应该包含有基地中现存的所有元素，如建筑、构筑物、道路、铺装、植物等。需要特别注意的是，场地中的植物，尤其是需要保留的植物，它们的胸径、冠幅、株高等也需要测量记录。另外，如果场地中某些设施需要拆除或者移走，设计师最好再绘制一张基地设计条件图，即在图纸上仅标注基地中保留下来的元素。

2.3 综合分析评估

2.3.1 综合分析的内容

对场地的综合分析室设计的基础和依据，尤其是对于与基地环境因素密切相关的植物，

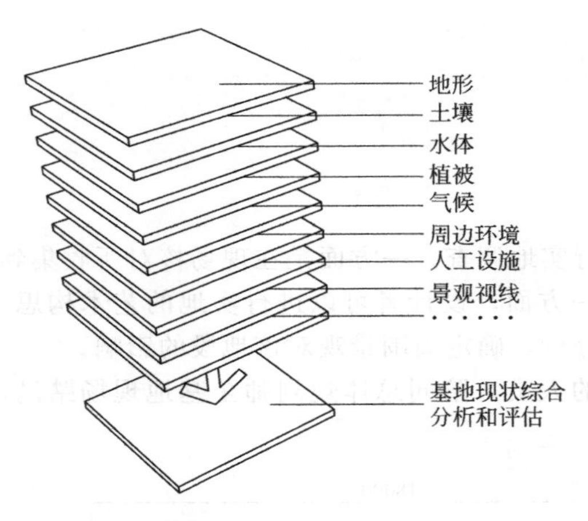

图 2-2　现状分析中的分项叠图法示意

对基地的综合分析更是关系到是否能成功进行植物种植设计的问题。

综合分析的内容包括基地的自然条件（地形、土壤、光照、植被、小气候等）分析、环境条件分析、服务对象分析、经济技术指标分析等多个方面。可见，综合分析的内容是比较复杂的，要想获得准确翔实的分析结果，一般采用叠图法进行分析（图 2-2）。这种方法往往是按照专业分项进行，然后将分析结果分别标注在一系列的图纸上（一般使用硫酸纸），然后将它们叠加在一起，进行综合分析，并绘制基地的综合分析图。如果使用 CAD 绘制就要简单些，可以将不同的内容绘制在不同的图层中，使用时根据需要打开或者关闭图层即可。

现状分析是为了下一步的设计打基础，对于种植设计而言，凡是与植物相关的因素都要加以考虑，例如光照、水分、温度、风以及人工设施、地下管线等。下面结合实例介绍现状分析的内容及其方法。

2.3.1.1　光照

光照是影响植物生长的一个非常重要的引资，所以设计师需要分析基地中日照的状况，掌握太阳在一天中及一年中的运动规律。其中最为重要的就是太阳高度角和方位角两个参数（图 2-3、图 2-4），其变化规律是：一天当中，中午的太阳高度角最大，日出和日落时太阳高度角最小；一年中夏至时太阳高度角和日照时数最大，冬至最小。根据太阳高度角、方位角的变化规律，我们可以确定建筑物、构筑物以及植物落下的阴影，从而确定出基地中的日照分区，即全日照区、半日照区和永久无日照区。

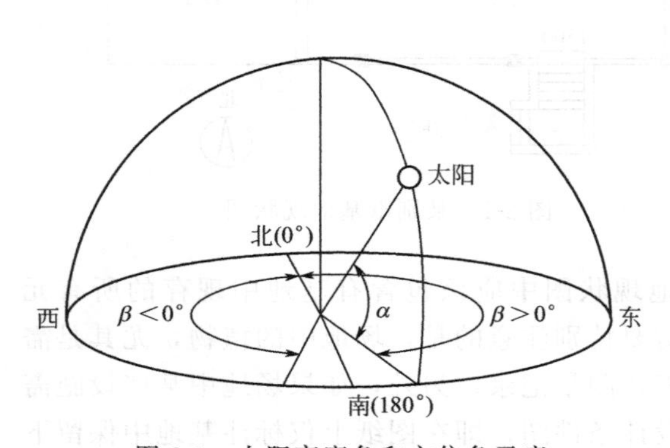

图 2-3　太阳高度角和方位角示意

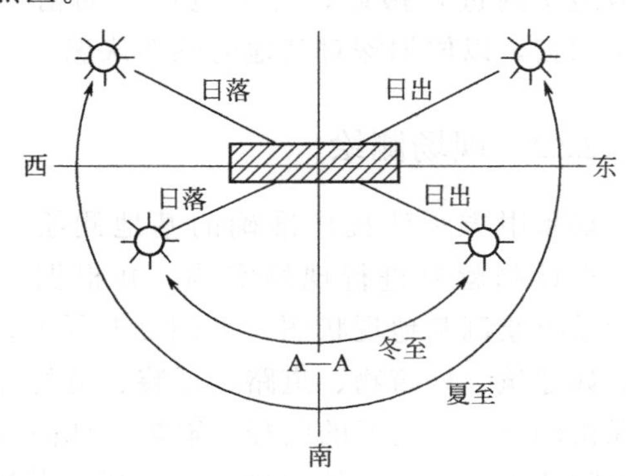

图 2-4　太阳方位角变化规律

通过对基地光照条件的分析，可以看出基地西北角，日照时间最长，适宜开展活动和设置休息空间，但面积并不大，在 8：00 以后，庭院接受日照的面积和逐渐增大，到中午 12：00以后，整个庭院完全处于日照当中，由于夏季的中午和午后温度较高，需要适当遮阴。根据太阳高度角和方位角测算，遮阴效果最好的位置应该在建筑的西面或者西北面，可以利用植物，也可以使用棚架结合的攀缘植物进行遮阴，并应该尽量靠近需要遮阴的地段。另外，冬季寒冷，为了延长室外空间的使用时间，提高居住环境的舒适度，室外休闲空间和室内居住空间都应该保证充足的光照，因此，应遮阴树应选择分枝点高的落叶乔木，避免使用常绿植物。太阳高度和昼夜长短的变化规律如图 2-5 所示。基地夏至、冬至日影变化分别如图 2-6、图 2-7 所示。

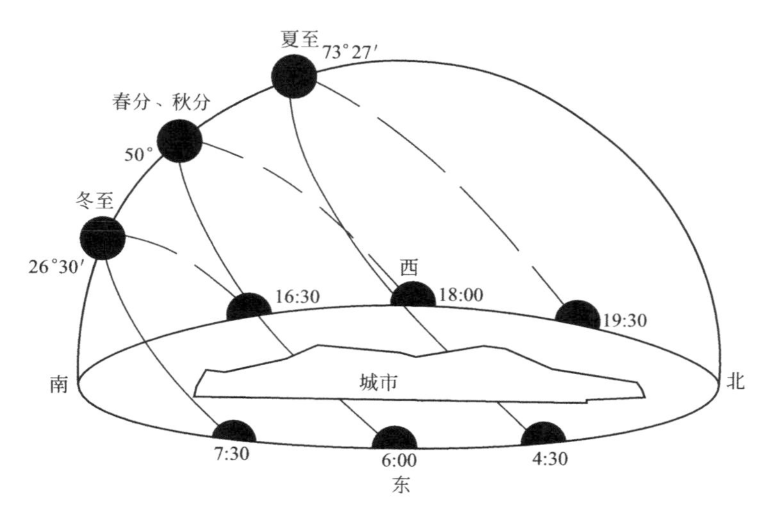

图 2-5 太阳高度和昼夜长短的变化规律（北纬 40°）

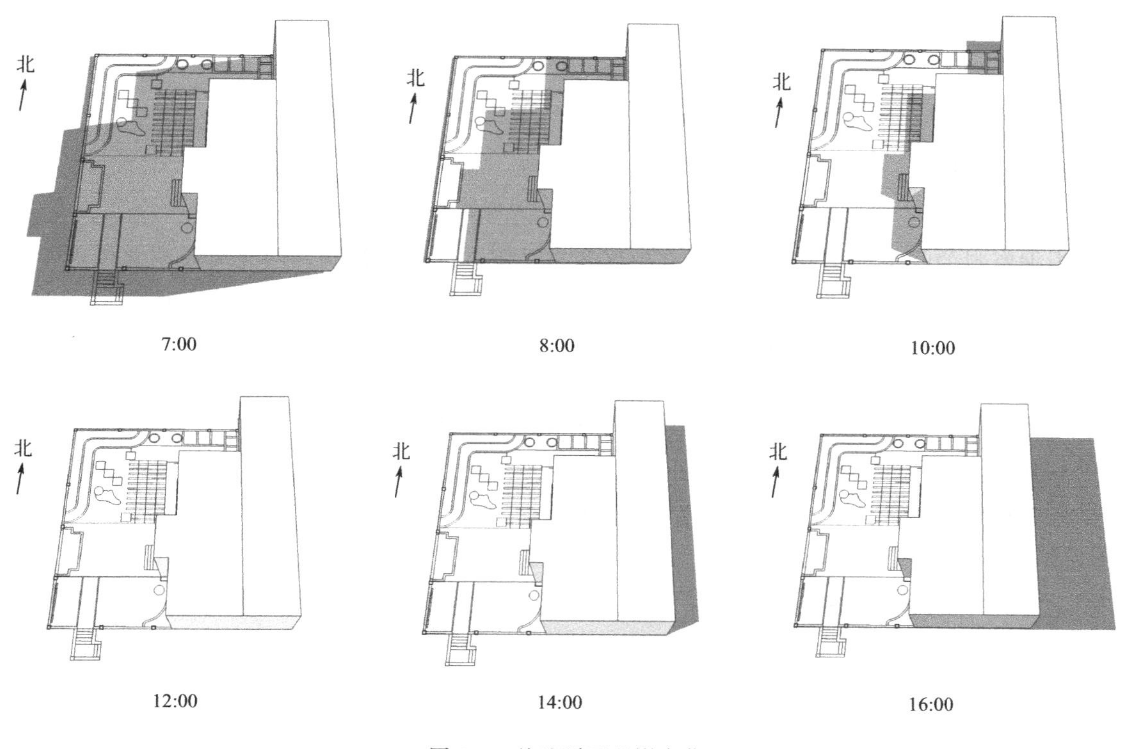

图 2-6 基地夏至日影变化

2.3.1.2 风向

每个地区都有盛行的风向，根据当地的气象资料可以得到这方面的信息，可以用风向频率玫瑰图来表示。风向频率玫瑰图是根据某地风向观测资料绘制的形似玫瑰花的图形。如图 2-8所示，风向玫瑰图中的最长边表示的就是当地出现频率最高的风向，即当地的主导风向，通常小环境中的风向与这一地区的风向基本相同，但如果有大型建筑、地形或者大的水面、山地、林地等，基地中的风向也会发生改变。夏季的主导风向，我国南方多为东南风，北方多为偏南风或西南风。了解场地的风向对正确选择植树位置非常重要。

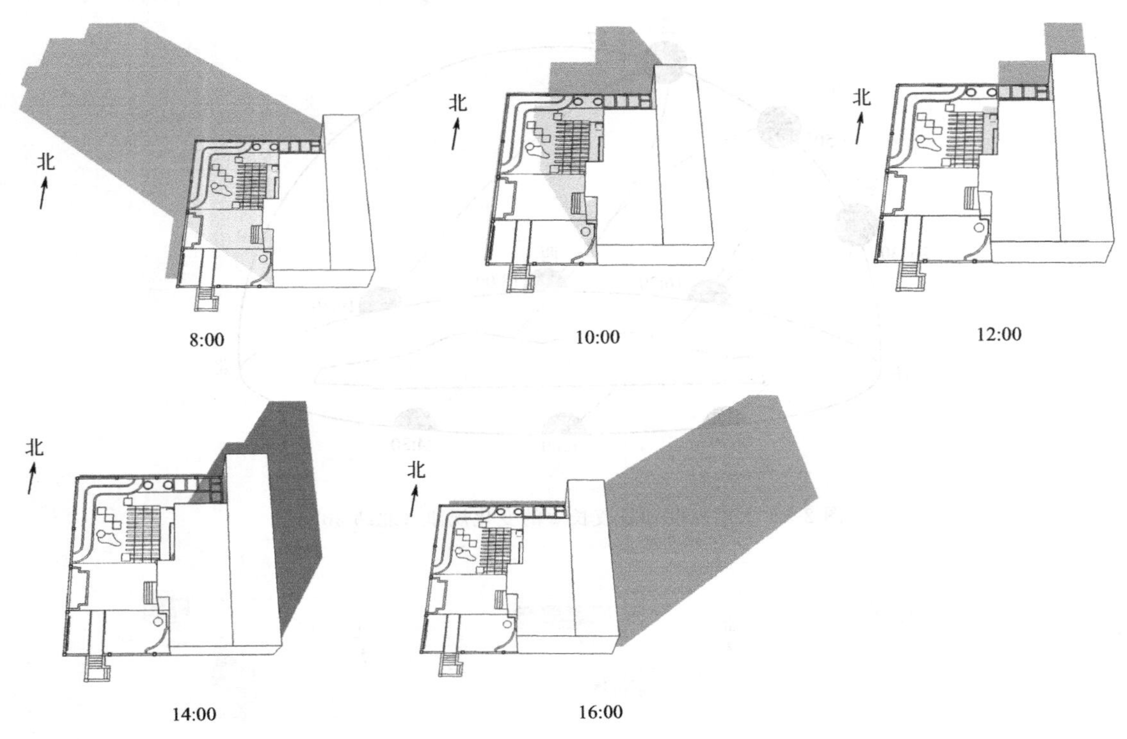

图 2-7　基地冬至日影变化

根据资料的收集和调查，基地所在地区冬季受蒙古冷高压控制，西北风及东北风占 1/2 以上；春季是冬夏季风转换季节，盛行风向为东南风，约占 1/3；夏季受副热带高压和印度热低压的共同作用，东南风的频率占 2/5 以上；秋季是夏季风与冬季风交替季节。由于冬季风来得迅速，且稳定维持，因此秋季近地面已确立冬季风势，盛行风向接近冬季。由于基地中别墅建筑朝向为坐东朝西，因此在住宅的西北方向和北面应该设置由常绿植物组成的防风屏障，在住宅的南面和西南面则应铺设低矮的地被和草坪，或者种植分枝点较高的乔木，形成开阔界面，结合水面、绿地等构筑顺畅的通风渠道，如图 2-9、图 2-10 所示。

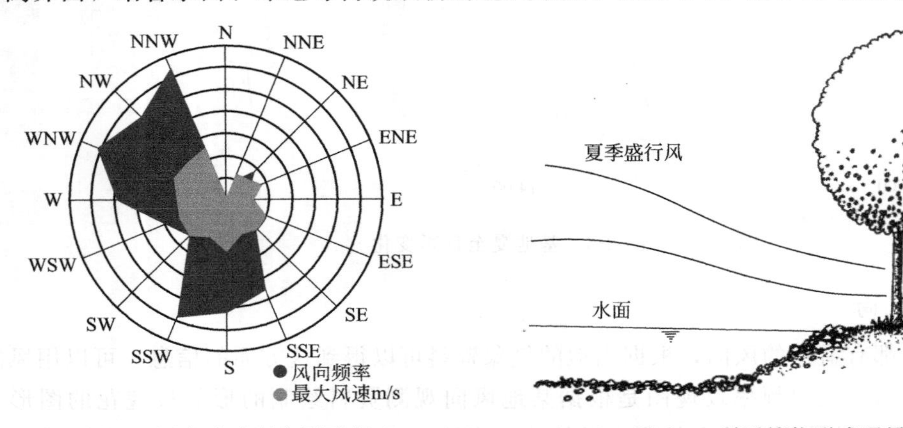

图 2-8　风向玫瑰频率图示例　　　　图 2-9　利用植物形成通风渠道

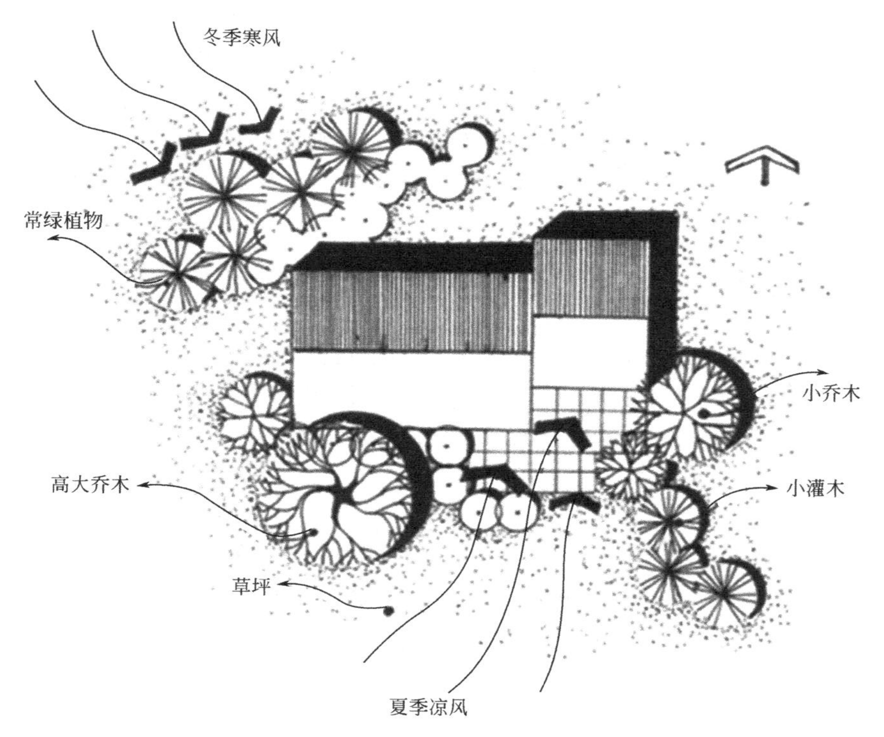

图 2-10 根据风向确定植物的种植类型和种植方式

2.3.1.3 土壤

了解场地内的地质土壤情况，包括土壤类型、土层厚度、通气性、透水性、养分状况、黏结性、耕性等，分析其对植物种植设计不利的因素，做出正确的判断，以利于设计的进行。

根据了解，基地内原有大量建筑垃圾，业主已经对基地土壤进行整改，土层厚度约50cm，土壤为本地常见的褐土，属壤土，保水保肥性能好，适宜植物生长。

2.3.1.4 植被

主要了解场地内的植被绿化情况，有无古树、大树或成片树林、草地，有无独特的树种，均应视情况加以充分利用，或保留、或移栽、或砍伐等进行绿化布置的综合考虑。在本实例中场地内业主已经种植有石榴、桂花各1株、广玉兰2株等植物；其中，石榴、桂花要求保留，广玉兰可根据设计进行移栽。

2.3.1.5 人工设施

人工设施包括基地内的建筑物、构筑物、道路、铺装、各种管线等，这些设施往往也会影响植物的选择、种植点的位置等。在本实例中最主要的人工设施是住宅，住宅入户大门朝西，北面是厨房，门朝北开，在进行种植设计时，应注意植物的色彩、质感、高度等与建筑功能和风格匹配。地下的隐蔽设施主要是水、电、暖等管线，管线主要集中在南面入户台阶处，然后顺着墙根进入室内，因此这些地段只能种植浅根性的植物。

2.3.1.6 环境质量的不利因素和有利因素

环境质量的评价也就是对基地内外的植被、水体、山体、道路、建筑等组成的环境从形式、文化、历史等方面进行分析和评价，并将景观的平面位置、标高、视域范围以及评价结果记录在调查表或者图纸中，以便充分利用有利的环境因素，屏障不利因素。同时，还可通过视线分析确定今后观赏点的位置，从而确定需要重点设计的景观位置和范围。通常不利的环境因素主要有污染源，譬如废渣、废气、废水、噪声、振动、辐射、电磁波等，对环境造成不同程度的污染，危害人的身心健康；另外就是一些脏乱差的环境，如果场地存在某些不利因素，则在做总平面布置时，应避其锋而加以隔离防护，要严格遵守各种规范要求，找出合理的防护措施和防护距离。

2.3.2 现状分析图

现状分析图主要是将调查和收集到的资料利用景观符号绘制在基地的现状图上，并对其进行综合分析和评价。由于本实例规模较小，现状条件相对简单，因此本例讲现状分析的内容放在同一张图纸中（图 2-11），通过该图能全面了解基地的现状。若现状条件复杂，内容较多，则需多张图纸进行表达。

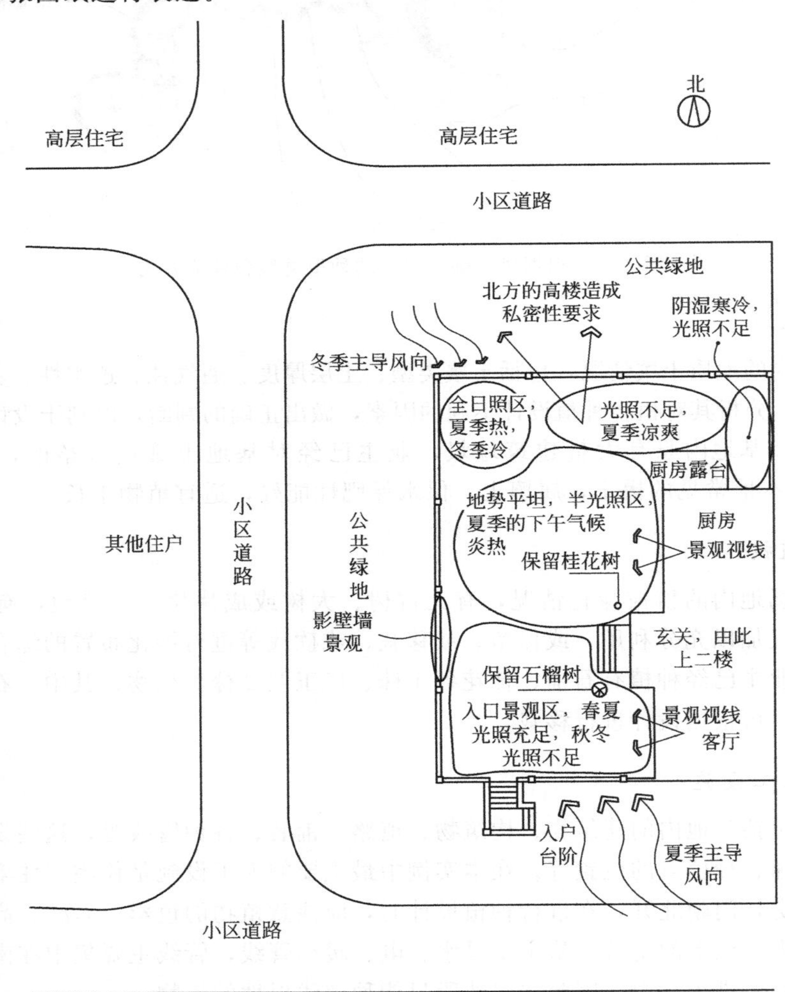

图 2-11　基地现状分析（一）

现状分析的目的是为了更好地指导设计，所以不仅要有分析的内容，还要有分析的结论。如图 2-12 所示就是在图 2-11 的基础上，对基地条件进行评价，得出对于植物种植设计和景观创造有利和不利的条件，并提出解决的办法。

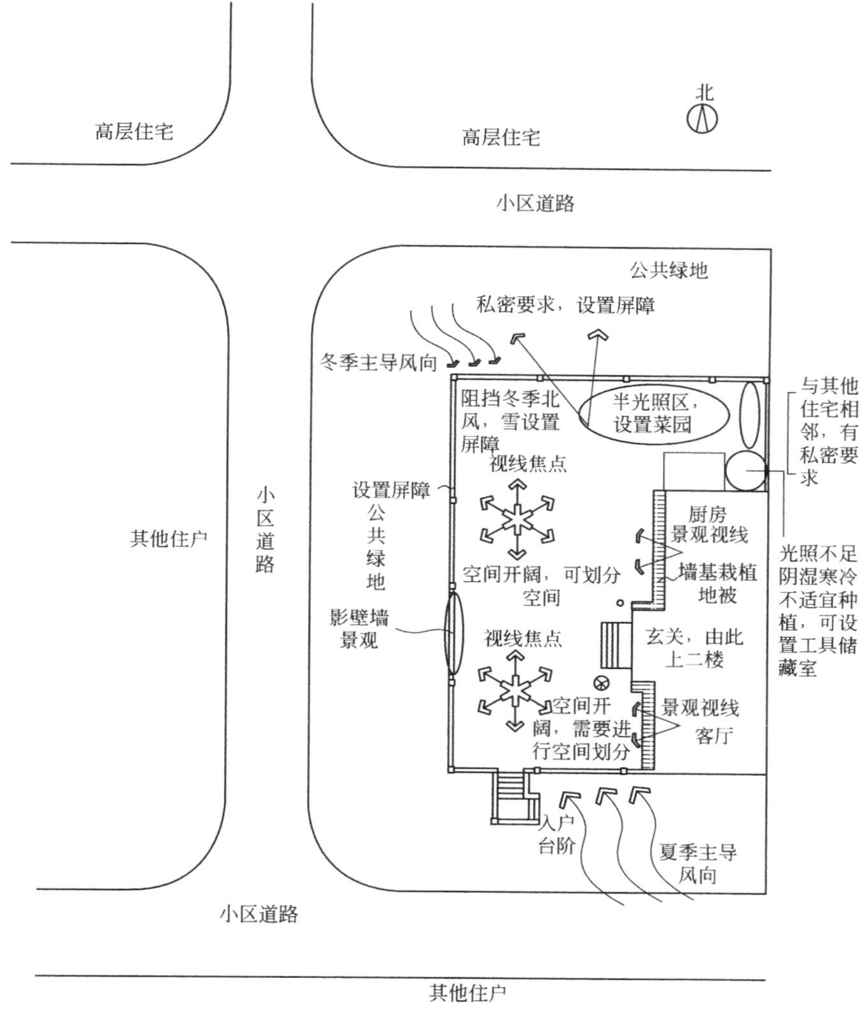

图 2-12　基地现状分析（二）

2.3.3　编制设计意向书

对于基地进行分析和研究之后，设计者需要定出总体设计的原则和目标，并制定出用以指导设计的意向书。设计意向书可以从以下几个方面入手：a. 设计的原则和依据；b. 项目的类型、功能定位、绿地性质特点等；c. 设计的艺术风格；d. 对基地条件和外围环境条件的利用和处理方法；e. 主要功能区及其面积估算；f. 投资预算；g. 设计时需要注意的关键问题等。

2.4 方案设计

在完成基地资料收集、现场踏查及综合分析评估之后，就可以进行种植方案设计了。种植设计方案主要包括功能分区草图、功能分区详图、种植设计平面图、种植设计效果图和种植设计施工图等。

2.4.1 功能分区草图

在这一阶段需要进一步与委托方在方案的总体风格、功能特点、大体设计思路等比较宏观的方面进行沟通，最终达成共识。根据甲方所给基础资料和场地现状分析的结果，进行概念性的设计，确定总体风格，确定方案的功能特点、大概设计手法并进行成本估算（只是粗略的经验数值）。

这个阶段可以说是设计最关键的阶段，在这个阶段决定的风格、功能等都是设计的灵魂，以后的所有步骤都是在这个步骤的基础上进行的，只有通过概念方案设计得出好的构想才能打动委托方，使工程得以顺利进行。

在此过程中需要明确以下问题：a. 场地中需要设置何种功能，每种功能区所需面积如何；b. 各功能区之间如何联系；c. 各个功能区的服务对象都有哪些，需要哪些空间类型，是私密空间还是开敞空间。

通常设计是利用圆圈或其他符号表示功能分区，即泡泡图，图中应标示处分区的位置、大致的范围、各分区之间的联系等。如图 2-13 所示，该庭院划分为入口区、集散区、家庭

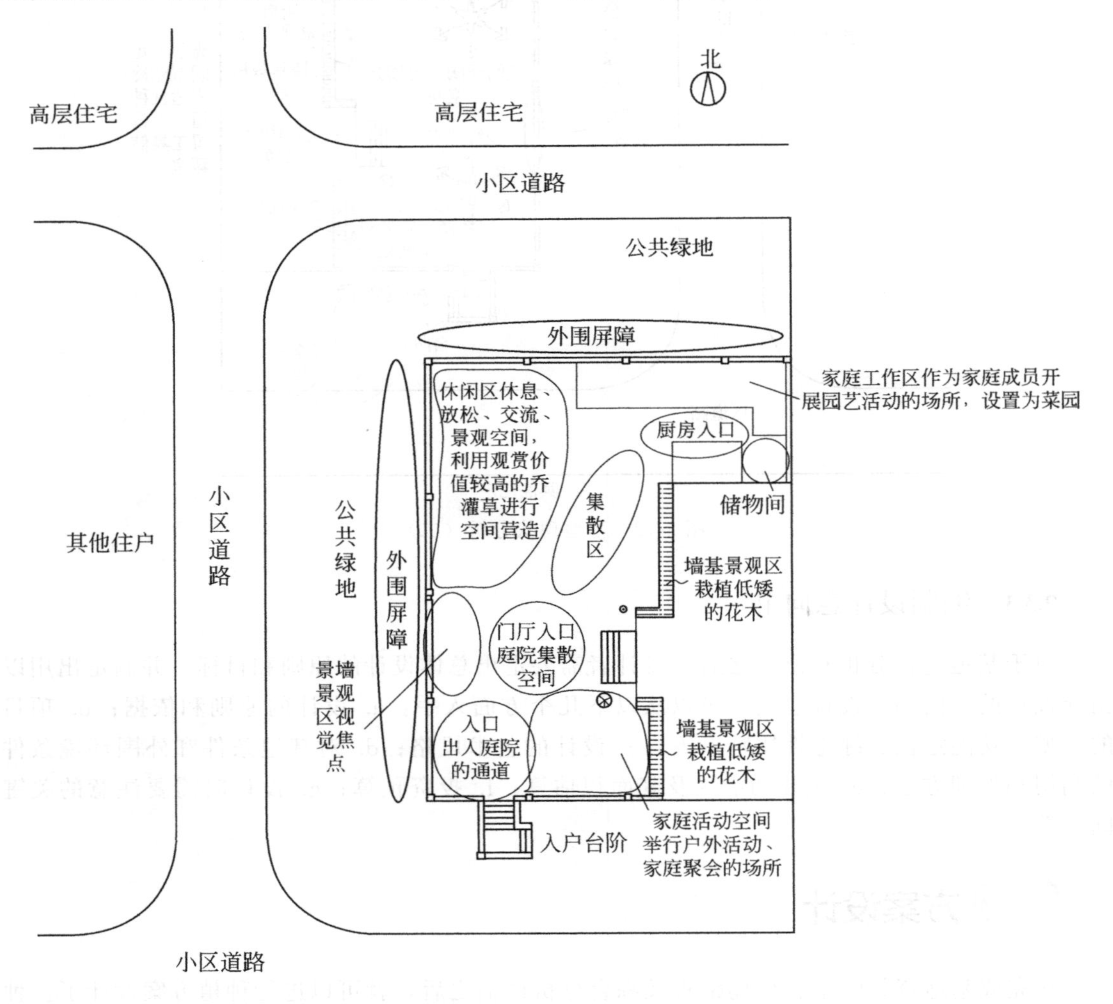

图 2-13 基地功能分区示意

活动区、家庭工作区，景观休闲区等。入口区是出入庭院的通道，也是体现景观特色的地方，其景观应该做重点处理。集散区是住宅门厅入口处以及门厅入口和厨房入口之间的通道，该处是作为室内外过渡的空间，也是主人日常交通或迎送客人的地方。活动区主要是主人开展一些家庭聚会的开敞空间，可设置开阔的草坪，也可利用木质铺装界定空间范围。景墙景观区是门厅入口正对的影壁墙处，该处是业主出入门厅即可看到的地方，是整个庭院的中心景观，其景观风格决定整个庭院的景观风格，是庭院的景观亮点，因此该区应结合多种景观要素进行设计，如结合水体、景观小品等，突出庭院特色。休闲区则主要为业主及其家庭成员提供一个休闲、放松、观景的空间，这个地方应该是庭院植物景观的重点处理区，可采用观赏价值较高或寓意较好的乔木、花灌木或草本来进行空间营造。家庭工作区则是为家庭成员开展园艺活动的一个场所，设计为一个菜园。这一过程应该绘制多个方案，并深入研究和比较，从中选择一个最佳的功能分区方案。

在景观功能分区示意图的基础上，根据植物的特性和功能，确定植物功能分区，即根据各分区的功能确定植物主要的配置方式，如图 2-14 所示。该庭院植物分区主要为外围屏障区、防风屏障区、家庭菜园区、入口种植区、墙基种植区等。

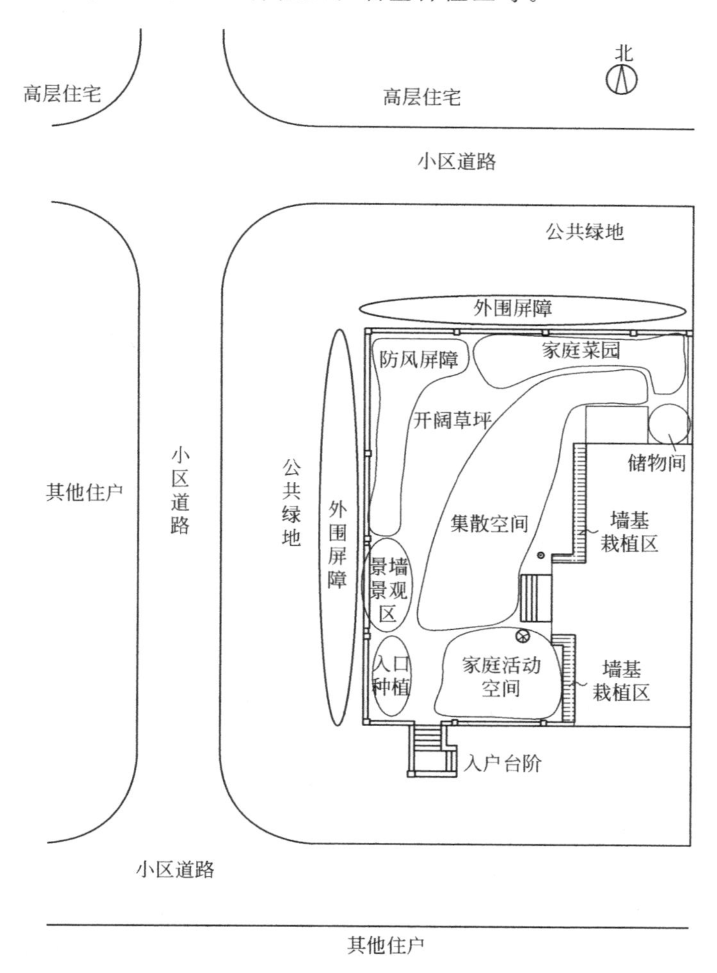

图 2-14　植物功能分区

功能分区草图只是一个植物配置的总体规划，在这阶段确定了景观的立意和植物景观的规划思路，明确了植物景观的特色和亮点，初步对景观空间进行了划分，接下去还需要要将草图结合收集到的原始资料进行补充，细化，逐步明确各个分区植物具体使用的大类。也就是说，还需要绘制功能分区详图。

2.4.2 功能分区详图

结合现状分析，在植物分区的基础上，确定个区段内植物的种植形式、类型、大小、高度、形态、色彩等内容，如图 2-15 所示。

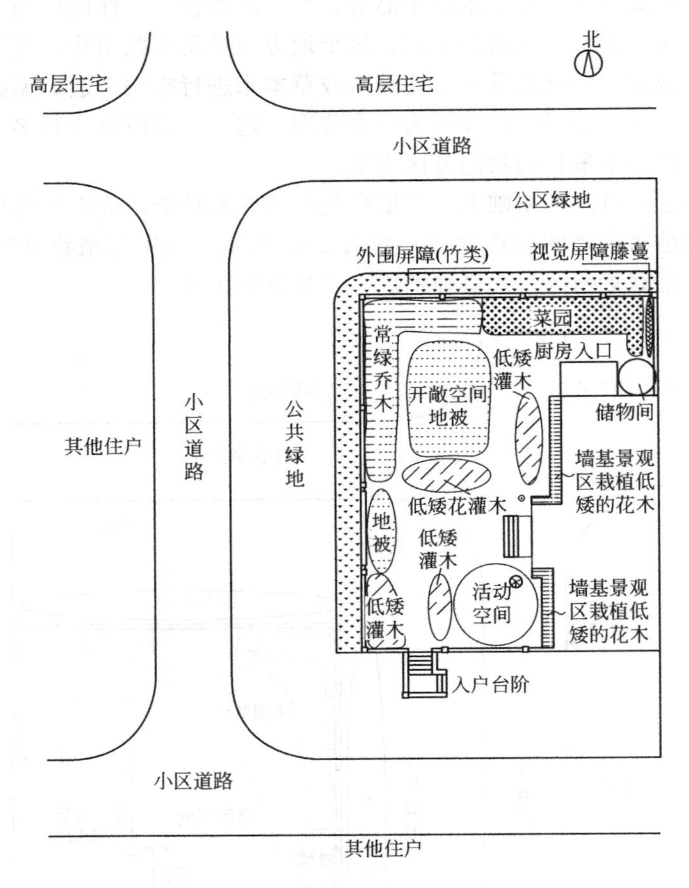

图 2-15 植物功能分区详图

在这一阶段，主要考虑以下几个问题。

① 确定种植范围 用图线标示出各类植物的种植范围，并注意个区域之间的联系和过渡。

② 确定植物的类型 根据植物分区规划图选择植物类型，通常利用植物大类进行示意，如落叶、常绿、乔木、灌木、地被、草花等，并不用确定具体的植物名称。

③ 分析植物组合效果 主要是明确植物的大小，组号的方法是绘制景观立面图，如图 2-16所示。设计师通过立面图分析植物的高度组合，一方面可以判定这种组合方式是否能够形成优美、流畅的林冠线；另一方面也可以判定这种组合是否能够满足功能需要，如私密性、防风等。

④ 选择植物的颜色和质地 在分析植物组合效果时，若有色彩质地方面的考虑，也可以绘出春夏秋冬四个季节的季相景观。

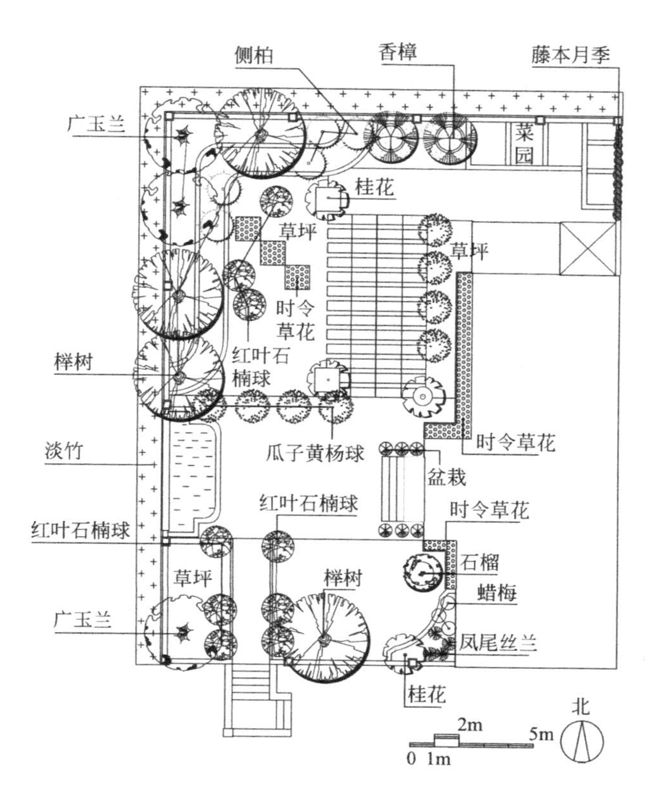

图 2-16 种植设计平面图

以上两个环节都没有涉及具体的某一种植物，完全从宏观入手确定植物的分布情况。如同绘画一样，首先需要建立一个完整的轮廓，而并非具体的某一环节，只有这样才能保证设计中各部分的联系，形成一个统一的整体。另外，在自然界中植物的生长也并非是孤立的，而是以植物群落的方式存在的，这样的植物景观效果最佳、生态效益最好，因此，植物种植设计应该首先从总体入手。

2.4.3 植物种植设计平面图

植物种植平面图设计是以植物种植分区规划为基础，确定植物的名称、规格、种植方式、栽植位置等。

2.4.3.1 设计内容和要求

（1）设计内容

① 确定主调树种和主景树种 确立景观风格和详细功能分区之后，接下来就应该对绿地的基调树种和主景树种进行考虑。不同地域有不同的景观群落，同一区域不同的景观群落表现的景观效果不同。根据初步构思的内容，确定绿地的基调树种和主景树种。基调树种指各类园林绿地均要使用的、数量最大能形成全局统一基调的树种，一般以 1～4 种为宜，应为本地区的适生树种。主景树可以是独立的元素（乔木等），也可是一个群体（较小的树种）。本方案主要选择的庭院主调树种是榉树，“榉”与“举”谐音，寓意吉祥。榉树枝细叶美，绿荫浓密，树形雄伟，秋叶暗红，景色非常优美。另外，西北角是一个重要的景观节点，

选择种植2株香樟，香樟枝叶茂密，冠大荫浓，树姿雄伟，能吸烟滞尘、涵养水源、固土防风，是景观中的优良常绿树种。

② 确定配景植物　主调树种一旦确定，就可以着手选择其他配景植物了，选择配景植物时，主要考虑植物的观赏特性、植物的景观效果以及乔、灌、草比例搭配产生的生态效益。

完成了植物群体的初步组合之后，园林设计师可以开始着手各基本规划，并在其间排列单株植物，当然此时的植物仍以群栽为主，并将其排列来填满基本规划的各部分。

(2) 设计要求

对照设计意向书，结合现状分析、功能分区、初步设计阶段的工作成果，进行设计方案的修改和调整。设计时应该从植物的形状、色彩、质感、季相变化、生长速度、生长习性等多个方面进行综合分析. 以满足设计方案中各种要求。

首先，核对每一区域的现状条件与所选植物的生态特性，是否匹配，是否做到了“适地适树”。对于本例而言，由于空间较小，加之住宅建筑的影响，会形成一个特殊的小环境，所以在以乡土植物为主的前提下，可以结合甲方的要求引入一些适应小环境生长的植物，例如某些月季品种、桂花等。

其次，从平面构图角度分析植物种植方式是否适合，然后，从景观构成角度分析所选植物是否满足观赏的需要，植物与其他构景元素是否协调，这些方面最好结合立面团或者效果图来分析，形成更为丰富的植物景观。

最后，进行图面的修改和调整，完成植物种植设计详图（见图2-16），并填写植物表，编写设计说明。

2.4.3.2　植物材料选择

(1) 植物品种选择

首先要根据基地自然状况、如光照、水分、土壤等，选择适宜的植物，即植物的生态习性与生境应该对应，这一点将在后面的章节中详细介绍。

其次，植物的选择应该兼顾观赏和功能的需要，两者不可偏废。例如根据植物功能分区，建筑物的西北侧栽植广玉兰、榉树、侧柏形成防风屏障；建筑物的西南面栽植广玉兰，满足夏季遮阴的需要。另外，园中种植的桂花香气四溢，还可以用于调味，月季不仅花色秀美、香气袭人，而且还可以做切花，满足女主人的要求。每一处植物景观都是景观与实用并重，只有这样才能够最大限度地发挥植物景观的效益。

另外，植物的选择还要与设计主题和环境相吻合，如庄重、肃穆的环境应选择绿色或者深色调植物，轻松活泼的环境应该选择色彩鲜亮的植物。例如，儿童空间应该选择花色丰富、无刺无毒的小型低矮植物，如图2-17所示；私人庭院应该选择观赏性高的开花植物或者芳香植物，少用常绿植物。

总之，在选择植物时应该综合考虑各种因素：a. 基地自然条件与植物的生态习性(光照、水分、温度、土壤、风等)；b. 植物的观赏特性和使用功能；c. 当地的民俗习惯、人们的喜好；d. 设计主题和环境特点；e. 项目造价；f. 苗源；g. 后期养护管理等。

(2) 植物的规格

植物的规格与植物的年龄密切相关，如果没有特别的要求，施工时栽植幼苗，以保证植物的成活率和降低工程成本。但在种植设计中，却不能按照幼苗规格配置，而应该按照成龄植物的规格加以考虑，图纸中的植物图例也要按照成龄苗木的规格绘制，如果栽植规格与图中绘制规格不得时应在图纸中给出说明。

图 2-17 儿童活动空间植物料应用无刺无毒的小型低矮植物（图片来自网络）

2.5 种植施工设计

植物种植方案设计完成后，进入施工图设计阶段，种植施工设计主要解决种植点的放线及确定植物品种、规格、数量的问题。目前有许多苗木生产没有达到标准化生产，植物的生长情况，各单位有所不同。因此，设计师要严格控制种植时植物的大小及生长情况。

2.5.1 绘制种植设计施工图

种植施工图是表示园林植物的种类、数量、规格及种植形式和施工要求的图样，是定点放线和组织种植施工与养护管理、编制预算的依据。在种植设计平面图完成后，种植施工图的绘制就比较简单了，主要包括以下 2 个步骤。

① 用草图纸覆盖于种植设计图上绘植物，图中树木的位置，即定植点不能移动，树木的冠幅按苗木出圃时的冠幅绘制。设计图上所有植物都绘制完了就可撤走种植设计图。这时施工图上树木冠幅远比设计图上的小，图纸上的植物景观就显得稀疏，效果不佳，为了尽快地发挥近期的植物景观，就需增加植物数量，以数量的多来弥补冠幅的小，以达到近期理想的景观效果。

② 填充树的安排　为了尽快发挥近期的植物景观效果，就需要在刚从设计图上绘下的缩小了冠幅的树木——称其为保留树，在保留树的左右、附近添加树木，这些添加的树木称为填充树。填充树可以与保留树同一种类，也可以不同种类，不管哪类树作填充树，养护管理人员在后期养护时要密切注意，若干年后树木株间枝条相互交叉重叠影响生长时，应及时

把填充树移走，留下保留树，使其有足够的生长空间。尤其在珍贵慢长树种旁的填充树可应用快长树，利用快长树的快速生长尽快发挥近期效果，而且也能减低苗木经费，但切记后期及时移走快长树，以免种间竞争造成珍贵慢长树生长不良。填充树的数量与保留树大致相等或略多一些，一般以（1∶1）～（1.2∶1）为宜。

施工图中所添加的填充树与保留树组合所形成的植物景观也需遵守种植设计理论中所提到的原则、技法等知识，整体树种也应符合种植设计中所定的常绿树与落叶树比例、乔木与灌木比例；全园也需注意疏密有致，不能均匀布置。为了方便施工，准确定位，木本植物应单株绘制，标出定植点。大面积的纯林可以画出林缘线，标明株行距，写上数量即可。冠幅较小的灌木可用云线绘制，写上数量。为准确统计每种苗木数量，不能待图全绘完后再数，可以在种植时于草图纸旁每种 5 株写一“正”字累积计算。

图纸上填充树与保留树的绘制要加以区别，保留树的冠幅可以淡淡的绿色或蓝色着色，而填充树冠幅不着色，也可以填充树的定植点用 X 表示，但这种表示不甚明显，施工人员不易区分，因此效果较差。

安排好填充树种后，设计者应能预见由于树木生长，多少年后植株间的生长空间日趋缩小，甚至没有生长空间了，这时就该移植或砍伐填充树，以免影响保留树的正常生长，这些预见性的提示必须写入设计说明书中，尤其应让养护管理人员明了。原则上是若干年后移去填充树，但到时究竟移除哪一株可以根据其生长势及形成的景观效果而加以适当调整。

2.5.2 编制苗木统计表

在种植施工图中适当位置，列表说明所设计的植物编号、树种名称、拉丁文名称、单位、数量、规格、出圃年龄等。如果图上没有空间，可在设计说明说中附表说明。

植物规格应根据植物类别表示。一般地，阔叶树用胸径 d（cm）表示；针叶树用高度 H（m）表示；灌木用灌幅直径 Φ（m）表示；草坪用面积（m^2）表示。有些灌木用分支数表示。通常苗木统计表中植物的规格说明如下：a. 直生苗又称实生苗，系用种子播种繁殖培育而成的苗木；b. 嫁接苗系用嫁接方法培育而成的苗木；c. 独本苗系地面到冠丛只有一个主干的苗木；d. 散本苗系根颈以上分生出数个主干的苗木；e. 丛生苗系地下部（根颈以下）生长出数根主干的苗木；f. 萌芽数系有分蘖能力的苗木，自地下部分（根颈以下）萌生出的芽枝数量；g. 分叉（枝）数又称分叉数、分枝数，系具有分蘖能力的苗木，自地下萌生出的干枝数量；h. 苗木高度常以“H”表示，系苗木自地面至最高生长点之间的垂直距离；i. 冠丛直径又称冠径、蓬径，常以“P”或“W”表示，系苗木冠丛的最大幅度和最小幅度之间的平均直径；j. 胸径常以“Φ”表示，系苗木自地面至 1.30m 处树干的直径；k. 地径常以“d”表示，系苗木自地面至 0.20m 处，树干的直径；l. 泥球直径又称球径，常以“D”表示，系苗木移植时，根部所带泥球的直径；m. 泥球厚度又称泥球高度，常以“h”表示，系苗木移植时所带泥球地部至泥球表面的高度；n. 培育年数又称苗龄，通常以“一年生”、“二年生”……表示，系苗木繁殖、培育年数；o. 重瓣花系园林植物栽培，选育出雄蕊瓣化而成的重瓣优良品种；p. 长度又称蓬长、茎长，通常用“L”表示，系攀缘植物主茎从根部至梢头之间的长度；q. 紧密度系球形植物冠丛的稀密程度，通常为球形植物的质量指标；r. 平方米，通常以“m^2”表示，稀植物种植面积计量单位；s. 苗木统计表示例见表 2-1。

表 2-1 苗木统计表示例

序号	苗木名称	拉丁名	规格				数量	单位	备注
			地径/cm	胸径/cm	冠幅/m	高度/m			
1	实生银杏			20～22	3～3.5	6.5～7	379	株	主干端直，植株健壮，树形优美，主枝数>5枝，分枝点 250cm 以上
2	嫁接银杏			20～22	3.5～4.0	4～5	146	株	主干端直，树形优美，主枝数>5 枝，分枝点 200cm 以上
3	油松			16～18	3.2～3.5	5.5～6	910	株	树形完整，主干端直，形态好，统一分枝点，分枝点 250cm
4	白皮松		12～15		2～2.5	2.5～3	292	株	姿态优美，生长旺盛，分枝点 120cm
5	国槐			30～35	4.5～5	7～8	880	株	主干端直，3 分枝以上，分枝点 250cm 以上
6	苦楝			16～18	3.5～4	4.5～5	46	株	主干端直，形态好，分枝点 200cm 以上，统一分枝点
7	广玉兰			18～20	4～4.2	5～5.5	210	株	主干端直，3 分枝以上，分枝点 220cm 以上，统一分枝点
8	大叶女贞			14～16	2.5～3	3.5～4	102	株	全冠，造型优美，保留 1/3 叶，统一分枝点，分枝点 1.8m 以上
9	垂柳			25～30	4.5～5	5～6	20	株	树形完整，株型美观，形态好，分枝点 200～250cm
10	圆柏		14～16		1～1.2	3.5～4	24	株	树形完整，塔形，无断头，株型笔直
11	五角枫			14～16	2.5～3	4.5～5	332	株	全冠栽植，冠形饱满
12	黄山栾树			14～16	3.5～4	6.5～7	141	株	主干端直，株型美观，形态好，分枝点 200cm
13	日本晚樱		12～15		2.2～2.5	2.5～3	277	株	树形完整，株型美观，形态好，分枝点 150cm
14	椤木石楠				2.2～2.5	3～3.5	24	株	植株健壮，冠形饱满，头状整形，无偏冠，无脱脚，栽植后修剪
15	紫荆				1～1.5	1.5～2	144	株	丛生，20 杆/丛，姿态、造型优美
16	垂丝海棠		5～6		1.8～2.2	2.2～2.5	169	株	树形完整，株型美观，形态好，分枝点 150cm
17	红枫		6		1.2～1.5	2～2.2	249	株	叶色亮丽，红艳，姿态优美，生长旺盛，分枝点 120cm
18	红叶碧桃		5～6		1.8～2.2	2～2.5	140	株	树形完整，5 分枝以上，形态好，低分枝，分枝点 50cm
19	红叶石楠球				1.2～1.5	1.2～1.5	147	株	光球，球形饱满，无偏冠，无脱脚
20	大叶黄杨球				1.2～1.5	1.2～1.5	40	株	光球，球形饱满，无偏冠，无脱脚
21	海桐球				1.2～1.5	1.2～1.5	75	株	光球，球形饱满，无偏冠，无脱脚
22	法国冬青		16 株/m^2		0.6～0.8	1.2～1.5	820	m^2	整形绿篱修剪，修剪后高度为 1.2m
23	小叶黄杨		36 株/m^2		0.25～0.3	30～35	468	m^2	绿篱模纹，整形修剪，修剪后高度统一
24	大叶黄杨		36 株/m^2		0.25～0.3	30～35	1504	m^2	绿篱模纹，整形修剪，修剪后高度统一
25	红叶石楠		36 株/m^2		0.25～0.3	30～35	1028	m^2	绿篱模纹，整形修剪，修剪后高度统一
26	草坪		混播草				1000	m^2	早熟禾：黑麦草：紫羊绒=7：2：1，草籽播撒均匀，无地面裸露痕迹

2.5.3 绘制施工详图

种植施工平面图中的某些细部尺寸、材料和做法等需要用详图表示，不同胸径的树木需要带不同大小的土球，根据土球大小决定种植穴的尺寸、回填土的厚度、支撑固定桩的做法和树木的修剪等（图 2-18）。

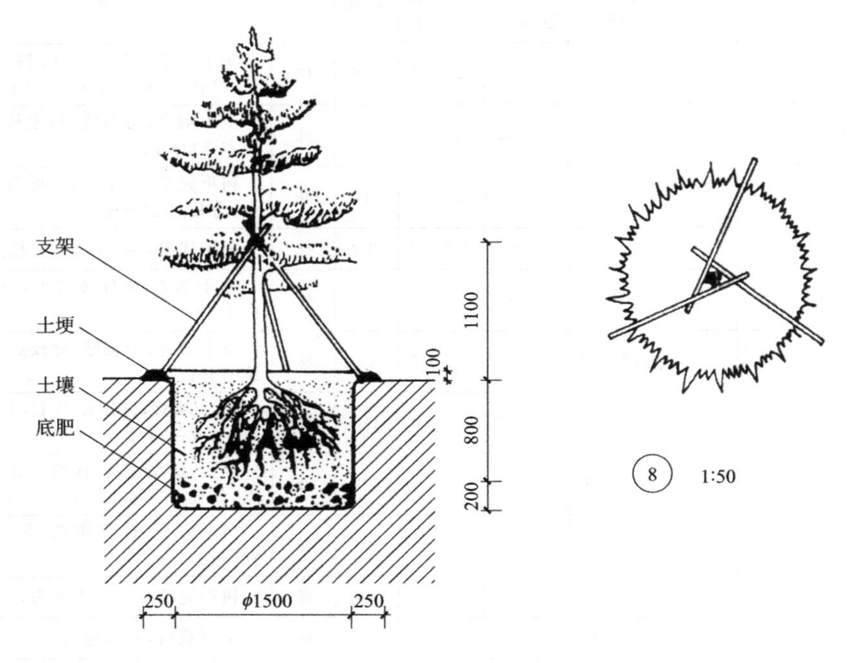

图 2-18　水生植物种植示意

在铺装地上种植树木时需要做详细的平面和剖面以表示树池或树坛的尺寸、材料、构造和排水等（见图 2-19）。说明种植某一种植物时挖穴、覆土施肥、支撑等种植施工要求。图的比例尺为（1：20）～（1：50）。

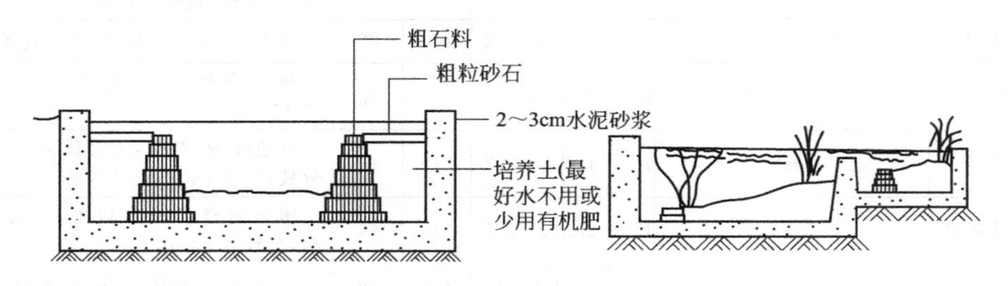

图 2-19　水生植物栽培池结构

2.6 编制园林种植设计说明书

园林种植设计说明书是为了使甲方及施工人员、养护管理人员明了种植设计的原则、构思，植物景观的安排，苗木种类、规格、数量等一系列问题所做的文字说明，从而保证种植设计能得以顺利实施。园林种植设计说明书主要包括如下几部分。

（1）项目概况

主要包括：a. 绿地位置、面积、现状等；b. 绿地周边环境；c. 项目所在地自然条件。

（2）种植设计原则及设计依据

（3）种植构思及立意

（4）功能分区、景观分区介绍

（5）附录

① 用地平衡表　建筑、水体、道路广场、绿地占规划总面积之比例。

② 植物名录　编号、中名、学名、规格、数量、备注。

植物名录中植物排列顺序分别为乔木、灌木、藤木、竹类、花卉地被、草坪。乔灌木中先针叶树后阔叶树，每类植物中先常绿后落叶，同一科属的植物排列在一起，最好能以植物分类系统排列。

阔叶灌木：株高（m）

藤木：地径（cm）或苗龄

花卉地被：株数/m^2

草坪：面积（m^2）

同一树种若以2种规格应用，则应分别计算数、量。例如雪松：规格3m×2m，数量3株；规格1.5m×1m，数量12株。

一份完美的园林种植设计说明书犹如一篇优美的文章，不仅介绍项目概况、叙述设计构思等必要的内容，而且以流畅生动的语言、优美简洁的插图介绍游园立意及各功能分区、景观分区的植物景观，读来使人清新，感到有新意，并具极强的艺术感染力。

Chapter 03

园林植物种植设计的植物材料选择

美国景观建筑师和园艺师南希 A. 莱斯辛斯基（Nancy. A Leszczynski）说过，在种植设计过程中，选择合适的植物是相当重要的一步。要把具体环境的土壤、光照、植物所占空间和必要的修剪同艺术要求结合起来。

植物材料有着比任何其他的造园材料更加丰富的特性。因此，植物景观有比一般造园素材所构成的景观更加多样的功能，能满足使用者多方面和多层次的需要。对植物材料类型、特性和园林种植功能与使用者需要层次的了解是种植设计取得成功的一个关键性因素。

3.1 园林植物种植设计材料的类型

从系统分类来说，全世界约有各类植物 50 万种，其中，高等植物（包括被子植物、裸子植物、蕨类植物和苔藓类植物）在 35 万种以上，常作园林应用的植物有数千种。为了提高观赏性、增加产量或增加抗性等种种目的，“种”（Species）下培育出了许多“品种”（Cultivar），如梅花（Prunus，mume）已有 3 系 5 类 16 型共 323 个品种（陈俊愉，2001）；现代月季品种更超过了 2 万种（陈俊愉，2001）等。园林植物除采用系统分类外，还经常根据形态、生长习性及不同的用途等进行各种方法的人为分类，以便对植物界的内部关系或各类植物的应用特性有更方便和透彻的了解。本章将主要根据外观形态和生长习性对园林植物进行综合归类与说明。值得指出的是，这种归类并不是绝对的。某些植物由于种植环境或培养手段的不同会呈现出很不一样的状态，如白兰花在江浙一带仅是 1～2m 高的盆栽灌木，但在闽、粤、滇等南方地区它却是高过 10m 的乔木；紫杉一般为大乔木，但在西方园林里还作为绿篱，甚至是攀缘植物进行应用等。多样的种类和灵活的运用方式使种植设计在材料上有了极大的选择余地。

植物有不同于其他造园材料的诸多特性。对这些特性的了解是保证植物个体和群落健康生长的关键，更是种植设计因势利导、扬长避短的基础。从历史或实践来看，凡是好的园林种植都充分反映、尊重了植物的特性；相反，不顾植物特性，凭空设计的植物景观都难以经得起时间的考验。

3.1.1 植物材料类型

照植物的高度、外观形态可以将植物分为乔木、灌木、地被三大类，如果按照成龄植物的高矮再加以细分，可以分为大乔木、中乔木、小乔木、大灌木、中灌木、小灌木、地被等类型，如图 3-1 所示。

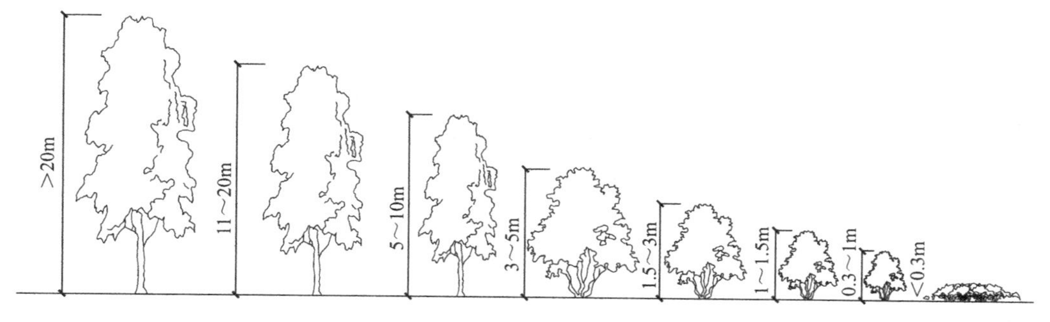

图 3-1 植物的大小

3.1.1.1 乔木

乔木是指树身高大的树木，有根部发生独立的主干，树干和树冠有明显区分。有一个直立主干。依成熟期的高度，乔木可分为伟乔木、大乔木、中乔木和小乔木 4 种类型。伟乔木的高度在 30m 以上，如马尾松、落叶松、冷杉等。大乔木高 20～30m 以上，如悬铃木［*Platanus acerifolia*（*Ait.*）］、白皮松、柠檬桉（*Eucalyptus citriodora*）等；中乔木高 11～20m，如国槐、槲树、垂柳等；小乔木高 5～10m，如日本晚樱、石榴、桂花等。依生活习性，乔木还可分为常绿乔木和落叶乔木；依叶片类型则又可分为针叶乔木和阔叶乔木。

大中型乔木是园林中的骨干树种，是植物景观体系的基本结构，也是构成园林空间的骨架，无论在功能上还是艺术处理上都能起主导作用（图 3-2），诸如界定空间、提供绿荫、防止眩光、调节气候等。作为植物空间主导的结构因素，其重要性随着室外空间的扩大而越加突出。设计时应首先确定大乔木的位置，然后，其他植物才得以安排，以完善和增强大乔木形成的结构和空间特征。

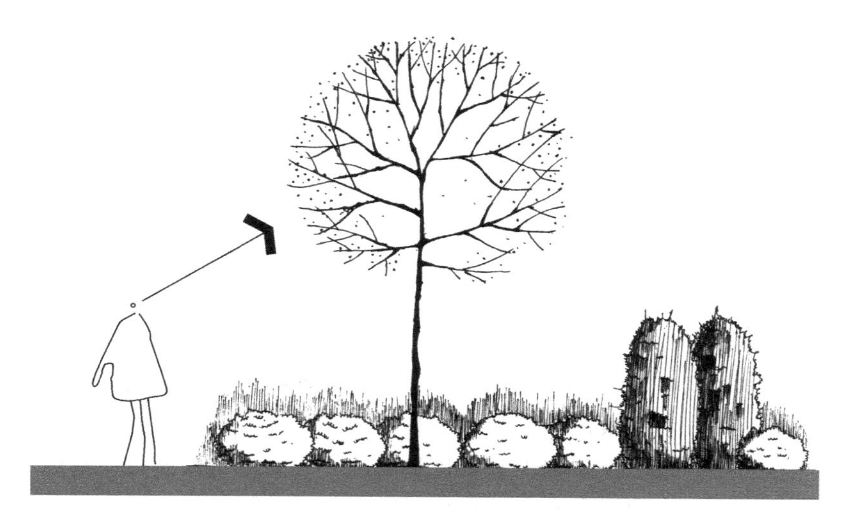

图 3-2 乔木体量大，在空间中处于主景位置

小乔木在景观中也具有多方面的观赏功能。首先，小乔木的树干能从垂直面上暗示着空间边界，常称为“框景”。当其树冠低于视平线时，它将会在垂直面上完全封闭空间。当视线能透过树干和枝叶时，小乔木就充当前景的漏窗。其次，在顶平面上其树冠能形成室外空

间的天花板，这样的空间常使人感到亲切。再次，小乔木也可以作为焦点和构图中心，这一特点是靠其明显的形态、花或果实来完成的，按其特征它常被布置在那些醒目的地方，如入口附近、通往空间的标志及突出的景点等。

乔木除了自身的观赏价值以及作为植物景观的骨架外，对其他植物景观的营造也有相大的作用。高大的乔木可以为其他植物的生长提供生态上的支持，例如，一些些喜阴的花灌木和草本植物如绣球、玉簪、吉祥草需要在适当遮阴的条件下才能生长良好，而一些附生植物如鹿角蕨（Platycerium bifurcatum）需要以乔木为栖息地，在乔木树体上生长，乔木的枝干就成了它们生长的“土壤”。

3.1.1.2　灌木

树体矮小（小于 5m），无明显主干或主干低矮的木本植物，如紫荆、连翘、丁香、海桐、榆叶梅等称为灌木。为了使用方便，又可把它细分为大灌木（3～5m）、中灌木（1.5～3m）、小灌木（1～1.5m）和矮灌木（1m 以下）4 种类型。

与小乔木相比灌木不仅较矮小，其最突出的特点是叶丛几乎贴地而生，无明显主干，枝叶密集。在景观中，大灌木能在垂直面上构成四面封闭、顶部开敞的空间。这种空间具有极强向上的趋向性，给人明亮、欢快感。它还能构成极强烈的长廊性空间，将人的视线和行动直接引向终端。当灌木的高度高于视线，大灌木也可以被用来作视线屏障和私密控制之用（见图 3-3），一些较高的灌木常密植或被修剪成树墙、绿篱，替代生硬的围墙、栏杆，进行空间的围合，这种方法在意大利、法国古典园林中是很常见的。在小灌木的衬托下大灌木能形成构图的焦点（图 3-4），其形态越狭窄、色彩和质地越明显，其效果越突出。在对比作用方面它还可作为背景，突出置于其前的一座雕塑或低矮的灌木，因其落叶或常绿的种类不同而其效果各异。

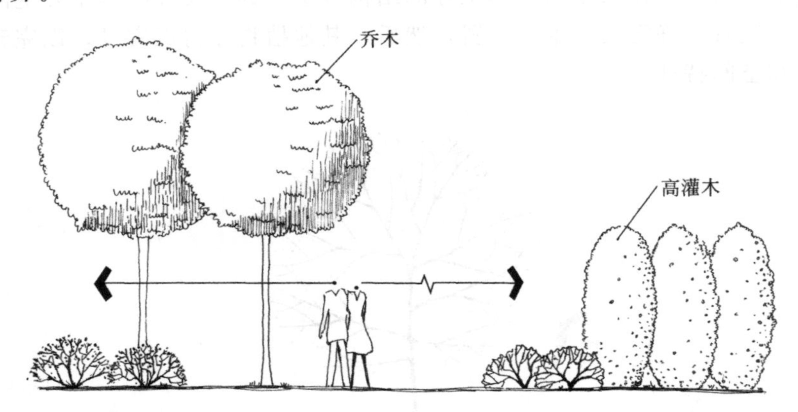

图 3-3　大灌木可以构成视线的屏障

中灌木的叶丛通常贴地或仅略高于地面，其观赏特性与小灌木基本相同，只是围合空间范围较之稍大点。此外，中灌木还能在构图中起到高灌木与矮小灌木之间的视线过度作用。

小灌木如迎春、月季等，由于其没有明显的高度，它们不是以实体来封闭空间，而是以暗示的方式来控制空间。在构图上它也具有从视觉上连接其他不相关因素的作用，一般情况下，它只能在设计中充当附属因素。在现代景观中更多的时候是被修剪成植物模纹，广泛地运用于现代城市绿化中，如图 3-5 所示。

乔灌木的体量大小会直接影响到植物景观，尤其是植物群体景观的观赏效果。如图 3-6 所示，大小一致的植物组合在一起，尽管外观统一规整，但很多时候平齐的林冠线会让人感到单调、乏味；相反的，如果将不同大小、高度的植物合理组合，就会形成一条富于变化的林冠线，如图 3-7 所示。无论是城市景观还是自然景观，优美的林冠线始终是人们的追求。所以，在植物选择过程中植物的大小是首先考虑的一个因子，其他美学特性都是依照已定的植物大小来加以选择。

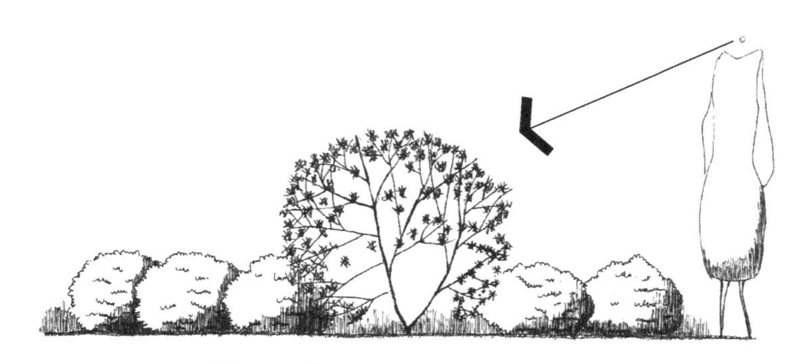

图 3-4　灌木也可以成为构图的焦点

图 3-5　低矮灌木构成的植物模纹

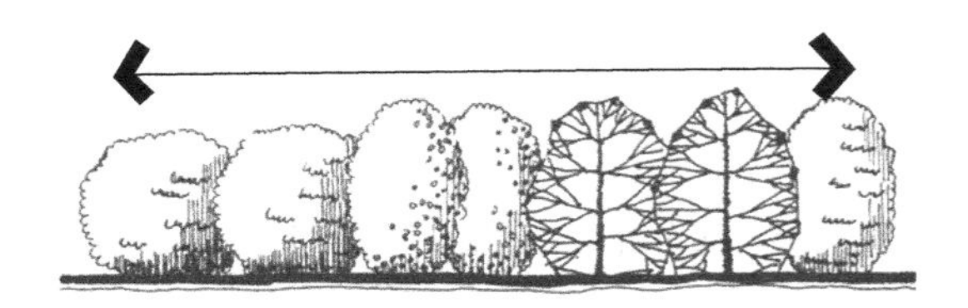

图 3-6　植物体量大小一致，统一规则，但存在单调的缺陷

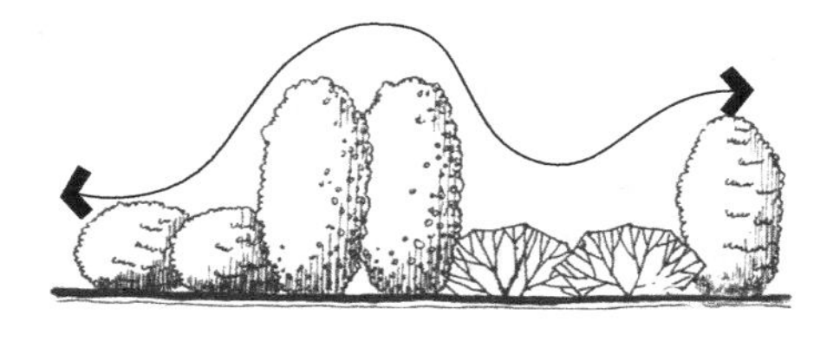

图 3-7　植物体量多变，景观富于变化

3.1.1.3　花卉

广义的“花卉”泛指在根、茎、叶、花、果等方面具有观赏价值的草本和部分木本植物。此处主要指前者，即形态良好、具有欣赏价值的草本植物（图 3-8），如三色堇、矮牵牛、万寿菊、蜀葵、大丽花等。种植设计中常用的花卉按生态习性分有一年生花卉、二年生花卉和多年生花卉（包括宿根花卉、球根花卉、水生花卉和岩生花卉等）。它们中大多数有

明显的开花特征，但也可以包括部分观赏草和观叶、观果植物，如彩叶草、天门冬、肾蕨和万年青等。必要时，西兰花和朝天椒等有观赏价值的蔬菜也可以包括在花卉内。

图 3-8　花卉片植景观

（1）一年生花卉

一年生花卉是指在一年之内完成生活史的草本花卉。一般春天播种，夏秋开花，冬天枯死，故又称春播花卉。耐寒性差，耐高温能力强，夏季生长良好，而冬季来临遇霜则枯死。一年生花卉属于春性植物，在5～12℃条件下经过5～15d便可通过春化阶段。一年生花卉多属于短日照花卉，大多原产于热带或亚热带地区。常见的一年生花卉有鸡冠花、万寿菊、凤仙花、百日草、孔雀草、紫茉莉、半枝莲、翠菊等。

（2）二年生花卉

二年生花卉是指需要跨越两个年度才能完成生活史的草本花卉。一般秋季播种，春夏开花，故又称秋播草花。虽其生活周期不足一年，但因跨越两个年度，故称为二年生花卉。其耐寒性较强，耐高温能力差，秋季播种，翌年春夏开花、结实，进入高温期遇高温则枯死。二年生花卉多为长日照花卉，且属于冬性植物，在0～10℃的低温下，经过30～70d可通过春化阶段。多原产于温带、寒温带及寒带地区。常见的二年生花卉有五彩石竹、紫罗兰、羽衣甘蓝、瓜叶菊、三色堇、金盏菊、石竹、金鱼草、虞美人、雏菊、桂竹香等。

有些二年生花卉，在北方地区栽培时也可春季播种。

（3）多年生花卉

个体寿命超过两年的花卉能多次开花结实。根据地下部分形态变化，多年生花卉又分宿根花卉和球根花卉。

① 宿根花卉　是指植株地下部分的根或茎形态正常，不发生变态的可以宿存于土壤中越冬，翌年春天地上部分又可萌发生长、开花结籽的多年生花卉，如芍药、玉簪、萱草、鸢尾、蜀葵、天竺葵、菊花、八宝景天、桔梗、假龙头、滨菊、射干等。宿根花卉繁殖、管理简便，一年种植可多年开花，是城镇绿化、美化极适合的植物材料。

② 球根花卉　是指植株地下部分的茎或根变态、膨大并储藏大量养分的一类多年生草本植物球根类花卉种类丰富，适应性强，栽培容易、管理简便，加之球根种源交流便利，适合园林布置，广泛应用于花坛、花境、岩石园或作地被、基础栽植等，也是商品切花和盆花

的良好材料。根据其地下变态部分的形态结构不同，又可分为以下类型。

1）鳞茎类。地下茎短缩为圆盘状的鳞茎盘，其上着生多数肉质膨大的鳞片。鳞茎类分为有皮鳞茎和无皮鳞茎：有皮鳞茎，如郁金香、风信子、水仙、石蒜、朱顶红、文殊兰等；无皮鳞茎，如百合、贝母等。

2）球茎类。地下茎短缩膨大呈实心球状或扁球形，其上着生环状的节，顶端有顶芽，节上有侧芽。常见品种有唐菖蒲、香雪兰、番红花等。

3）块茎类。地下茎变态膨大呈不规则的块状或球状，其上具明显的芽眼，如马蹄莲、花叶芋、晚香玉等，可形成小块茎；块茎类花卉也包括块状茎，如仙客来、球根秋海棠、大岩桐等，其芽着生于块状茎的顶部，但不能分生小块茎。

4）根茎类。地下茎呈根状肥大，具明显的节与节间，节上有芽并能发生不定根，其顶芽能发育形成花芽而开花，而侧芽则形成分枝，如美人蕉、荷花、睡莲、鸢尾类、姜花、红花酢浆草、铃兰等。

5）块根类。根的变态，由侧根或不定根肥大而成，其中储藏大量养分，块根无节、无芽点，芽在根颈部，如大丽花、花毛茛、欧洲银莲花等。

③ 水生花卉　泛指生长于水中或沼泽地的观赏植物，与其他花卉明显不同的习性是对水分的要求和依赖远远大于其他各类，因此也构成了其独特的习性。水生花卉种类繁多，是园林、庭院水景园林观赏植物的重要组成部分。常见品种有荷花、睡莲、阿根廷蜈蚣草、埃及莎草、矮慈姑、矮皇冠草、巴戈草、白花睡莲、百叶草、宝塔草、荸荠、波浪草、茶叶草、长艾克草、莼菜、慈姑、粗梗水蕨、大宝塔草、再力花、大水兰、黄花鸢尾、千屈菜、菖蒲、香蒲、梭鱼草等。

④ 岩生花卉　指直接生长于岩石表面，或生长于覆于岩石表面的薄层土壤上，或生长于岩石之间的植物。岩生花卉耐旱性强，适合在岩石园栽培，可以用来装饰岩石园。常用的岩生花卉有银莲花、秋牡丹竹、金丝桃、亚麻、月见草、虎耳草、景天、费菜等。

3.1.1.4 草坪和地被

(1) 草坪

俗称草地，是用多年生矮小草本植株密植，并经修剪的人工草地，适用于美化环境、园林景观、净化空气、保持水土、提供户外活动和体育运动场所等。现代国际上将草坪覆盖面积作为衡量现代化城市建设的重要标志之一。1969年，成立国际草坪学会（International Turfgrass Research Conference）。目前，全球草坪栽培技术，以高尔夫球场草坪为代表。

草坪分类方法如下。

① 按照气候类型分类

1）冷季型草坪。冷季型草多用于长江流域附近及以北地区，主要包括高羊茅、黑麦草、早熟禾、白三叶、剪股颖等种类。

2）暖季型草坪。暖季型草多用于长江流域附近及以南地区，在热带、亚热带及过渡气候带地区分布广泛，主要包括狗牙根、百喜草、结缕草、画眉草等。

② 按植物材料的组合分类

1）单播草坪：用一种植物材料的草坪。

2）混播草坪：由多种植物材料组成的草坪。

3）缀花草坪：以多年生矮小禾草或拟禾草为主，混有少量草本花卉的草坪。

③ 按草坪的用途分类

1）游憩草坪：可开放供人入内休息、散步、游戏等户外活动之用。该类草坪一般选用叶细、韧性较大、较耐踩踏的草种。

2）观赏草坪：不开放，不能入内游憩。一般选用颜色碧绿均一，绿色期较长，能耐炎热、又能抗寒的草种。

3）运动场草坪：根据不同体育项目的要求选用不同草种，有的要选用草叶细软的草种，有的要选用草叶坚韧的草种，有的要选用地下茎发达的草种。

4）交通安全草坪：主要设置在陆路交通沿线，尤其是高速公路两旁，以及飞机场的停机坪上。

5）保土护坡的草坪：用以防止水土被冲刷，防止尘土飞扬。主要选用生长迅速、根系发达或具有匍匐性的草种。

（2）地被植物

地被植物指的是所有低矮、爬蔓的植物，其高度一般为15～30cm，其品种也多种多样，或开花或不开花。由于地被植物接近地面，对于视线完全没有阻隔作用，所以地被植物在立面上不起作用，但是地面上地被植物却有着较高的价值，它可以作为室外空间的植物性“地毯”铺地，暗示空间的变化。因此，地被植物常在外部空间中划分不同形态的地表面发挥作用，它能在地面上形成设计所需各种图案。当其与草坪或铺装材料相连时，其边缘构成的线条在视角上能引导视线、范围空间。地被植物的另一功能，是从视觉上将其他孤立因素或多组因素联系成一组有机的整体（图3-9）。地被植物还可作为衬托主要因素或主要景物的无变化的、中性背景。

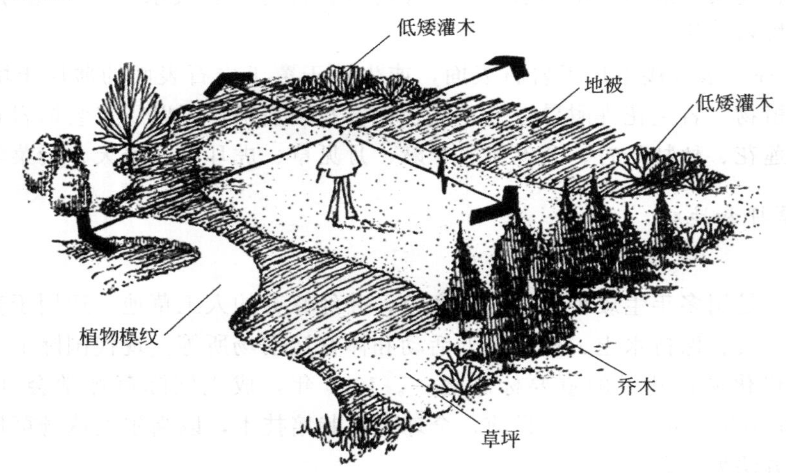

图3-9　地被植物可将其他孤立因素或多组因素联系形成整体

地被植物的分类如下。

① 按生态环境区分

1）阳性地被。只能在全光照下才能生长发育良好并正常开花结实，光照不足常使节间伸长，生长不良，不开花或少开花或不正常结实。例如，常夏石竹、半支莲、鸢尾、百里香、紫茉莉等。

2）阴性地被。在一定荫蔽环境下才能生长良好。直射的强光照，尤其是夏季，将造成灼伤、叶片变黄、生长受阻甚至死亡。如虎耳草、车钱草、玉簪、金毛蕨、蛇莓、蝴蝶花、白芨、桃叶珊瑚、砂仁等。

3）中性地被。既能在充足的光照下生长良好，也能忍耐不同程度的荫蔽。如诸葛菜、蔓长春花、石蒜、细叶麦冬、八角金盘、常春藤等。

② 按观赏性状划分

常绿地被植物类。四季常青的地被植物，称为“常绿地被植物”，如铺地柏、石菖蒲、麦冬、葱兰、常春藤等。

观叶地被植物类。有特殊的叶色与叶姿，可供人欣赏，如八角金盘、菲白竹、车钱草等。

观花地被植物类。花期长，花色艳丽的低矮植物，在开花期，以花取胜，如金鸡菊、诸葛菜、红花酢浆草、毛地黄、矮花美人蕉、菊花脑、红花韭兰、花毛茛、金苞花、石蒜等。

（3）优良地被植物的条件

1）覆盖力强，繁殖容易，养护管理粗放，适应性强，植株低矮，生长速度快，绿叶期长。

2）植株低矮：按株高分为30cm以下、50cm左右、70cm左右几种，一般不超过100cm。

3）绿叶期较长：植丛能覆盖地面，具有一定的防护作用。

4）生长迅速：繁殖容易，管理粗放。

5）适应性强：抗干旱、抗病虫害、抗瘠薄，有利于粗放管理。

3.1.1.5 攀缘植物

攀缘植物，是指能缠绕或依靠附属器官攀附他物向上生长的植物。茎细长不能直立，需攀附支撑物向上生长的植物，用以进行垂直绿化，可以充分利用立地和空间，占地少，见效快，对美化人口多、空地少的城市环境有重要意义。在园林造景中，藤本植物可以装饰建筑、棚架、亭廊、拱门、园墙、点缀山石，可形成独立的景观或起到画龙点睛的作用。

根据攀缘植物习性的不同，可将其分为缠绕类、吸附类、卷须类和蔓生类。

（1）缠绕类

茎细长，主枝或新枝幼时能沿一定粗度的支持无左旋或右旋缠绕而上。常见的有紫藤属、崖豆藤属、木通属、五味子属、铁线莲属、忍冬属、猕猴桃属、牵牛属、月光花属、茑萝属、乌头属以及茄属等的部分种类。

缠绕类植物的攀缘能力都很强。此类植物适合篱式、廊架、棚式等垂直绿化的设计应用（图3-10）。

（2）卷须类

依靠卷须向上生长的植物。大多数种类的卷须有茎演变而来，称茎卷须。如葡萄、山葡萄、蛇葡萄、乌蔹梅、扁担藤、小葫芦、龙须藤。有些种类由叶变态而来，称叶卷须，如炮仗花、香豌豆、嘉兰。

（3）蔓生类

此类植物为蔓生悬垂植物，无特殊的攀缘器官，仅靠细柔而蔓生的枝条攀缘；有的种类枝条具有棘刺，在攀缘中起一定作用；个别种类的枝条先端偶尔缠绕。主要有蔷薇属、悬钩子属、叶子花属、胡颓子属等。

相对而言，此类植物的攀缘能力最弱。一般适宜格式、拱棚式的设计应用（图3-11）。

（4）吸附类

此类植物依靠吸附作用而攀缘。这类植物具有气生根或吸盘，二者均可分泌黏胶将植物体黏附于他物枝上。具有吸盘的植物主要有爬山虎、五叶地锦；具有气生根的则有常春藤、薜荔、凌霄、扶芳藤、络石、球兰、蜈蚣藤、绿萝、龟背竹、麒麟叶等，它们的茎蔓可随处生根，并借此依附他物。此类植物攀缘能力最强，尤其适于墙面和岩石等垂直面的绿化。

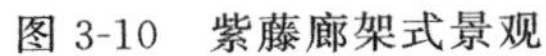

图 3-10　紫藤廊架式景观

图 3-11　藤本月季景观

3.1.1.6　水生植物

狭义的水生植物是指能在水中生长的植物，统称为水生植物。广义的水生植物指用于绿化美化水体、营造水体景观，适应水湿环境，并经过一定技艺栽培、养护的植物。广义的水生花卉的范围从水体内部延伸到水体岸边，从水环境延伸到了湿地环境。据水生植物的生活方式，一般将其分为挺水植物、浮叶植物、沉水植物和漂浮植物以及湿生植物几大类。

① 挺水植物　即植物的根、根茎生长在水的底泥之中，茎、叶挺出水面。常分布于0～1.5m的浅水处，其中有的种类生长于潮湿的岸边。这类植物在空气中的部分，具有陆生植物的特征；生长在水中的部分（根或地下茎），具有水生植物的特征。常见品种有芦、蒲草、荸荠、莲、水芹等。

② 浮叶植物　根状茎发达，花大、色彩艳丽多姿，叶色多变，无明显的地上茎或茎细弱不能直立。常见品种如睡莲、王莲等。

③ 漂浮植物　根不生于泥中，植株漂浮于水面上。如凤眼莲、大薸等。

④ 沉水植物　根茎生于泥中，整个植株沉入水中，叶多为狭长或丝状，如金鱼藻等。

⑤ 湿生植物　生长在过度潮湿环境中的植物。湿生植物主要包括水生、沼生、盐生植物以及一些中生的草本植物，在自然界具有特殊的生态价值，同时对人类欣赏、药用、食用开发等也有独特作用。如一种盐地碱蓬可以使盐土脱盐，改善土壤结构，被誉为盐碱地改造的“先锋植物”。水生香蒲属植物具有净化污水的特殊作用，其花粉又是止血和活血化瘀的良药。二色补血草和中华补血草等花期长，成片盛开时十分美丽壮观，特别适宜用作切花，等等。中国多数湿生植物的作用远未充分开发利用，其功用在不断被研究发现。然而，由于人们对湿地不合理利用，如围湖造田、过度淡水养殖、工业污染等，一些湿生植物种类在悄然消失，有的面临灭绝。如中国广西、福建、广东、海南沿海等地的热带海岸潮滩上生长的一种红树林，目前受破坏面积已达50%以上。

3.1.1.7　附生植物

以他种植物为栖居地，但并不吸收其营养组织，最多从栖居植物死亡部分取得养料的植物，如部分蕨类和兰科植物。在寒冷的温带，苔藓、地衣常附生在树干、枝桠上；在热带或亚热带的南部地区，蕨类、天南星科、兰科的许多植物常以特殊的根皮组织或有利于吸水的鸟巢方式栖居在各类植物的树干上，由于常位居高空，所以有“空中花园”的美称。

3.1.2 植物材料的特点

（1）不可替代性

植物通过光合作用将简单的无机物（CO_2 和 H_2O）合成碳水化合物，并进一步合成脂肪、蛋白质、多糖等复杂的有机物质，供给地球上绝大多数的动物生存；植物通过呼吸作用，吸入 CO_2，释放 O_2，维持了自然界的碳氧平衡。由于植物的这种特性是任何其他园林要素所不具备的，因此植物在园林中的地位具有不可替代性。

（2）群落性

自然中的植物极少单独生长，它们常群集而生。而且，植物之间的关系不是简单地聚集，而是按一定规律组成有利于个体繁衍和整体生长、发育的群落。因此，种植设计时绝不能随意地进行植物搭配，而应该在充分了解植物生态习性和立地环境的基础上进行科学地组合与种植。

（3）动态性

虽然有些时候无机物（如钢、木、砖等）随环境变化而变化的现象也被看成是一种动态运动，但植物的动态与此有本质的区别。植物具有呼吸作用、季相变化和开花结果的生命过程。从植物的动态里使用者可以感受到自然的气息和生命的节律，从而对使用者的生理和心理产生影响。

3.2 园林植物的观赏特性

园林植物种类繁多、姿态各异。欣赏园林植物景观的过程是人们视觉、嗅觉、触觉、听觉、味觉五大感官媒介审美感知并产生心理反应与情绪的过程。视觉、嗅觉、触觉在审美中发挥主导作用，它们分别感知植物景观的形状、颜色、香味、质地等；而听觉、味觉在某种程度上发挥着不可忽视的辅助作用，如“雨打芭蕉”就是园林中以“听”而感知的典型景观。

园林植物 4 个重要的观赏特性是植物的姿态、色彩、质感和芳香，它们犹如音乐中的音符，绘画中的色彩、线条、形体，是情感表现的语言。植物正是通过这些特殊的语言向人们表现自己，体现美感。作为园林设计者，应努力去理解体会这些语言，研究能使主观产生美感的植物景观的内在规律，设计出符合人们心理和生理需求的植物景观。

3.2.1 园林植物的姿态

大自然的植物千姿百态，各种植物各具其姿，或亭亭玉立，或横亘曲折，或倒悬下垂，或柔和或古拙。植物的姿态是园林植物的观赏特性之一，它在植物的构图和布局上影响着统一性和多样性。

植物姿态是指植物整体形态的外部轮廓，一般指木本植物而言，它是由主干、主枝、侧枝及叶幕组成的。植物的姿态主要由遗传性而定，但也受外界环境因子的影响，在园林中人工养护管理因素更起决定作用。植物的姿态美，在植物的观赏特性中具有极重要的作用，尤其是针叶树类及单子叶竹类，它们不具美丽芳香的花、叶，也不结晶莹可爱的果实，但它们以其姿态美同样博取人们的喜爱。苍老的松柏给人端庄、古朴的感受，青翠的竹子又有潇洒之感，挺拔的棕榈使人领受到南国风光……这一切都是植物姿态呈现出的观赏特性。

大体来讲，观赏植物的株形多介于自然形与几何形之间，为两者的综合，也称为株形或树形。因此，园林植物的树形可以按照外部轮廓的几何线条来进行分类，如可以分为垂直方向形、水平方向形和无方向形；也可按照植物自然生长的形态来进行分类，如可分为圆锥形、圆柱形、伞形、垂枝形、尖塔形、球形、风致形、棕榈形等（图 3-12）。

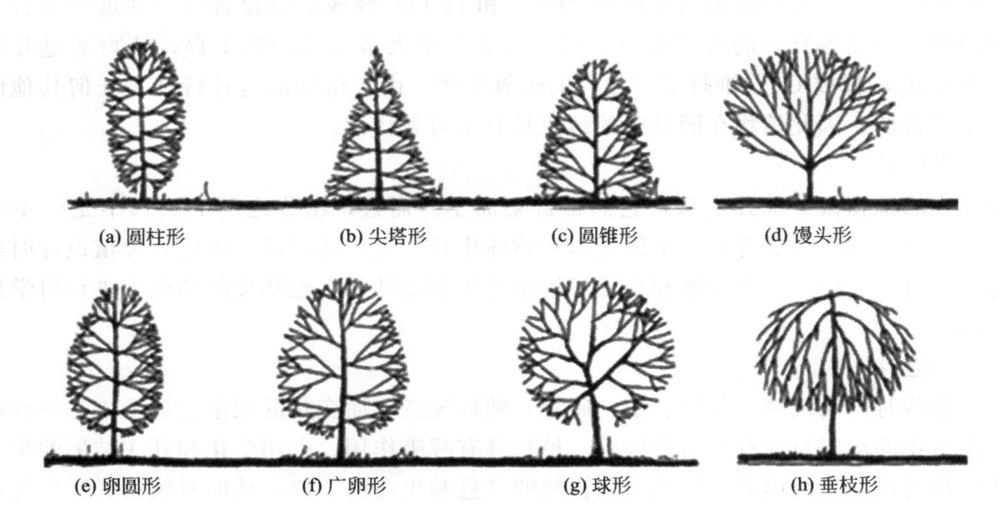

图 3-12　常见园林植物姿态

3.2.1.1　园林植物的常见树形

（1）乔木的树形

总体而言，针叶乔木类的树形以尖塔形和圆锥形居多，加上多为常绿树，故多有严肃端庄的效果，园林中常用于规则式配置；阔叶乔木的树形以卵圆形、球形等居多，多有浑厚朴素的效果，常作自然式配置。乔木常见的树形有以下几种。

① 圆锥形　主枝向上斜伸，树冠较丰满，呈狭或阔圆锥体状（图 3-13）。圆锥形树冠从底部逐渐向上收缩成尖顶状，其总轮廓非常明显，有严肃、端庄的效果，可以成为视线焦点，尤其是与低矮的圆球形植物配置在一起时，对比强烈。多由裸子植物的总状分枝产生，某些草本植物开花时的总状花序也常形成这样的形状。由斜线和垂线构成，但以斜线占优势。因此，具有由静而趋于动的意向，整体造型静中有动，动中有静，动静结合，轮廓分明，形象生动，有将人的视线或情感从地面导向高处或天空的作用。

图 3-13　圆锥形树形

图 3-14　圆柱形树形

② 圆柱形　树冠基部与顶部均不开展，且树冠上、下部直径相差不大，冠形竖直，树冠紧抱，冠长远远超过冠径，整体形态狭长呈筒状与纺锤状，其形整齐、占据空间小，引导视线垂直向上，垂直景观明显，如北美圆柏、柴杉、龙血树、塔柏等、钻尺杨、落羽杉等。如图3-14所示。

③ 球形　包括半球形、卵形、倒卵形与椭圆形，以曲线为主（图3-15），柔滑平缓，外形柔和，有温和感，多用来调和外形较强烈的植物类型。常绿树如樟树、苦槠、桂花、榕树，落叶树如元宝枫、重阳木、梧桐、黄栌、黄连木、无患子、乌桕、枫香、丝棉木、白榆、杜仲、白蜡、杏树等。

图3-15　圆球形植物示例

④ 棕榈形　树干直立，多无分枝，常绿，叶大型，掌状或羽状分裂，聚生茎顶端，随风飘曳，姿态婆娑（图3-16）。如棕榈科、苏铁科、龙舌兰科的植物，也包括部分草本植物如喜林芋等。这类植物均为常绿植物，质感多为粗质，给人以粗犷的感觉。

⑤ 伞形和垂枝形　伞形树冠上部平齐，呈伞状展开，如合欢、幌伞枫、凤凰木、赤松，榉树、鸡爪槭、红豆树、千头椿的树冠一般呈伞形（图3-17）；垂枝形植物有明显悬垂或下弯的细长枝条，如垂柳、垂枝槐、垂枝榆、垂枝梅、垂枝桃、垂枝山毛榉、吊兰、绿萝、翡翠珠等枝条下垂，如图3-18所示。伞形和垂枝形树冠具令优雅和平的气氛，给人以轻松、宁静之感，适植于水边、草地等安静休息区。

图3-16　棕榈形

图3-17　伞形

⑥ 风致形　该类植物形状奇特，姿态百千。如黄山松常年累月受风吹雨打的锤炼，形成特殊的形状；还有一些在特殊环境中生存多年的老树，具有或歪或扭或旋等不规则姿态。这类植物通常用于视线焦点，孤植独赏（图 3-19）。

图 3-18　垂枝形树形

图 3-19　风致形

（2）灌木的树形

园林中应用的灌木，一般受人为干扰较大，经修剪整形后树形往往发生很大变化。但总体上可分为以下几大类。

① 丛生球形　树冠团簇丛生，外形呈圆球形、扁球形或卵球形等，多有朴素、浑实之感，造景中最适宜用于树群外缘，或装点草坪、路缘和墙基。常绿的如海桐、洒金珊瑚、金边胡颓子、瓜子黄杨等，落叶的如榆叶梅、绣球、棣棠等。

② 长卵形　枝条近直立生长而形成的狭窄树形，有时呈长倒卵形或近于下垂。尽管明显没有主干，但该类树形整体上有明显的垂直轴线，具有挺拔向上的生长势，能突出空间垂直感。如木槿、海棠、锦鸡儿以及碧桃品种中的照手红和照手白等。

③ 偃卧及匍匐形　植株的主干和主枝匍匐地面生长，上部的分枝直立或否。如铺地柏、沙地柏、偃柏、平枝栒子、匍匐栒子等，适于点缀草坪、岩石园等。这类树干属于水平开展形，具有水平方向生长的习性，其形状能使设计构图产生一种广阔感和外延感，并能与平坦的地形、平展的地平线和低矮水平延伸的建筑物相协调。

④ 拱垂形　枝条细长而拱垂，株形自然优美，多有潇洒之姿，能将人们的视线引向地面。如连翘、云南黄馨、迎春、探春、笑靥花、枸杞等。拱垂形灌木不仅具有随风飘洒、富有画意的姿态，而且下垂的枝条引力向下，构图重心更加稳定，还能活跃视线。

为能更好地表现该类植物的姿态，一般将其植于有地势高差的坡地、水岸边、花台、挡土墙及自然山石旁等处，使下垂的枝条接近人的视平线，或者在草坪上应用构成视线焦点。

⑤ 披散形　包括匍匐形、偃卧形、拱枝形等。多为灌木，也包括部分草本植物。植株低矮，枝条接近地面水平状向四周伸展，姿态潇洒、自由。以水平线为主，引导视线沿水平方向移动，使空间给人产生一种宽阔感和外延感。

（3）人工树形

除自然树形外，种植设计中还经常对一些萌芽力强、耐修剪的树种进行整形，模仿人物、动物、建筑及其他物体形态，对植物进行人工修剪、攀扎、雕琢而形成的各种复杂的几何形体或立体造型。如门框、树屏、绿柱、绿塔、绿亭、熊猫、孔雀等，树桩盆景属典型的雕琢形，如图 3-20、图 3-21 所示。选用的树种应该是枝叶密集、萌芽力强的树种，否则达不到预期的效果；常用的有黄杨、雀舌黄杨、大叶黄杨、枸骨、海桐、金叶假连翘、红叶石楠等。

图 3-20 人工修剪绿篱造型

图 3-21 人工修剪树形

3.2.1.2 树形在种植设计中的作用

树形影响景观的统一和多样性。人类对植物的情感具有倾向性，按照植物生长在高、宽、深三维空间的延伸得以体现，对植物的姿态加以感情化。不同姿态的树种给人以不同的感觉，或高耸入云或波涛起伏，或平和悠然或苍虬飞舞，与不同地形、建筑、溪石相配植，则景色万千。如图 3-22 所示为英国斯托海德园中一水体景观：不同植物树形与小桥、水体搭配，高低错落，虚实相间，景色迷人。

图 3-22 不同植物树形与小桥、水体搭配，高低错落，虚实相间，景色万千

(1) 垂直方向类树形在种植设计中的作用

圆柱形、尖塔形、圆锥形和扫帚形，具有此类姿态的植物具有显著的垂直向上性，可归入此类。常见的具有强烈的垂直方向性的植物有圆柏、塔柏、铅笔柏、钻天杨、水杉、落羽杉、雪松、云杉属等。一般来说，常绿针叶类乔木多具有垂直向上性。这类植物具有高洁、权威、压严、肃穆、崇高和伟大等表情。它的另一面表情是具有傲慢、孤独和寂寞之感。此类植物通过引导视线向上的方式，突出空间的垂直面，它们能为一个植物群和空间提供一种垂直感和高度感。如果大量使用该类植物，其所在的植物群体和空间会使人有一种超过实际高度的幻觉，当与较低矮的展开类或无方向类（特别是圆球形）植物种植在一起时，其对比非常强烈（图 3-23），垂直向上类的植物给人一种紧张感，而圆球形植物或展开类植物会使

人放松，一收一放，从而成为视觉中心（图3-24）。垂直向上型植物犹如一“惊叹号”惹人注目，像地平线上的教堂塔尖。由于这种特征，故在种植设计时应谨慎使用，如果用得过多，会造成过多的视线焦点，使构图跳跃破碎。这类常绿针叶植物宜用于需要严肃静谧气氛的陵园、墓地、教堂，人们从其富有动势的向上升腾的形象中充分体验到那种对冥国的死者哀悼的情感或对宗教的狂热情感。

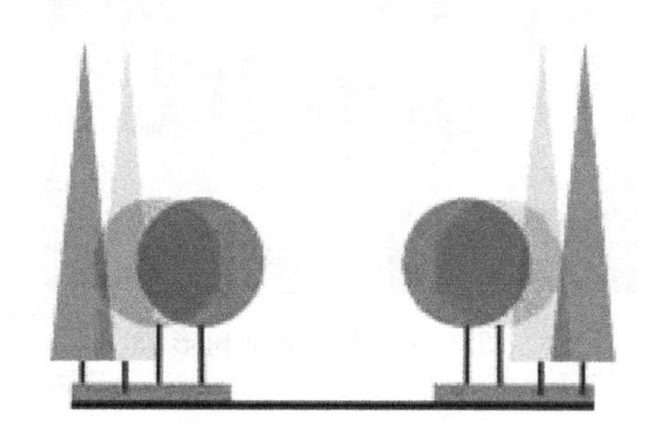

图3-23 垂直类树形与圆球形配植，对比强烈

图3-24 展开类植物容易形成视觉中心

（2）水平展开类树形在种植设计中的作用

偃卧形、匍匐形等姿态的植物都具有显著的水平方向性，可归入此类。需要指出的是，一组其他姿态的植物组合在一起，当长度明显大于宽度时植物本身特有的方向性消失，而具有了水平方向性。绿篱即是一个典型的例子。

常见的具有强烈水平方向性的植物有矮紫杉、沙地柏、铺地柏、平枝栒子等。这类植物有平静、平和、永久、舒展等表情，它的另一面表情是疲劳、死亡、空旷和荒凉。水平方向感强的水平展开类植物可以增加景观的宽广感，使构图产生一种宽阔感和延伸感，展开形植物还会引导视线沿水平方向移动（图3-25）。

该类植物重复地灵活运用，效果更佳。在构图中，展开类植物与垂直类植物或具有较强的垂直性的灌木配置在一起，有强烈的对比效果。

水平展开类植物常形成平面或坡面的绿色覆盖物，宜作地被植物。展开类植物能和平坦的地形、开展的地平线和水平延伸的建筑物相协调。若将该类植物布置于平矮的建筑，它们能延伸建筑物的轮廓，使其融汇于周围环境之中。

（3）无方向类树形在种植设计中的作用

园林中的植物大多没有显著的方向性，如姿态为卵圆形、倒卵形、圆球形、丛枝形、拱枝形、伞形的植物，而球形类为典型的无方向类。

① 圆球类　圆和球具有单一的中心点，圆和球依这个中心点运动，引起周围等距放射活动，或从周围向中心点集中活动。换言之，圆和球吸引人们的视线，易形成重点。它在空间内的活动因不受限制，所以不会形成紊乱；又由于等距放射，同周围的任何姿态都能很好地协调。这种植物既没有方向性，也无倾向性，因此在整个构图中，随便使用圆球形植物均不会破坏设计的统一性。圆球形植物外形圆柔温和，可以调和其他外形较强烈形体，也可以和其他曲线形的因素相互配合、呼应，如波浪起伏的地形。园林中的植物天然具有球形姿态的较少见，更为常见的是修剪为球形的植物，例如黄杨球、大叶黄杨球、枸骨球等。馒头形的馒头柳、千头椿等也部分地具有球形植物的性质。圆球类植物有浑圆、朴实之感，这类植物配以和缓的地形，可以产生安静的气氛（图3-26）。

② 一般类　姿态为卵形、倒卵形、丛生形、拱枝形的植物，没有明显的方向性。此类植物在园林中种类最多，应用也最广泛。该类植物在引导视线方向既无方向性，也无倾向

性，因此在构图中随便使用不会破坏设计的统一性。这类植物具有柔和平静的性格，可以调和其他外形较强烈的形体，但此类植物创造的景观往往没有重点。

图 3-25 展开形植物引导视线沿水平方向移动

图 3-26 圆球类植物有浑圆、朴实之感

（4）其他

① 垂枝类 垂枝类植物包括狭义的垂枝植物，如垂柳、绦柳、照水梅、垂枝桃等，也包括枝条向下弯的植物，如迎春、连翘等。它们都具有明显向下的方向性。

垂枝类植物具有明显的悬垂或下弯的枝条，与垂直向上类植物相反，垂直向上类植物有一种向上运动的力，而垂枝类植物有一种向下运动的力。

这类植物具有明显的下垂的枝条，在设计中它们能起到将视线引向地面的作用，不仅可赏其随风飘洒、富有画意的姿态，而且下垂的枝条引力向下，构图重心更稳，还能活跃视线，如河岸边常见的垂柳。

② 曲枝类 这类植物明显的特征是枝条扭曲，如龙桑、曲枝山桃、龙游梅等。具有横向的力，枝条向左右两边延伸，可引导人的左右方向的视线，并使整体树冠趋向圆整。

③ 棕榈形 主要是指棕榈科的植物，这类植物形态独特且富于变化，有小巧玲珑可爱或高耸壮硕雄伟挺拔者，其树姿婆娑，终年青翠，能很好地体现热带风光。高大的树种达数十米，树姿雄伟，茎干单生，苍劲挺拔，加上叶型美观，与茎干相映成趣，可作主景树；有些种类，茎干丛生，树影婆娑，宜作配景树种；低矮的种类，株型秀丽，亦广泛应用于街道、庭院、公园等地绿化。

④ 特殊形 特殊形植物有奇特的造型，其形状千姿百态，有不规则的、多瘤节的、歪扭式的和缠绕螺旋式的。这种类型的植物通常是在某个特殊环境中已生存了多年的成年老树。除了专门培育的盆景植物外，大多数特殊形植物的形象都是由自然力造成的，如风致形、悬崖形和扇形形便是特殊形植物的代表。

这类植物具有不同凡响的外貌，通常用于视线焦点，最好作为孤植树，放在突出的设计位置上，构成独特的景观效果。一般来说，无论在何种景观内，一次只宜置放一棵这种类型的植物，这样才能避免杂乱的景象。如图 3-27 所示。

在进行植物种植设计时，如果姿态变化小，统一有序，但缺乏变化；如果姿态变化多，则又显得眼花缭乱，在一个设计中可采用某一种植物姿态占主导地位的从而使整个种植设计达到统一的效果。其余多种植物姿态的综合运用作为配景，体现景观的变化和多样性。在以植物姿态作为园林设计的要素中，园林设计师应不拘泥于单株植物（单一姿态），而运用植物群（组合姿态）来达到种植设计的目标。

图 3-27　株形奇特，适宜单独种植造景

3.2.1.3　园林植物各部分的姿态

(1) 叶的形态美

园林植物叶的形状、大小以及在枝干上的着生方式各不相同。以大小而言，小的如侧柏、柽柳的鳞形叶长 2～3mm，大的如棕榈类的叶片可长达 5～6m 甚至 10m 以上。一般而言，叶片大者粗犷，如泡桐、臭椿、悬铃木；小者清秀细腻，如黄杨、胡枝子、合欢等。

一般将各种叶的形状归纳如下。

① 椭圆形　叶片椭圆形，中部最宽，尖端和基部都是圆形，如樟树、橡皮树、木犀、茶树、黑枣树、樱草的叶。

② 心形　叶片形如心脏，基部宽圆而微凹，先端渐尖，如甘薯、牵牛、紫荆的叶。如果是心形倒转，叫作倒心形，如酢浆草的小叶。

③ 掌形　叶片三裂或五裂，形成深缺刻，全形如手掌，如棉花、蓖麻、葡萄、槭树、梧桐的叶。

④ 扇形　叶片形如展开的折扇，顶端宽而圆，向基部渐狭，如银杏的叶。

⑤ 菱形　叶片成等边的斜方形，如菱、乌桕的叶。

⑥ 披针形　披针形也叫枪锋形，叶基较宽，先端尖细，长度约为宽度的 3～4 倍，如桃、柳、竹的叶；如果是披针形倒转，叫作倒披针形，如紫叶小檗的叶。

⑦ 卵形　叶片形如鸡卵，下部圆阔，上部稍狭，如桑、向日葵的叶。如果是卵形倒转，叫作倒卵形，如玉兰、花生的小叶。

⑧ 圆形　形如圆盘，长宽接近相等，如旱金莲、铜钱草、槐叶萍、虎耳草等植物叶片均是圆形。

⑨ 针形　叶片细长如针，如油松、马尾松、白皮松、仙人掌、红松、落叶松、云杉、冷杉、杉木、柏木的叶。

⑩ 鳞形　形如鳞片，如侧柏的叶。

⑪ 匙形　形如汤匙，先端圆形，向基部渐狭，如白菜、车前叶。

⑫ 三角形　基部宽平，三个边接近相等，如杠板归、荞麦的叶。

常见叶片形状见图 3-28。叶还有单叶、复叶之别；复叶又有羽状复叶、掌状复叶、三

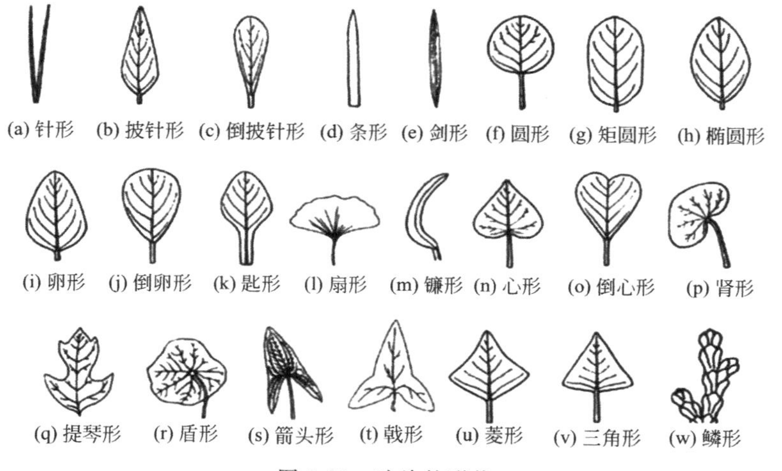

图 3-28 叶片的形状

出复叶等，如图 3-29 所示。

另外有一些叶形奇特的种类，以叶形为主要观赏要素，如银杏呈扇形、鹅掌楸呈马褂状、琴叶榕呈琴肚形、槲树呈葫芦形等，其他如羊蹄甲、龙舌兰、变叶木等也是叶形奇特；而芭蕉、长叶刺葵、苏铁、旅人蕉、椰子、王莲等大型叶具有热带情调，如图 3-30 所示。

图 3-29 单叶和复叶

（2）花的形态美

花朵的绽放是植物生活史中最辉煌的时刻。花朵的观赏价值表现在花的形态、色彩和芳香等方面，例如醉蝶花花朵盛开时，总状花序形成一个丰满的花球，朵朵小花犹如翩翩起舞的蝴蝶，非常美观。著名的热带观赏树木凤凰木取名源于“叶如飞凰之羽，花若丹凤之冠”，其主要的原因就是在盛花期时，花红叶绿，满树如火，富丽堂皇；而中国十大名花之一的桂花则是集绿化、美化、香化于一体的观赏与实用兼备的优良园林树种，其清可绝尘，浓能远溢，堪称一绝。尤其是仲秋时节，丛桂怒放，夜静月圆之际，把酒赏桂，陈香扑鼻，令人神清气爽。

花的形态美既表现在花朵或花序本身的形状，也表现在花朵在枝条上排列的方式。花朵有各式各样的形状和大小，有些树种的花形特别，极为优美，如珙桐的头状花序上 2 枚白色大苞片如同白鸽展翅，被誉为“东方鸽子树”；吊灯花花朵下垂，花瓣细裂，蕊柱突出，宛如古典的宫灯等。

① 花相　园林植物的花或花序在树冠、枝条上的排列方式及其所表现的整体状貌称为花相。根据植物开花时有无叶簇的存在而言，可分为两种类型：一为“纯式”，另一为“衬式”，前者指开花时，叶片尚未展开，全株只见花不见叶，故曰“纯式”；后者开花时已经展叶，全树花叶相衬，故曰“衬式”。

按照花朵或花序在在树冠上的分布特点划分，花相主要有以下类型。

1）外生花相。花朵或花序着生在枝的顶端，并集中分布于植株的表层，盛花时，整个植株几乎被花所覆盖，盛极一时，远距离花感强烈，如杜鹃、牡丹、月季、绣球、八仙花、紫藤、九重葛、丁香、白玉兰、菊花、千日红、百日草、万寿菊、朱顶红、郁金香、大丽

(a) 王莲　(b) 芭蕉　(c) 羊蹄甲

(d) 银杏　(e) 鹅掌楸　(f) 旅人蕉

图 3-30　叶形奇特的植物

花、翠菊、香石竹、须苞石竹等。

2）内生花相。花或花序主要分布在树冠内部，着生于大枝或主干上，花常被叶片遮盖。外观花感较弱，如桂花、白兰等。

3）均匀花相。花以散生或簇生的形式，着生于枝的节部或顶部，且在全植株分布均匀，花感较强，种类较多，如梅花、桃花、樱花、茶花、红花木莲、唐菖蒲、紫罗兰、凤仙花等。

按照花或花序在树冠上的整体形态划分，可分为以下几种。

1）独生花相。花序一个，生于顶端。本类植物较少、形较奇特，例如苏铁类。

2）线条花相。花排列于小枝上，形成长形的花枝。由于枝条生长习性之不同，有呈拱状花枝的，有呈直立剑状的，或略短曲如尾状的等。简而言之，本类花相大抵枝条较稀，枝条个性较突出，枝上的花朵成花序的排列也较稀。呈纯式线条花相者有连翘、金钟花、蜡梅等；呈衬式线条花相者有珍珠绣球、迎春、三桠绣球等。

3）星散花相。花朵或花序数量较少，且散布于全树冠各部。衬式星散花相的外貌是在绿色的树冠底色上，零星散布着一些花朵，有丽而不艳，秀而不媚之效。例如，珍珠梅、鹅掌楸、白兰等。纯式星散花相种类较多，花数少而分布稀疏，花感不烈，但亦疏落有致。若于其后能植有绿树背景，则可形成与衬式花相相似的观赏效果。

4）团簇花相。花朵或花序形大而多，密布于树冠各个部位，就全树而言，花感较强烈，但每朵或每个花序的花簇仍能充分表现其特色。呈纯式团簇花相的有玉兰、木兰、木绣球等。

5）密满花相。花或花序密生全树各小枝上，使树冠形成一个整体的大花团，花感最为强烈。例如榆叶梅、毛樱桃、丁香等。

6）覆被花相。花或花序着生于树冠的表层，形成覆伞状。属于本花相的树种，纯式有绒叶泡桐、泡桐等；衬式有广玉兰、七叶树、栾树等。

7）干生花相。花着生于茎干上。种类不多，大抵均产于热带湿润地区。例如，槟榔、枣椰、鱼尾葵、山槟榔、木菠萝、可可等。在华中、华北地区之紫荆，亦能于较粗老的茎干上开花，但难与典型的干生花相相比拟。

② 花形　花形主要受种类遗传基因支配，形态相对较固定，只有当花的体量较大时，单花形态才有其观赏上的实际意义。花形主要包括整齐花和不整齐花两种类型。

1）整齐花。形态规整，有对称轴，外观简洁，给人以大方、明快之感，如梅花、樱花、桃花、茶花、金盏菊、雏菊、矮牵牛、郁金香、半支莲、千日红、翠菊、水仙、朱顶红、万寿菊、香石竹等。

2）不整齐花。形体复杂，形状奇特，给人多样化感受，具有玲珑、奇妙、新颖、别致的观赏情调。以草本花卉居多，如仙客来、鹤望兰、蝴蝶兰、金鱼草、三色堇、蒲包花、旱金莲、鸢尾、荷包牡丹等。

（3）果实的形态美

果实形态一般以奇、巨、丰为标准。

① 奇　即果形奇特　如象耳豆的荚果弯曲，两端浑圆相接，犹如象耳一般；秤锤树的果实形似秤锤，紫珠的果实宛若晶莹透亮的珍珠，铜钱树的果实形似钱币。其他果形奇特的还有佛手、黄山栾树、梧桐等。

② 巨　即单果或果穗体量巨大　如柚子的果径达15～20cm，重可达3kg；其他如石榴、苹果、木瓜等果实也很大；而火炬树、葡萄、南天竹等虽然果实不大，但却集生成大果穗。

③ 丰　即全株果实繁多密集　如火棘、花楸、紫珠、金橘等。

（4）枝干的形态美

园林植物枝干的形态美常常体现在落叶的乔灌木枝干的线条结构上。在寒冷的北方的冬季，脱去绿装的园林树木，它那井然有序的层层分枝，既有变化又有统一，堪称和谐美的天然杰作，如图3-31所示。更有一些树木，其雄伟、通直的主干直插云天，显现出顽强向上的磅礴气势。当冰雪来临时，园林树木在坚冰、白雪的映衬下，更显其青翠及其与逆境抗争的坚强气质，如图3-32所示。

图3-31　冬季植物的姿态更显苍劲

南方或世界其他热带地区，四季常绿，花繁似锦，植物种类尤其多，常常会见一些枝干独具特色的植物，如猴面包树、纺锤树、酒瓶椰子、柠檬桉、槟榔、假槟榔等，呈现出明显的热带地域风情，如图3-33所示。在此着重说明的是竹类植物，竹子姿态挺秀，神韵潇洒，风雅宜人，在竹从、竹秆大小和节间形态等方面都表现出独特的美，其中尤以竹秆的变化最多。竹秆虽大多呈圆筒形，竹节均匀，但不少竹秆形态特别、风姿独具，在园林中可增加景趣。如方竹的竹秆呈四方性，龟甲竹、大节竹的秆在节部强烈隆起，佛肚竹的秆节间显著膨大成瓶状，极为奇特。

图 3-32　银装素裹的行道树，冰清玉洁，更显苍劲挺拔

图 3-33　纺锤树姿态奇特

另外，有些植物树皮呈片状剥落、斑驳的如番石榴、白皮松、木瓜、悬铃木、榔榆等，也有较高的观赏价值；而一些小枝下垂或蟠曲的如垂柳、垂枝桦、龙爪槐、龙爪榆、龙爪柳、龙桑、龙爪枣等也常常作为枝干奇特的树种配置与园林绿地中，增加观赏的趣味性和奇特性。

3.2.2　园林植物的色彩美

植物的色彩主要体现在花和叶上。植物的花朵颜色有的单纯明丽，有的浓烈艳丽，有的清新淡雅……五彩缤纷、万紫千红、千娇百媚是花的色彩特征。而植物叶大多数都呈绿色，但不同的绿叶又有不同的韵味，如柳芽的嫩绿、竹的翠绿、松的墨绿等风采各异。至于金黄的银杏、“红于二月花”的枫叶则更别有情趣。

3.2.2.1　叶的色彩美

在植物的生长周期中，叶片出现的时间最久。叶色变化的丰富，难以用笔墨形容，即使是高超的画家亦难调配出其所有的色调，若能在植物种植设计中充分掌握并加以精巧的安排，必能形成神奇之笔。

根据叶色的特点可以分成以下几类植物。

（1）绿叶植物

绿色是自然界中最普遍的色彩，是生命之色，象征着青春、和平和希望，给人以宁静、安详之感，在园林景观中，绿色是设计的基调色。大多数植物的叶为绿色，但深浅各有不同，而且与发育阶段有关，如垂柳初发叶时由黄绿逐渐变为淡绿，夏秋季为浓绿。

一般而言，常绿针叶树和阔叶树的叶色较深，落叶树尤其是其春季新叶叶色较浅。多数阔叶树早春的叶色为嫩绿色，如垂柳、刺槐；银杏、悬铃木、合欢、落叶松、水杉等一些落叶阔叶树和部分针叶树为浅绿色；法国冬青、大叶黄杨、女贞、枸骨、柿树、樟树等叶色深绿；油松、华山松、侧柏、圆柏等多数常绿针叶树以及山茶等常绿阔叶树为暗绿色。此外，翠云草、蓝石莲为蓝绿色，桂香柳、胡颓子为灰绿色。

除了常见的绿色以外，许多植物尤其是园林树木的叶片在春季、秋季，或在整个生长季内甚至常年呈现异样的色彩，像花朵一样绚丽多彩。利用园林植物的不同叶色可以表现各种艺术效果，尤其是运用秋色叶树种和春色叶树种可以充分表现园林的季相美。

（2）色叶植物

也称彩叶植物，是指叶片呈现红色、黄色、紫色等异于绿色的色彩，具有较高观赏价值，以叶色为主要观赏要素的植物。色叶植物的叶色表现主要与叶绿素、胡萝卜素和叶黄索以及花青素的含量和比例有关。气候因素如温度，环境条件如光强、光质、栽培措施如肥水管理等，均可引起叶内各种色素尤其是胡萝卜素和花青素比例的变化，从而影响色叶植物的色彩。

就树种而言，在园林应用上，根据叶色变化的特点可以将其分为春色叶树种、斑色叶树种和秋色叶树种等几类。

① 春色叶树种　春色叶树种是指春季新发生的嫩叶呈现显著不同叶色的树种。常见的春色叶树种的新叶一般呈现红色、紫红色或黄色。如石楠、臭椿、马醉木、香樟的新叶为紫红色，山麻杆的春叶为胭脂红色，垂柳、朴树、石栎的新叶为黄色。此外，不少秋色叶树种的春叶也极为悦目，如鸡爪槭、银杏、黄连木、榉树等，在园林植物种植设计中如能巧妙利用，可进一步加强园林的艺术效果。

② 秋色叶树种　秋色叶树种指秋季树叶变色比较均匀一致，持续时间长、观赏价值高的树种。如秋叶红色的枫香、鸡爪槭、黄连木、黄栌、乌桕、榔榆、盐肤木、连香树、卫矛、花楸等；秋叶黄色的银杏、金钱松、鹅掌楸、白蜡、无患子、蒙古栎、黄檗等；秋叶古铜色或红褐色的水杉、落羽杉、池杉、水松等。毛泽东《沁园春·长沙》诗中描写湘江两岸“看万山红遍，层林尽染”的秋景颇为壮观。

③ 常色叶树种　常色叶树种大多数是由芽变或杂交产生、并经人工选育的观赏品种，其叶片在整个生长期内或常年呈现异色。如红色的红枫、红羽毛枫，紫色和紫红色的紫叶李、紫叶小檗。黄色的金叶女贞、金叶假连翘、金叶风箱果等。

④ 斑色叶树种　斑色叶树种是指绿色叶片上具有其他颜色的斑点或条纹或叶缘呈现异色镶边（可统称为彩斑）的树种，资源极为丰富，许多常见树种都有具有彩斑的观赏品种。常见的有洒金珊瑚、金心大叶黄杨、金边瑞香、银边海桐、金边女贞、花叶锦带花、变叶木、金边胡颓子等。

3.2.2.2　花的色彩美

对整个植株来说，花朵是色彩审美的主要对象。自古以来，人们一直在用最美好的语言、诗词歌赋对它进行赞美，留下了许多千古佳咏。例如，刘禹锡“桃红李白皆夸好，须得垂杨相发挥”，说桃、李的色彩；杨万里“谷深梅盛一万株，千顷雪波浮欲涨”，写梅花的色彩雪一样洁白。范成大诗“雾雨胭脂照松竹，江南春风一枝足”，又说岭上梅花如胭脂。林逋说：“蓓蕾枝梢血点干，粉红腮颊露春寒”，则写杏花色似红靥。李商隐诗“花入金盆叶作尘，惟有绿荷红菡萏”，则说荷花的叶绿花红……。此外，还有石榴的火红，秋菊的鲜黄，梨花的洁白，几乎所有名花的色彩，都有许多赞美诗。

不仅不同的花卉种类具有不同的色彩，就是同一花种内的不同品种，其花色的变化也足以构成一个“万紫千红”的世界。可以说，花朵的色彩是大自然中最为丰富的色彩来源之一，基本上可以囊括色相环中的每一色彩。现仅将几种基本色系的花卉种类列举如下。

（1）红色系花

红色属于暖色调，视觉刺激强，是令人振奋鼓舞、热情奔放之色，对游人的心理易产生强烈的刺激，具有极强的注目性、诱视性和美感。红色系中有深红、浅红、淡红、粉红等色彩，如果按照其浓淡顺序排列的话，会呈现渐变褪晕的美丽色彩，给人以调和韵律之感。在中国的传统观念中，红色往往与吉祥、好运、喜庆相联系，便自然成为一种节日、庆祝活动的常用色彩。同时红色又易联想到血液和火焰，因此它有一种生命感、跳动感。但如果使用过多易引起刺激性强而使人倦怠，在园林种植设计中尤其要注意用其他颜色进行调和。

园林植物中红花种类很多，而且花色深浅不同，富于变化，草本植物开红花的有一串红、石腊红、虞美人、石竹、半支莲、凤仙花、鸡冠花、一点缨、美人蕉、睡莲、牵牛、茑萝、石蒜、郁金香、大丽花、荷包牡丹、芍药、菊花等；木本植物开红花的有西府海棠、桃、杏、梅、蔷薇、玫瑰、月月红、贴梗海棠、石榴、红牡丹、山茶、杜鹃、锦带花、合欢、紫薇、紫荆、榆叶梅、木棉、凤凰木、木本象牙红、扶桑、红花夹竹桃、刺桐、龙牙花、红千层等。

(2) 黄色系花

黄色给人明快和纯洁、明亮灿烂和光辉华丽之感，其明度高，诱目性强，是明亮娇美温暖之色。开黄花的草本植物主要有花菱草、七里黄、大花金鸡菊、金盏菊、蛇目菊、万寿菊、秋葵、向日葵、黄花唐菖蒲、黄睡莲、黄芍药、菊花、黄菖蒲、金莲花、一枝黄花等；木本植物开黄花的有蜡梅、金缕梅、迎春、连翘、金钟花、黄蔷额、金丝桃、迎夏、云南黄馨、黄木香、金桂、黄刺玫、黄蔷薇、棣棠、黄瑞香、黄牡丹、黄杜鹃、金花茶、珠兰、黄蝉、黄花夹竹桃、小檗、云实等。

自然界中开黄花的植物较多，而且多数花都有香气，如蜡梅、桂花、米兰、兰、木香等，这些黄色的花给人带来温馨感。园林中明快的黄色有独特的作用，幽深浓密的风景林，使人产生神秘和胆怯感，不敢深入，如在林中空地或林缘配置一株或一丛秋色或春色为黄色的乔木或灌木，诸如银杏、桦木、无患子、黄刺玫、棣棠等，即可使林中顿时明亮起来，而且在空间感中起到小中见大的作用。

(3) 蓝、紫色系花

蓝色有冷静、沉着、深远宁静和清凉阴郁之感。蓝天、大海的印象是蓝色的，因而易产生高远、清澈、超脱、远离世俗的感觉。在园林植物中，开蓝色花的植物不是很多，用开蓝色花的植物或蓝色观果植物与绿色树搭配，用来营造安静舒适的空间，适宜于公园的安静休息区、疗养院、老人活动区等。

紫色属于中间色调，具有优美高雅、雍容华贵的气度。明亮的紫色可以产生妩媚、优雅的感觉，它既蕴含红的个性，又有蓝的特征。暗紫色会引起低沉、烦闷、神秘的感觉。所以在植物造景中，紫色的花卉不宜面积过大，以免造成沉重感。在配置中，紫色花卉如能配以黄色花卉，则色彩效果会明亮活泼起来。

园林中开纯蓝色花或纯紫色花的植物相对较少，一般是蓝紫色，如鸢尾、三色堇、勿忘我、紫罗兰、郁金香、美女樱、藿香蓟、翠菊、矢车菊、葡萄风信子、耧斗菜、桔梗、瓜叶菊、凤眼莲、紫藤、紫丁香、紫玉兰、木槿、泡桐、八仙花、牡荆、醉鱼草、蓝雪花、飞燕草、乌头、耧斗菜、马蔺、蓝花楹、婆婆纳等。

(4) 白色系花

白色给人以素雅、明亮、清凉、纯洁、干净、简洁、神圣、高尚、平安无邪的感觉，但使用过多会有冷清和孤独萧然之感。在种植设计中，配置大量白花可使对立缓和而趋向于调和，如在黄色万寿菊与蓝紫色三色堇中加入白花可调和黄和蓝紫两种对比较强烈的颜色。在自然界中，开白色花的植物最多，开白花的草本植物有香雪球、半支莲、矮雪轮、石竹、矮牵牛、金鱼草、白唐菖蒲、白风信子、白百合、晚香玉、葱兰、郁金香、水仙、大丽花、荷花、白芍药、茉莉等；木本植物开白花的植物有白丁香、白牡丹、白茶花、山梅花、女贞、枸橘、白玉兰、广玉兰、白兰、珍珠梅、栀子花、梨、李、白鹃梅、白碧桃、白蔷薇、白玫瑰、白杜鹃、绣线菊、白木槿、白花夹竹桃、络石、日本雪球、木绣球、天目琼花等。

除了单一的花色外，还有杂色和花色变化。有些植物的同一植株、一朵花甚至一个花瓣上的色彩也往往不同，如桃、梅、山茶均有“洒金”类品种，而金银花、金银木等植物的花朵初开时白色，不久变为黄色，绣球花的花色则与土壤酸碱度有关，或白或蓝或红色。五色梅的一个花序上有三四种颜色；大部分菊科植物舌状花与管状花两种颜色；二月兰的花瓣外紫色，里面白色，表现出表里不一的特点。

3.2.2.3 果实的色彩美

“荷尽已无擎雨盖，菊残犹有傲霜枝。一年好景君须记，正是橙黄橘绿时”。苏轼的这首诗描写的正是果实的色彩美。累累硕果带来丰收的喜悦，那多姿多彩、晶莹透体的各类色果在植物景观中发挥着极高的观果效果。就果色而言，一般以红紫为贵，以黄次之。果实的色彩主要有如下几类。

① 红色系　山桐子、山楂、冬青、海棠果、南天竹、枸骨、火棘、金银木、多花栒子、枸杞、毛樱桃等。

② 黄色系　木瓜、银杏、梨、海棠花、柚、枸橘、沙棘、贴梗海棠、金橘、假连翘、扁担杆等。

③ 蓝紫色系　紫珠、葡萄、十大功劳、蓝果忍冬、海州常山、豪猪刺等。

④ 白色系　红瑞木、芫花、雪果、湖北花楸等。

⑤ 黑色系　金银花、女贞、地锦、君迁子、五加、刺楸、鼠李等。

累累硕果不仅点缀秋景，为人们提供美的享受，很多果实还能招引鸟类及小兽类，不仅给居住区绿地带来鸟语花香、生动活泼的气氛，并为城市绿地生物多样性的形成起到极好的作用。

3.2.2.4 枝干的色彩美

树木的枝干，除因其生长习性而直接影响树形外，它的颜色也具有一定的观赏价值，尤其是秋冬的北方，万木萧条、色彩单调，那多彩的干皮装点冬景，更显可贵。无边的白雪，一丛丛红色干、黄色干、绿色干相配的灌木树丛，这色彩的强烈对比会使北国的冬景极富情趣。即使在南国，白干的粉单竹、高大的黄金间碧竹、奇特的佛肚竹成丛地栽植一角，这白黄绿的色彩对比，挺拔高大与奇特佛肚的形态对比，也使这局部景观生动活泼。对于这些枝条具有美丽色彩的树木，特称为观干树种。

干的色彩分为下述几类。

① 红色系　红瑞木、山桃、杏、血皮槭、紫竹、血枝梾木、日本四照花、欧洲山茱萸、青刺藤等。

② 黄色系　金枝垂柳、金枝槐、黄桦、金枝梾木、金竹等。

③ 绿色系　梧桐、青榨槭、棣棠、枸橘、迎春、竹类等。

④ 白色系　老年白皮松、柠檬桉、白桦、白桉、粉单竹、胡桃等。

⑤ 斑驳色系　悬铃木、木瓜、白皮松、榔榆、斑皮抽水树等。

3.2.3 园林植物的质感

3.2.3.1 园林植物质感的概念

植物的质感景观是人们对植物整体上、直观的感觉，也是植物重要的观赏特性之一，但往往被人们忽视。它不如色彩那么引人注目，也不像姿态、体量为人们所熟悉，但却是一个能引起丰富心理感受，对景观的协调性、多样性、空间感，对设计的协调、观赏情感与气氛有着很深影响的因素。因此，植物的质感在植物景观设计中非常重要。

质感是植物材料可视或可触的表面性质，如单株或群体植物直观的粗糙感和光滑感。植物的质感由两方面决定：一是植物本身的因素，即叶片大小、表面粗糙程度、叶缘形状、枝条长短与排列、树皮外形、综合生长习性等；二是外界因素，如观赏距离、环境中其他材料的质感等。

一般而言，叶片较大、枝干疏松而粗壮、叶表面粗糙多毛、叶缘不规整、植物的生长习性较疏松者，质感也粗壮，如构树、泡桐等；反之，则质感细腻，如合欢、文竹等。

植物的质感有较强的感染力，不同质感给人们带来不同的心理感受。如纸质或膜质的叶片，呈半透明状，给人以恬静之感；革质叶片厚而色深，具有较强的反光能力，有光影闪烁的感觉；粗糙多毛的叶片给人以粗野之感。

3.2.3.2　植物质感的类型

不同质感的植物在景观中具有不同的特性。根据植物的质地在景观中的特性与潜在用途可将植物分为粗质型、中质型和细质型三类质地型。

（1）粗质型

粗质型植物通常具有大而多毛的叶片、粗壮而稀疏的枝干（无细小枝条）、疏松的树形。常见的有椰子、槟榔、构树、木芙蓉、棕榈、泡桐、悬铃木、榔榆、火炬树、广玉兰、梓树、核桃、柿树、鸡蛋花、梧桐、刺桐、欧洲七叶树、木棉、拷树、苏铁、绣球等。

粗质型植物结人以强壮、刚健之感。当将其植于中粗型或细质型植物丛中，会具有强烈的对比，产生“跳跃”感，从而引人注目。因此，在景观设计中常作为突出景物或视线焦点，吸引观赏者的注意力。但宜适度使用，以免它在布局中喧宾夺主，造成主次不分，或使人们过多地注意零乱的景观。

粗质型植物组成的园林空间有粗鲁、疏松、空旷、模糊之感，缺少细致的情调，多用于不规则的景观中，不宜配置在要求有整洁形式和鲜明轮廓的规则景观中。

粗质型植物有使景物趋向赏景者的动感，造成观赏距离与实际距离短的幻觉，使空间显得狭窄而拥挤。因此，宜用在那些超过人们正常舒适感的现实范围中，如高耸或广阔的空间中，而在狭小空间中如小庭院、宾馆内庭、小区宅旁绿地中应慎用。

（2）中质型

中质型植物指具有中等大小叶片、枝干及具有适度密度的植物。多数植物属于此类，如女贞、国槐、银杏、刺槐、朴树、榕树、无患子、紫荆、金盏菊等。同为中粗型植物质感上仍然有较大的差别，如紫荆在质感上比紫薇粗犷。

与粗质型植物相比，该类型植物透光性较差，轮廓较明显。在植物景观设计中，中质型植物往往充当粗质型和细质型植物的过渡成分，使整个景观布局统一和谐。因此，作为各布局的连接成分，中质型植物具有统一整体的能力。

（3）细质型

细质型植物具有许多小叶片和微小脆弱的小枝，以及具有整齐密集而紧凑的冠型特征，给人以柔软、纤细、优雅细腻之感，有扩大视线距离的作用，适用于紧凑狭窄的空间。例如，文竹、天门冬、榉树、鸡爪槭、红枫、合欢、金凤花、菱叶绣线菊、龟甲冬青、黄杨、珍珠梅、迎春、地肤、沿阶草、酢浆草等。

细质型植物叶小而较浓密，轮廓非常清晰，外观文雅而密实，有些植物耐人工修剪，可形成不同的观赏形式，表现出多种观赏特性。例如，作背景材料，可早现出整齐、清晰规整的背景特征，也是组成花坛以及道路分车带、绿带的主要类型。

3.2.4 园林植物的芳香

一般艺术的审美感知强调视觉和听觉的感赏，只有植物中的嗅觉感赏具有独特的审美效应。“疏影横斜水清浅，暗香浮动月黄昏”道出了玄妙横生、意境空灵的梅花清香之韵。人们通过感赏园林植物的芳香，得以绵绵柔情，引发种种回味，产生心旷神怡、情绪欢愉之感。熟悉和了解园林植物的芳香种类，包括绿茵似毯的草坪芬芳，远香益清的荷香，尤其是编排好香花植物开花的物候期，充分发挥嗅觉的感赏美，配置成月月芬芳满园、处处浓郁香甜的香花园，是植物造景的一个重要手段。

花香可以刺激人的嗅觉，从而给人带来一种无形的美感——嗅觉美。自然界中有大量植物的花具有芳香，且香味有浓有淡，给人不同的心理美感。如茉莉之清香，桂花之甜香，含笑、白兰之浓香，玉兰、蔷薇之淡香，米兰之幽香。清香怡人，浓香醉人，而棕榈、肉桂、松针的芳香具有杀菌驱蚊的功效。目前，香花植物越来越受到重视，在园林植物造景和室内装饰中逐步得到了应用。植物的芳香可随着温度和湿度的变化而变化，一般而言，温度高、阳光强烈，则香味浓郁，但夜来香、晚香玉、夜合花等在夜晚和阴雨天空气湿度大时才散发芳香。

（1）常见的花香植物

常见的花香植物有桂花、茉莉、蜡梅、柳叶蜡梅、金栗兰、米兰、伊兰、鹰爪花、栀子、夜来香、九里香、含笑、白兰花、黄心夜合、玫瑰、野蔷薇、木香、梅花、香雪山、梅花、月季、代代花、丁香、夹竹桃、鸡蛋花、络石、菊花、瑞香、结香、刺槐、散沫花、野茉莉、山矾、香荼蔗、臭牡丹、海桐、糠椴、夜香树、珊瑚树、香龙血树、扁叶香荚兰、荷花、水仙、兰花、晚香玉、玉簪、马蹄莲、昙花等。

（2）分泌芳香物质的植物

常见分泌芳香物质的植物有樟树、浙江樟、肉桂、月桂、山苍子、山胡椒等大多数樟科植物，柑橘类、枸橘、花椒等芸香科植物，八角、红茴香等八角科植物，藿香、薄荷、紫苏等唇形科植物；各种松柏类，如菖蒲、浙江蜡梅、核桃、柠檬桉、白千层、桂香柳、蒙古莸、兰香草、万寿菊、香叶万寿菊、香椿等。

3.3 园林植物的生态特性

3.3.1 地带性植被规律与园林种植设计

地带性植被又称地带性群落，是指由水平或垂直的生物气候带决定，或随其变化的有规律分布的自然植被。它往往经历多种演替而形成了一种具有自己独特的种群组成、外貌、稳定的层次结构、空间分布和季相特征。

3.3.1.1 地带性植被分布规律

（1）植被分布的水平地带性

太阳辐射是地球表面热量的主要来源，随着地球纬度的高低不同，地球表面从赤道向南、向北形成了各种热量带。植被也随着这种规律依次更替，故称为植被的纬度地带性。世界植被的纬度地带性规律：北半球自北至南依次出现寒带的苔原、寒温带的针叶林、温带的夏绿阔叶林、亚热带的常绿阔叶林以及赤道的雨林。大体上是沿纬度排列的。欧亚大陆中部与北美中部，自北向南依次出现苔原、针叶林、夏绿林、草原和荒漠，植被分布也呈现明显的纬度地带性。但这种分布规律是相对的，常受海陆位置、地形、洋流性质以及大气环流等因素的强烈影响。

植被分布的经度地带性主要与海陆位置、大气环流和地形相关。一般规律是从沿海到内陆降雨量逐渐减少，植被也出现明显的规律性变化。就北美而言，它的两侧都是海洋，其东部降雨主要来自大西洋的湿润气团，雨量从东南向西北递减，相应地依次出现森林、草原和荒漠。北美大陆西部虽受太平洋湿润气团的影响，雨量充沛，但被落基山所阻挡，因而森林仅限于山脉以西。所以，北美东西沿岸为森林，中部为草原和荒漠。植被从东向西依次更替着森林-草原-荒漠-森林，表现出明显的经向变化。

我国植被分布的纬向地带性变化可分为东西两部分。在东部湿润森林区，自北向南依次分布着寒温带针叶林-温带落叶阔叶林-亚热带常绿阔叶林-热带季雨林、雨林；西部位于亚洲内陆腹地，在强烈的大陆性气候笼罩下，从北至南依次出现一系列东西走向的巨大山系，打破纬向地带性，因此，西部自北向南植被纬向变化如下：温带半荒漠、荒漠带-暖温带荒漠带-高寒荒漠带-高寒草原带-高寒山地灌丛草原带。我国植被的经向地带性，在温带地区特别明显。从东南至西北受海洋性季风和湿润气流的影响程度逐渐减弱，依次有湿润、半湿润、半干旱、干旱和极端干旱的气候；相应出现东部湿润森林区，中部半干旱草原区，西部干旱荒漠区。

值得注意的是，经度地带性和纬度地带性并无从属关系，它们处于相互联系的统一体中。某一地区植被分布的水平地带性规律，决定于当地热量和水分的综合作用，而不是其中一种因子（即热量或水分）。

(2) 植被分布的垂直地带性

植被分布的地带性规律，除纬向和经向规律外，还表现出因高度不同而呈现的垂直地带性规律，它是山地植被的显著特征。一般来说，从山麓到山顶气温逐渐下降，而湿度、风力、光照等其他气候因子逐渐增强，土壤条件也发生变化，在这些因子的综合作用下，导致植被随海拔升高依次成带状分布。其植被带大致与山体的等高线平行，并有一定的垂直厚度，这种植被分布规律称为植被分布的垂直地带性。在一个足够高的山体，从山麓到山顶更替着的植被带系列，大体类似于该山体所在的水平地带至极地的植被地带系列。例如，在西欧温带的阿尔卑斯山，山地植被的垂直分布和自温带、寒温带到寒带的植被水平带的变化大体相似。我国温带的长白山，从山麓至山顶所看到的落叶阔叶林、针阔叶混交林、云冷杉暗针叶林、岳桦矮曲林、小灌木苔原的植被垂直带，也是同自我国东北向太平洋沿岸的前苏联远东地区，直到寒带所出现的植被纬度地带性相一致。因此，有人认为，植被的垂直分布是水平分布的“缩影”，而两者间仅是外貌结构上的相似，而绝不是相同。如亚热带山地垂直分布的寒温性针叶林与北方寒温带针叶林，在植物区系性质、区系组成、历史发生等方面都有很大差异，这主要因亚热带山地的历史和现代生态条件与极地极不相同而引起的。

山地植被垂直带的组合排列和更替顺序构成该山体植被的垂直带谱。不同山体具有不同的植被带谱，一方面山地垂直带受所在水平带的制约；另一方面也受山体的高度、山脉走向、坡度、基质、局部气候等因素影响。总之，位于同一水平植被带中的山地，其垂直地带性总是比较近似的（图 3-34）。

(3) 我国植被分布规律

我国植被分布的地带性规律也取决于温度和湿度条件，但由于青藏高原、北部寒潮和东

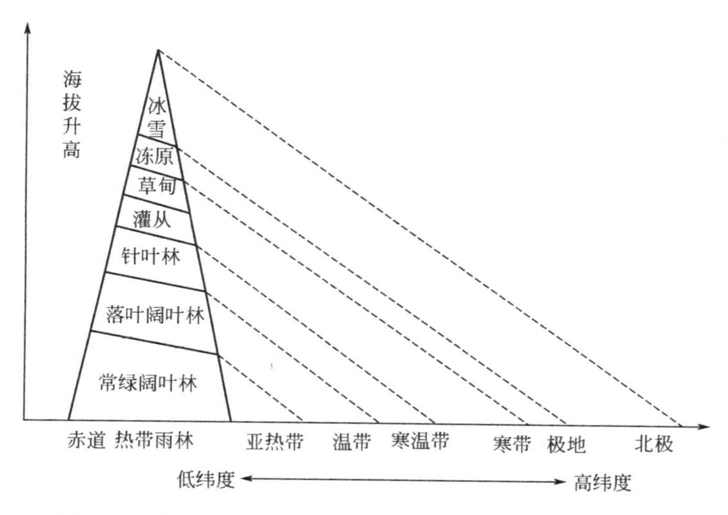

图 3-34 植被垂直带与水平带相关性示意（董世林，1994）

南季风的影响，使得主要植被分布的方向，既不像原苏联的从北到南，也不像美国的从东到西，而是从东南向西北延伸，依次出现森林、草原、荒漠三个基本植被地带。

从大兴安岭-吕梁山-六盘山-青藏高原东缘一线，把我国分为东南和西北两个半部，东南半部是季风区，发育各种类型的中生性森林，西北半部季风影响微弱，为无林的旱生性草原和荒漠。东南半部森林区，自北而南，随着热量递增，植被的带状分布比较明显，它们依次为寒温性针叶林带、温带针阔叶混交林带、暖温带夏绿阔叶林、亚热带常绿阔叶林、热带季雨林带、赤道雨林带。除上述植被的纬度变化外，由于受夏季东南季风的作用，从东南向西北植被出现近乎经度方向的更替。而且北部的温带及暖温带地区较南部的亚热带、热带地区表现得更加明显。

① 大兴安岭北部寒温带针叶林区域　我国大兴安岭北部的落叶针叶林是欧亚大陆北方针叶林的一部分，属于东西伯利亚南部落叶针叶林沿山地向南的延续部分。大兴安岭山地海拔高度约 600～1000m，有些山峰接近 1400m。年平均温度在－1.2～5℃以下，七月平均气温为 16～20℃，全年积温（持续日均温＞10℃之总和）为 1100～1700℃，无霜期为 70～100d，年降水量为 400～600mm。山地下部为棕色森林土，中上部为灰化棕色针叶林土，均呈酸性反应。这里的植被有明显的垂直分带现象。海拔 600m 以下的谷地是含蒙古栎的兴安落叶松林。其他树种有黑桦、山杨、紫椴、水曲柳、黄檗等。林下灌木有二色胡枝子、榛子、毛榛等。

海拔 600～1000m 为杜鹃-兴安落叶松林，局部有樟子松林。林下灌丛有兴安杜鹃-杜香、越橘、笃斯越橘等。海拔 1100～1350m 为藓类-兴安落叶松林，含有红皮云杉、岳桦等少量乔木树种。林下藓类地被层发育好，主要有塔藓、毛梳藓、树藓等，树干上有黑树发藓，但没有松罗。

海拔 1350m 以上的顶部为匍匐生长的偃松矮曲林，如图 3-35 所示。还有桦属植物和越橘，它们也都变成了高山型植物。在平坦谷地有一年一熟的喜凉作物，如马铃薯、甘蓝、春大麦等。果树有李子、山杏、山荆子以及野生的山果品——牙疙瘩等。

② 东北、华北温带落叶阔叶林区域　本区域包括本区东北东部山地，华北山地，山东、辽东丘陵山地，黄土高原东南部，华北平原和关中平原等地。由于南北热量条件的差异，可分为以下两个植被带。

图 3-35　偃松矮曲林景观

1）温带针叶-落叶阔叶混交林带。针阔叶混交林是寒温带针叶林和夏绿阔叶林间的过渡类型。通常由栎属、槭属、椴属等阔叶树种与云杉、冷杉、松属的一些种类混合组成。

2）暖温带落叶阔叶林带。温带落叶阔叶林的结构简单，可明显分为乔木层、灌木层和草本层。乔木层主要由栎属、水青冈属、桦木属、鹅耳枥属、桤木属、杨属等种类组成，如图 3-36 所示。每年春季，乔木树种都在树叶未展开前争相开花，它们多为风媒花。林下草本层多数为多年生的短命植物，借春天林内较强的光照，也争先吐蕊，构成了一个绚丽的大花园。它们在这个时期迅速地累积营养物质，迅速地发育。到了夏天，乔木长满了叶子，林冠郁闭，林内光照减弱，于是那些短命的草本植物便结束了自己一年一度的生活周期，而另一类耐阴性的草本植物便相继出现，与乔木一道进入秋季，随着乔木落叶，草本植物也逐渐干枯。

落叶阔叶林中乔木的种子和果实多数有翅，常在秋季成熟，借风力传播。而林下草本植物和灌木，则靠动物传粉并散布果实和种子。林中的藤本植物和附生植物都不发达。

图 3-36　暖温带落叶阔叶林景观

③ 华中、西南常绿阔叶林区域　本区域包括淮河、秦岭到南岭之间的广大亚热带地区，向西直到青藏高原边缘的山地。我国亚热带是世界上南北两半球同纬度地区，唯一的面积最广大的湿润亚热带，这是我国的宝贵财富。这里气候温热多雨。无霜期长达 240～300d，年积温为 4500～7500℃，年平均气温为 14～21℃，最热月 7 月均温为 28～29℃，年降水量为 1000～1800mm，集中在 5～9 月，但不像华北地区那样特别集中。在这样温湿的气候下，植被主要是常绿阔叶林、常绿针叶林和竹林，在山地上部和石灰岩山地为落叶阔叶-常绿阔

叶混交林。主要由壳斗科的常绿树种、樟科、山茶科、木兰科、五味子科、八角科、金缕梅科、番荔枝科、蔷薇科、杜英科、蝶形花科、灰木科、安息香科、冬青科、茜草科、卫矛科、桑科、藤黄科、五加科、山龙眼科、杜鹃花科，以及乌饭树属、枫香属和红苞木属等所组成。在丘陵和中山地带的常绿阔叶林内常混入一些热带扁平叶型的针叶树种如杉木、油杉、银杉、福建柏等；在中亚热带北部山地还有榧树、黄杉、金钱松等，还有些针叶型的叶树例如柳杉、刺柏等。亚热带的阔叶林中也经常混生落叶阔叶树种，主要有蓝果树、珙桐、水榆、山合欢、野茉莉，在亚热带山地也有一些落叶阔叶树种自温带渗入，如水青冈属、栗属、栎属、桦木属、赤杨属、榛属、鹅耳枥属、槭属、椴属、杨属的一些种。这些针叶或落叶阔叶树种，少数可在局部林窗中小片生长，多数都零星散生，成为固有的混生成分。

灌木中较高大的多为杜鹃花属、乌饭树属，其次为山矾属、山茶属、柃木属、山胡椒属、栀子属、粗叶木属、山黄皮属、润楠属、柏拉木属等。而低矮的则为紫金牛属、杜茎山属、虎刺属等植物。南部沟谷的常绿阔叶林下，还有黑桫椤、金毛狗、华南紫萁以及莲座蕨属等植物所组成的层片。草本植物中蕨类的狗脊蕨为主，次为瘤足蕨和苔草、山姜、舞花姜等属植物，以及淡竹叶和百合科或天南星科的一些植被。其中特别低矮而贴地生长的草本有虎舌红、锦香草等，特别高大的草本有野芭蕉等。林地的枯枝落叶层较厚，苔藓不多。林下有些根寄生植物，如蛇菰属和腐生植物，如水晶兰属等，虽然数量不大，但反映着群落发育较为成熟和土壤腐殖质层丰富等生境特点。此外，还有藤本、附生、寄生等层外植物存在。

④ 华南、西南热带雨林、季雨林区域　这一区域包括北回归线以南的云南、广东、广西、台湾四省、区的南部以及西藏东南缘山地和南海诸岛。它是我国热量最充足的地区，全年积温为7500～9000℃或更高，年平均气温为21～25.5℃，一月平均气温为12～20℃，年降雨量为1200～2200mm。这里代表性植被是常绿阔叶雨林和季雨林。树木有老茎生花、板状根、气根、滴水叶尖等热带植物形态特征以及大量的藤本植物、绞杀植物、附生植物等热带热带植物生活型特征。按照热量条件和植被特点，本区域可分为热带雨林和季季雨林带两个植被带。

中国的热带雨林植物种类繁多，优势种不明显，常见有梧桐科、无患子科、龙脑香科、豆科和桑科等植物，其中乔木具有多层结构；上层乔木高过30m，多为典型的热带常绿树和落叶阔叶树，树皮色浅，薄而光滑，树基常有板状根，老干上可长出花枝，因为天气长期温热，雨量高，所以植物能持续生长，造成树木生长密集且长绿。雨林中木质大藤本和附生植物特别发达，叶面附生某些苔藓、地衣，林下有木本蕨类和大叶草本。雨林中的次冠层植物由小乔木、藤本植物和附生植物如兰科、凤梨科及蕨类植物组成，部分植物为附生，缠绕在寄生的树干上，其他植物仅以树木作为支撑物。雨林地表面被树枝、和落叶所覆盖。雨林内的地面并不如传说那样不可通行，多数地面除了薄薄的腐殖土层和落叶外多是光裸的。

中国的热带季雨林的植物区系以亚洲热带广布种和热带北部特有种为主，多属于番荔枝科、使君子科、梧桐科 、木棉科、大戟科、豆科、桑科、无患子科和山榄科等。群落有较明显的优势种或共优势种，水热条件好的地方常绿树种较多。

⑤ 内蒙古、东北温带草原区域　该区域包括东北平原、内蒙古高原和黄土高原的一部分。年降水量为300～500mm，属于温带半湿润、半干旱气候。植被主要为禾草草原，以耐旱的多年生根茎禾本科草类为主。植物有明显的旱生形态，如叶子卷曲、细长，深根系，茎、叶上有茸毛等。草原群落结构简单，仅有草本层和地被层，如图3-37所示。但草原的地下部分发育强烈，其郁闭程度往往超过地上部分。

图 3-37 内蒙古温带草原景观——锡林郭勒草原

⑥ 西北温带荒漠区域 我国荒漠地区年降水量大部在 200mm 以下，很多地方不到 100mm，甚至不到 10mm，属于温带干旱气候和极端干旱气候。植被以藜科、柽柳科、菊科、豆科为主，并且这里的植物普遍具有旱生特征，其旱生形态有叶片缩小，叶子退化成刺，叶片完全退化，茎、叶被有密集的绒毛，或出现肉质茎和肉质叶等，以便减少水分蒸发或储集水分。同时这里植物的根系特别发达，有的深达几十米，有的根系重量是地上部分的 8～10 倍，这样便能从土层的深度和广度吸收水分。这是在干旱生态环境下植物长期适应演化的结果。

⑦ 青藏高原高寒草甸、草原区域 本区域包括青海和西藏东南半部的大部分地区，并包括川西和云南西北部部分地区。高原面海拔高度在 4000m 以上，山地都超过 5000m，东部边缘的深切河谷可低于 4000m。

这里的气候特点是天气多变而凉爽。年平均气温 1～6℃，1 月均温 −3～10℃，7 月均温 10～15℃，年降水量约 300～500mm。植被的特点是草类普遍低矮，叶片缩小，以适应寒冷多风的气候。

在高山草甸区，植被组成主要是冷中生的多年生草本植物，常伴生中生的多年生杂类草。植物种类繁多，莎草科、禾本科以及杂类草都很丰富。密丛性短根茎蒿草属，为重要的组成植物。群落结构简单，层次不明显，生长密集，植株低矮，有时形成平坦的植毡。草类如蒿草、羊茅、发草、剪股颖、珠芽蓼、马先蒿、堇菜、毛茛属、黄芪属等，小灌木如柳丛、仙女木、乌饭树等，下层常有密实的藓类，形成植被的茎层。

高寒草原区养繁殖为主的多年生草本、垫状小灌木或垫状植物。如针茅属紫花针茅、座花针茅，以及克氏羊茅、假羊茅，还有莎草科硬叶苔草，小半灌木有藏籽蒿、藏南蒿、垫状蒿等。垫状植物有垫状驼绒藜、垫状点地梅、垫状棘豆、垫状蚤缀等。

⑧ 高寒荒漠植被区域 分布在西藏西北部，海拔高度在 4500～5000m 以上。年降水量在 100mm 以下，有的地方不到 20mm，气候特点是寒冷而干燥，全年平均气温在 −10～−8℃左右，但夏季白天气温经常升高到 20℃以上。植被是以垫状驼绒黎、藏亚菊、蒿类为主的高寒荒漠植物。

在园林造景中，由于经常要在不同地区引种应用外地区植物，所以应当熟悉各地区所分布的植物种类及其生长发育状况，了解温度对植物分布的影响。如把木棉、凤凰木、鸡蛋花等热带的树种引种到北方，冬天就会冻死；如把桃、苹果等北方树种引种到热带地区，就会生长不良或不能开花结实，甚至死亡；又如椰子在海南岛南部生长旺盛，结果累累，到了北部则果实变小，产量显著降低，如在广州不仅不易结实，甚至还有冻害。凤凰木原产热带非洲，在当地生长十分旺盛，花期长而先于叶放，引至海南岛南部，花期明显缩短，有花叶同放现象，引至广州，大多变成先叶后花，花的数量明显减少，甚至只有叶片不开花，大大影响了其景观效果。

由此可见，特定区域总是有与之相适应的植被类型，由于地带性植被是当地气候条件长期自然选择的结果，因而具有最大的适应性和最大的相对稳定性。地带性植被类型，是自然界极为珍贵的原始“本底”，它为衡量人类活动所引起的后果提供了评价的准绳；同时也给建立合理的、高效的人工生态系统指明了方向。因此，园林种植设计必须与当地的地带性植被类型相一致，以确保种植设计的成功。

3.3.1.2 自然群落与园林种植设计

根据前面对地带性植被分布规律的介绍可以了解到，我国的环境复杂多样，植物种群丰富多彩，在自然界任何植物都不是单独生活，总有许多其他种的植物和它生活在一起。这些生长在一起的植物中，占据了一定的空间和面积，按照自己的规律生长发育、演变更新，并同环境发生相互作用，称为植物群落。按其形成植物群落可分为自然群落及栽培群落。

① 自然群落　是在长期的历史发育过程中，在不同的气候条件下及生境条件下自然形成的群落。各自然群落都有自己独特的种类、外貌、层次、结构。如西双版纳热带雨林群落，在其最小面积中往往有数百种植物，群落结构复杂，常有6～7层层次，林内大、小藤木植物、附生植物丰富；而东北红松林群落的最小面积中仅有40种左右植物，群落结构简单，常具2～3层层次。总之，环境越优越群落中植物种类就越多，群落结构也越复杂。

② 栽培群落　是按人类需要，把同种或不同种的植物配植在一起形成的，是服从于人们从生产、观赏、改善环境条件等需要而组成的。例如，果园、苗圃、行道树、林荫道、林带、树丛、树群等。

植物景观营造中栽培群落的设计，必须遵循自然群落的发展规律，并从丰富多彩的自然群落组成、结构中借鉴，才能在科学性、艺术性上获得成功。切忌单纯追求艺术效果及刻板的人为要求，不顾植物的习性要求，硬凑成一个违反植物自然生长发育规律的群落，其后果是没有不失败的。

(1) 植物群落的组成

群落是由不同的植物种类组成，这是群落最重要的特征，是决定群落外貌及结构的基础条件，因此要查明群落内每种植物的名称。各个种在数量上是不等同的，通常称数量最多、占据群落面积最大的植物中，叫“优势种”。在森林群落中，乔木树种的个体数目远不及灌木和草本多，但它却对群落环境的形成及对其他植物具有更大的影响，因此乔木层中的优势种，又称建群种。

在自然条件下，优势种总是该森林群落中最适生的种类，但它对群落的影响又因其体积的大小和覆盖面积的不同有很大的差异。因此，在森林群落中还应分别按照乔木、灌木、草本各层次进行调查和确定优势种。

(2) 植物群落的外貌

群落的外貌指植物群落的外部形态，它是群落中生物与生物之间、生物与环境之间相互作用的综合反映，如森林、草原、荒漠等不同的群落具有不同的外貌。群落外貌除优势种外，还决定于植物种类的生活型、高度及季相等。

① 生活型　生活型是长期适应生活环境而形成独特的外部形态、内部结构和生态习性，因此生活型也可认为是植物对环境的适应型。例如，蔷薇科的枇杷、樱桃、杏呈乔木状；毛樱桃、榆叶梅、绣线菊呈灌木状；木香、花旗藤、太平莓呈藤本状；龙芽草、心叶地榆为草本。反之，亲缘关系很远，不同科的植物可以表现为相同的生活型。如旱生环境下形成的多

浆植物，除主要为仙人掌科植物外，还有大戟科的霸王鞭、菊科的仙人笔、番杏科的松叶菊、萝藦科的犀角、葡萄科的青紫葛、百合科的芦荟、十二卷以及景天科、龙舌兰科、马齿苋科等植物种类。只有极少数的科，如睡莲科，其不同的种具有大致相同的生活型。如莼菜、芡实、莲等。

② 群落的高度　群落的高度也直接影响外貌。群落中最高一群植物的高度，也就是群落的高度，群落的高度首先与自然环境中海拔高度、温度及湿度有关。一般来说，在植物生长季节中温暖多湿的地区群落的高度就大；在植物生长季节中气候寒冷或干燥的地区，群落的高度就小。如热带雨林的高度多在 25～35m，最高可达 45m；亚热带常绿阔叶林高度在 15～25m，最高可达 30m；山顶矮林的一般高度在 5～10m，甚至只有 2～3m。

③ 群落的季相　群落的外貌随着气候季节交替而发生周期性的变化，呈现不同的季相外貌。季相在色彩上最能影响外貌，而优势种的物候变化又最能影响群落的季相变化。总体而言，温带地区各种群落的季相变化最为明显，亚热带次之，热带季相变化不明显。

温度地区四季分明，落叶阔叶林群落的季相变化显著。春季，万物复苏，树木萌芽，长出新叶；夏季树叶茂盛，林木葱郁；秋季树叶变黄或变红，如北京香山的红叶就是最典型的例子；进入冬季，树叶凋落，只有枝干耸立，又是另外一种季相。

常绿阔叶林和常绿针叶林的季相变化远不如落叶阔叶林显著，但是花果期的出现以及林下其他植物随着季节的变化仍然表现出季相。

热带雨林内的各种植物几乎没有休眠期，终年以绿色为主，季相变化很小。

(3) 群落的结构

① 群落的多度和密度　多度是指每个种在群落中出现的个体数目，多度最大的植物种就是群落的优势种。密度是指群落内植物个体的疏密度。密度直接影响群落内的光照强度，这对该群落的植物种类组成及相对稳定有极大的关系。总的来说，环境条件优越的热带多雨地区，群落结构复杂，密度大；反之，则简单和密度小。

② 群落的垂直结构　各地区各种不同的植物群落常有不同的垂直结构层次，这种层次的形成是依植物种的高矮及不同的生态要求形成的。除了地上部的分层现象外，在地下部各种植物的根系分布深度也是有着分层现象的。通常群落的多层结构可分乔木层、灌木层、草本及地被层三个基本层。荒漠地区的植物常只有一层；热带而林的层次可达 6～7 层以上。在乔木层中常可分为 2～3 个亚层，枝桠上常有附生植物，树冠上常攀缘着本质藤本，在下层乔木上常见耐阴的附生植物和藤本；灌木层一般由灌木、藤灌、藤本及乔木的幼树组成，有时有成片占优势的竹类；草本及地被层有草本植物、巨叶型草本植物、蕨类以及一些乔木、灌木、藤本的幼苗。此外，还有一些寄生植物、腐生植物在群落中没有固定的层次位置，不构成单独的层次，所以称它为层外植物。

③ 群落的水平结构　群落的水平结构是指群落的配置状况或水平格局，其形成与构成群落的成员分布状况有关。对有相同植物种构成的种群而言，植物个体的水平分布有 3 个类型，即随机型、均匀型和集群型。集群分布是最常见的分布类型，种群个体成群，成簇、成块、斑点状密集分布，但各群大多呈随机分布。

对群落的结构进行观察时，经常可以发现在一个群落某一地点植物分布是不均匀的，均匀型分布的植物是少见的。分布的不均匀性也受到植物种的生物学特性、种间的相互关系以及群落环境的差异等因素制约。如林冠下光照的不均匀性，对林下植物的分布就有密切影响；在光照强的地方，生长着较多的阳性植物，如郁闭林冠中的临窗处；而在光照强度弱的地方，只生长着少量的耐阴植物，如郁闭的热带雨林下的草本植物。总之，群落环境的异质性越高，群落的水平结构就越复杂。

3.3.1.3 植物群落配置

园林植物群落是模拟当地自然植物群落而配置的人工栽培植物群落。人工栽培植物群落是按人类需要把同种或不同种的植物配植在一起形成的。人工栽培的植物群落是服从于人们观赏、改善环境条件等需要而构建，如行道树、林荫道、林带、树丛和树群等。

园林设计师通过对自然植物群落生长发育和演替的逐步了解，掌握其变化的规律，从而指导人工植物群落的配置，因此，植物景观在规划设计之初就要能预见其发展过程，保障该群落景观在栽培养护过程中具有较长期的稳定性。有关植物群落的问题是相当复杂的，在实际设计中应在充分掌握种间关系和群落演替等生物学规律的基础上斟酌思量，如此设计才能满足生态、美化和功能的要求。

在人工植物群落的建植方面，许多城市都进行行了乔、灌、草复合配置的尝试。在城市中恢复、再造与自然植物群落结构近似的人工植物群落，这有着生态学、社会学和经济学上的重要意义：第一，群落化种植，可以提高叶面积指数、更好地增加绿量，起到改善城市环境的作用；第二，植物群落物种丰富，对生物多样性保护和保护护城市生态平衡等方面意义重大；第三，模拟自然植物群落、开展城市自然群落的建植研究以及建立生态与景观相协调的人工自然植物群落，能够扩大城市视觉资源，创造清新、自然、纯朴的城市园林风光，给人以优美、舒适的心理暗示，减少事故，缓解压力，创造优良的人居环境；第四，植物群落可降低绿地养护成本且节水、节能，从而更好地实现绿地经济效益，这对提高城市绿地质量具有重要的现实意义。

（1）热带地区的园林植物群落配置

棕榈科植物最能体现热带景观，在景观设计中得到了广泛的应用。板根现象是热带植物景观的另一个重要类型，如高山榕、琴叶榕、垂叶榕、大果榛、大叶橡胶榛、大叶榕、菩提树等植物都可以形成这种景观特色。热带植物景观的另一个典型特色是附生景观，在榛树、油棕等大树干上或树冠枝杈上附生，如肾蕨、鸟巢蕨等以及兰科、凤梨科植物等。热带雨林景观群落的林冠层次多，乔木层一般分为3个亚层；第1、2亚层乔木高耸挺拔，林冠线不连续，形成明显的单优林层，构成林上林景观；第3亚层乔木郁闭度大，林冠连续，与第二亚层连续镶嵌，植物配置时需关注乔木的层次，平面布局上以点状布置高大乔木，片植中小乔木。乔木组成种类可规划为：第一层高大乔木，如樟树、阴香、猫伟木、小叶榕、青果榕、人面子、柠檬桉、黄葛榕和紫檀等；第二层为中乔木，如山龙眼、构树等；第三层为中小乔木，如厚壳桂、红车等；第四层为灌木层，如散尾葵、扶桑、朱瑾、凤尾丝兰、苏铁等。城市绿地景观常用的植物群落配置如下。

1）木棉＋红花木莲—大花紫薇＋红花羊蹄甲＋鱼尾葵—桃金娘＋含笑＋鹰爪花＋野牡丹＋金丝桃＋八仙花—葱兰＋蜘蛛兰。

2）凤凰木＋白兰—黄槐＋紫花羊蹄甲—含笑＋茶梅＋九里香—韭兰＋忽地笑＋紫三七。

3）焰木＋黄兰—双翼豆＋红绒球＋金凤花＋双荚决明—石蒜＋姜花＋仙茅。

4）蓝花楹＋无忧树—龙牙花＋紫玉兰＋狗牙花＋红花檵木＋米仔兰—红花酢浆草＋千年健＋益智。

5）全缘栾树＋大花第伦桃＋洋蒲桃—软枝黄蝉＋大花栀子＋海桐—紫鸭趾草＋花叶艳山姜。

6）吊瓜木＋火力楠＋蒲桃—水石榕＋希茉莉＋白纸扇—水栀子＋白蝴蝶＋蛇根草。

7）秋枫＋深山含笑＋乐昌含笑—金脉爵床＋红纸扇＋白英丹—大叶油草＋砂仁＋大叶仙茅。

8）长芒杜英＋乐东拟单性木兰＋酸豆树—黄槿＋山茶花＋东兴油茶—朱顶红＋地毯草。

9）榅树＋蓝花楹＋银桦—紫蝉＋希茉莉＋粉纸扇—吊竹梅＋柊叶＋红蕉＋台湾相思＋小叶梢—九里香＋木本绣球＋栀子—白蝴蝶。

（2）亚热带地区植物群落配置

亚热带地区植物景观设计，应该结合冬冷夏热的气候特点，因地制宜，注重植物种类的多样件。亚热带地区植物种类繁多，较温带地区则有更多的植物群落可以应用。常用的植物群落配置如下。

1）香樟（榔榆＋乌柏＋栾树＋枫香）—棕榈＋石楠（构骨＋海桐＋南酸枣＋女贞＋溲疏＋小紫藤＋南天竹＋蚊母）—二月兰（白花三叶草＋吉祥草＋狗牙根）。

2）银杏（悬铃木＋枫树）—石楠＋胡颓子（蜡梅）—麦冬。

3）雪松＋广玉兰—紫薇＋紫荆＋黄馨—鸢尾＋红花酐浆草＋其他地被。

4）马尾松（小叶栎＋枫香）—化香＋香檀＋白栎＋草、蕨类。

5）香樟＋紫楠＋银杏＋马尾松—木本绣球＋杜鹃＋洒金东瀛珊瑚—沿阶草。

6）栓皮栎＋枫香＋马尾松—棣棠＋红瑞木—蝴蝶花。

7）乐昌含笑＋火力楠—洒金东瀛珊瑚＋毛白杜鹃＋锦绣杜鹃—石菖蒲。

8）白玉兰＋广玉兰—含笑＋八角金盘—玉簪。

9）深山含笑＋桂花—阔叶十大功劳＋南天竹—马蹄金。

10）三角枫＋枫香＋乌柏—八仙花＋蝴蝶绣球—花叶常春蔓。

（3）温带地区的园林植物群落配置

我国北方温带地区冬季寒冷、夏季炎热、春季干燥风大、秋季气温骤降且霜冻早；降雨量少，且集中在7～8月份。适合北方园林种植的植物比南方要少，在植物配置中会出现色彩单调、种类单一的特点。北方植物配置时，为了弥补寒冷地区环境花色的不足，应注意使用不同色彩的植物材料，尤其是观果树种和彩叶树种，并注意它们之间的相互搭配。总结出适用于北方温带地区的植物群落，对于指导该地区的植物配置具有重要的意义。

适于温带地区的人工植物群落如下。

1）侧柏（或桧柏、云杉等）＋毛泡桐（或银杏、构树、臭椿、毛白杨等）—金银木（或天目琼花、矮紫杉、珍珠梅等）—丰花月季＋平枝栒子—冷季型草坪。

2）油松（或圆柏、云杉、雪松等）＋臭椿（或国槐、白玉兰、垂柳、白蜡、栾树等）—大叶黄杨＋碧桃＋金银木（或紫丁香、紫薇、接骨木等）—矮紫杉＋丰花月季（或连翘、玫瑰等）—鸢尾或麦冬。

3）华山松（或白皮松、云杉、粗榧、洒金柏）＋银杏（栾树、黄栌、杜仲、核桃等）—早园竹＋金银木（珍珠梅、平枝栒子、构骨、黄刺玫等）—萱草十冷季型草坪。

3.3.2 影响园林植物生长的环境因子

植物所生活的空间叫作“环境”，任何物质都不能脱离环境而单独存在。植物的环境主要包括有气候因子（温度、水分、光照、空气）、土壤因子、地形地势因子、生物因子及人类的活动等方面。通常将植物具体所生存于其间的小环境，简称为“生境”。环境中所包含的各种因子中，有少数因子对植物没有影响或者在一定阶段中没有影响，而大多数的因子均对植物有影响，这些对植物有直接或间接影响的因子称为“生态因子（因素）”。生态因子中，对植物的生活属于必需的，即没有它们植物就不能生存的因素叫作“生存条件”，例如对绿色植物来讲，氧、二氧化碳、光、热、水及无机盐类这6个因素都是绿色植物的生存条件。

植物和环境之间存在着极为密切的关系。一方面，植物必须依赖环境而生存，在其个体发育的全过程中需要源源不断地从周围环境中获取所必需的物质和能量，不断建造自己的躯体；同时又将其代谢产物排放到环境中去，通过这种关系维持其正常的生命活动和种群的繁衍。另一方面，植物又通过自身的生命活动与影响来改造周围环境，促进环境的演化。环境控制和塑造了植物的生理过程，形态特征和地理分布；植物则在适应环境的同时改造和影响着环境，形成了一种相互影响、互相制约、共同发展的关系。在不同的光照、热量，水分等环境条件下，植物的群落结构、形态特征、生理过程和地理分布等方面有很大的差异性。

在生态因子中，有的并不直接影响于植物而是以间接的关系来起作用的，例如地形地势因子是通过其变化影响了热量、水分、光照、土壤等生产变化从而再影响到植物的，对这些因子可称为“间接因子”。所谓间接因子是指其对植物生活的影响关系是属于间接关系，但并非意味着其重要性降低，事实上在园林绿化建设中许多具体措施都必须充分考虑这些所谓的间接因子。在任何一个综合性环境中都包含很多生态因子，其性质、特性和强度等方面各有不同，这些不同的生态因子之间彼此相互组合、相互制约，形成各种各样的生态环境，为不同生物的生存提供了可能。温度因子对于植物的生理活动和生化反应是极其重要的，而作为植物的生态因子而言，温度因子的变化对植物的生长发育和分布也具有极其重要的作用。首先，植物的一系列生理过程都必须在一定的温度条件下才能进行，在适宜的温度范围内，植物能正常生长发育并完成其生活史，温度过高或过低都将对植物产生不利影响甚至死亡。因此，温度是植物生长发育和分布的限制因子之一。其次，植物对温度的影响还表现在温度的变化能影响环境中其他因子的变化，从而间接的影响植物的生长发育。

3.3.2.1 温度对植物的影响

（1）温度三基点对植物的影响

温度对植物生长发育的影响主要是通过对植物体内的光合作用、呼吸作用、蒸腾作用等各种生理活动的影响而实现的。植物的各种生理活动都有最低温度、最高温度和最适温度，称为温度三基点。光合作用的最低温度约等于植物展叶所需要的最低温度，因植物种类不同而异。光合作用的最适温度一般在25～35℃之间。

大多数植物生长的适宜温度范围为4～36℃，但因植物种类和发育阶段而不同。热带植物如椰子树、橡胶树、槟榔等要求日均气温18℃以上才开始生长，王莲的种子需要在30～35℃水温下才能发芽生长。亚热带植物如柑橘、樟树、竹类一般在15℃开始生长，最适生长温度为30～35℃。温带植物如苹果、桃、紫叶李在10℃或更低温度开始生长，芍药在10℃左右就能萌发；而寒温带植物如白桦、云杉、红豆杉在5℃就开始生长，最适温度为25～30℃左右。在其他条件适宜的情况下，生长在高山和极地的植物最适生长温度约在10℃以内，不少原产北方高山的杜鹃花科小灌木，如长白山山顶的牛皮杜鹃、冰凉花甚至能在雪地里开花。

一般植物在0～35℃的温度范围内，随温度上升生长加快，随温度降低生长减缓。植物生命活动的最高极限温度一般不超过50～60℃，其中原产于热带干燥地区和沙漠地区的种类较耐高温，如沙漠玫瑰、沙棘等；而原产于寒温带和高山的植物则常在35℃左右的气温下即发生生命活动受阻现象，如花楸、红松、高山龙胆类和报春花类等。植物对低温的忍耐力差别更大，如红松可耐－50℃低温，紫竹可耐－20℃低温，而香樟遇到－10℃的低温叶片就会萎蔫、－14℃树干就会受到冻害导致死亡。

(2) 季节性变温对植物的影响

不同地区的四季长短是有差异的，其差异的大小受其他因子如地形、海拔、纬度、季风、雨量等因子的综合影响。该地区的植物，由于长期适应于这种季节性的变化，就形成一定的生长发育节奏，即物候期。物候期不是完全不变的，随着每年季节性变温和其他气候因子的综合作用而含有一定范围的波动。在园林建设中，必须对当地的气候变化以及植物的物候期有充分的了解，才能发挥植物的园林功能以及进行合理的栽培管理措施。

(3) 昼夜变温对植物的影响

植物对昼夜温度变化的适应性称为“温周期”。这种性质可以表现在下述几个方面。

① 种子的发芽　多数种子在变温条件下可发芽良好，而在恒温条件下反而发芽略差。

② 植物的生长　大多数植物均表现为在昼夜变温条件下比恒温条件下生长良好。其原因可能是适应性及昼夜温差大，有利于营养积累。

③ 植物的开花结果　在变温和一定程度的较大温差下，开花较多且较大，果实也较大，品质也较好。

植物的温周期特性与植物的遗传性和原产地日温变化的特性有关。一般而言，原产于大陆性气候地区的植物在日变幅为10～15℃条件下，生长发育最好，原产于海洋性气候区的植物在日变幅为5～10℃条件下生长发育最好，一些热带植物能在日变幅很小的条件下生长发育良好。

(4) 突变温度对植物的影响

植物在生长期中如遇到温度的突然变化，会打乱植物生理进程的程序而造成伤害，严重的会造成死亡。温度的突变可分为突然低温和突然高温两种情况。

① 突然低温　由于强大寒流的南下，可以引起突然的降温而使植物受到伤害，一般可分为以下几种。

1) 寒害。指气温在物理零度以上时使植物受害甚至死亡的情况。受害植物均是热带喜温植物，例如轻木（木棉科植物）在5℃时就会严重受害而死亡；热带的丁子香在气温为6.1℃时叶片严重受害，3.4℃树梢即干枯。

2) 霜害。当气温降至0℃时，空气中过饱和的水汽在物体表面就凝结成霜，这时植物的受害称为霜害。如果霜害的时间短，而且气温缓慢回升时许多植物可以复原；如果霜害时间长而且气温回升迅速，则受害的叶子反而不易恢复。

3) 冻害。气温降至0℃以下使植物体温亦降至零下，细胞间隙出现结冰现象，严重时导致质壁分离，细胞膜或壁破裂就会死亡。

4) 冻拔。在纬度高的寒冷地区，当土壤含水量过高时，由于土壤结冻膨胀而升温，连带将草本植物抬起，至春季解冻时土壤下沉而植物留在原位造成根部裸露死亡。这种现象多发生在草本植物，尤以小苗为重。

5) 冻裂。在寒冷地区的阳坡或树干的阳面由于阳光照晒，使树干内部的温度与干皮表面温度相差数十摄氏度，对某些植物而言就会形成裂缝。当树液活动后会有大量伤流出现，久之很容易感染病菌，严重影响树势。

② 突然高温　其主要原因是破坏了新陈代谢作用，温度过高时可使蛋白质凝固及造成物理伤害，如皮烧等。一般而言，热带的高等植物有些能忍受50～60℃的高温，但大多数

的高等植物的最高点是50℃左右，其中被子植物较裸子植物略高，前者近50℃，后者约46℃。高温还能破坏植物的光合作用和呼吸作用的平衡，使呼吸作用超过光合作用，植物因长期饥饿而受害或死亡；高温还能促进蒸腾作用的加强，破坏水分平衡，使植物干枯甚至致死；高温抑制氮化合物的合成，氨积累过多，毒害细胞等。

（5）温度与植物分布

把木棉、凤凰木、鸡蛋花、白兰等热带、亚热带的树木种到北方就会冻死，把桃、苹果等北方树种引种到亚热带、热带地方，就会生长不良或不能开花结果，甚至死亡。这主要是因为温度因子影响了植物的生长发育从而限制了植物的分布范围。各种植物的遗传性不同，对温度的适应能力有很大差异。有些种类对温度变化幅度的适应能力特别强，因而能在广阔地区生长、分布，对这类植物称为“广温植物”或广布种；对一些适应能力小，只能生活在很狭小温度变化范围的种类称为“狭温植物”。植物对温度的变幅有不同的适应能力因而影响分布外，它们在生长发育的生命过程中尚需要一定的温度量即热量。根据这一特性，又可将各种植物分为大热量种、中热量种、小热量种及微热量种。

（6）园林植物对温度的调节作用

① 园林植物的遮阴作用　在有植物遮阴的区域，其温度一般要较没有遮阴的区域温度低。夏季，绿化状况好的绿地中的气温比没有绿化地区的气温要低3～5℃，较建筑物甚至低约10℃。

② 园林植物的凉爽效应　绿地中的园林植物能通过蒸腾作用，吸收环境中的大量热量，降低环境温度，同时释放水分，增加空气湿度，使之产生凉爽效应。对于夏季高温干燥的地区，园林植物的这种凉爽效应作用就显得特别重要。

③ 园林植物群落对营造局部小气候的作用　城市的夏天，由于各种建筑物的吸热作用，使得气温较高，热空气上升，空气密度变小；而绿地内，特别是结构比较复杂的植物群落或片林，由于树冠反射和吸收等作用，使内部气温较低，冷空气因密度较大而下降，因此，建筑物群和城市的植物群落之间会形成气流交换，建筑物中的热空气吹向群落，群落中的冷空气吹向建筑物，从而形成一股微风，形成建筑物内的小气候。冬季，城市中的植物群落由于保温作用以及热量散失较慢等特点，也会与建筑物间形成气流交换，不过这次从植物群落中吹向建筑物的是暖风，冬季绿地的温度要比没有绿化地面高出1℃左右，冬季有林区比无林区的气温要高出2～4℃，因此，森林不仅稳定气温和减轻气温变幅，可以减轻类似日灼和霜冻等危害，还能影响周围地区的气温条件，使之形成局部小气候，从而改善该地区的环境质量。

④ 园林植物对热岛效应的消除作用　增加园林绿地面积能减少甚至消除热岛效应。有人统计，1hm^2的绿地，在夏季（典型的天气条件下）可以从环境中吸收81.8MJ的热量，相当于189台空调机全天工作的制冷效果。

3.3.2.2 园林植物与水分因子的关系

（1）水分对园林树木的生态影响

水分是构成植物的必要成分，又是树木生存必不可少的生活条件，只有在一定的水分条件下才可能有植物的分布和生长，即水分成了影响植物分布的另一个主要因子。与温度一样，水对植物的生长发育也有不同的基点，即最高点、最适点和最低点：处于最适点时植物生长正常；低于最低点时，植物出现萎蔫，生长停止；超过最高点时，植物缺氧，代谢混乱，影响植物的正常生长。所以干旱和水涝时间过长形成灾害时，植物的新陈代谢会受到阻碍，生长受阻，严重时出现死亡。

① 种子萌发需要较多的水分　因为水分能使种皮软化，氧气易透入，使呼吸加强，同时，水分能使种子凝胶状态的原生质向溶胶状态转变，使生理活性增强，促进种子萌发。

② 水分对植物高生长的影响　由于植物本身的生长特性不同，对水分的需求也会有很大的差别，但对植物供水量的多少直接影响到植物的高生长，特别是在早春水分的供应就显得尤为重要。有些植物对水分的需求十分明显，水分增多，高生长增加也比较明显，其生长与水分供给之间基本上呈现正相关，如杨树、落叶松、杉木等，一旦出现干旱，高生长就会受到影响，甚至形成顶芽；若秋季水分供应充足，有些树木还会出现第二次生长现象。

③ 土壤水分直接影响根系的发育　在潮湿土壤中，植物根系生长很缓慢；当土壤水分含量较低时，根系生长速度显著加快，根茎比相应增加。

④ 水分对植物的开花结果也有一定的影响，最终影响植物产品品质　在开花结实期若水分过多，则会对其产生不利影响；若水分过少，以造成落花落果，并最终影响植物种子质量。土壤含水量还影响产品的品质，植物氮素和蛋白质含量与土壤水分有直接的关系。据报道，在大陆性气候少雨区，有利于植物体的氮和蛋白质的形成和积累；土壤含水量减少时，淀粉含量相应减少，木质素和半纤维素有所增加，纤维素不变，果胶质减少；脂肪的含量恰与蛋白质含量相反，土壤含水量与脂肪含量可成正比关系。

(2) 以水为主导因子植物的生态类型

水分是植物体的基本组成部分，植物体内的一切生命活动都是在水的参与下进行的。植物生长离不开水，但各种植物对水分的需要量是不同的。一般阴性植物要求较高的湿度，阳性植物对水分要求相对较少。根据植物对水分需求量的不同，可将植物分为旱生、中生和湿生三类或陆生和水生两类。

① 陆生植物　生长在陆地上的植物统称为陆生植物。根据陆生植物所处的环境及本身的适应可分为旱生植物、中生植物和水生植物三类。

1) 旱生植物。在干旱的环境中能长期忍受干旱而正常生长发育的植物类型。本类植物多见于雨量稀少的荒漠地区和干燥的草原上，个别的也可见于城市环境中的屋顶、墙头、危岩陡壁上。根据它们的形态和适应环境的生理特性又可分为：少浆植物（或硬叶旱生植物），如柽柳、胡颓子、桂香柳；多浆植物（或肉质植物），如龙舌兰、仙人掌；冷生植物（或干矮植物），如骆驼刺。

2) 中生植物。形态结构和适应性均介于湿生植物和旱生植物之间，是种类最多、分布最广、数量最大的陆生植物。不能忍受严重干旱或长期水涝，只能在水分条件适中的环境中生活，陆地上绝大部分植物皆属此类。该类植物有的生活在接近湿生的环境中，称湿生中生植物，如椰子、水榕、杨树、柳树等；有的生活在接近旱生的环境中，称旱生中生植物，如洋槐、马尾松和各种桉树；处于二者之间的称真中生植物，如樟树、荔枝、桂圆、香樟、枫香、苦楝、梧桐等。

3) 湿生植物。适于生长在水分比较充裕的环境下，不能忍受长时间的水分不足，抗旱力最弱的陆生植物。在土壤短期积水时可以生长，过于干旱时易死亡或生长不良。根据实际的生态环境又可分为阳性湿生植物（如鸢尾、落羽杉、池杉、水松）和阴性湿生植物（如蕨类、海芋和秋海棠等）。

② 水生植物　能在水中生长的植物，统称为水生植物。水生植物叶子柔软而透明，有的形成为丝状，如金鱼藻。丝状叶可以大大增加与水的接触面积，使叶子能最大限度地得到水里很少能得到的光照，吸收水里溶解得很少的二氧化碳，保证光合作用的进行。

根据水生植物的生活方式，一般将其分为挺水植物、浮叶植物和沉水植物几大类。

1）挺水植物。挺水型水生植物植株高大，花色艳丽，绝大多数有茎、叶之分；直立挺拔，下部或基部沉于水中，根或地茎扎入泥中生长，上部植株挺出水面。挺水型植物种类繁多，常见的有荷花、千屈菜、菖蒲、黄菖蒲、水葱、再力花、梭鱼草、花叶芦竹、香蒲、泽泻、旱伞草、芦苇、茭白等。

2）浮叶植物。浮叶型水生植物的根状茎发达，花大，色艳，无明显的地上茎或茎细弱不能直立，叶片漂浮于水面上。常见种类有王莲、睡莲、萍蓬草、芡实、荇菜等、浮萍、满江红、菱、荇菜、莼菜等。

3）沉水植物。沉水型水生植物根茎生于泥中，整个植株沉入水中，具发达的通气组织，利于进行气体交换。叶多为狭长或丝状，能吸收水中部分养分，在水下弱光的条件下也能正常生长发育。对水质有一定的要求，因为水质浑浊会影响其光合作用。花小，花期短（除部分植物外），以观叶为主。

一些沉水植物，如软骨草属或狐尾藻属植物，在水中担当着“造氧机”的角色，为池塘中的其他生物提供生长所必需的溶解氧；同时，它们还能够除去水中过剩的养分，因而通过控制水藻生长而保持水体的清澈。水藻过多会导致水质浑浊、发绿、并遮挡水生植物和池塘生物健壮生长所必需的光线。常见的沉水植物有轮叶黑藻、金鱼藻、马来眼子菜、苦草、菹草、水菜花、海菜花、海菖蒲等。

将植物划分为以上几类不是绝对的，因为它们之间并没有明显的界限。同时，同一种植物，在年生育期内对水分的需要量随物候而异，植物早春萌发需水量不多，枝叶生长期需水分较多，开花期需水分较少，结实期需水分较多。在植物的生命周期中，植物体的含水量一般随年龄增长而递减。水分不足对植物的生长发育不利。但当土壤含水量过高时，由于土壤孔隙空气不足，根系呼吸困难，常窒息、腐烂、死亡，特别是肉质根类植物。

（3）水分的其他形态对植物的影响

① 雪　在寒冷的北方，降雪可覆盖大地增加土壤水分，保护土壤，防止土温过低，避免结冻过深，有利植物越冬等作用。但是在雪量较大的地区，会使树木受到雪压，引起枝干倒折的伤害。

② 冰雹　对树木会造成不同程度的损害。

③ 雨凇、雾凇　会在树枝上形成一层冻壳，严重时使树枝折断。一般以乔木受害较多。

④ 雾　多雾即空气中的相对湿度大，虽然能影响光照，但一般而言对树木的繁茂是有利的。

（4）水分与植物的分布

水分对植物的分布起着重要的影响作用，地球上由于水分分布的差异，表现出各种各样的植被类型，从全球角度来说，水分分布以拉丁美洲最多，欧亚洲次之，非洲最少；我国则南多北少，东多西少，植被类型也随之变化。但植物的分布并不单纯地取决于水分这一个因素，要单独将水分对植物分布的影响分离出来还是十分困难的。

（5）水分缺乏对植物的影响

水分缺乏首先表现为植物的消耗增加，生长减慢。由于水分的缺乏使植物体内合成酶活性降低而分解酶活性增加，这样就会使生产合成物质减少，甚至使体内已合成的物质发生水解，植物体内代谢混乱，功能受阻，从而使生长缓慢、停止甚至过度消耗。

水分缺乏导致大量叶片萎蔫、脱落。外界的水分缺乏造成植物体内水分的缺乏，植物为维持生存将体内水分重新分配，一些老叶由于渗透压低使叶片内的水分被幼叶夺走，体内的一些营养物质也会向幼叶转移，加上由于缺水造成叶绿体的蛋白质合成能力减退，从而更加速了老叶的老化、干枯。

水分缺乏使植物体内的淀粉、糖、蛋白质、植物碱等下降，钙镁盐等的含量有所上升，从而降低了植物产品的品质。

水分缺乏造成了植物体内正常的代谢紊乱，抗性下降，因此容易引起各种病虫害、病原菌，以及各种污染物质的侵袭，加剧了植物的受害程度。

（6）植物对水分的净化作用

植物通过对水体中的污染物质进行吸收从而起到对水体的净化作用。植物从环境吸收来的物质可有以下几种去向。

① 植物将污染物进行体内新陈代谢而利用掉　植物对有些污染物质可进行吸收利用，即一些容易引起植物中毒的重金属元素，在低浓度下植物也可以吸收利用，但浓度过高就会造成植物的伤亡。在利用植物对富营养化的水体进行净化时，也是利用植物对其的吸收利用原理，如利用香根草、茭白来净化富营氧化的水体，而慈菇和水花生等对氮的净化效果不错，用满江红来净化磷效果较好，当然过大的营养物浓度也会使其在植物体内富集。

② 植物的富集作用　即植物将吸收的物质存储在植物体内。通常，某种植物对一种特定的元素或化合物具有较强的富集作用，也就是对某种元素或化合物具有选择性吸收的能力。植物的各个器官对污染物的吸收富集是有差异的。例如，铅、砷、铬等一些重金属元素在植物体内的移动较慢，因此在根部含量较多，茎叶次之，其他部位较少；而硒元素由于比较活跃，可在植物体内各个部分有分布，单以叶片中居多。因此，在利用各种植物进行水体净化时也要考虑以上因素，以免造成二次污染。

③ 植物将其吸收的物质进行转化或转移　有些污染物质进入植物体后，可以被植物体分解掉或转化为毒性小的成分，该类型的植物在净化水体中的作用将会越来越重要。例如，某些有毒的金属元素进入植物体后就立刻和植物体内的硫蛋白结合形成金属硫蛋白，从而使其毒性大大降低；有些植物吸收一些有机污染物后，可以将其完全分解，最后释放出二氧化碳等。

3.3.2.3　园林植物景观与光照因子的关系

光是绿色植物的生存条件之一，也正是绿色植物通过光合作用将光能转化为化学能，为地球上的生物提供了生命活动的能源。

（1）光质对园林植物的影响

光中对植物起着重要作用的部分主要是可见光，但紫外线和红外线部分对植物也有作用。一般而言植物在全光范围，即在白光下才能正常生长发育，但是白光中的不同波长对植物的作用是不完全相同的。例如，青蓝紫光对植物的加长生长有抑制作用，对幼芽的形成细胞的分化均有重要作用，它们还能抑制植物体内某些生长激素的形成，因而抑制了茎的伸长，并产生向光性；它们还能促进花青素的形成，使花朵色彩艳丽。可见光中的红光和不可见的红外线都能促进茎的加长生长和促进种子及孢子的萌发。对植物的光合作用而言，以红光的作用最大，其次是蓝紫光；红光又有助于叶绿素的形成，促进二氧化碳的分解与碳水化合物的合成，蓝光则有助于有机酸和蛋白质的合成。而绿光及黄光则大多被叶子所反射或透过而很少被利用。

（2）日照时间长短对植物的影响

光周期是一天内白昼和黑夜交替的时数。有些植物开花等现象的发生取决于光周期的长短及其变换，植物对光周期的这种反应称为光周期效应，这种现象称为光周期现象。日照长度对于植物从营养生长期到花原基形成这段时间的长短往往有着决定性的影响。对诱发花原基形成起决定作用的是暗期的长短，在暗期给予短暂的光照，即使光照总长度短于其临界日长，短日照植物也不开花，引起临界暗期的间断致使花芽分化受到抑制；而同样情况却可以促进长日照植物开花。按此反应可将植物分为以下 4 类：

1）长日照植物，如瓜叶菊、水仙、鸢尾、凤仙花等；

2）短日照植物，如菊花、一串红、八仙花、紫花地丁等；

3）中日照植物　如甘蔗等。

4）中间性植物　如蟹爪兰、曼陀罗和蒲公英等

植物开花要求一定的日照长度，这种特性与其原产地在生长季节里自然日照的长度有密切的关系，也是植物在系统发育过程中对于所处的生态环境长期适应的结果。

日照的长短对植物的营养生长和休眠也有重要的作用。一般来说，延长光照时会促进植物的生长或延长生长期，缩短光照时数则会促进植物进入休眠或缩短生长期。光周期影响植物的生长，短日照植物置于长日照下常常长得高大；而把长日照植物置于短日照下，则节间缩短，甚至呈莲座状。光周期对植物的花色性别也有影响。例如，苎麻在温州生长是雌雄同株，在 14h 的长日照下则是仅形成雄花，而在 8h 的短日照下则形成雌花。

在园林实践中，常通过调节光照来控制花期以满足造景需要。如长日照植物如唐菖蒲，若要使其提前开花，可在幼苗长至 2 片叶时，每天延长 7h 光照，并保持 12～18℃的室温，1 个月后即可开放。短日照植物菊花，当生长达 10 片叶以上，若缩短每天光照时数（如保持每天 8h 光照，16h 黑暗），室温保持 20℃左右，1 个月左右即可开花。如果要让菊花延迟于春节开放，则可延长每天光照时数，如每天 14h 以上光照即可使其不现蕾。

（3）光照强度对园林植物的影响

植物对光强的要求，通常通过光补偿点和光饱和点来表示。光补偿点又叫收支平衡点，就是光合作用所产生的碳水化合物与呼吸作用所消耗的碳水化合物达到动态平衡时的光照强度。在这种情况下，植物不会积累干物质，即光强降低到一定限度时，植物的净光合作用等于零。能测试出每种植物的光补偿点，就可以了解其生长发育的需光度从而预测植物的生长发育状况及观赏效果，在补偿点以上，随着光照的增强光合强度逐渐提高，这时光合强度就超过呼吸强度，开始在植物体内积累干物质，但是到一定值后，再增加光照强度，则光合强度却不再增加，这种现象叫光饱和现象，这时的光照强度就叫光饱和点。

光照强度的单位是米烛光，或称勒克斯，用 lx 来表示。测定光照强度有各种型号的照度计，可直接显示 lx 的数字；另一种用太阳辐射仪，通过计算垂直于太阳光下单位面积（cm^2），在单位时间内（min），所获得总热量［$cal/(cm^2 \cdot min)$］。采用这种办法不仅包括可见光，也包括不可见光的辐射效应在内。

① 不同光强要求的植物生态类型　根据植物对光强的要求，传统上将植物分成阳性植物、阴性植物和居于这二者之间的耐阴植物。在自然界的植物群落组成中，可以看到乔木层、灌木层、地被层。各层植物所处的光照条件都不相同，这是长期适应的结果，从而形成了植物对光的不同生态习性。

1）阳性植物。要求较强的光照，不耐蔽阴。一般需光度为全日照 70％以上的光强，在自然植物群落中，常为上层乔木。大多数松柏类植物（如马尾松、圆柏、油松、马尾松等），桉树，木麻黄，椰子，芒果，柳，桦，槐，桃，梅，木棉，银杏，广玉兰，鹅掌楸，白玉兰，紫玉兰，朴树，榆树，毛白杨，合欢，假俭草，结缕草等，还包括许多一二年生及许多

多年生草本花卉（如鸢尾、矮牵牛等）。

2）阴性植物。在较弱的光照条件下，比在强光下生长良好。一般需光度为全日照的5%～20%，不能忍受过强的光照，尤其是一些树种的幼苗，需在一定的蔽阴条件下才能生长良好。在自然植物群落中常处于中、下层，或生长在潮湿背阴处。在群落结构中常为相对稳定的主体，如红豆杉、三尖杉、粗榧、香榧、铁杉、可可、咖啡、肉桂、萝芙木、珠兰、茶、紫金牛、中华常春藤、地锦、三七、草果、人参、黄连、细辛、宽叶麦冬及吉祥草等。

3）耐阴植物。一般需光度在阳性和阴性植物之间，对光的适应幅度较大，在全日照下生长良好，也能忍受适当的蔽阴。大多数植物属于此类，如樱花、八仙花、山茶、杜鹃、罗汉松、山茶、栀子花、南天竹、海桐珊瑚树、麦冬、沿阶草等。

② 园林种植设计中耐阴性的应用　植物的耐阴性是相对的，其喜光程度与纬度、气候、年龄、土壤等条件有密切关系。在低纬度的湿润、温热气候条件下，同一种植物要比在高纬度较冷凉气候条件下耐阴。如红栲（Castanopsis hystrix）在桂北（北纬25°）为阴性树种，到了闽北（北纬27°）成为较喜光树种。在山区，随着海拔高度的增加，植物喜光度也相应增加。

植物的耐阴性，也可以从形态上初步判断。例如，树冠伞形者多为阳性、树冠圆锥形而枝条紧密者多耐阴；树干下部侧枝早行枯落者多为阳性，下枝不易枯落而繁茂者多耐阴；树冠叶幕区稀疏透光、叶片色淡而质薄者多阳性，叶幕区浓密、叶色浓而深而质厚者多耐阴；常绿针叶树的叶呈针状者多为阳性，而呈扁平或呈鳞片状者多耐阴。

根据经验来到断植物的耐阴性是目前在植物造景中的依据，但是极不精确。如昆明常用树种按对光强要求由强到弱的排列次序如下。

针叶树：云南松→侧柏→桧柏→油杉→华山松→肖楠→冷衫。

阔叶树：蓝桉→滇杨→黄连木→麻栎→旱冬瓜→合欢→无患子→红果树→青冈→香樟。

基于园林植物配置的需要，应对相关植物需光性进行系统观测，以更为准确地确定其耐阴性。苏雪痕曾于1978年对杭州植物园的槭树、杜鹃园杜鹃花的耐阴性进行了研究，并对杜鹃花配置的人工群落进行分析。发现配置在紫楠林下，光照强度仅为全日照3%左右，杜鹃花全部阴死；配置在悬铃木大树树冠下的毛白杜鹃，靠近树干处不开花，因该处光照强度仅为全日照的8%，稍离树干远处光强增至全日照的20%～30%，开花显著增多，而接近悬铃木树冠正投影的边缘则开花繁茂；配置在金钱松林下的锦绣杜鹃在林地中央，光照强度为全日照的6.6%，故不开花，在林缘为全日照的23%则开花良好；配量在三角枫下的毛白杜鹃，在林中光照强度为全日照的7.4%～9%，故不开花，林缘为15%～20%有少量开花。配置在以枝叶稀疏的榔榆、臭椿、马尾松混交林下的毛白杜鹃，则开花良好，尤其在林中空地上的毛白杜鹃，花、叶均茂。从而得出结论，毛白杜鹃一般要求光照强度超过日照20%的情况下才能正常生长发育，所以在植物造景时宜配置在林缘、孤立树的树冠正投影边缘或上层乔木枝下高较高，枝叶稀疏，密度不大的情况下生长才能较好。

（4）光照对园林植物形态的影响

光照对园林植物生长的影响最终以外部形态的方式表现出来。光照过强或过弱都会有不利的影响，对于耐阴植物来讲，过强会造成植物生长受抑制甚至死亡；过弱，即使是耐阴植物也会对生长产生抑制作用。植物在不利的光照条件下而表现出来的形态构造上的变化称为黄化。黄化现象主要表现在缺少光照的情况下，缺少叶绿素，缺少植物在较高光照下发育形成的正常叶片，使植物的茎快速生长而表现为长细弱嫩现象。黄化现象常见于喜光的草本植物。

自然界中，植物为适应各自的光照环境而形成了不同的外部形态，具体可从叶片和树体的形态、生理特征来表现。

光照强弱影响叶子形态。一般在全光照或光照充足的环境下生长的叶片属于阳生叶，具有叶片短小，角质层较厚，叶绿素含量较少等特征；而在弱光条件下生长的植物叶片属于阴生叶，表现为叶片排列松散，叶绿素含量较多等特点。

树体随光照强弱形成相应的树冠结构。一般喜光树种树冠较稀疏，透光性强，自然整枝良好，枝下高长，树皮通常较厚，叶色较淡，叶层较厚；耐阴树种树冠较致密，透光度小，自然整枝不良，枝下高短，树皮通常较薄，叶色较深，叶层厚；而中性树种介于其中间。在树冠中的不同位置，植物叶片可能形成不同类型的种类。一般喜光树种由于其树冠特征，大部分叶片都属于阳生叶；而耐阴树种由于树冠比较浓密、叶层较厚等特征，会有阳生叶和阴生叶之分，外层接受阳光照射的叶片多属于阳生叶，而内部弱光下的叶片多属于阴生叶。

3.3.2.4 园林植物与空气因子的关系

（1）空气中主要成分对园林植物的生态作用

① 二氧化碳　首先，二氧化碳的浓度高低直接影响地表温度。大气中的二氧化碳与其他温室气体通过吸收红外辐射等可以维持整个大气层保持在一个恒定的温度范围内。大气中含有二氧化碳、甲烷、水汽等组成了一道无形的玻璃墙，太阳辐射的热量可进入，而地球辐射热量不能通过，从而保持地球表面气温的恒定，当大气组成含量维持一种动态平衡时，地球气温也会保持平衡，维持这种平衡对整个地球上生命的延续提供了可能。温室气体有许多种，二氧化碳是其中的主要成分，其显著特点是吸收太阳辐射少，吸收地面辐射多。因此二氧化碳的浓度高低直接影响地表温度，从而影响植物的生长发育及分布等情况。

二氧化碳又是植物光合作用的主要原料。植物通过光合作用，把二氧化碳和水合成碳水化合物，并进一步构成各种复杂的有机物；地球上的有机物都是光合作用直接或间接产物。据分析，在植物干重中，碳占45%，氧占42%，氢占6.5%，氮占1.5%，灰分元素占5%，其中碳和氧都来自二氧化碳。因此，植物对二氧化碳吸收的多少具有重要的生态意义。同时，植物在环境中的竞争能力取决于其对二氧化碳吸收的平均量，而不是短暂的光合作用的最大值。从这个意义上讲，二氧化碳含量的增加有助于植物的生长。据估计，当水分、温度及其他养分因子适宜时，大气二氧化碳每增加10%以上就可使净初级生产增加5%。增加空气中二氧化碳的含量，就会增加光合作用的强度，从而增加有机物的含量。但当含量增加到2%～5%时就会引起光合作用的抑制。过量的二氧化碳又会对植物造成严重的危害。

② 氧气　氧气是生物呼吸的必需物质。植物呼吸时吸收氧气，释放二氧化碳，并通过氧气参与植物体内各种物质的氧化代谢过程，释放能量供植物体进行正常的生命活动。如果缺氧或无氧，有机质不能彻底分解，造成植物物质代谢过程所需能量的匮乏，植物生长将受到影响，甚至窒息死亡。

土壤空气中的氧气含量对植物及土壤生物有重要意义。土壤中氧气含量低于大气，但氧气含量在10%以上时一般不会对植物根系造成伤害。土壤氧气含量低于10%时，根系呼吸作用受阻，大多数植物根系正常生理机能都要衰退，在缺氧状态下有机物质不完全分解形成的呼吸产物也会对植物根系产生毒害作用，造成根系腐烂、死亡。

氧气是很多植物种子萌发的必备条件。氧气缺乏时造成种子内部呼吸作用减缓，从而使其休眠期延长而抑制萌发。同时，氧气还是自然界氧化过程的参与者，岩石的氧化、土壤和水域中的各种氧化反应等都离不开氧气，这些氧化反应为植物对养分的需求提供来源。

③ 氮气　氮气是植物的重要氮源。氮气不能被植物直接利用，但可通过生物固氮、雷电、火山爆发等途经将其转为可被植物吸收的氮化合物，为植物提供了重要的氮源。其转化途径首先是生物固氮，为植物界提供了大量的可吸收的氮元素，起固氮作用的主要是一些共生固氮微生物和非共生固氮微生物；再者是工业固氮；大气中的雷电、火山爆发等也可将氮气合成硝态氮和氨态氮等。

氮素是植物体的必要元素，占植物体干重的1%～3%，氮是植物体内许多重要化合物的组成，如核酸、蛋白质、膦酸、辅酶、叶绿素、维生素、植物激素等。因此，当氮素不足时植物生长受抑，植株矮小，老叶衰老快，果实发育不充分。植物对氮素常常缺乏，易造成叶片发黄、生长不良甚至枯死，因此施用氮肥能大大增加植物的生物生长力。

（2）大气污染对园林植物的危害

大气污染是指大气中的有害物质过多，超过大气及生态系统的自净能力，破坏了生物和生态系统的正常生存和发展的条件，对生物和环境造成危害的现象。当大气污染浓度超过园林植物的忍受限度，园林植物细胞和组织器官将受伤害，生理功能和生长发育受阻，产量下降，产品品质变坏，甚至造成园林植物个体死亡。一般而言，大气污染对园林植物造成的伤害取决于污染物的种类、浓度和持续的时间，也称之为剂量，刚好使园林植物受害的剂量称之为临界剂量。一般对于同一种污染物来讲，浓度越大，使园林植物受害的时间越短。

大气污染对园林植物的影响较大的是二氧化硫、氟化物；氯、氨和氯化氢等虽会对植物产生毒害，但一般是由事故性泄漏引起的，其危害范围不大；氮氧化物毒性较小。

① 二氧化硫　二氧化硫常常危害同化器官叶片，降低和破坏光合生长率从而降低生产量使植物枯萎死亡。当空气中的二氧化硫增至0.002%便会使植物受害，浓度越高，危害越严重。因二氧化硫从气孔及水孔浸入叶部组织，使细胞叶绿体破坏，组织脱水并坏死。表现为在叶脉间发生许多褪色斑点，受害严重时致使叶脉变成黄褐色或白色。

② 氨　当空气中氨的含量达到0.1%～0.6%时就可以使植物发生叶缘烧伤现象；含量达到0.7%时质壁分离现象减弱；含量若达到4%，经过24h植株即中毒死亡。

③ 氟化氢　首先危害植物的幼芽和幼叶，先使叶尖和叶缘出现淡褐色和暗褐色的病斑，然后向内扩散，以后出现萎蔫现象。氟化氢还能导致植物矮化、早期落叶、落花及不结实。

④ 臭氧　臭氧是一种强氧化剂，破坏栅状组织细胞壁和表皮细胞，促使气孔关闭，降低叶绿素含量等而抑制光合作用。同时，臭氧还可损害质膜，使其透性增大，细胞内物质外渗，影响正常的生理功能，因此，受害植株易受疾病和有害生物的侵扰，再生的速度远不如健康的植物。另外，空气中臭氧含量会造成土壤中臭氧含量增高从而对植物产生伤害。

⑤ 氮氧化物　一氧化碳不会引起植物叶片斑害，但能抑制植物的光合作用。植物叶片气孔吸收溶解二氧化氮会造成叶脉坏死，如果长期处于2～3mol/L的高浓度下就会使植物产生伤害。

⑥ 氯气　氯气对植物伤害比二氧化硫大，能很快破坏叶绿素，使叶片褪色漂白脱落。初期伤斑主要分布在叶脉间，呈不规则点或块状。与二氧化硫危害症状不同之处为受害组织与健康组织之间没有明显的界限。

另外，一些有毒气体如乙烯、乙炔、丙烯、硫化氢、二氧化硫等，它们多从工厂烟窗中排出，对植物也有严重的危害。

⑦ 我国各地抗污染树种介绍　近年来我国园林、植物、防疫诸方面科技人员以及有关重工、化工、轻工等单位都极为重视城市环境防污工作，并横向联合、共同研究探讨解决办法，做出了很大成绩。测定的方法也由感性认识到有精确的数据，科学性越来越强，资料越

来越多。下面列举各大行政区及一些主要城市的抗污树种。这些树种成为工矿区、厂房周围园林绿化中植物造景的宝贵财产。

1）据沈阳园林科学研究所对抗污树种选择试验研究报道：抗以二氧化硫为主的复合气体的树种有花曲柳、桑、旱柳、银柳、山桃、黄菠萝、赤杨、紫丁香、刺槐、臭椿、茶条槭、忍冬、柽柳、叶底珠、枸杞、水蜡、柳叶绣线菊、银杏、龙牙葱木、刺榆、夹竹桃、东北赤杨等；抗以氯气为主的复合气体的树种有花曲柳、桑、旱柳、银柳、山桃、皂角、忍冬、水蜡、榆、黄菠萝、卫矛、紫丁香、茶条槭、刺槐、刺榆、剁玫、木槿、枣、紫穗槐、复叶槭、夹竹桃、小叶朴、加杨、柽柳、银杏、臭椿、叶底珠、连翘等。

2）据北京市环境保护研究所在《北京东南郊植物净化大气研究》一文中报道：抗二氧化硫强的植物有桧柏、侧柏、白皮松、云杉、香柏、臭椿、槐、刺槐、加杨、毛白杨、马氏杨、柳属、柿、君迁子、核桃、山桃、褐梨、小叶白蜡、白蜡、北京丁香、火炬树、紫薇、银杏、栾、悬铃木、华北卫矛、桃叶卫矛、胡颓子、桂香柳、板栗、太平花、蔷薇、珍珠梅、山楂、枸子、欧洲绣球、紫穗槐、木槿、雪柳、黄栌、朝鲜忍冬、金银木、连翘、大叶黄杨、小叶黄杨、地锦、五叶地锦、木香、金银花、菖蒲、鸢尾、玉簪、金鱼草、蜀葵、野牛草、草莓、晚香玉、鸡冠、酢浆草等；抗氯气强的植物有桧柏、侧柏、白皮松、皂荚、刺槐、银杏、毛白杨、加杨、接骨木、臭椿、山桃、枣、欧洲绣球、合欢、柽柳、木槿、大叶黄杨、小叶黄杨、紫藤、虎耳草、早熟禾、鸢尾等；抗氟化氢强的植物有白皮松、桧柏、侧柏、银杏、构树、胡颓子、悬铃木、槐、臭椿、龙爪柳、垂柳、泡桐、紫薇、紫穗槐、连翘、朝鲜忍冬，金银花、小檗、丁香、大叶黄杨、欧洲绣球、小叶女贞、海州常山、接骨木，地锦、五叶地锦、营蒲、鸢尾、金鱼草、万寿菊、野牛草、紫茉莉、半支莲、蜀葵等；抗汞污染的植物有刺槐、槐、毛白杨、垂柳、桂香柳、文冠果、小叶女贞、连翘、丁香、紫藤、木槿、欧洲绣球、榆叶梅、山楂、接骨木、金银花、大叶黄杨、小叶黄杨、海州常山、美国凌霄、常春藤、地锦、五叶地锦、含羞草等。

3）据甘肃省林业科学研究所、兰州市园林局、兰州大学生物系、甘肃省环境保护兰州中心监测站等单位合作，对兰州市大气污染对园林植物危害进行调查的报道，并对植物的抗性由强至弱进行了排列：抗氟化氢的植物有刺槐、槐、旱柳、臭椿、河北杨、侧柏、青杨、龙爪柳、核桃、箭杆杨、五角枫、白蜡、小叶杨、加拿大杨、油松、枣、桃、柽柳、葡萄、丁香、连翘、玫瑰、榆叶梅、波斯菊、菊芋、金盏菊、大丽花、牵牛花、黄花、唐菖蒲等；抗以二氧化硫为主的复合有毒气体的植物有臭椿、槐、刺槐、龙爪槐、白蜡、沙枣、冬果梨、核桃、旱柳、连翘、紫丁香、榆叶梅、榆、龙爪柳、箭杆杨、复叶槭等；抗以硫化氢为主的复合有毒气体的植物有臭椿、栾树、银白杨、刺槐、泡桐、新疆核桃、桑、榆、桧柏、连翘、小叶白蜡、皂荚、龙爪柳、五角枫、梨、苹果、悬铃木、青杨、毛樱桃、加拿大杨等。

4）据上海园林局对100余家工厂调查后报道。抗以二氧化硫为主的有毒气体的植物：抗性强的有大叶黄杨、夹竹桃、女贞，臭椿、石榴、白蜡、泡桐、大关杨、白杨、椿、紫薇、桑、构树、无花果、木槿、紫茉莉、八仙花、美人蕉、蜀葵、蓖麻、凤仙花、菊花、一串红、牵牛、金盏菊、石竹、西洋白菜花、紫背三七、青蒿、扫帚草；较强者有温州蜜橘、广玉兰、香樟、棕榈、海桐、蚊母、珊瑚树。龙柏、罗汉松、梧桐、石榴、白蜡、泡桐、大关杨、白杨、八仙花、美人蕉、蜀葵、蓖麻。

抗以氯气为主的有毒气体植物，抗性强的有樱花、丝棉木、臭椿、小叶女贞、接骨木、木槿、乌桕、龙柏；较强者有海桐、大叶黄杨、小叶黄杨、女贞、棕榈、丝兰、香樟、枇杷、石榴、构树、泡桐、刺槐、葡萄、天竺葵。

抗以氟化氢为主的有毒气体植物，抗性强的有夹竹桃、龙柏、罗汉松、小叶女贞、桑、构树、无花果、丁香、木芙蓉、黄连木、竹叶椒、葱兰；较强者有大叶黄杨、珊瑚树、蚊母、海桐、杜仲、胡颓子、石榴、柿、枣。

5）江苏植物研究所通过研究推荐了10种抗污树种，分别为构树、朴、梧桐、臭椿、龙柏、大叶黄杨、蚊母、女贞、海桐、凤尾兰。

6）据桂林市对工厂气体污染区树木调查报道，抗二氧化硫树种有酸柚、柑橘、橙、构树、无花果、臭椿、斜叶榕、天仙果、竹叶榕、珍珠莲、掌叶榕、大叶黄杨、夹竹桃、山茶、胡颓子、海桐、构骨、珊瑚树等；抗氯气的树种有细叶榕、石山榕、棕榈、蒲葵、构树、无花果、柘、龙柏、斜叶榕、天仙果、竹叶榕、石山棕榈、珍珠莲、掌叶榕、大叶黄杨、夹竹桃、山茶、胡颓子、海桐、构骨、珊瑚树等；抗氟化氢的树种有细叶榕、棕榈、广玉兰、蒲葵、大叶桉、柑橘、橙、构树、无花果、竹柏、大叶黄杨、夹竹桃、山茶、胡颓子、海桐等。

（3）空气的流动对植物的影响

从大气环流而言，有季候风、海陆风、焚风、台风等，在局部地区因地形影响而有地形风或称山谷风。风依其速度通常分为12级，低速的风对植物有利，高速的风则会危害植物。

① 对植物有利方面　有助于风媒花的传粉，例如银杏雄株的花粉可顺风传播数十里以外；云杉等生长在下部枝条上的雄花花粉，可借助于林内的上升气流传至上部枝条的雌花上。风又可传播果实和种子，带翼和带毛的种子可随风传到很远的地方，如杨柳科植物。另外，菊科、萝藦科、铁线莲属、柳叶菜属、榆属、槭属、白蜡属、枫杨属等风媒花植物的果实种子的传播都离不开风。

② 风对树木不利的方面　主要为生理和机械伤害。风可加速蒸腾作用，尤其是在春夏生长期的旱风、焚风可给农林生产上带来严重损失，如我国西南地区的四川渡口、金沙江深谷、云南河口等地，有极其干热的焚风，焚风一过植物纷纷落叶，有的甚至死亡。而风速较大的飓风、台风等则可吹折树木枝干或使树木倒伏。在海边地区又常有夹杂大量盐分的海潮风，使树枝被覆一层盐霜，使树叶及嫩枝枯萎甚至全株死亡。海边的红楠、山茶、黑松、大叶胡颓子、柽柳的抗性就很强。黄河流域早春的干风是植物枝梢干枯的主要原因。由于土壤温度还没提高，根部没恢复吸收机能，在干旱的春风下，枝梢容易失水干枯。强劲的大风常常出现在高山、海边和草原上，有时可能形成旗形树冠的景观，高山上常见的低矮垫状植物也是为了适应多风、大风的生态环境。

抗风树种大多根系发达、材质坚韧、如马尾松、黑松、圆柏、柠檬桉、厚皮香、假槟榔、椰子、蒲葵、木麻黄、竹类、池杉、榉树、枣树、麻栎、白榆、核桃、国槐等。而红皮云杉、番石榴、榕树、木棉、刺槐、桃树、雪松、悬铃木、加拿大杨、泡桐、垂柳等的抗风力弱。

（4）园林植物对大气污染的净化作用

园林植物是园林环境生态中的一个重要组成部分，不仅能美化环境，而且能吸收二氧化碳，释放出氧气，吸收空气中的有害气体、吸附尘粒、杀菌、调节气候、吸声降噪、防风固沙等对环境起到净化作用，维持环境的良性运转，尤其是对城市环境具有重要的意义。

① 维持碳氧平衡　绿色植物吸收二氧化碳在合成自身需要的有机营养的同时，向环境中释放氧气，维持空气的碳氧平衡。

② 吸收有毒气体　园林植物对空气的净化作用，主要表现为通过吸收大气中的有毒物

质，再经光合作用形成有机物质，或经氧化还原过程使其变为无毒物质，或经根系排出体外，或积累于某一器官，最终化害为利，使空气中的有毒气体浓度降低。

③ 滞尘效应 园林植物对空气中的颗粒污染物有吸收、阻滞、过滤等作用，使空气中的灰尘含量下降，从而起到净化空气的作用，这就是园林植物的滞尘效应。

④ 减菌效应 首先，空气中的尘埃是细菌等的生活载体，园林植物的滞尘效应可减小空气中的细菌总量；其次，许多园林植物分泌的杀菌素如酒精、有机酸和萜类等能有效地杀灭细菌、真菌和原生动物等。

⑤ 减噪效应 园林植物的减噪效应原理主要有两个方面：一方面，噪声遇到重叠的叶片，改变直射方向，形成乱放射，仅使一部分透过枝叶的空隙达到减弱噪声；另一方面，噪声作为一种波在遇到植物的叶片、枝条等时会引起震动而消耗一部分能量，从而减弱噪声。

⑥ 增加负离子效应 负离子能改善人体的健康状况，被称为“空气维生素”、“长寿素”。调查表明自然风景区等地段空气中负离子明显增高。通过增加园林植物量、改善群落结构和适当增加喷泉等途径可增加环境中的负离子浓度。

⑦ 对室内空气污染有净化作用 园林植物可改善室内环境，通过新陈代谢可释放氧气，吸收二氧化碳，增加室内空气湿度，吸收有毒气体以及除尘等效应改善室内环境。

3.3.2.5 土壤对植物的生态作用及景观效果

植物生长离不开土壤，土壤是植物生长的基质。土壤对植物最明显的作用之一就是提供植物根系生长的场所，没有土壤植物就不能站立，更谈不上生长发育。根系在土壤中生长，土壤提供植物需要的水分、养分等。

(1) 基岩与植物景观

不同的岩石风化后形成不同性质的土壤，不同性质的土壤上有不同的植被，具有不同的植物景观。岩石风化物对土壤性状的影响，主要表现在物理性质、化学性质上，如土壤厚度、质地、结构、水分、空气、湿度、养分等状况，以及酸碱度等。如石灰岩主要由碳酸钙组成，属钙质岩类风化物，风化过程中，碳酸钙可受酸性水溶解，大量随水流失，土壤中缺乏磷和钾，多具石灰质，呈中性或碱性反应。土壤黏实，易干，不宜针叶树生长，宜喜钙耐旱植物生长，上层乔木则以落叶树占优势。例如，杭州龙井寺附近及烟霞洞多属石灰岩，乔木树种有珊瑚朴、大叶榉、榔榆、杭州榆、黄连木，灌木中有石灰岩指示性植物南天竺和白瑞香。植物景观常以秋景为佳，秋色叶绚丽夺目。

砂岩属硅质岩类风化物，其组成中含大量石英，坚硬，难风化，多构成陡峭的山脊、山坡。在湿润条件下形成酸性土，砂质，营养元素贫乏。流纹岩也难风化，在干旱条件下多石砾或砂砾质，在温暖湿润条件下呈酸性或强酸性，形成红色黏土或砂质黏土。杭州云栖及黄龙洞就是分别为砂岩和流纹岩，植被组成中以常绿树种较多，如青冈栎、米槠、苦槠、浙江楠、紫楠、绵槠、香樟等；也适合马尾松、毛竹生长，植物景观郁郁葱葱。

(2) 土壤物理性质对植物的影响

土壤物理性质主要指土壤的机械组成。理想的土壤是“疏松、有机质丰富、具有保水、保肥力强，有团粒结构的壤土”。团粒结构内的毛细管孔隙＜0.1mm，有利于储存大量水、肥；而团粒结构间非毛细管孔隙＞0.1mm，有利于通气、排水。植物在理想的土壤上生长得健壮、长寿。

城市土壤的物理性质具有极大的特殊性，很多为建筑土壤，含有大量砖瓦与碴土，如其含量在30%时还有利于在人流践踏剧烈条件下的通气，使根系还能生长良好；如高于30%

则保水不好，不利根系生长，城市内由于人流量大，人踩车压，增加土壤密度，降低土壤透水和保水能力，使自然降水大部分变成地面径流损失或被蒸发掉，使它不能渗透至土壤中去，造成缺水。土壤被踩踏紧密后，造成土壤内孔隙度降低，土壤通气不良，抑制植物根系的伸长生长，使根系上移（一般地说土壤中空气含量要占土壤总容积10%以上才能使根系生长良好，可是被踩踏紧密的土壤中空气含量仅占土壤总容积的2%～4.8%）。人踩车压还增加了土壤硬度，一般人流影响土壤深度为3～10cm，土壤硬度为14～18kg/cm^2；车辆影响到深度30～35cm，土壤硬度为10～70kg/cm^2；机械反复碾压的建筑区，深度可达1m以上。经调查，油松、白皮松、银杏、元宝枫在土壤硬度1～5kg/cm^{2}时根系多；5～8kg/cm^{2}时较多；15kg/cm^{2}时根系少量；大于15kg/cm^{2}时没根系。栾树、臭椿、刺槐、槐树在0.9～8kg/cm^{2}时根系多；8～12kg/cm^{2}时根系较多；12～22kg/cm^{2}时根系少量；大于22kg/cm^{2}时没根系，因为根系无法穿透，毛根死亡，菌根减少。

城内一些地面用水泥、沥青铺装，封闭性大，留出的树池很小，也造成土壤透气性差，硬度大。大部分裸露地面由于过度踩踏，地被植物长不起来，提高了土壤温度。例如，天坛公园夏季裸地土表温度最高可达58℃，地下5cm处高达39.5℃，地下30cm处27℃以上，影响根系生长。

（3）土壤不同酸碱度的植物生态类型

据我国土壤的酸碱度情况，可把土壤酸碱度分成五级：pH＜5为强酸性；pH＝5～6.5为酸性；pH＝6.5～7.5为中性；pH＝7.5～8.5为碱性；pH＞8.5为强碱性。

依植物对土壤酸碱度的要求，可将其分为酸性土植物、中性土植物和碱性土植物三类。

① 酸性土植物　指在酸性土壤上生长最好、最多的种类。土壤的pH值在6.5以下，例如杜鹃、山茶、马尾松、石楠、栀子、红松、橡皮树、白兰、含笑、珠兰、茉莉、大多数棕榈科植物等。

② 中性土植物　指在中性土壤（pH值在6.5～7.5之间）上生长最好的种类，大多数树木均属此类。例如，水松、桑树、苹果、樱花等树种，金鱼草、香豌豆、紫菀、风信子、郁金香、四季报春等花卉。

③ 碱性土植物　指在碱性土壤（pH值在7.5以上）上生长最好的种类。例如，柽柳、紫穗槐、沙棘、桂香柳、杠柳等。

依土壤中所含盐分而分的植物类型有以下几种。

① 盐土植物　土壤中所含盐类为氯化钠、硫酸钠，则pH为中性，这类土壤称为盐土。

② 碱土植物　土壤中含有碳酸钠、碳酸氢钠时pH值可达8.5以上，这种土壤称为碱性土。

③ 钙质土植物　土壤中含有游离的碳酸钙称为钙质土。在钙质土上生长良好的树木有柏木、臭椿、南天竹、青檀、侧柏等。

从园林绿化建设来讲，较多使用的耐盐碱树种有柽柳、白榆、加杨、桑、旱柳、枸杞、楝树、臭椿、刺槐、紫穗槐、黑松、皂荚、国槐、白蜡、杜梨、桂香柳、合欢、枣、复叶槭、杏、君迁子、侧柏等。

（4）土壤肥力对植物的影响

绝大多数植物均喜生于深厚肥沃而适当湿润的土壤。但从绿化来考虑，需选择出耐瘠薄土地的树种，特称为瘠土树种，如马尾松、油松、构树、牡荆、酸枣、小檗、小叶鼠李、金缕梅、锦鸡儿等。与此相对的有喜肥树种，如梧桐、胡桃等树种。

3.4 园林植物的选择原则

园林植物选择原则涉及多方面的学科，如生态学、心理学、美学、经济学等，究其根本必须服从生态学原理，使所选种类能适应当地环境，健康地生长，在此基础上再考虑不同比例的组合、不同功能分区的种类、不同年龄、不同职业人们的喜好等，因此说植物材料的选择是件复杂而细致的工作。

3.4.1 根据城市及绿地性质选择相应植物种类

城市性质不同，则选择植物种类也不尽相同。例如，历史文化古城应多选择原产中国的珍贵长寿树种，体现悠久的历史、历史的沧桑，工业城市，尤其有污染源的工业城市，则必须选择抗性植物，以确保植物的生长发育；风景旅游城市则选择观赏价值高的植物，以显示美丽的风景而吸引国内外游人。

城市中的各类园林绿地都具有城市绿地的共性，由于其功能不同而各具特色，因此在植物材料的选择时，不仅选择城市的基调植物，更要选择体现个性特点的植物材料。例如，街头绿地，尤其行道树，其主要功能在于改善行人、车辆的出行环境，并美化街景，由于位置紧靠街道，其生态环境比其他绿地差得多，因此要选择冠大荫浓、主干挺直、抗性强（烟尘、污染、土质、病虫害等）耐修剪、耐移植、无毒、无刺的慢长树种为好。

居住区绿地是居民最接近和经常利用的绿地，对老年人、儿童及在家中工作的人尤为重要。绿地为居民创造了富有生活情趣的生活环境，是居住环境质量好坏的重要标志。要求植物材料从姿态、色彩、香气、神韵等观赏特性上有上乘表现，每个居住区在植物材料上都应有自己的特色，即选择 1～3 种植物作为基调，大量栽植就能形成这个居住区的植物基调。随着城市老龄化进程加剧，居民中老年人的比例逐年加大，在植物材料选择上应体现老年人的喜好，活动区中选一些色彩淡雅、冠大荫浓的乔木组成疏林以供老年人休息、聊天。儿童活动区除有大树遮阴外，还需有草坪，灌木、花卉的色彩可以鲜艳些，尤以观花、观果的植物更为适宜，切忌栽植带刺或有飞毛、有毒、有异味的植物。底层庭园植物的选择要富于生活气息，应以灌木、花卉、地被为主，少种乔木；色彩力求丰富，选择一些芳香类植物可使庭园更具生气；栽植既美观又便于管理又有经济价值的种类，使居民更接近生活，更具人情味；适当种植刺篱以达安全防范之目的。

3.4.2 以乡土植物为主，适当选用驯化的外来及野生植物绿化植树

种花栽草，创造景观，美化环境，最基本的一条是要求栽植的植物能成活，健康生长。城市的立地条件较差、温度偏高、空气湿度偏低、土壤瘠薄、大气污染等，在这些苛刻的条件下选择植物，这就必须根据设计地的自然条件选择适应的植物材料，即“适地适树”。

乡土植物千百年来在这里茁壮生长，形成了其对本地区的自然条件最能适应性，最能抵御灾难性气候；另外，乡土植物种苗易得，免除了到外地采购、运输的劳苦，还避免了外来病虫害的传播、危害；乡土植物的合理栽植，还体现了当地的地方风格。因此在选择植物材料时最先考虑的就是乡土植物。

为了丰富植物种类，弥补当地乡土植物的不足，也不应排除优良的外来及野生种类，但它们必须是经过长期引种驯化，证明已经适应当地自然条件的种类，如原产欧美的悬铃木，

原产印度、伊朗的夹竹桃，原产北美的刺槐、广玉兰、紫穗槐，原产巴西的叶子花等，早已成为深受欢迎、广泛应用的外来树种。近年来从国外引种已应用于园林绿地的金叶女贞、红王子锦带、西洋接骨木、金山绣线菊等一批观叶、观花、观果的种类也表现出优良的品质。至于野生种类，更有待于我们去引种，经过各地植物园的近年大力工作，一批生长在深山老林的植物逐渐进入城市园林绿地，如天目琼花、猬实、流苏树、山桐子、小花溲疏、蓝荆子、二月兰、紫花地丁、崂峪苔草等。

3.4.3 乔灌木为主，草本花卉点缀，重视草坪地被、攀缘植物的应用

木本植物，尤其乔木是城市园林绿化的骨架，高大雄伟的乔木给人挺拔向上的感受，成群成林的栽植又体现浑厚淳朴、林木森森的艺术效果；优美的形体使其成为景观的主体，人们视线的焦点。乔木结合灌木，担当起防护、美化、结合生产综合功能的首要作用。若仅仅有乔木骨架而缺肌肤，则不堪入目。一个优美的植物景观，不仅需要高大雄伟的乔木，还要有多种多样的灌木、花卉、地被。乔木是绿色的主体，而丰富的色彩则来自灌木及花卉，通过乔、灌、花、草的合理搭配，才能组成平面上成丛成群，立面上层次丰富的一个个季相多变、色彩绚丽的黄土不露天的植物栽培群落。

乔木以庞大的树冠形成群落的上层，但下部依然空旷，不能最大限度地利用冠下空间，叶面积系数也就计算乔木这一层，当乔、灌、草结合形成复层混交群落，叶面积系数极大地增加，此时释放氧气、吸收二氧化碳、降温、增湿、滞尘、减菌、防风等生态效益就能更大地发挥。因此从植物景观的完美，从生态效益的发挥等方面考虑，都需要乔木、灌木、花卉、草坪、地被、攀缘植物的综合应用，仅仅是它们的作用有所不同。

至于乔灌草的比例，这是一个复杂的有待探讨的问题，根据笔者多年调查、总结，认为乔灌比例以 1∶1 或 1∶2 较为适宜，即 1 份乔木数量配以 1～2 份灌木数量，而草坪的面积不能超过总栽种面积的 20％。

3.4.4 快长树与慢长树相结合，常绿树与落叶树相结合

新建城市或新兴开发区，为了尽早发挥绿化效益，一般多栽植快长树，近期即能鲜花盛开，绿树成荫，但是快长树虽然生长快、见效早，但寿命短、易衰老，30～40 年即要更新重栽，这对园林景观及生态效益的发挥都是不可取的，因此从长远的观点看，绿化树种应选择、发展慢长树，虽说慢长树见效慢，但寿命较长，避免了经常更新所造成的诸多不利，使园林绿化各类效益有一个相对稳定的时期。也就是说，在树种选择时，就必须合理地搭配快长树与慢长树才能达到近期与远期相结合，做到有计划地、分期分批地使慢长树成为城市绿化的主体。

我国幅员辽阔，黄河以北广大地区处于暖温带、温带、寒温带，自然植被为落叶阔叶林、针阔叶混交林、针叶林。由于冬季寒冷干燥时间长，每年几乎有 3～4 个月时间景观缺少绿色，自然景色单调枯燥，所以在选择树种时一定要注意把本地和可能引进的常绿树列入其中，以增加冬季景观。南方各地区地处亚热带、热带，自然植被为常绿阔叶林或雨林、季雨林，绿地中多用常绿树以满足遮阴降温之需，但常绿树四季常青，缺少季相变化，为丰富绿地四季景观，也需要在选择树种时考虑适当比例的落叶树。

常绿树与落叶树的比例，还没有国家标准化规定。根据调查，华北地区常以（1∶3）～（1∶4）为宜，长江中下游地区常采用（1∶1）～（2∶1），华南地区一般采用（3∶1）～（4∶1）。

园林植物种植设计的基本法则

4.1 园林植物种植设计的形式美法则

形式美法则是人类在创造美的形式、美的过程中对美的形式规律的经验总结和抽象概括。研究、探索形式美的法则，能够培养人们对形式美的敏感，指导人们更好地去创造美的事物。掌握形式美的法则，能够使人们更自觉地运用形式美的法则表现美的内容，达到美的形式与美的内容高度统一。

完美的植物景观设计必须具备科学性和艺术性两个方面的高度统一，既满足植物与环境在生态适应性上的统一，又要通过艺术构图原理，体现出植物个体及群体的形式美和意境美。作为一个整体，园林植物是园林中不可分割的有机组成部分，而作为一个相对独立的研究对象，园林植物景观之美则与园林美一样是多形态、多层次和多成分的。美是悦人的、具体可感的，它有内容又有形式，是内容和形式的统一。若没有美的内容，固然不成其为美，但若缺少美的形式，也就失去了美的具体存在。当事物美的形式与内容不直接相干，为非本质的外在形式时，事物的这种相对独立的审美特性就是通常说的广义的形式美。对于园林景观，包括植物景观而言，形式美都具有非常重要的意义。

4.1.1 形式美的表现形式

4.1.1.1 色彩

（1）色彩的基础认识

赏心悦目的景物，往往是因为色彩美先引人注目，其次是形体美、香味美和听觉美。园林中的色彩以绿色为基调，配以其他色彩，如美丽的花、果及变色叶，而构成了缤纷的色彩景观。园林植物多为彩色，如红花绿叶等，白、灰、黑色景观则较少，主要是一些白色干皮植物，白色花以及黑色果实等。

（2）色彩类型

色彩的类型多种多样。对颜料来说，基本的颜色只有 3 种，即红色、黄色和蓝色。由于以上三者的不同搭配可以调配衍变出其他各种色彩，如橙红、橙黄、黄绿、蓝绿、蓝紫、紫红等，而其他色彩无法反过来调配出它们，所以色彩学上把它们并称为三原色。实际使用中的色彩除三原色外，大量的是间色和复色。间色不具有原色的唯一性，它是一系列近似色的总称。复色是间色混合的结果，又称三次色，相对于原色和间色来说要灰暗一些。

植物的色彩类型也非常丰富，几乎可以涵盖整个色彩系统。它既可在叶色上加以体现，也可在花、茎、果色上反映出来。如就叶色而言，有深绿色的罗汉松、圆柏；中绿色的海桐、雪松；浅绿色的雀舌黄杨、香樟；黄色的无患子、金叶女贞；红色的红枫、石楠；白色的菲白竹、花叶假连翘和蓝色的翠蓝柏、翠云草等。但植物是一种有生命的材料，有些色彩只有在一定的季节才会呈现；有些色彩虽存在，但因生态习性等原因无法在某些地区应用；自然中，绿色系的植物最多，蓝紫色的植物很少，黑色植物几乎没有。所以，园林种植上的色彩设计要根据植物色彩的特点扬长避短地灵活运用。图 4-1 为荷兰库肯霍夫公园郁金香种植，受风格派绘画的影响，这个公园把大量开红、黄、蓝颜色的郁金香布置在乔木林下，构成了空间丰富、视线通透、色彩绚丽又背景统一的现代园林植物景观。当然，由于鲜花或色叶植物大多比较昂贵，其生态效益又往往比不上绿色植物，管理成本也比较高，所以，绝对面积上的鲜花或色叶植物铺排并不多见，也不可取。一般常利用绿色植物的色彩微差进行精心搭配或通过颜色的对比、重点地段设置亮色或依靠植物季相的自然转变来实现。

图 4-1　库肯霍夫公园林下的郁金香景观

（3）色彩要素

色相、明度、彩度（饱和度）被称为色彩三要素。其中，色相，即指各种色彩的外表相貌，是区分色彩的名称，如红色、橙色、黄色、绿色等。明度是指色彩明暗的特质，光照射到物体时会形成阴影，出于光的明暗程度会引起颜色的变化，而明暗的程度即“明度”。白色在所有色彩中明度最高，黑色明度最低，由白到黑，明度由高到低顺序排列，构成明暗色阶。明度一般有两重含义：一是不同色相间有明暗差异，如黄花比红花亮，红花又比紫花亮等；二是同一色相在不同受光条件下明暗也是不同的，如同一种植物在裸地和在林下往往有不同的亮度；彩度又称饱和度，为某种色彩本身的浓淡或深浅程度。艳丽的色彩色系的饱和度高，明度也高。如同为绿色系的罗汉松和雀舌黄杨，其彩度并不一样，前者的彩度更为饱和；而黑、白、灰色无彩度，只有明度。

巧妙地运用艺术语言对色彩要素进行安排就有可能形成高质量的植物色彩景观。成都浦江石象湖的松林下布置不同颜色品种的郁金香花田景观，其鲜艳的色彩与松树的墨绿相得益彰，一片片或远或近的花坛，姹紫嫣红，让人惊艳（图 4-2）；上海延中绿地的水杉林既高又密，为了打破色彩的沉闷感，林下零星地种植了花色明亮的黄金菊，寂静的森林顿时活跃了起来（图 4-3）。图 4-4、图 4-5 为巴黎雪铁龙公园的两个专类园——白色园和黑色园。其中，白色园采用了一系列白花或银叶植物，显得朴素而轻盈；黑色园采用了蓝紫花系及常绿的植物，显得庄重而神秘。同时，黑白相生又体现了自然界的基本性质。

图 4-2　成都石象湖林间郁金香花田景观

图 4-3　上海延中绿地水杉林景观

图 4-4　白色园（采用浅色植物和浅色的铺装、小品，整体营造出明亮的气氛）

图 4-5　黑色园（下沉空间且狭窄、光线较暗，植物生长茂密、树影婆娑，这使得黑色园的主题得到了诠释）

（4）色彩的效应

色彩是对景观欣赏最直接、最敏感的接触。不同的色彩在不同国家和地区具有不同的象征意义，而欣赏者对色彩也极具偏好性，即色彩同形态一样也具有“感情”。不同的植物以及植物的各个部分都显现出多样的光色效果。绝妙的色彩搭配可以令平凡而单调的景观升华，“万绿丛中一点红”就将少量红色突显出来，而“层林尽染”则突出“群色”的壮丽景象。

① 不同色彩的“情感”效应　红色与火同色，充满刺激，意味着热情、奔放、喜悦和活力，有时也象征恐怖和动乱。因此极具注目性、诱视性和美感。但是过多的红色，刺激性过强，令人倦怠，心理烦躁，故应用时应该慎重。

橙色为红和黄的合成色，兼有火热、光明之特性，象征古老、温暖和欢欣，具有明亮、华丽、健康、温暖、芳香的感觉。

黄色明度高，给人光明、辉煌、灿烂、柔和、纯净的感觉，象征希望、快乐和智慧。同时也具有崇高、神秘、华贵、威严等感觉。

绿色是植物及自然界中最普遍的色彩，是生命的颜色，象征青春、希望、和平，给人以宁静、休息和安宁的感觉。绿色又分为嫩绿、浅绿、鲜绿、浓绿、黄绿、赤绿、褐绿、蓝绿、墨绿、灰绿等。不同的绿色合理搭配，具有很强的层次感。

蓝色为典型的冷色和沉静色，有寂寞、空旷的感觉。在景观中，蓝色系植物用于安静处或老年人活动区。

紫色是高贵、庄重、优雅之色，明亮的紫色让人感到美好和兴奋。高明度紫色象征光明的理解，其优雅的美适宜营造舒适的空间环境。低明度紫色与阴影和夜空相联系，富有神秘感。

白色象征着纯洁和纯粹，感应于神圣与和平，白色明度最高，给人以明亮、干净、清楚、坦率、朴素、纯洁、爽朗的感觉。也易给人单调、凄凉和虚无的感觉。

色彩感情的原理已在现代园林种植上得到了广泛的应用。如根据色彩有冷暖感的特点，冬春季花坛宜布置暖色为主的花卉，夏季则最好有冷色调的植物景观，在陵园等肃穆的环境里，一般不宜布置桃花等妖娆的粉色花灌木，而宜配植枫、广玉兰、雪松、圆柏等有较沉静颜色的植物（图 4-6）；在我国许多地方，婚庆的场所不宜布置大片的白花；而宜用大红、金黄色的花卉作装饰。

图 4-6 南京中山陵入口植以松柏类植物，庄严肃穆

② 色彩的观赏效应 色彩本来只是一种物理现象，但它刺激人的视觉神经，会使人在心理上产生色彩的温度感、胀缩感、重量感和兴奋感等反应。人们长期生活在色彩世界中，积累着许多视觉经验，一旦知觉经验与外来色彩刺激发生一定呼应时就会在心理上产生某种情感。

1）色彩的温度感。红、橙、黄等暖色系给人以温暖、热闹感；蓝、蓝绿、蓝紫、白色等冷色系给人以冰凉、清静感。根据景观绿地功能要求和环境条件选择冷暖不同的色彩才能达到理想的效果，如图 4-7 所示。

2）色彩的重量感。色彩的轻重主要与色彩的明度与纯度有关。色彩明亮感觉轻，色彩明度低感觉沉重，同一色相纯度高显轻，纯度低显重。以色相分轻重的次序排列为白、黄、橙、红、灰、绿、黑、紫、蓝。幽深浓密的风景林，使人产生神秘和胆怯感，不敢深入。例如，配植一株或一丛秋色或春色为黄色的乔木或灌木，如桦木、无患子、银杏、黄刺玫、棣棠或金丝桃等，将其植于林中空地或林缘，即可使林中顿时明亮起来，而且在空间感中能起到小中见大的作用。

3）色彩的兴奋与沉静感。暖色给人以兴奋感，而冷色给人以宁静感。因此在节日期间，文娱活动场地、公园入口或重点地段，布置暖色调植物景观以表达热闹活跃的气氛。冷色通常用于安静环境的创造。如在林中、林缘、草坪或休闲广场，应用冷色花卉，结合设置溪

图4-7 青岛十梅庵公园（以写意山水园的形式，再现古典园林的景观，其临水红梅，打破寒冷的萧索，给人以温暖感，别有一番意境）

流、水池，给人恬静舒适之感。

4）色彩的距离感。一般暖色、纯色、高明度色、强烈对比色、大面积色、集中色等有接近感觉。相反，冷色、浊色、低明度色、弱对比色、小面积色、分散色等有远离之感。在小庭院空间中用冷色系植物或纯度小、体量小、质感细腻的植物，以削弱空间的挤塞感。林间、崎岖小路的闭合空间，用小色块、淡色调、类似色处理的花境来表现幽深、宁静的山林野趣。

5）色彩的华丽、质朴感。一般情况下，明度高、纯度高、强对比的色彩感觉华丽、辉煌，如黑色、金色、红色、紫色；明度低、纯度低、弱对比的色彩感觉质朴、古雅，如灰色、纯白色；同时有光感的感觉华丽，无光亮感的则质朴。但无论何种色彩，如果带上光泽，都能获得华丽的效果。在景观中，如上海浦东开发区的陆家嘴绿地中心，整个色调以大片的草地为主，中央碧绿的水面，草地上点缀着造型各异的深绿、浅绿色植物，结合白色的一些景观设施，显得非常的质朴和高雅，与周围喧闹的环境形成对比，给人以休闲感和美的享受。而景观中经常会出现在深浅不同的绿色植物掩映下的白色雕塑突出于人的视野，这种突出给人一种清新、质朴的感觉。若要表达富丽堂皇、端庄华贵的气氛，建筑物可选择高彩度的朱漆彩画，形成景观色彩最华丽的地方，以与山石、林木取得良好的对比效果。

（5）园林种植设计中色彩的运用

由于植物色彩的丰富多变，创造出不同意境空间组合的景观。因色彩搭配与使用的不同及产生的情感不同，能够突出或模糊一个空间所呈现的气氛、立体感、大小比例等。

① 色彩植物作主景　山地造景，为突出山势，以常绿的松柏为主景，银杏、枫香、黄连木、槭树类等色叶树衬托，并在两旁配以花灌木，达到层林叠翠，花好叶美的效果；水边造景，用淡色调花系植物做主景，结合枝形下垂、轻柔的植物，体现水景之清柔、静幽。广场上、道路旁的花坛、花境中片植四季花卉，山地上林植枫香、乌桕，色彩突出，引人注目。也可在公园出入口、园路转折处、道路尽头、登山道口等处设置色彩亮丽的植物，标志性强，以吸引视线，引导人流（图4-8）。

② 色彩植物作背景　景观中以色彩植物作背景陪衬，可突出主景或中景，协调环境，增加景观构图层次，使整个景观主景突出、鲜明，轮廓清晰，并将植物的自然美与建筑、山石的人工美有机结合成一个整体。通常用绿色灌木、绿色藤本爬墙植物或枝繁叶茂的常绿树群作背景，衬托主景。绿色背景的前景可以是白色雕塑小品、明亮鲜艳的花坛、花境或乔灌

图 4-8　景观设计中常以白墙为背景，墙前配植姿色俱佳的植物如山石为主景，效果奇佳

木。例如，在白色的教师雕像周围配以紫叶桃、红叶李，在色彩上红白相映，也很好地突出了“桃李满天下”主题。

③ 以色彩表达意境　意境美是中国园林的精髓，自古至今我国园林都以植物造景寓意来表达意境，寄情于景，触景生情。以植物色彩创造意境的也不少，如在南京雨花台烈士陵园中的松柏常青，象征革命先烈精神永驻；春花洁白的白玉兰，象征烈士们纯洁品德和高尚情操；枫叶如丹、茶花似血启示后人珍惜烈士鲜血换来的幸福。西湖景区岳王庙“精忠报国”影壁下的鲜红浓艳的杜鹃，借杜鹃啼血之意表达后人的敬仰与哀思。

④ 以色块、色带等形式营造图案造型景观　在景观中，适当地运用色块、色带等形式，营造平面图案或立体造型植物景观，可以强调色彩构图之美，表现色彩的明快感及城市的快节奏感。在城市街头、分车带及立交广场上，常用金叶女贞、紫叶小檗、黄金榕、金叶桧、紫叶李、扶桑等常色叶植物及一些常绿花灌木，配成大小不等、曲直不一的色带或色块，突出色彩构图之美。近几年湖南绿地中运用灌木作大色块布置就用了龙柏（深绿）、龟甲冬青（墨绿色）、金叶女贞（黄绿色）、大叶黄杨（绿色）、洒金千头柏（金黄色），用各种绿色配置出各种生动的图案，而不同的季节，颜色也会有深浅的变化。

为表现色彩构图之美，设计者应考虑以下几个方面。

1）色块的面积。色块的面积可以直接影响绿地中的对比与调和，对绿地景观的情趣具有决定性作用。一般地，配色与色块体量的关系为色块大，色度低；色块小，色度高；明色、弱色色块大，暗色、强色色块小。如大面积的森林公园中，强调不同树种的群体配植，以及水池、水面的大小，建筑物表面色彩的鲜艳与面积及冷暖色比例等，都是以色块的大小来体现造景原则的方法。

2）色块的浓淡。一般大面积色块宜用淡色，小面积色块宜用深色。但要注意面积的相对大小还与视距有关。对比的色块宜近观，有加重景色之效应，但远眺则效应减弱；暖色系的色彩，因其色度、明度较高所以明视性强，其周围若配以冷色系色彩植物则得强调大面积，以寻得视觉平衡。如园林造景中，经常采用草坪点缀花草，景致非常怡人，因为草坪属于大面积的淡色色块，而花草多色彩艳丽。

⑤ 色彩配色原则　园林景观植物是园林色彩构图的骨干，也是最活跃的因素，如果能运用得当能达到惟妙惟肖的境界。许多名胜古迹的园林，因为有植物色相的变化而构成可贵

的天然画面。

1）色相调和

Ⅰ．单一色相调和。在同一颜色之中浓淡明暗相互配合。同一色相的色彩，尽管明度或色度差异较大，但容易取得协调与同一的效果。

而且同色相相互调和，意向缓和、和谐、有醉人的气氛与情调，但也会产生迷惘而精力不足的感觉。因此，在只有一个色相时必须改变明度和色度组合，并加之以植物的形状、排列、光泽、质感等变化，以免单调乏味。

例如在花坛内不同鲜花配色时，如果按照深红、明红、浅红、淡红顺序排列，会呈现美丽的色彩图案，易产生渐变的稳健感。如果调和不当，则显杂乱无章，黯然失色。在园林植物景观中，并非任何时候都有花开或彩叶，绝大多数是绿色。而绿色的明暗与深浅的“单色调和”加上蓝天白云，同样会显得空旷优美。如草坪、树林、针叶树以及阔叶树、地被植物的深探浅浅，给人们不同的、富有变化的色彩感受。

Ⅱ．近色相调和。近色相的配色，仍然具有相当强的调和关系，然而它们又有比较大的差异，即使在同一色调上也能够分辨其差别，易于取得调和色；相邻色相，统一中有变化，过渡不会显得生硬，易得到和谐、温和的气势，并加强变化的趣味性；加之以明度、色度的差别运用，更可营造出各种各样的调和状态，配成既有统一又有起伏的优美配色景观。

近色相的色彩，依一定顺序渐次排列，用于园林景观的设计中，常能给人以混合气氛之美感。如红、蓝相混以得紫，红紫相混则为近色搭配。同理，红、紫或黄绿亦然；欲打破近色相调和之温和平谈，又要保持其统一和融合，可改变明度或色度；强色配弱色，或高明度配低明度，加强对比度效果也不错。

Ⅲ．中差色相调和。红与黄、绿和蓝之间的关系为中差色相，一般认为其间具有不调和性，植物景观设计时，最好改变色相，或调节明度，因为明度要有对比关系，可以掩盖色相的不可调和性。中差色相接近于对比色，二者均以鲜明而诱人，故必须至少要降低一方的色度方能得到较好的效果。而如果恰好是相对的补色，则效果会太强烈，难以调和。

如蓝天、绿地、喷泉即是绿与蓝两种中差色相的配合，但其间的明度差较大，故而色块配置自然变化，给人以清爽、融合之美感；绿色背景中的建筑物及小品等设施，以绿色植物为背景，避免使用中差色相蓝色。

Ⅳ．对比色相调和。对比色因其配色给人以现代、活泼、洒脱、明视性高的效果。在园林景观中运用对比色相的植物花色搭配，能产生对比的艺术效果。在进行对比配色时，要注意明度差与面积大小的比例关系。例如红绿、红蓝是常用的对比配色，但因其明度都较低，而色度都较高，所以色彩相互影响。对比色相会因为其二者的鲜明印象而互相提高色度，所以至少要降低一方的色度方达到良好的效果。如果主色恰巧是相对的补色，效果太强烈就会较难调和。

如花坛及花境的配色，为引起游客的注意，提高其注目性，可以把同一花期的花卉以对比色安排。对比色可以增加额色的强度，使整个花群的气氛活泼向上。花卉不仅种类繁多，同一种也会有许多不同色彩和高度的品种和变种，其中有些色彩冷暖俱全，如三色堇、矮牵牛、四季秋海棠、杜鹃、非洲凤仙花、大丽花等，如果种在同一花坛或花园内会显得混乱。所以应按冷暖之别分开，或按高矮分块种植，可以充分发挥品种的特性，避免造成混乱的感觉。在进行色彩搭配时，要先取某种色彩的主体色，其他色彩则为副色以衬托主色，切忌喧宾夺主。

2）植物色彩规划的原则

Ⅰ. 主题基调的原则。对于每个栽植空间中的色彩，都需要确定一个主题或者一种色彩基调，如以绿色为基调或以暖色为主题；预先设计主题或基调可以帮助设计者有序地进行深入设计和创作。例如，暖色的红枫、红叶石楠、黄栌等搭配显得热烈喜庆，冷色的白桦、白皮松、龙柏等组合则清新怡人。

Ⅱ. 季相规律原则。植物色彩规划最突出的特点就是每一种植物都是有机生命体，它们的形态和颜色随着季节的交替而不断改变，因此规划时要遵循植物季相变化的原则，进行科学合理地搭配。例如杭州西湖的四季景观，春有柳浪闻莺，夏有曲院风荷，秋有平湖秋月，冬有断桥残雪。

Ⅲ. 环境色协调原则。在园林中，植物的色彩要和建筑、雕塑等环境的色彩相互协调。如将红色和黄色系列的彩叶树种紫叶李、枫香、南天竹等丛植与浅色系的建筑物前，或以深绿色的针叶树为背景，将花叶系类、金叶系列的植物种类与绿色树丛丛植，均能起到锦上添花的作用。南京玄武湖的翠洲以几株大雪松为背景，在草坪上散植卫矛，秋日卫矛的红叶格外引人注目。苏州园林中的白粉墙常常起到墙纸的作用，通过配置观赏植物，用其自然的姿态与色彩作画，效果奇佳，常用的植物有红枫、芭蕉、南天竹等。

Ⅳ. 地域性原则。首先，色彩规划一定要符合规划树种的生物学特性。例如，美国红栌要求全光照才能体现其色彩美，一旦处于光照不足的半阴或全阴条件下，则将恢复绿色，失去彩叶效果。紫叶小檗等要求全光照才能体现其色彩美，一旦处于半阴或全阴的环境中，叶片恢复绿色，失去彩叶效果；花叶玉簪则要求半阴的条件，一旦光线直射就会引发生长不良，甚至死亡。

其次，规划场所也不容忽视。如医院的植物色彩需要给病人制造出安静平和的环境空间，儿童游乐场所中却又需要为儿童塑造出欢快娱乐的气氛。有些植物色彩在某些特定的地域或场合需要使用，而一些却禁止使用。设计时需要将这些要素考虑周全，以避免产生不必要的效果。

4.1.1.2 构图形式

(1) 点

① 点的概念　“点”是一种最简洁的形态，在园林艺术中，点的因素通常是以景点的形式存在。

② 点的视觉功能　点除了表示景观元素位置之外，还可以体现其形状和大小。点可以独立地构成景观形象，点之间的聚散、量比和不同形状点所形成的视觉冲击，以及两点之间的视线转换都会在视域里组成连续的视觉形象。

③ 点的一般形态　点作为景观平面形态的最小单位，不仅具有位置还有具体的形状，包括圆形、三角形、方形、多变形等，不仅有大有小、平面与立体的差异，还有色彩和质地的区别。园林种植设计中的点，在常规尺度下，黄杨、海桐、红叶石楠、红枫等单株（丛）矮灌木或乔木、小型花坛等植物或种植体可以看成是“点”状元素。无论是孤植、丛植、群植还是片植都可以当作点来对待（图 4-9）。

④ 点在园林种植物设计中的应用　任何形式的园林种植形式在特定的空间中都可理解为点，点的优点在于集中，易引起人的注意而成为视觉中心。视觉研究表明，“点”在景观中常成为视觉中心：当场景中同时有两个点时，人的视线会把它们自然地连接起来，两个点不一样大时，大的点首先被人注意，但最终会将视线落在小点上，越小的点凝聚力越强；同样大小的点由于颜色、明度及环境的不同会产生不一样的视觉效果。点的合理应用是园林设

图 4-9 点的形态示意：丛植的欧洲七叶树

计师创造力的延伸，其手法有自由、排列、旋转、放射等。点是一种轻松、随意的装饰美，是园林种植设计中的一个重要组成部分。

图 4-10 上海浦东世纪广场植物景观点状布置

“点”状元素的艺术排列可以形成许多有趣的景观。图 4-10 为上海浦东世纪广场的绿化景观，“点”状布置的黄杨和草花构成了富有韵律感的抽象图案，与简洁、明快的现代广场及其背景建筑取得了很好的统一；图 4-11 为一城市景观绿地，散点式的布置的乔木搭配几何形的草坪和圆形的硬质铺装，简洁、规整，体现出现代景观设计的风格。

图 4-11 点式布置的植物景观

(2) 线

① 线的概念　几何学中的线是由众多的点沿相同的方向，紧密排列而形成的，即点的运动轨迹。线的特点是具有方向和长度，而不具备宽度和厚度。从感知事物的角度来讲，仅仅从某一点或某一瞬间的观察不可能理解对象的全体，对实体的感知恰是通过运动形成的印象流来完成的，因此，对于园林种植设计

而言线有及其重要的意义。

② 线的视觉功能　线在外形上具有长短、粗细、轻重、强弱、转折、顿挫等变化。能够给人以能量、速度、连续、流畅、弹力等感受体验。园林种植设计中具有线状性质的植物景观要素称为线性要素，不同形状的线性要素具有不同的个性，如曲线有阴柔之美，显得丰满、柔软和雅致；垂线有上升、严肃、端正之感；水平线有稳定、静止之感；斜线有动势、不安定感；折线线介于动静之间，有阳刚之气，显得直率、利落和肯定，但有时候又显得倔强；粗线有强壮、坚实之感；细线有纤弱之感等。

③ 线的形态　根据线的运动张力和方向，可以将线分为直线与曲线，而折线、交叉线、抛物线、几何曲线、自由曲线等都是由直线和曲线派生出来的。植物景观中的线不仅有位置、长度、粗细的不同，而且还有远近、方向、色彩、材质的变化。

图 4-12　直线状布置的草坪和灌木

④ 线在园林种植设计中的应用　线是由无数点按线性排列的结果。线比点更具明确的方向感，没有线就谈不上景观造型与构图。在点、线、面造型三元素中，“线”最具方向和力的蕴涵，从线性结构中发生的形式，会使设计平面产生较强的力感。在园林种植设计中线的合理利用，可以让景观更具有活力。在园林种植设计中，线状元素相对于“点”来说，水平方向的绿篱、带状草地或花坛、林缘线和林冠线以及垂直方向瘦高的乔木或灌木等可以看成是“线”状元素。线的不同组合可以构成许多别致的景观，它们可以单独存在，也可以被组合成更为丰富的景观。如图 4-12 所示，呈线状排列的草坪和矮灌木带构成了绿化主景，使园林景观和城市肌理得到了有机统一。又如图 4-13 所示，线状排列的矮灌木与点状的乔木形成了对比，强调了环境的动感，同时也具有指导交通的作用。

图 4-13　线状排列的矮灌木与点状的乔木形成了对比，强调了环境的动感

(3) 面

① 面的概念　面是线移动的轨迹，具有两度空间，有明显、完整的轮廓。通常的视觉上，任何点的扩大和聚集，线的宽度增加或围合都形成了面。在园林设计中，面指由各种形式的线围合而形成的空间，如草坪、广场、森林等。与点相似，面同样是一个相对的存在，判断一个空间是否为面，取决于与之相比的对象，但是面不能是一个独立的个体，通常具有

一定的面积。

② 面的视觉功能　面的形态体现了整体、厚重、充实、稳定的视觉效果。任何面积较大的形都会在视觉上给人以面的感觉，首尾相接的线条形成的视觉空间也有面的感觉。与其他的视觉因素不同，面具有一定的封闭性，面通常没有固定的方向，主要表现形式有规则面和不规则面两种。规则的面具有秩序感，通常给人一种均衡、稳定的视觉效果；不规则的面富有变化，给人一种动态、活泼的视觉感受。面给人的最重要的感觉是由于面积而形成的视觉上的充实感，在现代园林景观设计被广泛应用。

③ 面的基本形态　面的形态分为好多种，有几何形的面、自由形的面、偶然形的面等。几何形的面最容易复制，它是有规律的鲜明的形态，在规整式园林设计中应用较多。自由形的面形态优美，富有形象力，它是自然描绘出的形态，在自然式园林中运用较多，由于其具有洒脱性和随意性，深受人们的喜爱。另外，根据面充实与否，还可将面分为两种类型：一种是内部充实的实面；另一种则是内部空虚的虚面。在园林景观中，公园的地面或草坪可以理解为实面，而跌水或水池可以理解为虚面。面通常体现在平面之中，在三维空间中面也同样存在。面可以是水平的也可以是垂直或倾斜的。不同的面可以进行相离、相遇、相融、相切的方法处理，利用面的近似进行重合、组合，或者对面进行色彩改变都能使面发生变化。

④ 面在园林种植设计中的应用　园林设计中的面，是为了便于我们理解和分析景观格局，从美学角度抽象出来的元素，它没有厚度，只有长度和宽度。绿墙的立面、大面积花坛、草坪和灌木色块可以看成是“面”状元素。“面”经常作为空间的限定因素，对景观空间的形成关系重大。面有规则和不规则之分：圆形、正方形是最基本的规则面，以此为基础的加减、叠合可以衍生出无数变化的面；自由面变化多端，难以归纳，但自然界许多有机的形状，如树叶、云朵等，常给设计师以启示。规则面显得简洁、明了和富有秩序；自由面则柔和、轻松和生气勃勃。面给人以平实感，有驻足停留的余地；面也可以构成许多富有意味的景观。如图4-14所示为一城市小广场绿地景观，利用两条交叉的道路将一个圆形的绿地剪切分成四部分，一圆形的白色建筑布置于角隅，现代感十足，亦很好地诠释了点、线、面在景观中的应用。图4-15为新加坡某建筑的屋顶花园，由于承重力限制等原因，屋顶的种植只能以地被植物和低矮的灌木为主；该花园以圆形的草坪为中心，周边黄绿篱杨和修剪后的锥形灌木与中心的草坪形成对比，不同大小和形状的“面”的组合构成了清新宜人的艺术景观，成为该花园的一大看点，开花时节，边缘鸢尾和薰衣草创造了一种独特的视觉效果，花园中提供了木质座椅，使得人们能够安心地享受花园时光。

图4-14　城市小广场中面式的植物种植

图4-15　城市屋顶花园种植设计中面的应用

（4）体

① 体的概念　体是几何图形在三维空间中的运动，由不同的面与不同方向边缘相连所

成；并随空间而变化，是形状在空间中的延伸。随着面和线的使用逐渐增多，体也成为景观造型、公共建筑经常用到的元素。从局部或小尺度的空间来看，一切植物或园林种植体都有一定的体积，都可以看成是“体”状元素，点、线、面只是它的一个组成元素而已。但从更大尺度的整体来看，一些植物或园林种植体又分明具有点、线、面的特征，只有那些体积感强烈的乔灌木、树丛、树群、风景林才有“体”的感觉。

② 体的视觉功能　体在景观设计中能与平面上的图像相呼应，使人在视觉上感到舒适。公共景观空间中经常看到的体表现为假山、雕塑、建筑、造型植物等。在光线的明暗变化影响下，人对形体的观察能够产生丰富的层次变化。因此，许多大型的景观设计作品中都采用了几何形态与有机形态融合使用的方式，几何形态简洁的线条能够向人们传达现代主义的信息，体现出城市景观的现代感。另外，几何形体和自然形体的结合在景观设计中会产生较好的视觉效果，形体具有的简洁形态和完美外形能为现代景观设计增添审美趣味。例如，位于美国华盛顿的越战纪念碑就是由自然形体与几何形体融合设计的，自然形态与规则的形体融合在一起，主要体现在自然生长的植物与硬质的砌块同时出现，既有硬朗的几何棱角又有柔和的自然景色（图 4-16）。

图 4-16　林璎作品《越战纪念碑》

③ 体的形态造型　体的形态多样，有规则的几何形体，如球体、柱体、椎体等，也有自然的有机体和人工造型形成的体。当人们追求明快的结构和视觉形体强度的同时，会选择简洁的基本形体如球体、立方体等作为造型外观。这些基本形体都具有丰富的对称性，经过进一步加工可以创造出新的造型。对景观设计而言，充满美感魅力的造型是景观设计的灵魂。因此对于基本形体的研究也显得更为重要。在景观中基本形体主要体现在景观的结构、景观空间的塑造，大面积的体块结合技术手法上，例如开孔透光性的手法让形态变得轻快，或者运用材料的材质特性，使形体的肌理感更强。使用几何造型中的形体元素能达到最大限度的张扬效果，也是增加景观造型体积和表现力的有效方法。

体是立体空间呈现给人的最终效果，为了达到这种效果，对几何形体进行加工已经成为必要手段。在植物景观中，对植物进行造型设计亦能创造出造出的美好的艺术景观形象。例如，植物雕塑、植物建筑、植物图案等，如图 4-17、图 4-18 所示，造型必须巧妙地利用各种植物形体和色彩，根据独具匠心的构思，采用科学的造型设计、栽培、修剪、攀扎、镶嵌、管理等技巧，才能创造出美妙的艺术景观形象。

图 4-17 图中修剪成型的栽植错落有致，富有立体层次感，丰富了封闭的背景画面

图 4-18 这种创新的植物造型种植，营造出似流体般线型的优美效果

“体”有虚实之分。植物及其各类种植体（如树丛、树群等）称为实体，由它们组成的空隙称为虚体，也称为空间。在种植设计中，实体既是围合物又和空间一起构成植物景观；空间既是活动的场所，也是欣赏实体所必需的美学距离。只有虚实相结合，园林种植的各种功能才能最大限度地得以发挥。

④ 体在园林种植设计中的应用 体在园林种植设计中的应用最直接的表现是植物造型设计，包括植物雕塑、植物建筑、植物图案等类型。

1）植物雕塑的应用。植物雕塑是指利用单株或几株植物组合，通过修剪、嫁接、绑扎等园艺方法来创造的各种造型，主要包括几何造型、动物造型和其他奇特造型等。

Ⅰ. 几何造型：简单的几何造型在园林植物造型中最为常见，如图 4-19 是英国利文斯庄园中的植物雕塑造型，由于当时人们偏爱抽象的几何形状，因此，花园景观设计里的植物造型大多修剪成圆柱形、球形、半球形、塔形、三角形、正方形或组合的组合造型等。一般对乔灌类植物材料进行简单修剪就可以达到目的，稍复杂的几何造型需要进行前期的轻度修剪，这样可以刺激植物生长，使其枝叶更加密实，以便达到规则形状，有时为了造型的需要也借助尺子、金属丝等工具。修剪一般选在春秋季节较为适宜，此时，植物枝杈多叶，枝条密度大，易弯曲。对于粗和弯曲度大的枝干，则要加辅助物件弯曲固定。

Ⅱ. 利用藤本植物也可以进行造型：植物生长缠绕在事先编好的模型上，去除病残枝，植物覆满整个模型，达到造型目的。在适宜的季节也可选用部分热带亚热带植物，但需保护

图 4-19　英国利文斯庄园

越冬。有些植物如紫藤枝干扭曲、较粗壮，开花繁盛，多用来做棚架植物，而藤本月季攀缘性较差，多用做花篱或者棚架。

Ⅲ. 动物造型或其他复杂造型：越复杂的造型创作的难度就越大，应用乔灌类植物时通常需要进行多年的栽培、修剪、绑扎等，对修剪和维护的要求也更高。在植物雕塑中通常使用嫁接的办法来缩短对树冠的培养时间，此方法有很多优势如嫁接用的砧木通常选择抗性强的树种，这样可以增强造型树的抗性；将不同花色的植株嫁接到同一株植物，可以产生一株植物不同花色的效果，大大增加造型植物的观赏性。近几年在一些较短期的庆祝场合中也出现了用花卉制作的植物雕塑，花卉材料颜色丰富，栽培周期短，结合现在的大批量生产，也降低了制作植物雕塑的成本，在具有几何形状的植床上种植花卉或者利用金属等材料预先设计好模型摆放花卉，可在短期内制作出新颖又富于变化的植物雕塑，满足了社会需求。此外，还有利用植物的茎干愈合能力强的特点（如紫薇）编织的造型，如图 4-20 所示。还有在大菊和中菊中选择一些生长强健、分枝性强，根系发达，枝条软硬适度，易于整形的品种培养成大立菊或者选择开花繁密、分枝多、枝条细软的小菊培养成悬崖菊等各种不同的造型。

图 4-20　加利福尼亚州圣巴巴拉市罗德斯兰花园中动物造型植物，活像一个马戏团

2）植物建筑的应用。植物建筑就是运用大量的植物进行大规模的植物造型，组成类似于建筑的各种造型，主要有绿篱造型、攀缘植物形成的棚架等。

Ⅰ.绿篱：绿篱也是园林中常见的一种应用形式，常见有规则式和不规则式的。规则式绿篱有整齐简洁的轮廓，通常用乔灌类植物简单修剪就可以达到很好的效果，对于一些较高大的造型，如绿廊，可在植物的顶端进行简单绑扎，或树立支架将植物的枝条绑扎在支架上再结合修剪达到良好的造型效果。非规则性的绿篱则富于变化，可以将不同的植物材料混植，也可以结合现代的拱门、框架等小型建筑，形成富于变化的植物景观。此外，利用不同植物的形态特征，也能形成不同特色花篱、果篱等。乔灌类植物绿篱在应用时要事先规划好植物栽植地点的形状和边界，依据设计的要求选择植物的种类、高度，栽植后进行修剪维护。绿篱及其组合造型通过艺术的整形可以凸显其明快大方的景观特点，体现现代都市的气息。在西方的古典园林中，常常利用绿篱还可以做成迷宫园，增加园林景观的趣味性。

Ⅱ.拱门、棚架：攀缘植物不仅可以创造各种植物雕塑造型，也可以在大型的植物建筑中一显身手。利用藤本植物的攀缘特性，根据设计要求在事先搭好的拱门、棚架、支柱或者墙壁等植物可以攀缘的物件上选择合适的藤本植物就能达到良好的景观效果，如形成窗格式、棚架式、杆柱式、墙面式等造型。攀缘植物的栽植也是一种极好的利用立体空间、提高城市绿化率的方法。

3）植物图案的应用。植物图案主要是指彩结和模纹花坛，它们形成各种各样的图案，产生不同的景观效果。现在常用的植物材料主要有乔灌类植物和花卉植物。乔灌类植物主要以观叶为主，植物修剪要求一致平整，选用叶色不同的植物可以表现精美细致、变化多样的图案，如花叶式、星芒式、多边式、自然曲线式、水纹式、徽章式、文字式等。在造型前根据设计好的图案样式标记栽植的植物，然后进行修剪，注意修剪得仔细平整，并做好植物的养护管理工作。此外，利用低矮、细密的花卉也是近年来常见的植物图案应用材料，如图4-21所示，在组建好的建筑模型上种植红绿草，既具有生态效益，又带给给游人美妙的艺术感受。

图4-21 利用红绿草搭建的植物建筑，兼具景观效益和生态效益，给游人美妙的艺术感受

4.1.2 形式美法则

4.1.2.1 统一与变化

变化与统一又称多样统一，是形式美的基本规律。统一的布局会产生整齐、庄严和肃穆

的感觉，但过分的统一又显得呆板和单调。任何物体形态总是有点、线、面、三维虚实空间、颜色和质感等元素有机的组合而成为一个整体。变化是寻找各部分之间的差异、区别，统一是寻求它们之间的内在联系、共同点或共有特征。变化与统一是园林种植设计形式美的基本构图法则。在园林种植设计中，植物的形貌、色彩、线条、质感及相互组合都应具备一定的变化，以显示差异性，同时也要使它们之间保持一定的一致性，以求得统一感。一致性的程度不同，引起统一感的强弱也不同。对于以和谐完美取胜的植物景观来说，统一本身就是一种美，因此园林植物种植设计除了需要丰富的变化以外，也十分讲究统一。

运用重复的方法最能体现植物景观的统一感。如街道绿带中行道树绿带，用等距离配植同种。同龄乔木树种，或在乔木下配植同种，同龄花灌木，这种精确的重复最具统一感。一座城市中树种规划时，分基调树种、骨干树种和一般树种。基调树种种类少，但数量大，形成该城市的基调及特色，起到统一作用；而一般树种，则种类多，每种量少，五彩缤纷，起到变化的作用。长江以南，盛产各种竹类，在竹园的景观设计中，众多的竹种均统一在相似的竹叶及竹竿的形状及线条中，但是丛生竹与散生竹有聚有散；高大的毛竹、钓鱼慈竹或麻竹等与低矮的箐竹配植则高低错落；龟甲竹、人面竹、方竹、佛肚竹则节间形状各异；粉单竹、白杆竹、紫竹、黄金间碧玉竹、碧玉间黄金竹、金竹、黄槽竹、菲白竹等则色彩多变。这些竹种经巧妙配植，很能说明统一中求变化的原则。

裸子植物区或俗称松柏园的景观保持冬天常绿的景观是统一的一面。松属植物都是松针、球果，但黑松针叶质地粗硬、浓绿，而华山松、乔松针叶质地细柔，淡绿；油松。黑松树皮褐色粗糙，华山松树皮灰绿细腻，白皮松干皮白色、斑驳，富有变化，美人松树皮棕红若美人皮肤。柏科中都具鳞叶，刺叶或钻叶，但尖峭的台湾桧、塔柏、蜀桧、铅笔柏；圆锥形的花柏、凤尾柏；球形、倒卵形的球桧、千头柏；低矮而匍匐的匍地柏、砂地柏、鹿角桧体现出不同种的姿态万千。

只有合理地运用多样与统一，才能创造出既丰富又具有整体美的环境景观。

4.1.2.2　对比与调和

对比和调和，是事物存在的两种矛盾状态，它体现出事物存在的差异性，所不同的是，“调和”是在事物的差异性中求“同”，“对比”是在事物的差异性中求“异”。在园林构图中，任何两种景物之间都存在一定的差异性，差异程度明显的，各自特点就会显得突出，对比鲜明；差异程度小的，显得平缓、和谐，具有整体效果。所以，园林景物的对比到调和统一，是一种差异程度的变化。

园林种植设计中通过色彩、形貌、线条、质感和体量、构图等的对比能够创造强烈的视觉效果，激发人们的美感体验。而调和则强调采用类似的色调和风格，显得含蓄而优雅。若缺乏对比，则构图上欠生动；若忽视了调和，则又难达到静谧安逸的效果。在植物景观中二者的表现都是多方面的，包括大与小、直与曲、虚与实及不同形状、不同方向、不同色调、不同质地间的并置等（图 4-22）。如平坦的草地与垂直的树木或葱郁的森林与色彩鲜艳的花上只有一株孤立木，万绿丛中才有一点红等。总体而言，绿色是园林植物景观的调和剂，无论形、色千差万别，也总能取得调和的共性。

（1）对比

对比是指正反对立或显著差异的形式因素之间的排列组合。对比能够使物象产生富有活力的生动效果，使人兴奋，提高视觉力度。对比是差异性的强调，是利用多种因素的互比互衬来达到量感、虚实感和方向感的表现力。对比基本上可以归纳为形式的对比和感觉的对比

图 4-22 水平方向灌木带和垂直方向的就乔木的对比形成了戏剧性的冲突，加强了景观的可看性

两个方面：形式的对比以大小、明暗、粗细、多少等对照来加强视觉效果，对比形成的效果鲜明、刺激、响亮、力度感强；感觉的对比，是指心理和生理上的感受，多从动静、轻重、软硬、刚柔、快慢等方面给人以各种质感和快感的深刻印象。在园林造景中，往往通过形式和内容的对比关系而更加突出主体，产生强烈的艺术感染力。园林种植设计中的对比主要包含以下几种。

① 形象的对比与调和　园林植物一般具有圆形、方形和三角形 3 种基本形状。

1）圆形。圆形具有自然、流畅、柔和的外观感觉，象征着朴素、简练，具清新之美而无冗长之弊，显示内敛含蓄的美感。自然界中具天然圆形成分的植物姿态如圆球形、半圆球形以及圆锥形等。另外，因其圆润之美，大家常喜欢将植物修剪成圆形，如黄杨球、小檗球等。这种形式在日本园林中尤为常见。

2）方形。方形是由一系列直线构图而成，是和人类关系甚为密切的形状，因其便于加工和相互连接，在西方古典园林中经常用修剪成方形的树篱围成各种几何构图，如图 4-23 所示。天然的方形植物并不存在，但在一些国家和地方常有把高大的行道树修剪成整整齐齐的。我国各地常见的绿篱也大多修剪成方形。

图 4-23 西方古典园林中的绿篱造型

3）三角形。三角形是由不在同一直线上的三条线段首尾顺次连接组成的封闭图形。三

角形具有牢固、稳定的特征。在景观中经常作为个性的代表。三角形的面在现代景观设计中常用来作为景观的铺装和个性化的景观造型，它具有的稳固形状给人一种稳定、敏感、醒目的感觉。三角形是圆形和方形之间的过渡，它既不像圆形那样含蓄紧凑，略显散漫，也不像方形那样规规矩矩，缺乏灵性。在植物构图中，三角形往往会给人以强烈的情绪感，一些具有尖塔形树冠的乔木呈三角形状，如雪松、水杉等。

在园林种植设计中，若要达到形象的对比和调和，需要潜心琢磨植物的自然与人工造型及其周围建筑的造型。乔木的高大和灌木的矮宽、尖塔形树冠与卵形树冠，可形成明显的对比，利用外形相同或者相近的植物可以达到植物组团外观上的调和，如球形、半球形植物最容易调和，形成统一的效果。图 4-24 为杭州花港观鱼亭外的绿地，以球形、半球形的植物构成了一处和谐的景致。图 4-25 为英国东部萨福克郡伊克沃斯花园，园中修剪整齐的绿篱、圆柱形的乔木和圆球形的灌木形成了鲜明的形象对比，同时绿色植物又使整个景观既有变化又有统一。

图 4-24　杭州花港观鱼牡丹亭外利用球形和半球形的植物

图 4-25　英国东部萨福克郡伊克沃斯花园中不同树形形成鲜明的对比

② 体量的对比与调和　体量的对比指景物的实际大小、粗细和高低的对比关系。其对比是相对的，目的是相互衬托。在各种植物材料中，有着体量上的很大差别，如高大乔木与低矮的灌木及草坪地被形成高矮的对比。即使同一种植物，不同年龄的体量也存在着较大的差异。

利用体量对比可取得不同的景观效果，如以假槟榔和蒲葵对比，也可以蒲葵和棕竹对比，很能突出假槟榔和蒲葵，而它们的姿态以及叶形又都是调和的。如果在大面积的草坪中央植以几株高大的乔木，空旷寂寥，又别开生面，是因为高度和面积的巨大差异给人的感觉；而在林缘或林带中高低错落的乔灌搭配，宜形成起伏连绵而富有旋律的天际曲线。同样，对与体量不同的建筑，也需要体量适宜的植物材料进行搭配。大型公共建筑适宜搭配高大乔木，一般在大空间中选择体量大的植物，而在小空间如小型庭院则应选择体量较小的乔木。

③ 色彩的对比和调和　在园林种植设计中可以根据色彩调和和对比的基本理论，辨别色彩间的差别，并在规划设计中予以借鉴利用。精确测定某种植物的色相、明度、彩度，然后加以利用可能有一定困难，但设计师若能定性地了解植物的季相变化，参考色彩理论，选择适当的植物，可以创造出更为色调和谐、赏心悦目的景观。

在色相环中，相对的色即为对比色，也称为补色，例如品红色与绿色、黄绿色与红紫色。对比色间的距离最大，对比效果最强，虽然性质截然相反，但在视觉上相辅相成、鲜明活泼，在园林景观中运用对比色的彩叶植物进行搭配，能够提高和强调视觉景观，从而吸引游人的注意，如北京植物园中绚秋园的一处草坪处的植物景观配置，便巧妙地运用了对比效果强烈的紫红色与黄绿色进行搭配组合：紫红色的美国白蜡与黄绿色的“金枝”槐及矮小灌木八宝景天、金焰绣线菊等，在视觉上形成了强烈的冲击。图4-26为英国中部城市沃尔索尔市一民宅所建花园，园中植物品种繁多，园主在颜色和植物搭配上进行了大胆的尝试，对比效果夸张鲜艳的色块布满了整个花园，令前来参观的游客惊叹不已。

图4-26　英国“四季花园”，色彩处理鲜明大胆，对比效果让人惊叹

在运用对比色植物时需要注意配色设计，这不单是植物和植物之间，有时还涉及周边环境。需要根据园林绿地功能要求、环境条件选择色彩，如在春秋寒冷地带适宜多用暖色系植物，在夏季或炎热地带多用冷色或中性色植物，以调剂人们的心理感受，从而得到怡人的景观效果。

对比中以红、黄、蓝以及橙、绿、紫的反差大，这种色彩的组合效果如果运用得当，会取得明快、悦目的艺术效果。例如，紫色的三色堇与黄色的金盏菊组合的花坛，或在草坪上栽植红色碧桃、红枫等色叶植物，都会受到强烈而活跃的效果。

在秋季，运用紫红色的红花檵木与金黄色的金叶假连翘配置，再用颜色亮绿的绣叶木樨榄等营造景观，带有强力的视觉冲击，可以削减秋季的萧瑟之感。

植物叶色大部分为绿色，但也不乏红、黄、白、紫各色。植物的花色之丰富多彩也是无与伦比的。运用色彩对比可获得鲜明而吸引人的良好效果。运用色彩调和则可获得宁静、稳定与舒适优美的环境。

进行植物色彩搭配时，应该注意尺度的把握，不要使用过多过强的对比色，对比色的面积要有所差异，否则会显得杂乱无章。当使用多种色彩的时候应该注意按照冷色系和暖色系分开布置，为了避免反差过大，可以在它们之间利用中间色或者无彩色（白色、灰色）进行过渡。总之，无论怎样的园林风格都要始终贯彻调和与对比原则。

④ 虚实的对比　植物有常绿与落叶之分，常绿为实，落叶为虚；树木有高矮之分，树冠为实，冠下为虚；园林空间中林木葱茏是实，林中草地则是虚。植物与水体配置景观时，岸上景观为实，水中倒影为虚。实中有虚，虚中有实，才使园林空间有层次感，有丰富的变化，如图 4-27 所示。

图 4-27　蓝天、白云、绿树倒影在水中，实中有虚，虚中有实，景色万千

⑤ 开闭的对比与调和　在园林中有意识地创造有封闭又有开放的空间，形成有的局部空旷，有的局部幽深，是园林高于自然的一面。在自然森林中，空间大多封闭，少有空旷之处，不免使人心寒胆战，这是自然风景的不足之处。园林环境中有封闭又有空旷空间，互相对比，互相烘托，可起到引人入胜、流连忘返的效果。如颐和园中苏州河的河道由东向西，随万寿山后山脚曲折蜿蜒，河道时窄时宽，两岸古树参天，影响到空间时开时合、时收时放，交替向前通向昆明湖（图 4-28）。来到昆明湖，则更感空间之宏大，湖面之宽阔，水波之浩渺，使游赏者的情绪由最初的沉静转为兴奋。这种对比手法在园林景观空间的处理上是变化无穷的。

⑥ 高低的对比与调和　园林景观很讲究高低对比、错落有致，除行道树之外忌讳高低一律。利用植物的高低不同，组织成有序列的景观，但又不能是均匀的波形曲线，而应该说成优美的天际线，即线形优美的林冠线，在晚霞或晨曦的映衬下悠远宁静。另外，利用高耸的乔木和低矮的灌木整形绿篱种植在一个局部环境之中，垂直向上的绿柱体和横向延伸的绿条，会形成鲜明对比，产生强烈的艺术效果。

⑦ 明暗的对比与调和　“山重水复疑无路，柳暗花明又一村”描述的即是景观空间的明暗对比，光线的强弱会形成空间明暗对比，一般来说，对比强烈的空间景物易使人振奋，对比弱的空间景物易使人宁静。游人从暗处看明处，景物愈显瑰丽；从明处看暗处则景物愈显深邃。明暗对比手法在植物空间营造中表现得十分明显。林木森森的闭合空间显得幽暗，由草坪或水体构成的开敞空间则显得明朗，如图 4-29 所示。

图 4-28　颐和园苏州河道局部景观

图 4-29　植物景观的明暗对比

（2）调和

调和是表现形式之间的协调性。从差异中达到统一的重要方法。调和是近似性的强调，是使两个以上的要素相互具有共性，形成视觉上的统一效果。调和是综合了对称、均衡、比例等美的要素，从变化中求统一。巧妙地应用调和能满足人们心理潜在的对秩序的追求。调和也可以从很多方面来强调类似性，如大小、形态、色彩、位置、方向等。园林景观要在对比中求调和，调和中求对比，这样景观才既丰富多彩而又主题突出，风格一致。

4.1.2.3　对称与平衡

（1）对称

对称是指以一条线为中轴，使相同或相似的物体分别处于相反的方向和位置上的排列组合。对称既含有一致性的因素，又含有差异性的因素。如图 4-30 所示，常见的对称有左右对称、上下对称和中心（辐射）对称 3 种，以左右对称居多。对称能给人以稳定、有序、庄重、静穆之感，还可以突出中心，使各部分之间产生一种凝聚力和向心力。

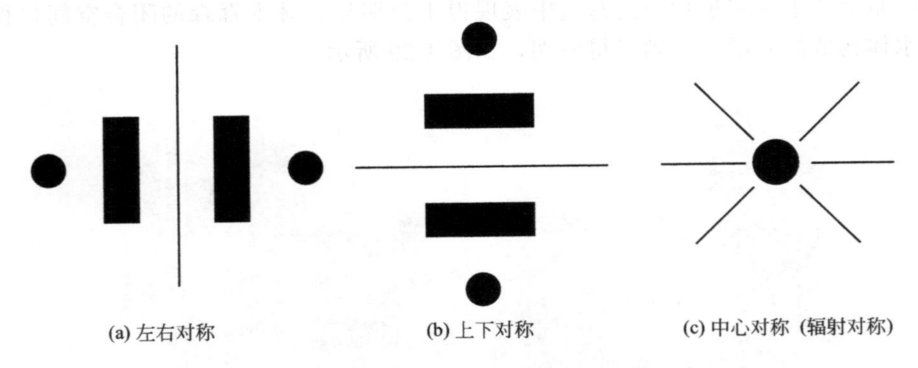

图 4-30　对称的类型

对称在西方规则式古典园林中最为常见，如文艺复兴时期意大利台地建筑园林和法国勒诺特平面图案式园林等都采用对称形式以突出中心，并显示其稳重、庄严、雄伟的气势。

（2）平衡

平衡是指重力支点位于大小、位置、形状、色彩等不同的物体之间，且支点两边的分量相等的排列组合。平衡大体上有三种表现：第一种为重力平衡，其原理类似于力学上的力矩平衡；第二种为运动平衡，即物体在运动中所实现的平衡，它往往要经历一个从平衡到不平衡再到平衡的过程；第三种为对称平衡。平衡比对称更自由活泼而富有变化，往往能给人以静中有动的感觉。平衡在各类艺术中得到了广泛的应用。

平衡（包括动态和静态）是一切物体能够处于某种形态或状态的先决条件。。实现平衡的手法可以是多种多样的，在园林种植上常用的方法是均衡。所谓均衡是指在特定的空间范围内，形式诸要素之间保持的平衡关系。审美上的均衡观念是人们从长期的审美经验中积累形成的。均衡有两种基本形式：一种是静态均衡形式；另一种是动态均衡形式。

① 静态均衡形式　即前面所说的对称，本身体现出一种严格的制约关系，对称是表现平衡的完美形态。对称能表达秩序、安静、稳定、庄重与威严等心理感受，并能给人以美感。西方园林所体现的是人工美，不仅布局对称、规则、严谨，就连花花草草都修剪的方方正正，从而呈现出一种几何图案美，因此在造园手法上更注重静态的均衡。图 4-31 是法国沃·勒·维贡特庄园靠近府邸台地上的一段中轴对称的景观布置，长条形的刺绣花坛、草坪、圆形的喷泉布置在两侧，图案既丰满生动又秩序井然。

② 动态的均衡　是指不等质和不等量的形态求得非对称形式，它是对称的变体，与对称相比较，它是不以中轴来配置的另一种形式格局。在设计上，通常是利用形状、色彩、位置和面积等要素，结合虚实气势达到呼应和谐一致，造成视觉上的平衡。比之于对称在心理上偏重于理性，均衡则在心理上偏重于感性于灵活，具有鲜明的动势感，它的应用能在设计上带来更多的变化。在景观设计中根据功能、地形等不同，自然布局，在无形的轴线两边布置不同的景观，在视觉上使游人感觉到均衡，这种景观通常活泼自然，具有亲切感。中国古典园林讲求自然美，在构图中则侧重于动态的均衡，如对植是园林设计中植物种植常用手法，是指用两株树按照一定的轴线关系作相互对或均衡的种植方式，主要用于强调公园、建筑、道路、广场的入口等（图 4-32）。

图 4-31 沃·勒·维贡特庄园秩序井然的景观布置，体现出静态均衡的美感

图 4-32 中国园林中的动均衡布局

在园林种植设计中，植物素材都是由一定的体量和材料组成的实体，这种实体都会给人们一定的体量感、重量感和质感。人们在习惯上要求景观完整，而在力学上要使人们感到均衡，从而给人以安全、稳定之感。

4.1.2.4 韵律与节奏

自然或生产中有许多事物和现象都是通过有规律的重复出现或有秩序的变化而构成群体或整体的，如一年四季、寒暑轮回、山峦起伏，高低交替、水波荡漾，圈纹扩散等。这些事物或现象深刻影响着人们的思想和实践，人们逐渐地总结出了节奏与韵律美的规律。节奏是指运动过程中秩序的连续，韵律是节奏的规律，是任何物体的诸元素成系统重复的一种表现，是使任何一系列大体上并不相连贯的感受获得规律化的手法之一。韵律是构成要素反复所造成的抑扬调子，具有感情的因素。韵律能给人以情趣，满足人们的精神享受，它在设计中的重要作用是使形式能产生情趣，具有抒情意味。韵律能增强设计的感情因素和感染力，引起共鸣，产生美感。韵律，按其形式可以分以下几种。

① 重复的韵律　以一种或几种要素连续、重复地排列而成，多种要素以基本相同地间隔有规律重复出现。如行道树、休闲绿地中根据需要每间隔一定的距离就会放置景观小品，这在一定程度上也形成了一种连续的韵律美（图 4-33）。

图 4-33　排列整齐的林荫树形成重复的韵律

② 交替韵律　各组成要素交替出现，表现出一种有规律地变化，增加了设计作品的情趣感，它可以因图形、方向、位置、色彩等变化而产生。如杭州西湖白堤上一棵碧桃，一棵垂柳交替栽植的景观；云栖竹径，两旁为参天的毛竹林，如相隔 50m 或 100m 就配植一棵高大的枫香，则沿径游赏时就会感到不单调，而有韵律感的变化，这是交替韵律的表现。

③ 渐变韵律　它可用构成要素的大小、形状、方向、色彩等有规律地演变而得到，如逐渐加长或缩短、变宽或变窄、色彩上地变暖变冷等。

④ 起伏韵律　渐变韵律以一定的规律时而增加，时而减少，形成波状式起伏，产生一种生动活泼的运动感（图 4-34）。如玄武湖公园环洲北端的地形起伏，植物的配置及驳岸的弯曲、进退等。

⑤ 旋转韵律　构成要素按照一定的轴心或轨迹做有秩序的渐变旋转运动，造成强有力的动感和特殊的情趣。

⑥ 自由韵律　构成要素不按一定规律作一种松散的，自由式的构成，有很强的流动感，灵活生动，妙趣横生，极富有人情味和趣味性（图 4-35）。

种植设计中的韵律表达，一方面具有造型艺术的共性，即可以根据一定的艺术规律进行形体或景观塑造；另一方面它又有明显的特殊性，即它的形成经常是一个动态的过程。如植物景观的林冠线韵律看起来和城市建筑天际线颇为相似，但前者是变化的，如果不了解植物的特性，即使图纸设计得再完美，也难以实现或保持下来；而后者一旦建成，就相对固定。因此，在林冠线设计时既要考虑在定植初期用不同规格的苗木进行错落搭配，又要注意它们的生长速率和成年后的最终高度，以形成相对稳定的植物景观效果。节奏按其表现可有快速与慢速、明快与沉稳之区分。种植设计中的节奏控制要根据动观的速度和场地环境来决定。

图 4-34 起伏的韵律

图 4-35 自由的韵律布置的植物景观，活泼生动

例如，在高速公路绿化时，每一重复段的尺寸要相对较长，即变化的节奏要慢一些，否则会引起司机或乘客的眩晕感；而在庭园中静观时，由于游人移动的速度很慢，园林种植就可以有相对快的节奏变化，以丰富园中的景观。

运用音乐的节奏和旋律，把握好不同的叶色、花色，用不同高度的植物来搭配，能使色彩和层次更加的丰富，进一步突出植物组团的效果。例如，1m 高的黄杨球、3m 高的红叶李、5m 高的桧柏和 10m 高的枫树分层来进行配置，就可以得到不同层次、不同色彩的变化，由低到高四层排列，构成绿、红、黄等多层种植的韵律性。

在园林种植的设计中，为了克服景观的单调，设计师们常用乔木、灌木、花卉、地被植物等进行多层的配置。利用不同的花期、花色的植物相间分层配置，以求得植物景观的丰富多彩。这也和音乐中的节奏与韵律、急与缓、快与慢有关。至于如何掌握好层次之间、高度之间的节奏与韵律，则是园林设计师艺术水平和实力水平的体现。

4.1.2.5 比例与尺度

比例作为形式美的一个重要法则，自古以来就受到人们的广泛重视。它指一个事物整体与局部及局部与局部之间的关系。和谐的比例能引起人们的美感。尺度是对象的整体与局部，或人的生理或人所习见的某些特定标准之间的大小关系，即一切设计要从视觉上符合人的视觉心理。尺度与比例密切相关，没有尺度就无法判断比例，而任何尺度总会在一定条件下反映出某种比例关系。

园林中的尺度，指园林空间中各个组成部分与具有一定自然尺度的物体的比较。功能、审美和环境特点决定园林设计的尺度。尺度可分为可变尺度和不可变尺度两种；不可变尺度是按一般人体的常规尺寸确定的尺度；可变尺度如建筑形体、雕像的大小、桥景的幅度等都要依具体情况而定。园林景观设计中常应用的是夸张尺度，夸张尺度往往是将景物放大或缩小，以达到造园造景效果的需要。

植物景观的尺度可以很小，如两棵石楠和三株蒲葵组成的树丛或一个林中空地，它给人以安全、亲切的感觉；植物景观的尺度也可以很大，如一片大草坪或宽广的森林，它能用辽阔、博大、深远的风景来静化人的心灵。所以，严格地说，植物景观的尺度并没有一个统一的标准。景观尺度大小的关键是要有明确的设计目的，如果要营造亲切、平和的环境，尺度可小一些；如果要营造崇高、庄严的景观，尺度就可大一些。为了满足不同使用者的各种爱好，现代园林内常具有一个从小到大的空间梯度，并根据不同性质的园林和使用对象来确定具体的尺度范围。

比例是获得美感的一种重要手段。古希腊毕达哥拉斯学派首先发现：有美的比例的东西其几个重要部分之间都是符合黄金分割原理的。这个原理不管是过去还是现在都有着重要的价值，在种植设计构图中得到了广泛的应用。当然，黄金分割不是造景的唯一标准，有时候，比例上的特殊应用反而可以创造独特的景观效果。如为了形成开朗的视线，乔木林下的灌木常设计得比较低矮；为了增大小庭园的空间感，经常采用袖珍植物；为了借景天空，在小庭园里种上高树，使游人的视线顺树干向上隙望；孤植树一般设在空旷的草地上，与周围植物形成强烈的视觉对比，适合的视线距离为树高的 3～4 倍才能体现出孤植树的景观效果；丛植运用的是自由式构成，一般由 5～20 株乔木组成，通过植物高低，疏密层次关系体现出自然的层次美；群植是指大量的乔木或灌木混合栽植，主要表现植物的群体之美，种植占地的长宽比例一般不大于 3∶1，树种不宜多选。此外，还有树木高度上的尺寸控制问题，或者纵横有致，或者高低有致，前后错落，形成优美的天际线。

4.1.2.6 主与从

任何的设计都必须具有统一性，为了加强整个设计的完整统一性，它的各组成部分应该有主与从，重点与一般的区别。园林布局中的主要部分或主体与从属体，一般都是由功能使用要求决定的，从平面布局上看，主要部分常成为全园的主要布局中心，次要部分成次要的布局中心，次要布局中心既有相对独立性，又要从属主要布局中心，彼此互相联系，互相呼应。

一般缺乏联系的园林各个局部是不存在主从关系的，所以取得主要与从属两个部分之间的内在联系是处理主从关系的前提，但是相互之间的内在联系只是主从关系的一个方面，而两者之间的差异则是更重要的一面。适当处理二者的差异可以使主次分明，主体突出。关于主从关系的处理大致有下列两种方法。

① 组织轴线，安排位置，分清主次　在园林布局中，尤其在规则式园林，常常运用轴线来安排各个组成部分的相对位置，形成它们之间一定的主从关系。一般是把主要部分放在主轴线上，从属部分放在轴线两侧和副轴线上，形成主次分明的局势。在自然式园林，主要部分常放在全园重心位置，或无形的轴线上，而不一定形成明显的轴线（图 4-36）。

图 4-36　主景植物放在轴线上，突出景观的主体地位

② 运用对比手法，互相衬托，突出主体　在园林布局中，常用的突出主体的对比手法是体量大小、高低。某些园林建筑各部分的体量，由于功能要求不同，往往有高有低，有大有小。在布局上利用这种差异，并加以强调，可以获得主次分明，主体突出的效果。

一种常见的突出主体的对比手法是形象上的对比。在一定条件下，一个高出的体量、一些曲线、一个比较复杂的轮廓突出的色彩和艺术修饰等可以引起人们的注意。

4.2 园林植物种植设计的基本原则

4.2.1 功能性原则

园林绿地具有景观、生态、经济、防灾避险等功能，在进行同林植物配置时，应根据城市性质或绿地类型明确园林植物所要发挥的主要功能，做到有明确的目的性。不同性质的绿地选择不同的树种，体现不同的园林功能，才能创造出千变万化、丰富多彩又与周围环境相辅相成的植物景观。例如，以工业为主的地区，在进行植物种植设计时，就应先充分考虑到树种的防护功能，而在一些风景旅游城市，树木的绿化美化功能就应得到最好的体现。

植物种植设计要根据不同绿地环境的特点和人们的需求，建植不同的植物景观类型。街头绿地与住宅绿地、校园绿地与城市广场绿地，不同的绿地形式选择不同的植物进行景观设计。例如，在污染严重的工业区应选择抗性强、对污染物吸收强的植物种类；医院、疗养院应重点选择具有杀菌和保健功能的植物种类；街道绿化要选择抗逆性强、移栽容易、对水、土、肥要求不高、耐修剪、枝叶茂密、生长迅速而健壮的树种；山体绿化要选择耐旱、耐瘠薄的树种；水边绿化要选择耐水湿的树种等。

植物种植设计还要根据绿地的性质选择植物种类。例如庭院绿化，要选择花、果、叶等观赏价值高寓意吉祥美好的植物；在进行幼儿园种植设计时，则要考虑选择色彩丰富的植物，如八角金盘、紫叶李、十大功劳等，不能选择有刺、有毒、落果的植物，如夹竹桃、枸骨等植物；又如烈士陵园绿化，适宜选择常绿树，如广玉兰、白皮松、圆柏等，一方面体现陵园庄严肃穆的气氛，另一方面还能表达烈士的革命精神、永存天地间寓意。

4.2.2 生态性原则

随着生态园林的深入发展及景观生态学、环境生态学等多学科的引入，植物种植设计不再是仅仅利用植物来营造视觉艺术效果的景观，生态园林建设的兴起已经将园林从传统的游憩、观赏功能发展到维持城市生态平衡、保护生物多样性和再现自然的高层次阶段。

4.2.2.1 坚持以“生态平衡”为主导，合理布局园林绿地

系统生态平衡是生态学的一个重要原则，其含意是指处于顶极稳定状态的生态系统，此时系统内的结构与功能相互适应与协调，能量的输入和输出之间达到相对平衡，系统的整体效益最佳。在生态园林的建设中，强调绿地系统的结构与布局形式与自然地形地貌和河湖水系的协调以及与城市功能分区的关系，着眼于整个城市生态环境，合理布局，使城市绿地不仅围绕在城市四周，而且把自然引入城市之中，以维护城市的生态平衡。近年来，中国不少城市开始了城郊结合、森林园林结合、扩大城市绿地面积、走生态大园林道路的探索，如北京、天津、合肥、南京、深圳等。

4.2.2.2　遵从“生态位”原则，搞好植物配置

城市园林绿化植物的选配，实际上取决于生态位的配置，直接关系到园林绿地系统景观审美价值的高低和综合功能的发挥。生态位概念是指一个物种在生态系统中的功能作用以及它在时间和空间中的地位，反映了物种与物种之间、物种与环境之间的关系。

在城市园林绿地建设中，应充分考虑物种的生态位特征、合理选配植物种类、避免种间直接竞争，形成结构合理、功能健全、种群稳定的复层群落结构，以利种间互相补充，既充分利用环境资源，又能形成优美的景观。在特定的城市生态环境条件下，应将抗污吸污、抗旱耐寒，耐贫瘠、抗病虫害、耐粗放管理等作为植物选择的标准。如在上海地区的园林绿化植物中，槭树、马尾松等生长状况不良，不宜大面积种植；而水杉、池杉、落羽杉、女贞、广玉兰、棕榈等适应性好、长势优良，可以作为绿化的主要种类。

在绿化建设中，可以利用不同物种在空间、时间和营养生态位上的分异来配置植物。例如，杭州植物园的槭树、杜鹃园就是这样配置的，槭树树干直立高大、根深叶茂，可吸收群落上层较强的直射光和较深层土壤中的矿质养分；杜鹃是林下灌木，只吸收林下较弱的散射光和较浅层土中的矿质养分，较好地利用槭树林下的阴生环境；两类植物在个体大小、根系深浅、养分需求和物候期方面有效差异较大，按空间、时间和营养生态位分异进行配置，既可避免种间竞争，又可充分利用光和养分等环境资源，保证了群落和景观的稳定性。春天杜鹃花争奇斗艳，夏天槭树与杜鹃乔灌错落有致、绿色浓郁，组成了一个清凉世界；秋天槭树叶片转红，在不同的季节里给人以美的享受。

4.2.2.3　遵从“互惠共生”原理，协调植物之间的关系

“互惠共生”指两个物种长期共同生活在一起，彼此相互依存，双方获利。如地衣即是藻与菌的结合体，豆科、兰科、杜鹃花科、龙胆科中的不少植物都有与真菌共生的例子；一些植物种的分泌物对另一些植物的生长发育是有利的，如黑接骨木对云杉根的分布有利，皂荚、白蜡与七里香等在一起生长时互相都有显著的促进作用。但另一些植物的分泌物则对其他植物的生长不利，如胡桃和苹果、松树与云杉、白桦与松树等都不宜种在一起，森林群落林下蕨类植物狗脊和里白则对大多数其他植物幼苗的生长发育不利，这些都是园林绿化工作中必须注意的。

4.2.2.4　保持“物种多样性”，模拟自然群落结构

物种多样性理论不仅反映了群落或环境中物种的丰富度、变化程度或均匀度，也反映了群落的动态与稳定性，以及不同的自然环境条件与群落的相互关系。生态学家们认为，在一个稳定的群落中，各种群对群落的时空条件、资源利用等方面都趋向于互相补充而不是直接竞争，系统越复杂也就越稳定。因此，在城市绿化中应尽量多造针阔混交林，少造或不造纯林。

城市具有人口密度高，自然地貌单一，立地条件较差的特点，而城市中的植物配置由于地理条件因素的制约，物种种类较少，植物群落结构单调，缺少自然地带性植被特色。单一结构的植物群落，由于植物种类较少，形成的生态群落结构很脆弱，极容易向逆行方向演替，其结果是草坪退化，树木病虫害增加。人们为了维持这种简单的植物生态结构，必然强化肥水管理、病虫害防治、整形修剪等工作，导致成本加大。

（1）挖掘植物特色，丰富植物种类

物种多样性是生物多样性的基础。植物配置为了追求立竿见影的效果，轻易放弃了许多

优良的物种，否定某些不能达到设计效果的植物，否定慢生树种，抛弃小规格苗木都是不尽合理的配置方法。其实，每种植物都有各自的优缺点，植物本身无所谓低劣好坏，关键在于如何运用这些植物，将植物运用在哪个地方以及后期的养护管理技术水平。因此，在植物配置中，设计师应该尽量多挖掘植物的各种特点，考虑如何与其他植物搭配。如某些适应性较强的落叶乔木有着丰富的色彩，较快的生长速度，就可与常绿树种以一定的比例搭配，一起构成复层群落的上层部分。落叶树可以打破常绿树一统天下（四季常绿、三季有花）的局面，为秋天增添丰富的色相，为冬天增添阳光，为春天增添嫩绿的新叶，为夏天增添阴凉。还有就是要提倡大力开发运用乡土树种，乡土树种适应能力强，不仅可以起到丰富植物多样性，而且还可以使植物配置更具地方特色。

（2）构建丰富的复层植物群落结构

构建丰富的复层植物群落结构有助于生物多样性的实现。单一的草坪与乔木、灌木、复层群落结构不仅植物种类有差异，而且在生态效益上也有着显著的差异。草坪在涵养水源、净化空气、保持水土、消噪吸尘等方面远不及乔、灌、草组成的植物群落，并且大量消耗城市水资源、养护管理费用很大。良好的复层结构植物群落将能最大限度地利用土地及空间，使植物能充分利用光照、热量、水势、土肥等自然资源，产出比草坪高数倍乃至数十倍的生态经济效益。乔木能改善群落内部环境，为中、下层植物的生长创造较好的小生境条件；小乔木或者大灌木等中层树可以充当低层屏障，既可挡风又能增添视觉景观；下层灌木或地被可以丰富林下景致，保持水土，弥补地形不足。同时复层结构群落能形成多样的小生境，为动物、微生物提供良好的栖息和繁衍场所，配置的群落应该招引各种昆虫、鸟类和小兽类，形成完善的食物链，以保障生态系统中能量转换和物质循环的持续稳定发展。

4.2.2.5 强调植物分布的地带性，适地适树

一方水土养一方植物。每个地方的植物都是经过该地区生态因子长期适应的结果。这些植物就是地带性植物，即乡土树种。俞孔坚教授曾指出“设计应根植于所在的地方”，就是强调设计应遵从乡土化原理。随着地球表面气候、环境的变化，植物类型呈现有规律的带状分布，这就是植物分布的地带性规律。

许多设计师在进行景观设计时，为了追求新奇特的效果，大量从外地引进各种名贵树种，结果导致植物生长不良，甚至死亡，原因就是在植物配置时没有考虑植物分布的地带性和生态适应性，因此，在植物配置时应以乡土树种为主，适当引进外来树种，适地适树。如荷兰雅克·蒂何塞公园在为公园选择树种时，其设计师布罗尔斯深受该地区自然与半自然的景观和当地植物群落的启发，采用了赤杨、白杨、桦树、垂柳等乔木和水生薄荷、湿地勿忘我、野兰花、纸莎草和芦苇等草本植物，并把它们组成了能很好地适应浸水或贫瘠环境生长的植物群落。这种“自然公园”的种植和一般的公园植物配置很不一样，前者是动态发展的，而后者常稳定不变。虽然“自然公园”景观的形成可能需要几十年的时间，但正是这一点使植被充满了生机，城市游客为此而流连忘返。

4.2.3 艺术性原则

园林种植设计要具有园林艺术的审美观，把科学性和艺术性相结合。种植设计是一种艺术创造过程，必然在设计中存在着设计者审美观点。由于每个人的生活环境、成长过程、知识水平等方面的差异，往往会造成园林审美观的差异，存在着众口难调的现象。一个好的园林种植设计作品，有以下两个方面的要求必须遵循。

4.2.3.1 满足园林设计的立意要求

中国园林讲究立意，这与我国许多绘画的理论相通。艺术创作之前需要有整体思维，园林及其意境的创作也同样如此，必须全局在握，成竹在胸。晋代顾恺之在《论画》中说“巧密于精思，神仪在心”唐代王维在《山水论》中说过：“凡画山水，意在笔先”。即绘画、造园首先要认真考虑立意和整体布局，做到动笔之前胸有成竹。由此可见立意的重要性，立意决定了设计中方方面面的构思。不先立意谈不上园林创作，立意不是凭空乱想，随心所欲，而是根据审美趣味、自然条件、功能要求等进行构思，并通过对园林功能空间的合理组织以及所在环境的利用，叠山理水，经营建筑绿化，依山而得山林之意境，临水而得观水之意境，意因景而存，景因意而活，景意相生相辅，形成一个美好的园林艺术形象。意境是由主观感情和客观环境相结合而产生的，设计者把情寓于景，游人通过物质实体的景，触景生情，从而使得情景交融。但由于不同的社会经历、文化背景和艺术修养，往往对同一景物会有不同的感想，例如面对一株梅花，会有“万花敢向雪中开，一枝独先天下春”对梅品格的称赞，也会有“疏影横斜水清浅，暗香浮动月黄昏”对隐逸的表达；同样在另一些人眼里，只不过是花的一种而已。在整体意境创造的过程中，要充分考虑植物材料本身所具有的文化内涵，从而选择适当的材料来表现设计的主题和满足设计所需要的环境氛围。

围绕立意和主题展开的种植设计有很多，如北京为中国六大古都之一，历经辽、金、元、明、清等朝代，留下了宏伟壮丽的帝王园林及寺庙园林，在这种背景下，其植物材料的选择也多体现了统治阶级的意愿，大量选用松、柏以体现其统治稳固，经久不衰，如松柏之长寿和常青；选用玉兰、海棠、牡丹等体现玉棠富贵。而私家园林追求的是朴素淡雅的城市山林野趣，在咫尺之地突破空间的局限性，创作出“咫尺山林，多方胜景”的园林艺术，倚仗于植物花草树木的配置，贵精不在多，重姿态轻色彩。

再如节日广场的花坛设计，植物配置则是以色彩取胜，用色彩烘托节日气氛。为了充分表达节日的欢乐喜庆的氛围，多采用开花植物和色叶植物，色彩使用以黄、红、粉、绿为主的植物来布置，以暖色调为主，同时以不同色彩的花卉混搭，以达到凸现节庆热烈氛围的目的。

而作为纪念性公园或者陵墓等的环境中，植物配置的方式和植物材料的选择则要充分体现所要表达的环境，如烈士陵园庄严肃穆，植物配置多采用对植、列植，树木多采用冷色调树种，如松、柏类等；花木要选择开白花、蓝紫色的等。松苍劲古雅，不畏霜雪风寒的恶劣环境，严寒中挺立于高山之巅，具有坚贞不屈、高风亮节的品格，以表达烈士英魂不朽的设计立意，如上海龙华公园入口处红岩上配植了黑松。再如广州中山纪念堂，主建筑两侧对植白兰花，冠幅达到 26m 左右，不仅在体量上与建筑达成了协调，而且在立意方面也很好地体现了主题。

再如传统的松、竹、梅即“岁寒三友”配植形式。松树四季常青，姿态挺拔，在万物萧疏的隆冬，松树依旧郁郁葱葱，象征着青春常在和坚强不屈。竹是高雅、纯洁、虚心、有节的象征，碧叶经冬不凋，清秀而又潇洒。梅花为中国传统十大名花之一，姿、色、香、韵俱佳；漫天飞雪之际，独有梅花笑傲严寒，破蕊怒放，这是何等的可爱、可贵！所以松、竹、梅常用来比拟文人雅士清高、孤洁的性格，如西泠印社的植物配置。再如在岳庙精忠报国影壁前配置有杜鹃花，花色血红，寓意“杜鹃啼血”，以表达对忠魂的悼念；同时墓园中种植有树干低垂的槐树，表示哀悼。这样就很好地表达了纪念性环境气氛，体现了岳庙本身的立意，增加了寄情于景的欣赏价值。

4.2.3.2 创立保持各自的园林特色

没有个性的艺术是没有生命力的，没有特色的公园和景区将是乏味的。根据不同的区域、园林的主题以及植物种植设计的具体环境，确定种植设计的植物主题和特色，形成具有鲜明风格的植物景观。

如杭州具有众多的公园和景点，四季游人如织，对景观的要求是四时有景，多方景胜，既要与西湖整体风景区的园林布局相统一，同时又要具有不同的个性和特点，这样既能具有“主旋律”，又能做到“百花齐放”，个性与共性形成统一。

杭州具有众多以季相景观著称的景区和景点，如体现春季景观的有“苏堤春晓”，苏堤风光旖旎，晴、雨、阴、雪各有情趣，四时美景也不同，尤以春天清晨赏景最佳，间株杨柳间株桃，绿杨拂岸，艳桃灼灼，晓日照堤，春色如画，故有“苏堤春晓”之美名，其配植多为垂柳、桃花和春季花卉；而太子湾公园则是以郁金香为主调的春景景观，同样是春景，植物配植不同效果也不同，体现夏季景观的有“曲院风荷”“接天莲叶无穷碧，映日荷花别样红”，以木芙蓉、睡莲，及荷花玉兰（广玉兰）作为主景植物，并配植紫薇、鸢尾等使夏景的色彩不断；体现秋景的有“平湖秋月”，突出秋景，要达到赏月、闻香、观色，在景区中种植了红枫、鸡爪槭、柿树、乌桕等秋色叶树种以观色，再植以众多的桂花，体现“月到仲秋桂子香”的意境；体现冬季景观的有孤山的放鹤亭，孤山位于西湖西北角，四面环水，一山独特，山虽不高，却是观赏西湖景色最佳之地。放鹤亭位于东北坡，是为纪念宋代隐居诗人林和靖而建，他有“梅妻鹤子”之传说。亭外广植梅花，形成冬季赏梅的重要景点。此外还有灵峰探梅，也是冬季观梅的好去处，这一景点植物配植的关键就是营造一个“探梅”的环境氛围。利用竹林、柏木、马尾松等常绿树形成一个相对郁闭的背景环境，以不同品种的梅花成丛配植，整个环境朴素、大方、古雅，把梅花的艳而不娇表达出来。

此外，利用植物特色而形成的西湖景观区也有许多。如西湖十景之“云栖竹径”“一径万竿绿参天，几曲山溪咽细泉”“万千竿竹浓荫密，流水青山如画图”充分体现了云栖的特色，竹林满坡，修篁绕径，以竹景清幽著称。春天，破土竹笋，枝梢新芽，一片盎然生机；夏日，老竹新篁，丝丝凉意；秋天，黄叶绕地，古木含情；冬日，林寂鸣静，飞鸟啄雪，四季景观也突出。西湖十景之“满陇桂雨”多植桂花（品种丰富），西湖满觉陇一带，满山都是老桂，连附近板栗树上的栗子也带桂花香味，所以杭州的桂花栗子远近闻名。每到桂花成熟季节，满觉陇的茶农们在树下撑起帐子，小伙子们爬到树上用力摇晃，金黄色的桂花像雨点一样纷纷落下，被称为“桂花雨”。像这种以一种植物为主题的公园还有不少，如北京的柳荫公园，以不同品种的柳树为特色；玉渊潭的樱花园以春季赏樱花为主；紫竹院以不同种类的竹子为特色；香山则以“西山红叶好，霜重色愈浓”的黄栌著称。

4.2.4 经济性原则

经济性原则就是做到在种植的设计和施工环节上能够从节流和开源两个方面，通过适当结合生产以及进行合理配植，来降低工程造价和后期养护管理费用。节流主要是指合理配植、适当用苗来设法降低成本；开源就是在园林植物配植中妥善合理地结合生产，通过植物的副产品来产生一定经济收入，还有一点就是合理选择改善环境质量的植物，提高环境质量，也是增强了环境的经济产出功能。但在开源和节流两方面的考虑中，要以充分发挥植物配植主要功能为前提。

（1）通过合理的选择树种来降低成本

① 节约并合理使用名贵树种　在植物配植中应该摒弃名贵树种的概念，园林植物配植中的植物不应该有普通和名贵之分，以最能体现设计目的为出发点来选用树种。所谓的名贵树种也许具有其他树种所不具有的特色，如白皮松，树干白色（越老越白），而其幼年生长缓慢，所以价格也较高。但这个树种的使用只有通过与大量的其他树种进行合理搭配，才能体现出该树种的特别之处。如果园林中过多地使用名贵树种，不仅增加了造价，造成浪费，而且使得珍贵树种也显得平淡无奇了。其实，很多常见的树种如桑、朴、槐、楝、悬铃木等，只要安排、管理得好，都可以构成很美的景色。例如，杭州花港公园牡丹亭的10余株悬铃木丛植，具有相当好的景观效果。当然，在重要风景点或建筑物迎面处等重点部位，为了体现建筑的重要或突出，可将名贵树种酌量搭配，重点使用。

② 以乡土植物为主进行植物配植　各地都具有适合本地环境的乡土植物，其适应本地风土能力最强，而且种源和苗木易得，以其为主的配植可突出本地园林的地方风格，既可降低成本又可以减少种植后的养护管理费用。当然，若外地的优良树种在经过引种驯化成功后已经很好地适应本地环境，也可与乡土植物配合应用。

③ 合理选用苗木规格　用小苗可获得良好效果时，就不用或少用大苗。对于栽培要求管理粗放、生长迅速而又大量栽植的树种，考虑到小苗成本低，应该较多应用。但重点与精细布置的地区应当别论。另外，当前种植中往往使用大量的色块，需考虑到植物日后的生长状况，开始时不要过密栽植，采用合理的栽植密度，可合理地降低造价。

④ 适地适树，审慎安排植物的种间关系　从栽植环境的立地条件来选择适宜的植物，避免因环境不适宜而造成的植物死亡，合理安排种植顺序，避免无计划的返工；同时合理进行植物间的配植，避免几年后计划之外的大调整。至于计划之内的调整，如分批间伐“填充树种”等，则是符合经济原则的必要措施。

（2）妥善结合生产，注重改善环境质量的植物配植方式

园林植物具有多种功能，如环境功能、生产功能以及美学功能，进行园林种植设计时，在实现设计需要的功能前提下，即达到美学和功能空间要求的前提下，可适当种植具有生产功能和净化防护功能的植物材料。

结合生产之道甚多，在不妨碍植物主要功能的情况下，要注意经济实效。例如，可配植花、果繁多，易采收、供药用而价值较高者，像凌霄、广玉兰之花及七叶树与紫藤种子等；栽培粗放、开花繁多、易于采收、用途广、价值高者，如桂花、玫瑰等；栽培简易、结果多、出油高者，如南方的油茶、油棕、油桐等，北方的核桃（尤其是新疆核桃）、扁桃、花椒、山杏、毛楝等；在非重点区域或隙地、荒地可配植适应性强、用途广泛的经济树种，如河边种杞柳，湖岸道旁种紫穗槐，沙地种沙棘，碱地种柽柳等；选用适应性强，可以粗放栽培，结实多而病虫害少的果树，如南方的荔枝、龙眼、橄榄等，北方的枣、柿、山楂等，可以很好地把观赏性与经济产出结合起来。在实现美化环境的同时，发挥园林植物自身的各种生产功能，搞各种“果树上街、进园、进小区”，如深圳的荔枝公园，以一片荔枝林为主体植物；用芒果、扁桃作行道树；小区绿化用菠萝蜜、洋蒲桃、龙眼等，既搞好了绿化，又有水果的生产（当然只是小规模的），像南宁的街道上种植芒果、人心果、橄榄等既具有观赏效果又有经济产出功能的树种，达到了园林与生产良好的结合。其他诸如玫瑰园、芍药园、草药园都可以带来一定的经济收益。还可以合理利用速生树种，以其作为种植施工时的填充树，先行实现绿化效果，以后分批逐渐移出。如南方的楝树、女贞，北方的杨树、柳树，将树木适当密植，以后按计划分批移栽出若干大苗。同时，在小气候和土壤条件改善后再按计

划分批栽入较名贵的树种等，这些也是结合生产的一种途径。

当今日益重视环境，人为环境也是一种生产力，良好的环境也是一种重要的经济贡献。而且植物所具有的改善环境的功能，也有很多人对其进行了经济上的核算，不管其具体结果如何，可以肯定的是通过植物的吸收和吸附作用，其改善环境的作用能减少采用其他人工方法改善环境的巨大投入，因此，在保证种植设计美学效果和艺术性要求的前提下，合理选择针对主要环境问题具有较好改善效果的植物，如厂区绿化中多采用对污染物具有净化吸收作用的树种，其实就是一种经济的产出，这也应该是经济原则的体现。

除此以外，在进行园林种植设计的过程中还要综合考虑其他因素。要考虑保留现场，尽力保护现有古树、大树。改造绿地原地貌上的植物材料应大力保留，尤其是观赏价值高、长势好的古树大树。古树、大树一方面已经成才，可以有效地改善周边小环境；另一方面其本身就是设计地历史的缩影，很好地体现了历史的延续性，因此要尽力保护好场地内现有的古树、大树。同时保留现场的树木可以减少外购树木数量，也是经济性的重要体现。

4.3 实例赏析

4.3.1 美国纽约中央公园植物景观赏析

4.3.1.1 地理位置

纽约中央公园位于美国纽约市曼哈顿区，1876 年全部建成，它南起第 59 街，北抵第 110 街（南北距约 2.5 英里），东西两侧被著名的第五大道和中央公园西大道所围合（约 0.5 英里），公园长 4km，宽 800m，占地约 843 英亩（3.41km^2）。长跨 51 个街区，宽跨 3 个街区，是世界上最大的人造自然景观之一（图 4-37）。

图 4-37 纽约中央公园鸟瞰

4.3.1.2 设计师及设计思想

中央公园的设计者弗雷德里克·劳·奥姆斯特德（Frederick Law Olmsted，1822～1903）和他的建筑师同伴卡尔弗特·沃克斯（Calvert·Vaux，1824-1895），奥姆斯特德是美国 19 世纪下半叶最著名的规划师和景观设计师，是第二次世界大战后风景园林潮流的领导者和公认的美国风景园林之父。他对美国的城市规划和景观设计具有不可磨灭的影响，被视作是景观设计学专业领域的创立人。他认为在拥挤的城市中修建田园风格的公园能够抵消工业化和城市化的负面影响。除了纽约市的中央公园以外，他还是布鲁克林的展望公园和以“绿宝石项链”而广为人知的波士顿公园系统的设计者。他的伊利诺伊州河滨住宅社区规划方案已经成为数不胜数的各种质量的城郊规划的模板。沃克斯是一位具有艺术才华的画家和建筑师。1858 年，纽约当局计划设立中央公园（Central Prak），希望在城市之中有一片可供市民休憩的绿洲。在设计竞赛中，奥斯特德与沃克斯俩人通力合作，提出了一个具有创见的、充满艺术想像力的“绿草坪”设计，并赢得首奖。从现今的观点来评价“绿草坪”设计之所以获得成功，原因在于：它符合了纽约城市发展的需求；它预见到未来社会生活中人们的生态观、娱乐观的变化；它凝聚了纽约人狂热的奔向绿色、追寻自然的思想感情；它倾注了两位设计大师自身的热情、学识和艺术才能。

中央公园是美国第一个城市公园，奥姆斯特德和沃克斯在设计时受英国田园与乡村风景的影响，英国风景式花园的两大要素——田园牧歌风格和优美如画风格都为他所用。蜿蜒曲折的道路、精心修剪的草坪、起伏的地形、孤植树和树群、湖沼等要素都被用在了中央公园的设计中。设计主题是水，草坪与树林，也可以说是自然的再造。公园里的建筑数量被控制到了最少。事实上，奥姆斯特德与沃克斯只设计了4座建筑，以及若干与周围环境协调的乡村风味的石桥，所有这些设计的目的就是让游客只面对最纯粹的乡村风光。

图4-38 水面景观风卷云舒、树影摇曳

他们的设计思想中非常明确的一点是景观设计是艺术创造，是要使人们感观上得到美的享受，因此，公园中的每一个小的局部都精心策划，原有的积极因素被充分发挥，消极因素被巧妙地处理，他们富于想像力的艺术手法，至今仍被人们赞誉，如水面处理，特别注意让它能反映风卷云行、树影摇曳的大自然动态（图4-38）；在处理地形时，将沼泽适当扩充为水面，同时巧妙地保留了相当一部分裸露岩石，使它们非常自然地成为园景的一个重要组成部分（图4-39）。另一方面，在他们的设计构思还特别注意植物配置，尽可能广泛地选用树种和地被植物，强调一年四季丰富的色彩变化（图4-40～图4-43），园内不同品种的乔灌木都经过刻意的安排，使它们的形式、色彩、姿态都能得到最好的显示，同时生长也能得到良好的发展。建园初期，大片地区采取了密植方式，并以常绿树为主，如速生的挪威云杉，沿水

图4-39 保留的部分裸露岩石非常得体地成为自然园景的一个重要组成部分。

图4-40 春天，繁花似锦

图4-41 夏日，树荫浓郁

图4-42 秋季，枫红似火

图4-43 冬天，银白素简

边种了很多柳树和多花紫树。花灌木品种十分繁多，还开辟了大片的草地和专门牧羊草地。正是由于在开创时就重视园艺，经过百余年的培育、更新和发展，今日公园的面貌仍旧保留了它原有的自然风格。

4.3.1.3 平面布局及重要植物景观节点

公园呈狭长带状，由西南向东北展开。整个公园布局合理，层次显明，无论从哪个门进入都可循序渐进，高潮迭起，绿地覆盖率更是高达600英亩左右（1亩≈4046.86m^2，下同）。纽约中央公园是一块完全人造的自然景观，里面设有开阔的大草坪、树木郁郁的环形大道、庭院、溜冰场、回转木马、露天剧场、两座小动物园，可以泛舟水面的湖、网球场、运动场、美术馆等。园内的活动项目很多，从平时的垒球比赛到节庆日举办的各种音乐会，为身处闹市中的居民和游客提供了急需的休闲场所和宁静的精神家园。

中央公园整体设计以自然式设计手法，提炼升华了英国早期自然主义理念，追求景观共性与平等，创造公共开放的，普通大众身心再生的景观空间。整体设计因地制宜，尊重现状，保留原有绿地和文化痕迹，选用当地树种，注重道路的可达性和观赏性。

（1）道路系统

园内设计了环绕整个公园的主干道，长约10km，有比较密集的二级和三级路网，道路基本上都是曲线的连接平滑，形状优美，路上的景色变化多姿；由于公园地处曼哈顿闹市中心，长度又是宽度的5倍，阻隔了东西向的交通，为了保持公园的完整性，奥姆斯特德与沃克斯设计了四条东西向的城市道路，道路下沉到地下，由藤蔓围绕的石拱桥连接两边的土地。人们行走在公园里，很难觉察到这些下沉的交通道路，由此保持了公园在视觉的完整性和公园游览步行的安全性、悠闲性；自东南去西北斜向穿曼哈顿的框架性道路百老汇大街，在公园西南角形成地上地下交通枢纽，十分合理而巧妙。

中央公园四周有低矮围墙。大门在南端，全园四周有许多随意出入口，园外两侧交通十分便利。在当时为方便游人乘马车、骑马和步行来园，他们充分利用地形层次变化设计了车道、马道和游步道系统，各自分流，在相互穿越时利用桥涵解决。沃克斯设计的桥梁没有一个重复，为不妨碍景观，涵洞多置在低洼处，用植物巧妙地加以隐蔽。公园内部道路网的组织考虑到能均匀地疏散游人，使游人一进园就能沿着各种道路很快达到自己理想的场所。直到现在中央公园的交通网络基本上还保留了原来的框架。

（2）重要植物景观节点

设计之初，奥姆斯特德主要选择乡土树种，配置各种自然地、野生的植物。据文献记载，1873年便有402种落叶植物、149种非针叶常青树、81种针叶树、815种多年生植物和高山植物，可谓是一个植物繁盛、品种诸多的观光、休闲的野生植物园。目前园内种植有

1400多种树木，超过26000多株，其中有不少属于珍稀种类。在建设过程中，陆续种植了多种花卉，创造了湖泊、林地、山岩、草原等多种自然景观。

公园里有人工修剪的园林，也有天然野趣的山坡。园中又套着很多小花园，优雅而葱茏。

园内那些大面积的草坪，以原生植物围绕作为背景，涉及曲线形式的园内道路，在高低起伏、开阔和空旷的草坪四周，以各种树木围合成各种不同形态的空间，以便在繁华的城市中心创造一种特殊气氛，提供给纽约人一个宛如乡村景致的休闲去处。同时，公园中也保存了曼哈顿原有的地形和地表的变化，为曼哈顿原貌留下了些许的记忆。

① 林荫大道　中央公园内有一条长10km的环园大道，最初是作为马车的行车道，如图4-44所示，道路两侧主要种植四排美国榆树，间植有山毛榉、美国鹅掌楸、黄金树、悬铃木等。中央公园林荫道是北美榆树重要的种植地之一，林荫道也因榆树种植历史悠久、景色优美而闻名于世界。道路两侧的榆树冠大荫浓，树形优美，春夏秋冬，景色各异，最适宜市民休闲锻炼，尤其是自行赛车者、滑轮爱好者及跑步爱好者舒展的空间。照顾好这些树是中央公园养护工作者的全职工作，园中成千上万棵树全部输入数据库，以便随之监测其生长状况。养护的资金主要来源于企业或个人的捐赠，因而在林荫道南端有一条文化步道，道路的花岗岩铺装上刻有捐赠植树或养护者的名字，以纪念每一位捐赠者为维护中央公园而做出的付出和努力。

(a) 春景　(b) 夏景　(c) 秋景　(d) 冬景

图4-44　环形大道春夏秋冬景观

② 大草坪　在中央公园第79和第85街区之间有一个大草坪，草坪占地面积55英亩，被认为是世界上最著名的草坪之一。从4月中旬到11月中旬，大草坪是进行野餐或夏季享受日光浴最美妙的地方。

大草坪最初是一个矩形的水库，1858年中央公园开始设计和建设时，奥姆斯特德和沃克斯因不喜尖锐的矩形线条，于是沿着周围的石墙设计了一个较大的蜿蜒曲折的自然风格种植区域用以屏障水库的外形。1931 年水库干涸被废弃，在改建的措施建议中，包括修建战争纪念馆、停机坪，运动场、歌剧院、地下停车场等。奥姆斯特德和沃克斯提出的回归田园的愿景被采纳，这才在 1937 年建成了一个葱郁的椭圆形大草坪，如图 4-45 所示。

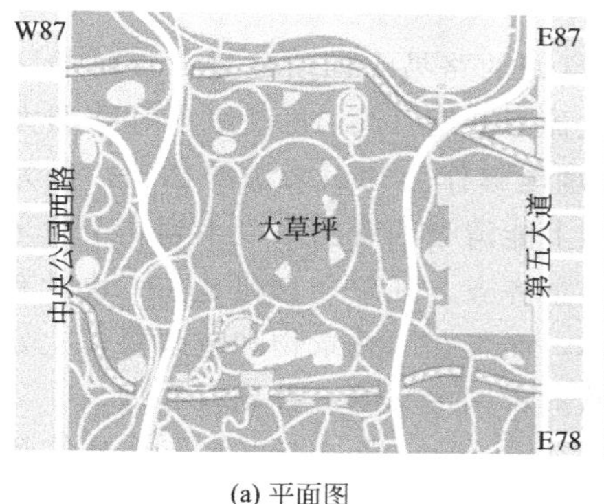

(a) 平面图

(b) 实景图

图 4-45 大草坪

每到冬季大草坪需要关闭进行养护，无论人或动物都不许进入，以保证来年春季的使用。

③ 绵羊草地 绵羊草地占地 15 英亩，奥姆斯特德和沃克斯在中央公园设计中最能体现田园风光的地方，奥姆斯特德认为大片绿色开敞空间能够让人们放松心情，回归宁静，疲劳的人们在此重振精神之后能够更好地工作，而他的理想则是使贫困的人们能够变得高尚而优雅，不同等级和阶层的人都能和平共处，中央公园为这一设想提供了场地。在 1934 年以前，这片大草皮真的是用来放牧绵羊的，后来很写实地以绵羊草原（Sheep Meadow）来命名，如今虽然不是作为让绵羊吃草之用，却是个提供人们野餐与享受日光浴的好地方（图 4-46）。

图 4-46 绵羊草地

4.3.2 凡尔赛宫植物景观赏析

4.3.2.1 造园背景及思想

凡尔赛宫（Versailles Palace）位于法国巴黎西南郊，距巴黎约 20km，原来是一片森林和沼泽荒地。

凡尔赛宫从1661年动工，路易十四委任安德烈·勒诺特尔（法国古典园林集大成的代表人物）进行凡尔赛宫花园的设计和布置工作，提出要建造世界上从未见过的花园，在他看来，花园和城堡同样重要。故花园工程与宫殿工程同期开工，工期持续了四十多年，1689年完全竣工。

凡尔赛宫苑是由当时以“太阳王”（Apollo）自诩的路易十四所建造，当时的法国是欧洲最强盛的国家，也是欧洲的文化艺术中心，其主流思想是17、18世纪当时欧洲大陆盛行一时的理性主义（Rationalism），他们认为人的推理能够作为知识来源的基础，认为一切都应该是有秩序的，这点在凡尔赛宫苑中的植物造型上能清晰的看出来，小到几十厘米的低矮灌木，大到几十米的高大乔木，无一不被修剪的整整齐齐。凡尔赛宫苑是在一块没有联系的沼泽湿地硬生生地靠人为力量建造起来的宏伟园林，而且在园林景物和造园要素上处处显现出人工整理过的痕迹，这也折射出当时法国以致欧洲帝国主义的一种霸权心理。

凡尔赛宫作为法兰西宫廷长达107年（1682～1789年）。经过三百多年来建筑师，雕刻家，装饰家的不断改进润色，凡尔赛宫已成为一座宏伟富丽的宫殿，其中宫殿建筑面积$1.1\times10^4m^2$，园林面积$1.0\times10^6m^2$，几乎是世界上最大的宫廷园林。

4.3.2.2 造园手法

广义的凡尔赛宫分为宫殿和园林两部分，宫殿指主要建筑凡尔赛宫，园林分为花园、小林园和大林园3部分。总体布局体以宫殿的轴线为构图中心，沿宫殿—花园—林园逐步展开，宫殿的中轴线向前延伸，通过林荫道指向城市；向后延伸，通过花园和林园指向郊区，形成一个完整统一的整体，体现至高无上的君权。

整体园林布局强调有序严谨，庞大恢宏的宫苑以东西为轴，南北对称，规模宏大，轴线深远。中轴线两侧分布着大小建筑、树林、草坪、花坛和雕塑，形成了一种宽阔的外向园林形式，反映了当时的审美情趣。在平展坦荡中，通过尺度、节奏的安排又显得丰富和谐。

花园从南到北分为三个部分。南北两部分均为模纹式花坛，南面模纹式花坛再向南是橘园和人工湖，景色开阔，是外向性的空间。北面花坛被密林包围，景色幽雅，是内向性的空间。一条林荫大道向北穿过林园，大道尽端是大水池和海神喷泉。中央部分有一对水池，从这里开始的中轴线长达3km，向西穿过林园（图4-47）。

凡尔赛宫花园内道路、树木、水池、亭台、花圃、喷泉等均成几何图形，花园内的中央主轴线控制整体，辅之以几条次要轴线和几条横向轴线，所有这些轴线与大小路径组成了严谨的几何格网，构图整齐划一、主次分明。轴线与路径的交叉点，多安排喷泉、雕像、园林小品作为装饰。这样做，既能够突出布局的几何性，又可以产生丰富的节奏感，从而营造出多变的景观效果。

此外，轴线与路径延伸进林园，将林园也纳入到几何格网中。林园分为两个区域，较近的一区叫小林园，被道路划分成12块丛林，有斜向的或曲折的小径通向各个丛林园，每块丛林中央分别设有道路、水池、水剧场、喷泉、亭子等，不断在游览过程中为参观者呈献惊喜。

中轴线穿过小林园的部分称为“国王林荫道”中央有草地，两旁设置雕像。“国王林荫道”的东端水池中是阿波罗母亲的雕像，西端则是阿波罗的雕像，这两组雕像说明“国王林荫道”的主题就是歌颂“太阳王”的路易十四。

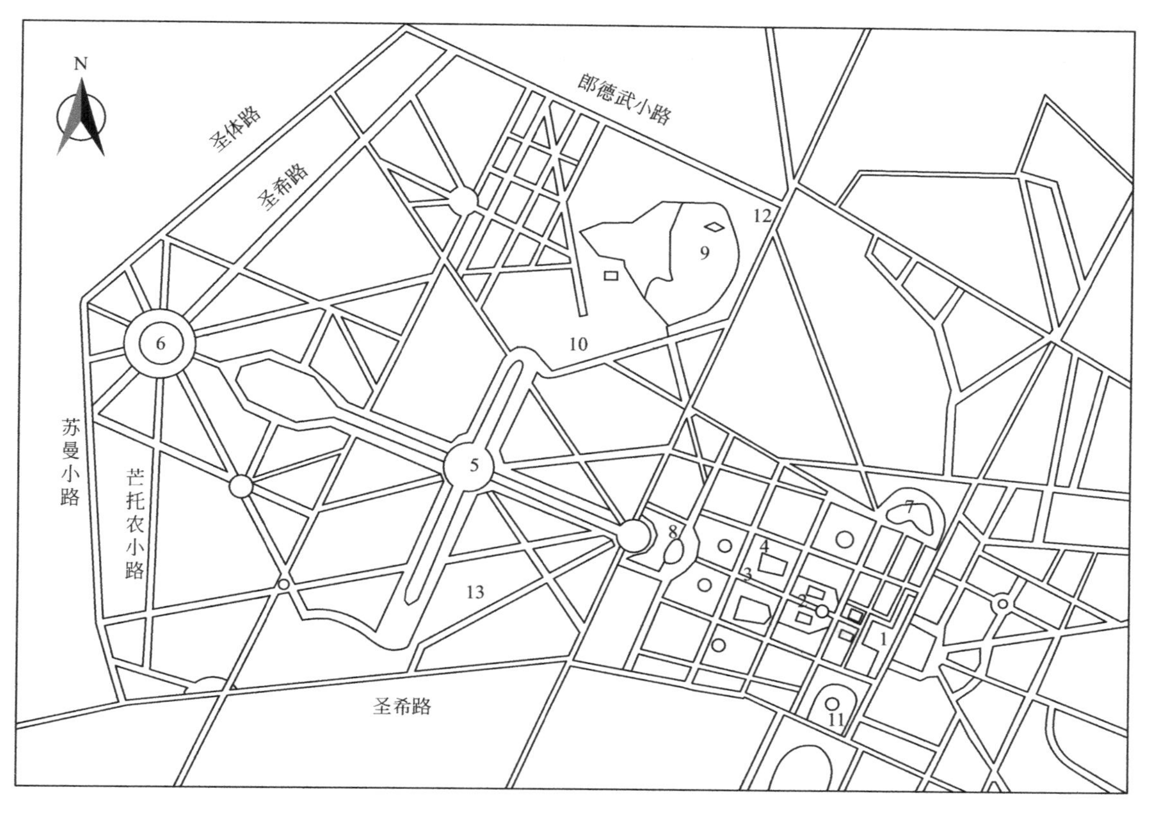

图 4-47 凡尔赛平面布局

1—凡尔赛宫；2—拉多娜池和花坛群；3—林荫路和绿荫花坛；4—小林园；5—十字运河；6—皇家星形广场；7—海神泉；8—阿波园泉；9—小特里亚农宫；10—大特里亚农宫；11—橘园；12—女王村；13—大林园

进入大林园后，中轴线变成一条水渠，另一条水渠与之十字相交构成横轴线，它的南端是动物园，北端是特里亚农宫。大林园栽植高大的乔木，新颖的装饰物和喷泉与严格对称的大片树林形成了鲜明的对比。利用各种各样的水资源，勒诺特尔从阴暗的空间（林园）穿向更明亮的地区（花园），创造了神奇的明暗对比效果。以林园作为花园的延续和背景，可谓构思精巧。

花园内的景观有别于其他皇家园林，多以人文为主，透溢出浓厚的人工修造的痕迹。花坛和主路两旁散布着雕塑和经过修剪的拥有最让人惊奇的形状的紫杉，它们让凡尔赛成为花木修剪艺术的圣殿。

4.3.2.3 植物种植艺术

(1) 形式美

法国凡尔赛宫花园，也称凡尔赛宫后花园、御花园、凡尔赛宫园林，位于宫殿建筑的西侧，占地 $1.0\times10^6\,m^2$，呈规则对称的几何图形，堪称法国古典园林的杰出代表。南北是花坛，中部有水池，人工大运河、瑞士湖贯穿其间；另有大小特里亚农宫及雕像、喷泉、柱廊等建筑和人工景色点缀。放眼望去，园中道路宽敞，绿树成荫，草坪和树木被修剪得整整齐齐。跑马道、喷泉、水池、河流，与假山、花坛、花径、草坪、亭台楼阁一起，构成花园的美丽景观。

凡尔赛花园的设计来源于欧几里德几何学和文艺复兴透视法推导出来的严谨构图，

追求比例的协调和关系的明晰，形式简洁，装饰适度，包括植物在内的所有要素均服从于整体的几何关系秩序，这里的植物或被修剪，或被种植成丛成林，都被用于塑造几何的空间结构。

在凡尔赛宫的严谨构图的总体布局中，凡尔赛宫用多种方式进行植物造景，大规模地将成排的树木或雄伟的林荫树用在小路两侧，加强了线性透视的感染力（图 4-48）。就植物造景的艺术性方面，追随了造型艺术的基本原则，即多样统一、对比调和，对称平衡和节奏韵律。各种景观相互因借，相互映衬，体现了和谐美。

图 4-48　成排的树木或雄伟的林荫树用在小路两侧，加强了线性透视的感染力

（2）花圃

模纹式花坛是凡尔赛花园的一大显著特征，主要分布在凡尔赛花园的南部（图 4-49、图 4-50）。

图 4-49　凡尔赛园林中的模纹花坛

图 4-50　凡尔赛宫中的花圃布置（局部）

(3) 林荫路

除了花坛外，笔直的道路网络整齐匀称地将花园划分成了一个个方格。17世纪时，这些道路被栅栏、千金榆或小榆树绿篱围绕着，这些可爱的树篱或精心修剪的小榆树形成了真正的绿色围墙（图4-51）。在这些绿墙中留置着几处壁龛式的凹处，用来放置雕塑（图4-52）。

图4-51 林荫路

图4-52 林荫路绿墙和雕塑

(4) 草坪和盆栽树木

凡尔赛花园无论树木还是草坪都修剪得整整整齐齐。草坪修剪极具艺术性（图4-53）。图4-54是凡尔赛花园中的一个景点——橘园，橘园由一个长达150m的拱顶长廊和两个侧廊（百阶楼梯下方）所组成，其花坛占地3hm²，由四块草坪和一个圆形喷池构成。夏天，花坛里种有1055株树木（棕榈树、夹竹桃树、石榴树、番樱桃树、橙树等），分别被放置在景观盆中供人观赏；到了冬天，则将树木移入橘园保存。

凡尔赛宫苑中的植物没有恪守植物的自然生长规律和特征来进行植物处理，甚至逆道而行，通过人为处理改变植物的自然习性和特征，这也成为凡尔赛宫苑中园林建设的一个较大亮点。17世纪法国亨利四世时期，宫廷造园师克洛德莫奈创造了刺绣花坛，凡尔赛宫苑中

图 4-53　修剪整齐的草坪

图 4-54　橘园中的草坪和盆栽树木

运用了较多这种花坛，花坛图案造型采用瓜子黄杨为主，修剪至 10～30cm 高进行各种花纹图案组合，与之前的欧洲规则式组合图案中运用灌木相比高度低了很多，从而促进了法国古典主义园林宏伟气势的营造，这种低矮的瓜子黄杨修剪一直被保留至今用于花坛边界的围挡。在乔木植物处理方面，通常修剪为矩形、圆柱形、锥形、圆形等几类，常用植物主要为紫衫、侧柏等针叶类植物，其枝叶细而密比较容易形成整齐的表面而且枝叶长势也比较均匀，便于后期维护打理。通常单体式植物修剪底部会与地面保留 10cm 左右的距离，防止底部树枝与地面过于接触紧密而滋生害虫或腐蚀枝叶。

凡尔赛宫苑中大至数十米的大乔木小至低矮小灌木，无不修剪得整整齐齐，受古典主义园林艺术影响，当时的法国园林艺术更加强调“人为”美，并严格依据古典几何原则进行构图，按照当时的审美观分析，只有经过人工修剪植物才是美的。凡尔赛宫苑是这一时期的巅峰之作。

4.3.2.4　空间布局

勒诺特尔园林的伟大之处在于创造了更为统一、均衡、壮观的整体构图，其核心在于中轴的加强，使所有的要素均服从于中轴，按主次排列在两侧，这是在古典主义美学思想的指导下产生的。与意大利园林相比，其空间更为宏伟，更有秩序，关系更明确。

（1）内向与外向

勒诺特尔园林空间的另一个独到之处是有一些独立于轴线之外的小空间——丛林园。丛林园的存在使得园林在一连串的开阔空间之外，还拥有一些内向的、私密的空间，使园林空间的内容更丰富、形式更多样、布局更完整，体现了统一中求变化、又使变化融于统一之中的高超技巧。

（2）疏与密

勒诺特尔园林的空间关系是极为明确的，轴线上是开敞的，尤其是主轴线，极度地开阔；两旁，是非常浓密的树林，不仅形成花园的背景，而且也限定了轴线空间。而在树林里面，又隐藏着一些小的林间空地，布置着可爱的丛林园。浓密的林园反衬出中轴空间的开阔。这种空间的对比是非常强烈的，效果很突出。这种空间的疏密关系突出了中轴，分清了主次，像众星拱月一样，反映着绝对君权的政治理想，反映了理性主义的严谨结构和等级关系。

4.3.2.5 凡尔赛宫花园造园特点

凡尔赛宫花园总体规划对称严谨，规模宏大，体现君权统一，整个园林及各景区景点皆表现出人为控制下的几何图案美，与此同时它还具有以下几个突出的特点。

（1）面积大

意大利的园林一般只有几公顷，而凡尔赛园林有1600hm²，轴线有3000m长。如此巨大的面积是一项十分繁重的工程。虽然过大的面积给整体设计带来了一定的困难，但是就视觉效果来说还是非常有特色的。

（2）花园主轴线明显

凡尔赛花园中的轴线已不再是意大利花园里那种单纯的几何对称轴线，而变成了突出的艺术中心。最华丽的植坛，最辉煌的喷泉，最精彩的雕像，最壮观的台阶，一切好东西都首先集中在轴线上或者靠在它的两侧，如图4-55所示。把主轴线做成艺术中心，一方面是因为园林面积大，没有艺术中心就显得散漫；另一方面，也是绝对君权的政治理想在园林构建中的体现，在设计中一定要分清主从。

图4-55 凡尔赛花园中的中轴线

（3）园林的总体布局具有浓重的皇权象征意义

凡尔赛宫具有浓重的皇权象征寓意。宫殿或者府邸统率一切，往往在整个地段的最高处，前面有笔直的林荫道通向城市，后面紧挨着花园，花园外围是密密匝匝无边无际的林园。宫殿的轴线贯穿花园和林园，是整个构图的中枢，在中轴线两侧，跟府邸的立面形式呼应，对称地布置次级轴线，与几条横轴线构成园林布局的骨架，编织成一个主次分明、纲目清晰的几何网络。

（4）几何对称美显著

凡尔赛宫园林是规则式园林，园林在构图上呈几何形式，在平面规划上依据一条中轴线，在整体布局中前后左右对称。园地划分时多采用几何形体，其园线、园路多采用直线形；广场、水池、花坛多采取几何形体；植物配置多采用对称式，株、行距明显匀齐，花木整形修剪成一定图案，园内行道树整齐、端直、美观，有发达的林冠线。勒诺特尔的设计突出了“强迫自然接受匀称法则”的规则式设计理念，肯定了人工美高于自然美，而人工美的基本原则则是变化中的统一。

（5）植物造景奇特

勒诺特尔用多种方式进行植物造景，其中，常绿树种在设计中占据首要地位。其非常独特之处在于大规模地将成排的树木或雄伟的林荫树用在小路两侧，加强了线性透视的感染力。在植物造景的艺术性方面，追随了造型艺术的基本原则，即多样统一，对比调和，对称均衡和节奏韵律。不论是水体与植物的组合景，还是街道与植物的组合景，都强调了相互因借、相互映衬的和谐美。

第5章 园林植物种植设计的一般技法

5.1 园林植物的种植方式

5.1.1 规则式

规则式又称整形式、几何式、图案式等，是把树木按照一定的几何图形栽植，具有一定的株行距或角度，整齐、严谨、庄重，常给人以雄伟的气魄感，体现一种严整大气的人工艺术美，视觉冲击力较强，但有时也显得压抑和呆板。

规则式种植布局匀整、秩序井然，具有统一、抽象的艺术特点。在平面上，中轴线大致左右对称，具一定的种植株行距，并且按固定方式排列。在平面布局上，根据其对称与否可分为两种：一种是有明显的轴线，轴线两边严格对称，组成几何图案，称为规则式对称；另外一种是有明显的轴线，左右不对称，但布局均衡，称为规则式不对称，这类种植方式在严谨中流露出某些活泼（图 5-1）。

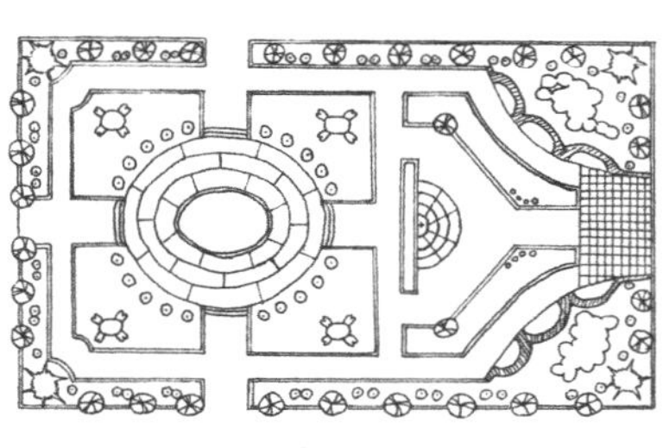

(a) 规则式对称小游园

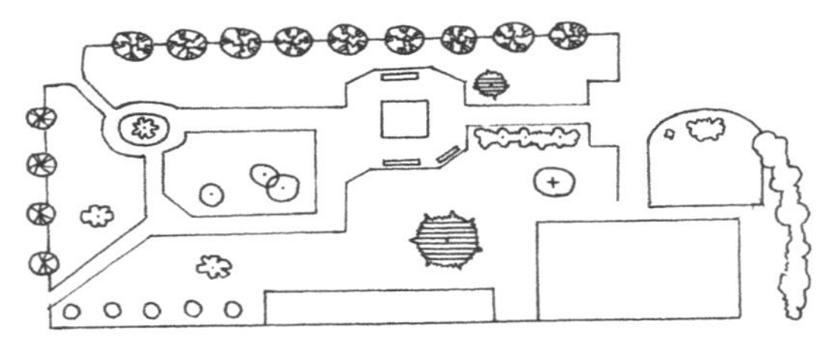

(b) 规则式不对称小游园

图 5-1 规则式种植

在规则式种植中，草坪往往被严格控制高度和边界，修剪得像熨平而展开的绒布，没有丝毫褶皱起伏，使人不忍心踩压、践踏。花卉布置成以图案为主题的模纹花坛和花境，有时布置成大规模的花坛群，来表现花卉的色彩和群体美，利用植物本身的色彩，营造出大手笔的色彩效果，增加人的视觉刺激。乔木常以对称式或行列式种植为主，有时还刻意修剪成各种几何形体，甚至动物或人的形象。灌木也常常等距直线种植，或修剪成规整的图案作为大面积的构图，或作为绿篱，具有严谨性和统一性，形成与众不同的视觉效果。另外，绿篱、绿墙、绿门、绿柱等绿色建筑也是规则式种植中常用的方式（图 5-2），以此来划分和组织空间。因此，在规则式种植中，植物并不代表本身的自然美，而是刻意追求对称统一的形体，错综复杂的图案，来渲染、加强设计的规整性。规则式的植物种植形成的空间氛围是整齐、庄严、雄伟、开朗，例如法国勒诺特尔式园林，植物景观主要是大量使用排列整齐、经过修剪的常绿树。欧洲的一些沉床园、建筑等，我国皇家园林主要殿堂前也多采用规则式的栽植手法，以此与规则式的建筑的线条、外形，乃至体量相协调，用以体现端庄、严肃的气氛。在园林设计中，规则式种植作为一种设计形式仍是不可缺少的，只是需赋予新的含义，避免过多的整形修剪。例如，在许多人工化的、规整的城市空间中规则式种植就十分合宜，而稍加修剪的规整图案对提高城市街景质量、丰富城市景观也不无裨益。

图 5-2　英国西辛赫斯特花园规则式种植的绿篱

5.1.2　自然式

自然式又称风景式、不规则式，植物景观呈现出自然形态，无明显的轴线关系，各种植物的配置自由变化，没有一定的模式。树木种植无固定的株行距和排列方式，形态大小不一，自然、灵活，富于变化，体现柔和、舒适、亲近的空间艺术效果（图 5-3、图 5-4）。适用于自然式园林、风景区和普通的庭院，如大型公园和风景区常见的疏林草地就属于自然式配置。中国式庭院以及富有田园风趣的英国式庭院亦多采用自然式配置。

图 5-3　自然式种植开阔的草地

图 5-4　自然式种植的树丛、蜿蜒的小径

自然式种植布局上讲究步移景异，利用自然的植物形态，运用夹景、框景、障景、对景、借景等手法形成有效的景观控制。从平面布局上看，自然式种植没有明显的轴线，即使在局部出现一些短的轴线，也布置得错落有致，从整体上看仍是自然曲折、活泼多样的。在种植设计中注重植物本身的特性和特点，以及植物间或植物与环境间生态和视觉上关系的和谐，创造自然景观，用种群多样、竞争自由的植被类型来绿化、美化。花卉布置以花丛、花群为主，树木配植以孤植、树丛、树群、树林为主，不用修剪规则的绿篱、绿墙和图案复杂的花坛。当游人畅游其间时可充分享受到自然风景之美。自然式的种植体现宁静、深邃、活

泼的气氛。植物栽植要避免过于杂乱，要有重点、有特色，在统一中求变化，在丰富中求统一。

5.1.3 混合式

混合式种植既有规划式又有自然式。在某些公园中，有时为了造景或立意的需要，往往规则式和自然式的种植相结合。例如在有明显轴线的地方，为了突出轴线的对称关系，两边的植物也多采用规则式种植。

一般情况下，其园林艺术主要在于开辟宽广的视野，引导视线，增加景深和层次，并能充分表现植物美和地形美。一方面利用草坪空间、水域空间、广场空间等形成规整的几何形，按照整形式或半整形式的图案栽植观赏植物以表现植物的群体美；另一方面，保留自然式园林的特点，利用乔灌木、绿篱等围定场地、划分空间、营造屏障，或引导视线于景物焦点。如图5-5所示，周边植物以自然形式进行围合，利用灌木修剪成各种图案来分割空间。

纽约的中央公园是美国建造的第一个公共园林，设计者更加注重植物景观的整体艺术效果，而不是将植物作为独立的科学标本进行展示。整个园子的植物种植方式既有自然式又有规则式，中心区设计或保留了大面积开阔的草坪空间，边界形成田园牧场风光，而在局部和节点空间的处理上则延续了欧洲古典园林的规则式处理，如规则的绿篱、林荫道景观等（图5-6）。

图5-5 荷兰阿培尔顿罗宫混合式植物种植

图5-6 纽约中央公园中温室花园的混合式植物种植

5.2 园林植物的种植设计类型

5.2.1 根据园林景观植物应用类型分类

（1）园林树木种植设计

园林树木种植设计是指对各种树木（包括乔木、灌木及木质藤本植物等）景观进行设计。具体按景观形态与组合方式又分为孤植、对植、树列、树丛、树群、树林、植篱及整形树等景观设计。

（2）草花种植设计

草花种植设计是指对各种草本花卉进行造景设计，着重表现草花的群体色彩美、图案装饰美，并具有烘托园林气氛、创造花卉特色景观等作用。具体设计造景类型有花坛、花境、花台、花池、花箱、花丛、花群、花地、模纹花带、花柱、花箱、花钵、花球、花伞、吊盆以及其他装饰花卉景观等。

（3）蕨类与苔藓植物设计

利用蕨类植物和苔藓进行园林造景设计，具有朴素、自然和幽深宁静的艺术境界，多用于林下或阴湿环境中，如贯众、凤尾蕨、肾蕨、波士顿蕨、翠云草、铁线蕨等。

5.2.2 按植物生境分类

景园种植设计按植物生境不同，分为陆地种植设计和水体种植设计两大类。

（1）陆地种植设计

园林景观陆地环境植物种植，内容极其丰富，一般园林景观中大部分的植物景观属于这一类。陆地生境地形有山地、坡地和平地三种：山地宜用乔木造林；坡地多种植灌木丛、树木地被或草坡地等；平地宜做花坛、草坪、花境、树丛、树林等各类植物造景。

（2）水体种植设计

水体种植设计是对园林景观中的湖泊、溪流、河沼、池塘以及人工水池等水体环境进行植物造景设计。水生植物虽没有陆生植物种类丰富，但也颇具特色，历来被造园家所重视。水生植物造景可以打破水面的平静和单调，增添水面情趣，丰富景园水体景观内容。水生植物根据生活习性和生长特性不同，可分为挺水植物、浮叶植物、沉水植物和漂浮植物四类。

5.2.3 按植物应用空间环境分类

（1）户外绿地种植设计

是园林景观种植设计的主要类型，一般面积较大，植物种类丰富，并直接受土壤、气候等自然环境的影响。设计时除考虑人工环境因素外，更加注重运用自然条件和规律，创造稳定持久的植物自然生态群落景观。

（2）室内庭园种植设计

种植设计的方法与户外绿地具有较大差异，设施时必须考虑到空间、土壤、阳光、空气等环境因子对植物景观的限制，同时也注重植物对室内环境的装饰作用。该设计方法多运用于大型公共建筑等室内环境布置。

（3）屋顶种植设计

在建筑物屋顶（如平房屋顶、楼房屋顶）上铺填培养土进行植物种植的方法。屋顶种植又分非游憩性绿化种植和屋顶花园种植两种形式。

5.3 园林种植设计的平面布置

5.3.1 孤植的平面布置

孤植是指单株乔木孤立种植的配置方式，此树又称孤植树。有时在特定条件下也可以是2～3株乔木紧密栽植，形成一个整体，但必须是同一树种，远看和单株栽植效果相同。

孤植树在园林中既可作主景构图，展示个体美，也可作遮阴之用，如图5-7所示。在自然式、规则式景观中均可应用。孤植树主要是表现树木的个体美，如巨大的体形、富于变化的轮廓、优美的姿态、花繁实累、色彩鲜明、具有浓郁的芳香等，因此孤植树在色彩、芳香、姿态上要有美感，具有很高的观赏价值。适宜作孤植树植物有雪松、金钱松、马尾松、白皮松、垂枝松、香樟、黄樟、悬铃木、榉树、麻栎、杨树、枫杨、皂荚、重阳木、乌柏、广玉兰、桂花、七叶树、银杏、鹅掌楸等。

图5-7 孤植突出表现单株树木的个体美，作为局部空旷地段的景观中心和视觉焦点

孤植树种植的位置要求比较开阔，不仅要保证树冠有足够的生长空间，而且要有比较适合观赏的视距和观赏点。为了获得清晰的景物形象和相对完整的静态构图，应尽量使视角与视距处于最佳位置（图5-8、图5-9）。通常垂直视角26°～30°，水平视角为45°时观景较佳。若假设景物高度为H，宽度为W，人的视高为h，则最佳视距与景物高度或宽度的关系可用下式表示：

$$D_H=(H-h)\cot\alpha/2\approx3.7(H-h)$$

$$D_W=W/2\cot\beta/2\approx1.2W$$

式中 α为垂直视角；β为水平视角；D_H为垂直视角下的视距；D_W为水平视角下的视距。

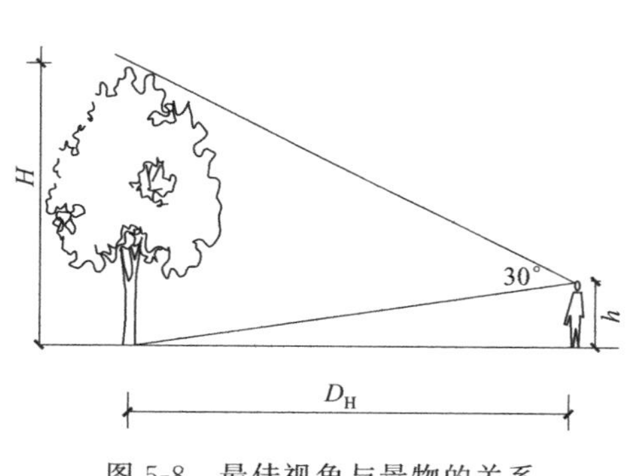

图5-8 最佳视角与景物的关系

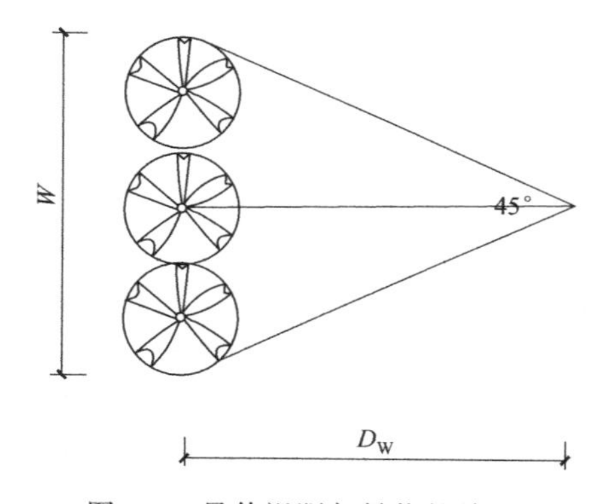

图5-9 最佳视距与景物的关系

在安排孤植树时，要让人们有足够的活动场地和恰当的欣赏位置，最好还要有像天空、水面、草地等色彩既单纯又有丰富变化的景物环境作背景衬托，以突出孤植树在形体、姿态、色彩等方面的特色，并丰富风景天际线的变化。

孤植树在园林构图中并不是孤立的，它与周围的景物是统一于园林的整体构图中。孤植树在数量上是少数的，但如运用得当能起到画龙点睛的效果。它可以作为周围景观的配景，周围景观也可以作为它的配景，它是景观的焦点。孤植树也可作为园林中从密林、树群、树丛过渡到另一个密林的过渡景。一般在园林中的空地、岛、半岛、岸边、桥头、山坡的突出部位、休息广场、树林空地等都可考虑种植孤植树（图5-10）。起诱导作用的孤植树则多布置在自然式园路、河岸、溪流的转弯及尽端视线焦点处引导行进方向，安排在蹬道口及园林局部的人口部分，诱导游人进入另一景区、空间。

(a) 群植孤景

(b) 孤植景观

图 5-10 孤植树景观

5.3.2 对植的平面布置

对植是指用两株或两丛相同或相似的树，按照一定的轴线关系，做相互对称或均衡的种植方式，主要用于强调公园、建筑、道路、广场的出入口，同时结合遮阴和装饰美化的作用在构图上形成配景和夹景，如图 5-11 所示。在规则式种植中，利用同一树种、同一规格的树木依主体景物的中轴线作对称布置，两树的连线与轴线垂直并被轴线等分。规则式种植一般采用树冠整齐的树种，如图 5-12 所示。

图 5-11 对称种植的黄杨木，将参观者的视线吸引至正门入口

图 5-12 美国沃新顿球场 6 号洞自然对植的枫树

在自然式种植中对植是不对称的，但左右是均衡的。自然式园林的进口两旁、桥头、蹬道石阶的两旁、河道的进口两边、闭锁空间的进口、建筑物的门口，都需要有自然式的进口栽植和诱导栽植。自然式对植是以主体景物中轴线为支点取得均衡关系，分布在构图中轴线的两侧，必须是相同或近似的树种，但大小、姿态和数量需有差异，动势要向中轴线集中，与中轴线的垂直距离，大树要近，小树在远，两树栽植点连成直线，不得与中轴线成直角相交。这种种植方式常用于自然式园林入口、桥头、假山蹬道旁、园中园入口两侧等，具有规整与生动、活泼的效果（图 5-13、图 5-14）。

图 5-13 两株体量相同的黄杨球对植于道路两侧

图 5-14 树种相同，体量、姿态相近的乔灌木，采用均衡的方式布置在道路两侧

园林种植设计中采用对植进行植物配置时，应注意以下问题：a. 树种以树冠规整种类，如圆形、圆球形、圆锥形等为主，两株对植应种类相同，姿态相似，体量接近；b. 多株对植可以采用不同树种，采用株间混交；c. 注意植物选择与环境协调，包括色彩、形态、体量等；d. 确定合理的种植株距，一般而言，合理的株距取决于生长速度、成年大树冠径、环境条件、景观效果等，如行道树，一般速生阔叶树株距6～8m为宜，慢生阔叶或针叶树株距4～6（8）m。若中间配有花灌木，距离加大2～3m。

5.3.3 列植的平面布置

乔木或灌木按照一定株距成行栽植的种植形式，单行、环状、顺行、错行等。列植整齐，气势庞大，韵律感强，多用于公路、城市道路、广场等。宜选用树冠形态整齐、枝叶繁茂的树种，如图5-15所示。

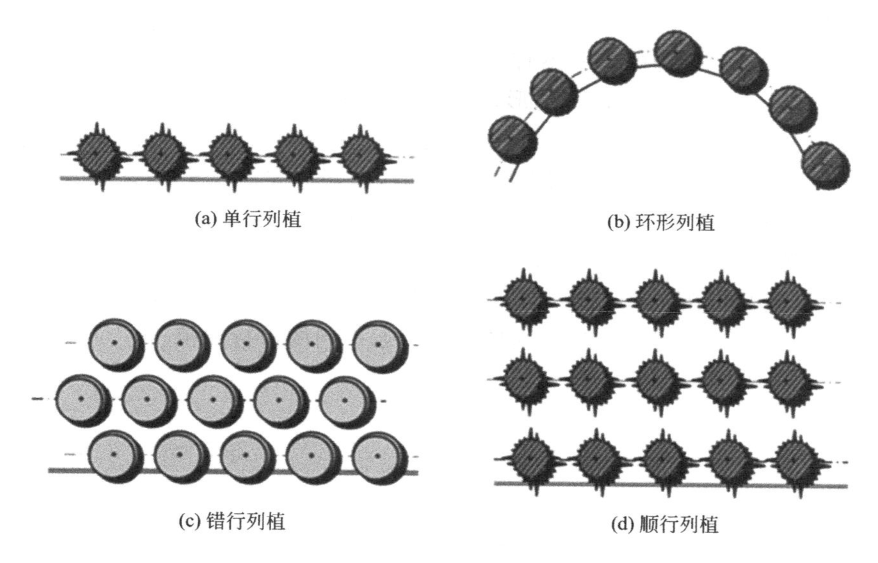

(a) 单行列植 (b) 环形列植 (c) 错行列植 (d) 顺行列植

图5-15 列植平面示意

5.3.4 丛植的平面布置

丛植是指2株以上至十余株的树木组合成一个整体结构。丛植可以形成极为自然的植物景观，它是利用植物进行园林造景的重要手段。一般丛植最多可由15株大小不等的几种乔木和灌木组成。设计树丛时，并不把每株树的全部个体美显示出来，主要考虑群体美，林缘的树木只表现其外缘部分的美，常见的形式有2株丛植、3株丛植、4株丛植、5株丛植等。它通过个体有机组合和搭配来体现树木群体美。

（1）2株丛植

2株丛植，构图按矛盾统一原理，两树相配，必须既调和又对比，二者成为对立统一体。故两树首先需有通相，即采用同一树种（或外形十分相似的不同树种）才能使两者同一起来；但又需有殊相，即在姿态和体型大小上两树应有差异，才能有对比而生动活泼。明代画家龚贤说："二株一丛，必须一俯一仰，一倚一直，一向左，一向右"画树是如此，园林里树木的布置也是如此（图5-16、图5-17）。在此必须指出：两株间的距离应该小于两树冠半径之和，否则便觉松弛而有分离之感，东西分处，不能称其为树种了。

图 5-16 一俯一仰的 2 株丛植

图 5-17 一高一低的 2 株配置

（2）3 株丛植

3 株树组成的树丛，树种的搭配不宜超过两种，最好采用姿态大小差异的同一树种、栽植时忌 3 株在同一直线上或成等边三角形，如图 5-18 所示。3 株的距离都不要相等，其中对大的和最小的要靠近些成为一组，中间大小的远离一些成为一组，两组之间彼此有所呼应，使构图不至分割（图 5-19）。选择树种时要避免体量差异太悬殊、姿态对比太强烈而造成构图的不统一。例如 1 株大乔木广玉兰之下配植 2 株小灌木红叶李，或者 2 株大乔木香樟下配植 1 株小灌木紫荆，由于体量差异太大，配植在一起对比太强烈，构图效果就不统一。再如 1 株落羽杉和 2 株龙爪槐配植在一起，因为体形和姿态对立性太强，构图效果也不协调。因此，3 株配植的树丛最好选择同一树种而体型、姿态不同的进行配植。

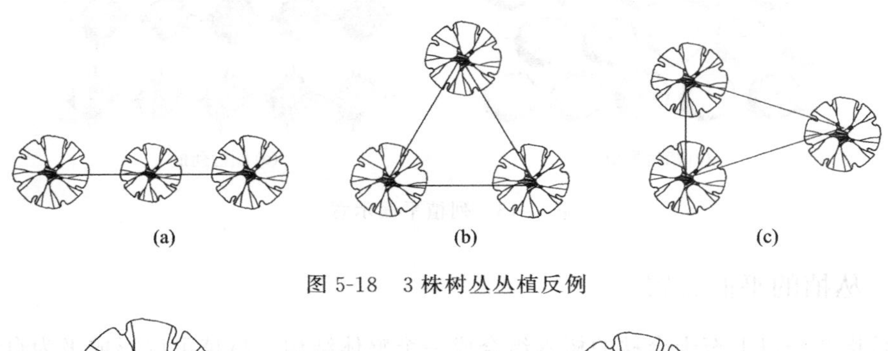

图 5-18 3 株树丛丛植反例

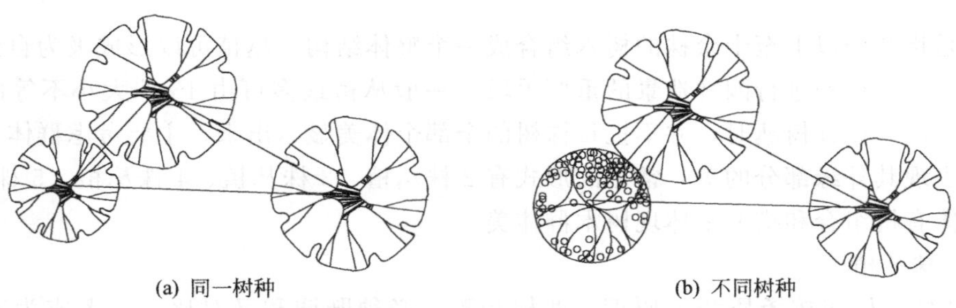

图 5-19 3 株树丛丛植

如采用两种树种，最好为类似的树种，如落羽杉与水杉或池柏、山茶与桂花、桃花与樱花、红叶李与石楠等。

（3）4 株丛植

4 株树丛的配植四株的配合可以是单一树种，可以是两种不同树种。如是同一树种，各株树的要求在体形、姿态上有所不同，如是两种不同树种，最好选择外形相似的不同树种，但外形相差不能很大，否则就难以协调。4 株配合的平面可有两个类型：一为不等边四边形；一为不等边三角形，成 3∶1 的组合，而 4 株中最大的 1 株必须在三角形一组内。4 株配植中，其中不能有任何 3 株成一直线排列，若选用 2 种树，应一种树 3 株，另一种树 1 株，1 株者为中、小号树，并配置于 3 株 1 组中（图 5-20）。4 株配植实例见图 5-21。

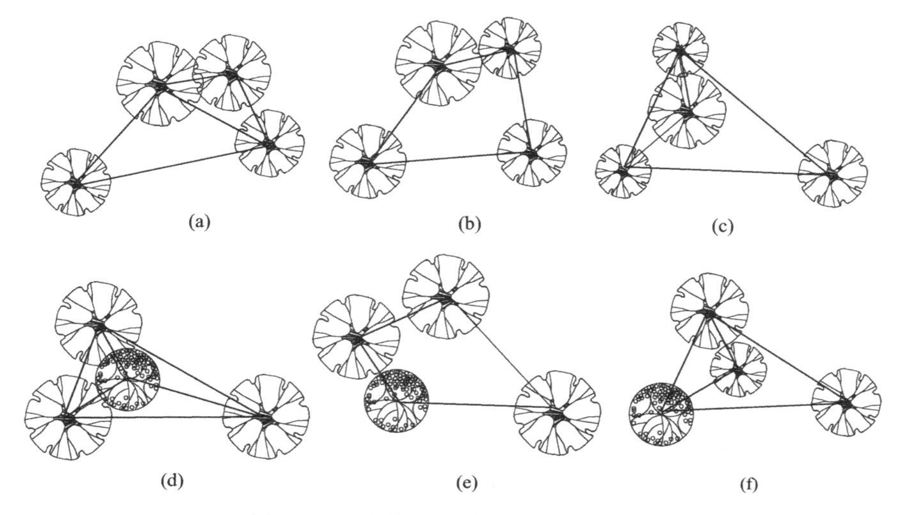

图 5-20　4 株树丛配植构图与分组形式

图 5-21　4 株丛植实例

（4）5 株丛植

5 株树丛的配植五株树丛的配植可以分为两组形式，这两组的数量可以是 3∶2，也可以是 4∶1，如图 5-22 所示。在 3∶2 配植中，要注意最大的 1 株必须在 3 株的一组中；在 4∶1 配植中，要注意单独的一组不能是最大的也不能最小。两组的距离不能太远，树种的选择可以是四株配合示例一树种，也可以是两种或三种的不同树种，如果是两种树种，则一种树为 3 株，另一种树为 2 株，而且在体形、大小上要有差异，不能一种树为 1 株，另一种树为 4 株；这样就不合适，易失去均衡。在栽植方法上可分为不等边的三角形、四边形、五边形。在具体布置上可以常绿树组成稳定树丛，常绿和落叶树组成半稳定树丛，落叶树组成不稳定树丛。在 3∶2 或 4∶1 的配植中，同一树种不能全放在一组中，这样不易呼应，没有变化，容易产生 2 个树丛的感觉。

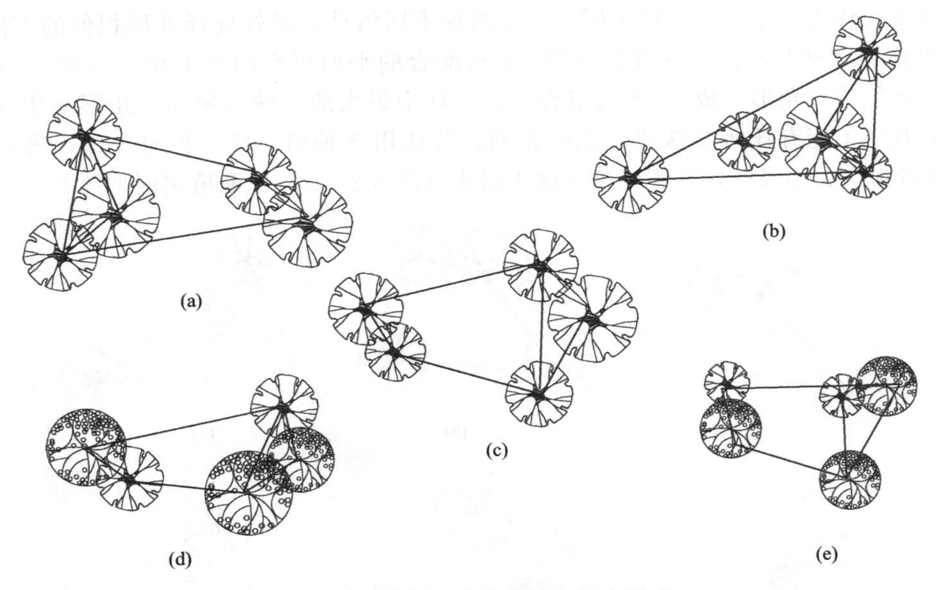

图 5-22　5 株树丛从植构图与组合形式

（5）6 株以上的树木搭配

6 株以上的配合 6 株树木的配合，一般是由 2 株、3 株、4 株、5 株等基本形式。交相搭配而成的。例如，2 株与 4 株，则成 6 株的组合；5 株与 2 株相搭，则为 7 株的组合，都构成 6 株以上树丛。它们均是几个基本形式的复合体。因此，株数虽增多，仍有规律可循。只要基本形式掌握好，7 株、8 株、9 株乃至更多株树木的配合，均可类推。其关键在于调和中有对比，差异中有稳定，株数太多时，树种可增加，但必须注意外行不能差异太大。一般来说，在树丛总株数 7 株以下时树种不宜超过 3 种，15 株以下不宜超过 5 种（图 5-23）。

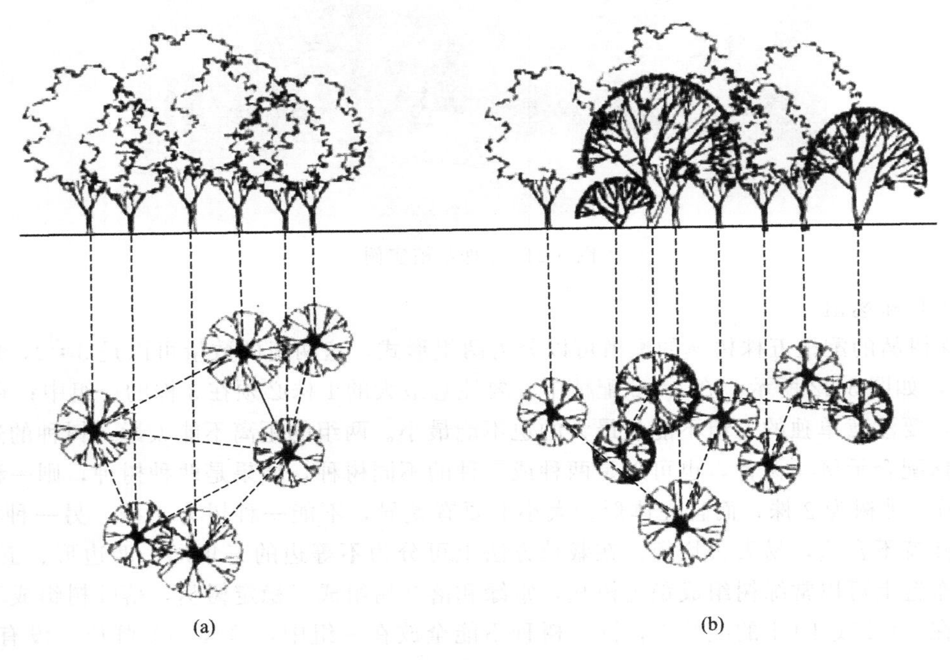

图 5-23　6 株以上树丛构图与分组形式

5.3.5 群植的平面布置

用数量较多的乔灌木（或加上地被植物）配植在一起，形成一个整体，称为群植。树群的灌木一般在20株以上。树群与树丛不仅在规格、颜色、姿态上有差别，而且在表现的内容方面也有差异。树群表现的是整个植物体的群体美，观赏它的层次、外缘和林冠等。

树群可以分为单纯树群和混交树群两类。单纯树群由一种树木组成，混交树群是指由两种以上的树种组成的树群，在树群中可用阴性宿根花卉为地被植物。

树群主要表现为群体美，像孤立树和树丛一样，是构图上的主景之一，因此树群应该布置在有足够距离的开阔场地上，例如靠近林缘的大草坪上，宽广的林中空地，水中的小岛屿上，有宽广水面的水滨，小山山坡上，土丘上。在树群的主要立面的前方，至少在树群高度的4倍、树群宽度的1.5倍以上距离，要留出空地，以便游人欣赏。

树群在构图上的要求是四面空旷，树群内的每株树木，在群体的外貌上都要起一定的作用，也就是每株树木，都要能被观赏者看到，所以树群的规模不宜太大。规模太大，在构图上不经济，因为郁闭的树群的立地内是不允许游人进入的，许多树木互相遮掩难以看到，对于土地的使用也不经济，所以树群的规模一般其长度和宽度在50m以下，特别巨大乔木组成的树群可以更大些。树群一般不作遮阴之用，因为树群内部采取郁闭和成层的结合，游人无法进入，但树群的北面，开展树冠之下的林缘部分，仍然可供遮阴休息之用（图5-24）。

图5-24 树群设计

树群在组合时，从高度来讲乔木层应该分布在中央，亚乔木层在外缘，大灌木、小灌木在更外缘，这样可以不致互相遮掩，但是其任何方向的断面不能像金字塔那样机械，应该像山峰那样起伏有致，同时在树群的某些外缘可以配置一两个树丛及几株孤立木。

对树木的观赏性质来讲，常绿树应该在中央，可以作为背景，落叶树在外缘，叶色及花色华丽的植物在更外缘，主要原则是为了互不遮掩，但是构图仍然要打破这种机械的排列，只要能够做到主要场合互不遮掩即可，这样可以使构图活泼。

树群外缘轮廓的垂直投影，要有丰富的曲折变化。其平面的纵轴和横轴切忌相等，要有差异，但是纵轴和横轴的差异也不宜太大，一般差异好不超过1∶3。树群外缘，仅仅依靠树群的变化是不够的，还应该在附近配上一两处小树丛，这样构图就格外活泼。

树群的栽植地标高，应比外围的草地或道路高出一些，能形成向四面倾斜的土丘，以利排水；同时在构图上也显得突出一些。树群内植物的栽植距离也要各不相等要有疏密变化。任何3株树不要在一直线上，要构成不等边三角形，切忌成行、成排、成带的栽植，常绿、落叶，观叶、观花的树木，其混交的组合，不可用带状混交；又因面积不大，也不可用片状、块状混交。应用复层混交及小块状混交与点状混交相结合的方式。小块状是指2～5株的结合，点状是指单株。

现在许多城市园林中的树群通常中央是乔木，周边就围一圈连续的灌木，灌木之外再围一圈宽度相等的连续的花带。这种带状混交，其构图不能反映自然植物群落典型的天然错落之美，没有生动的节奏，显得机械刻板，同时也不符合植物的生态要求，管理养护困难。因此，树群外围栽植的灌木及花卉，要丛状分布，要有断续，不能排列成带状，各层树木的分布也要有断续起伏，树群下方的多年生草本花卉，也要呈丛状或群状分布，要与草地呈点状和块状混交，外缘要交叉错综，且有断有续。

树群中树木栽植的距离，不能根据成年树木树冠的大小来计算。要考虑水平郁闭和垂直郁闭，各层树木要相互庇覆交叉，形成郁闭的林冠。同一层的树木郁闭度在0.3～0.6度较好。疏密应该有变化，由于树群的组合，四周空旷，又有起伏断续，因此边缘部分的树冠仍然能够正常扩展，但是中央部分及密集部分形成郁闭，阴性植物可以在阳性树冠之下时树冠就可以互相垂叠庇覆。

5.3.6 林植的平面布置

当树群面积、株数都足够大时，它既构成森林景观又发挥特别的防护功能，这样的大树群则称之为林植或树林，它是成片成块大量栽植乔、灌木的一种园林绿地。林植多用于大面积公园的安静区、风景游览区或休、疗养区以及卫生防护林带等。树林按树种可分为纯林和混交林，按郁闭度大小又分为密林和疏林两种。

（1）疏林

采取疏朗的配置方式，株距超过成年冠幅的直径。水平郁闭度在0.6以下，一般为纯乔木林，具舒适、明朗效果，适于林下野餐、听音乐、游戏、练功、日光浴、阅览等，颇受游人欢迎。疏林多为单纯乔木林，也可配植一些花灌木，具有舒适明朗，适合游憩活动的特点，公共庭园绿地中多有应用。如在面积较大的集中绿地中常设计布局疏林，夏日可蔽阴纳凉，冬季也能进行日光浴，还适合林下野餐、打拳练功、读书看报等，所以是深受人们喜爱的景园环境之一。疏林可根据景观功能和人活动使用情况不同设计成3种形式，即疏林草地、花地疏林和疏林广场。

注：郁闭度指森林中乔木树冠遮蔽地面的程度，它是反映林分密度的指标。它是以林地树冠垂直投影面积与林地面积之比，完全覆盖地面为1。根据联合国粮农组织规定，0.20（含0.20）以上为郁闭林（一般以0.20～0.69为中度郁闭，0.70以上为密郁闭），0.20（不含0.20）以下为疏林。

① 疏林草地　疏林与草地相结合，称为疏林草地。树林株行距10～20m，不小于成年树树冠直径，其间也可设林中空地，树木的种植要三五成群，疏密相间，有断有续，错落有致，构图上生动活泼。树种选择要求以落叶树为主，树荫疏朗的伞形冠较为理想，以花、叶、干色彩美观，形态多样，具芳香为好。林下草坪应含水量少，组织坚固，耐旱、耐践踏，游人可以在草坪上活动，且最好秋季不枯黄，疏林草地一般不修园路，如图5-25所示。

图5-25　美国门多西诺国家森林公园疏林草地

② 花地疏林　疏林花地是疏林与花卉布置相结合的植物景观。通常设置在需要重点绿化美化的景园环境

中，一般不允许人员进入活动只可远观。疏林花地设计时要求树木间距较大，使林下有较好的采光条件，或主要选用窄冠树种。例如，落羽杉、水杉、龙柏、池杉、金钱松、棕榈等，以利林下花卉生长。林下花地可以是一种花卉布置成的单纯花地，也可以由几种花卉混合搭配布置但搭配布置要显示特点、特色，更不可喧宾夺主。多种花卉搭配布置时，一般将较耐阴花卉布置于林荫下，不甚耐阴的花卉则布置于光照较好的林缘或林间空地。花地疏林主要用以观赏，人员不能进入花地，避免踩踏花卉。但可以在林间设置游步道，以便游人进入游览。道路密度以10%～15%为宜，沿步道还可设置椅、凳等休息设施。树林下也可配植一些喜阴的花灌木，如杜鹃、山茶、洒金桃叶珊瑚、八角金盘等。林下花卉以多年生宿根、球根花卉为主，成片种植，创造连片的花卉群。

③ 疏林广场　在游人密度大，又需要进入疏林活动的情况下设置。林下大面积地段为硬质铺装（图5-26）。

图5-26　瑞士诺华公司总部疏林广场

（2）密林

密林是指郁闭度较高的树林景观，一般郁闭度为70%～100%。密林又有单纯密林和混交密林之分。单纯密林具有简洁、壮观的特点，但层次单一，缺乏季相景观变化。单纯密林一般选用观赏价值较高、生长健壮的适生树种，如马尾松、油松、白皮松、水杉、枫香、桂花、黑松、梅花、毛竹等。混交密林具有多层结构，通常3～4层。大面积的混交密林不同树种多采用片状或块状、带状混交布置，面积较小时采用小片状或点状混交设计，以及常绿树与落叶树相混交。

密林平面布局与树群基本相似，只是面积和树木数量较大。单纯密林无需做出所有树木单株定点设计，只做小面积的树林大样设计，一般大样面积为25m×(20～40)m。在树林大样图上绘出每株树木的定植点，注明树种编号、株距，编写植物名录和设计说明。树林大样图比例一般为（1∶100）～(1∶250)，设计总平面图比例一般为（1∶500）～(1∶1000)，并在总平面图上绘出树林边缘线、道路、设施及详图编号等。

5.3.7　篱植的平面布置

绿篱是由灌木或小乔木近距离的株行距密植，栽成单行或双行，紧密结合的规则的种植形式，在园林景观设计中，尤其是在欧式风格中经常应用。绿篱在城市绿地中起分隔空间、屏障视线、衬托景物和防范作用，还可以减弱噪声，美化环境，如图5-27所示。

（1）绿篱分类

绿篱分类：a. 按作用可分为隔声篱（图5-28）、防尘篱、装饰篱（图5-29）；b. 依观赏性可分为观花篱、观果篱、观叶篱；c. 以生态习性可分为常绿篱、半绿篱、落叶篱；d. 依修剪整形可氛围修剪篱和不修剪篱等；e. 按绿篱本身的高矮形态可分为高、中、矮3个类型。

① 矮篱　矮篱（图5-30）主要用途是围定园地和作为草坪、花坛的边饰，多用于小庭园，也可在大的园林空间中组字或构成图案，可以帮助设计师在同一个花园空间内自然而然地创造出不同的区域，并保持区域间视觉的流畅感。其高度通常在0.5m以内，由矮小的植物带构成，游人视线可越过绿篱俯视园林中的花草景物。

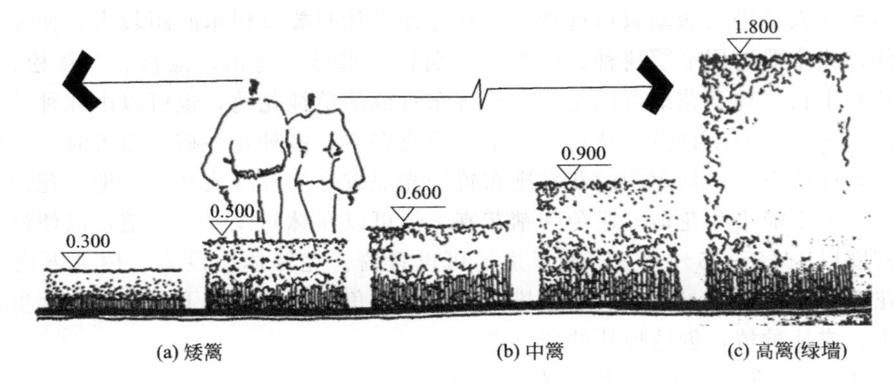

图 5-27　绿篱的隔离和屏障功能

图 5-28　隔声篱

图 5-29　装饰篱

图 5-30　矮篱

图 5-31　中篱

② 中篱（图 5-31）　其高度不超过 1.2m，宽度不超过 1m，多为双行几何曲线栽植。中绿篱可起到分隔大景区的作用，达到组织游人活动、增加绿色质感、美化景观的目的。常用于街头绿地、小路交叉口，或种植于公园、林荫道、分车带、街道和建筑物旁；多营建成花篱、果篱、观叶篱。

③ 高篱　又称为绿墙，常用来分隔空间、屏障山墙、厕所等不宜暴露之处。用以防噪声、防尘、分隔空间为主，多为等距离栽植的灌木或半乔木，其特点是植株较高，群体结构紧密，质感强，并有塑造地形、烘托景物、遮蔽视线的作用。作为雕像、喷泉和艺术设施景物的背景，尤能造成美好的气氛。高度一般在 1.5m 以上（图 5-32）。

（2）绿篱的植物选择

通常应选用枝叶浓密、耐修剪、生长偏慢具萌芽力强、发枝力强、愈伤力强、耐修剪、耐阴力强、病虫害少习性的木本种类。

① 普通绿篱　通常用锦熟黄杨、黄杨、大叶黄杨、女贞、圆柏、海桐、珊瑚树、凤尾竹、白马骨、福建茶、千头木麻黄、九里香、桧柏、侧柏、罗汉松、小腊、雀舌黄杨、冬青等。

图5-32 高篱

② 刺篱 一般用枝干或叶片具钩刺或尖刺的种类，如枳、酸枣、金合欢、枸骨、火棘、小檗、花椒、柞木、黄刺玫、枸橘、蔷薇、胡颓子等。

③ 花篱 一般用花色鲜艳或繁花似锦的种类，如扶桑、叶子花、木槿、棣棠、五色梅、锦带花、栀子、迎春、绣线菊、金丝桃、月季、杜鹃花、雪茄花、龙船花、桂花、茉莉、六月雪、黄馨，其中常绿芳香花木用在芳香园中作为花篱，尤具特色。

④ 果篱 一般用果色鲜艳、累累的种类，如小檗、紫珠、冬青、杜鹃花、雪茄花、龙船花、桂花、栀子花、茉莉、六月雪、金丝桃、迎春、黄馨、木槿、锦带花等。

⑤ 彩篱 一般用终年有彩色叶或紫红叶斑叶的种类，如洒金东瀛珊瑚、金边桑、洒金榕、红背桂、紫叶小檗、矮紫小檗、金边白马骨、彩叶大叶黄杨、金边卵叶女贞、黄金榕、红叶铁苋、变叶木、假连翘。此外，也可用红瑞木等具有红色茎秆的植物，入冬红茎白雪，相映成趣。

⑥ 落叶篱 由落叶树组成。北方常用，如榆树、丝绵木、紫穗槐、柽柳、雪柳等。

⑦ 蔓篱 由攀缘植物组成。在建有竹篱、木栅围墙或铅丝网篱处，可同时栽植藤本植物，攀缘于篱栅之上，另有特色。植物有叶子花、凌霄、常春藤、茑萝、牵牛花等。

⑧ 编篱 植物彼此编结起来而成网状或格状的形式，以增加绿篱的防护作用。常用的植物有木槿、杞柳、紫穗槐等。

（3）绿篱的平面布局

绿篱一般以线式或块状形式布局，以线式种植居多。线式绿篱种植密度根据使用目的、不同树种、苗木规格、绿篱形式、种植地宽度而定。矮篱株距约15～30cm，行距20～40cm，宽度约30～60cm；中篱株距50cm，行距70cm；高篱株距约60～150cm，行距约100～150cm，宽度150～250cm。二排以上的绿篱，植株应呈品字形交叉栽植。块状的绿篱在进行种植布局时，应注意留出工作步道，以方便后期的养护和管理。

5.3.8 园林种植设计中平面布置的要点

（1）注意主从关系和重点景物的布置

园林布局中的主要部分，一般都是由功能使用要求决定的。从平面布局上看，主要部分常成为全园的主要布局中心，次要部分成次要的布局中心，次要布局中心既有相对独立性，又要从属主要布局中心，互相联系、互相呼应。

主体景物从画面中突出出来的方法有：居于少数而且比较集中；独特姿态、质感或色彩；主体景物是个精心配置的植物群丛。主体景物不一定只有一组，可以两三组并存；但它们的体量和形态不能相同相等，要有主有次（图 5-33）。

(a) 三株大乔木成为空间主体景物

(b) 岛上群植的植物形成空间景观的动势向心、构成主体景观

图 5-33　植物景观空间中主体景物的步骤

这些主体景物可以安排在透视线的终点或交叉点上、成片树林的边缘、大片草坪的适当地段、林间空地四周或河湖沿岸等地。植物形态和色彩会随季节的推移产生很大的变化，醒目的植株会相继交替。因此，好的设计是把各个季节的精景物汇于一处，而不是在一处景区只在一个时期丰盛美丽。注意主体景物也可以是由植物装点的池沼、溪谷、小径或佳木环绕的草坪。但若水面或草坪的面积很大，则在这些景物之中还要再设主体景物。有些主体景物也可以由植物与建筑或山石、雕塑作品等有机结合。

与主体景物相对应的一般林木可以由单一树种组成，也可以由多种植物混合而成。对它们的要求主要是在观赏主体景物的同一季节里没有引人注目的突出目标以致喧宾夺主。如果主体景物的界限轮廓鲜明，其他树木就应轮廓散淡而相互交融；如果前者质地浓密，后者就应该疏朗，如果前者色彩艳丽，后者应均匀淡雅。

（2）植物布置不能平均而分散，要注意成组成团进行布置，做到疏密变化的平面关系

植物种植过于分散而平均会形成单调而缺乏变化的空间，在视觉和体验上都没有美感，其根本原因是这种布置缺乏对比和突出重点。而当植物配置做到疏密关系的变化时，平面和空间上就会产生对比变化，从而丰富空间的体验，同时利用这种疏密的对比关系，也容易体现出设计的重点，如图 5-34 所示。

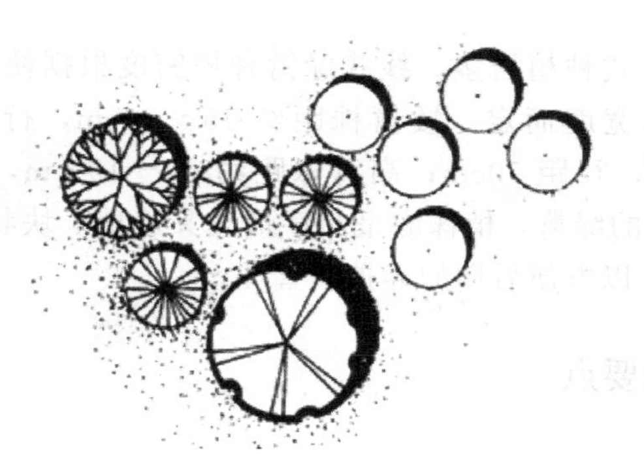

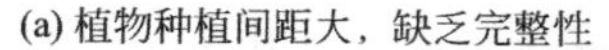

(a) 植物种植间距大，缺乏完整性

(b) 植物之间重叠，整体性较强

图 5-34　植物种植疏密性设计对比

（3）植物布置不能过分线形化，而要形成一定群体以及厚度

带状或线性的种植方式适合于特定的环境，如线性的道路、河流两侧较窄地段的种植，

而对于园林绿地来说，种植一定要体现出群体效果，也就是在空间上一组植物材料要组成具有厚度的种植群体，形成一定的体量感。具体而言就是植物的配置要在前后左右 4 个方向上展开，而不是仅仅在左右方向上延展。湖岸边植树，仅就一排柳树绕湖一周，虽简洁整齐，但显得单调，如果增加树种，有常绿落叶、乔木灌木的高低变化，还显单薄，那么变一排为多排，并相互交错，形成具有厚度的整体，效果必定显著（图 5-35)。

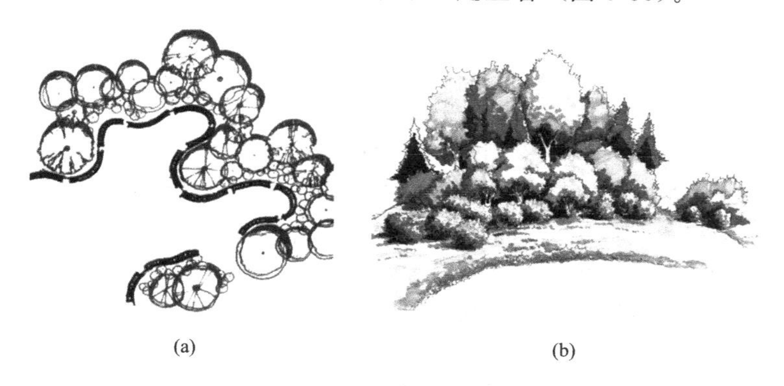

图 5-35　植物配置成团成簇，形成一定的体量感

（4）林缘线布置要有曲折变化感，从而形成变化的围合空间

园林植物空间的创作是根据地形条件，利用植物进行空间划分，创造出某一景观或特殊的环境气氛的过程，而植物配植在平面构图上的林缘线和在立面构图上的林冠线的设计是实现这一过程的必要手段。所谓的林缘线是指树林或树丛、花木边缘上树冠垂直投影于地面的连接线，是植物配置在平面构图上的反映，也是植物空间划分的重要手段。相同面积的地段经过林缘线设计，利用曲折变化的林缘线可以划分成或大或小、或规则或多变的空间形态（图 5-36)；或在大空间中划分小空间，或组织透景线，增加空间的景深。林缘线的曲折变化可以有效地加强景深，增加空间的神秘感。在林缘线设计中如果仅是简单地处理成整齐线性，将会使得空间缺乏前后的变化，也会形成呆板的景观效果。自然式植物景观的林缘线有半封闭和全封闭式两种（图 5-37)。

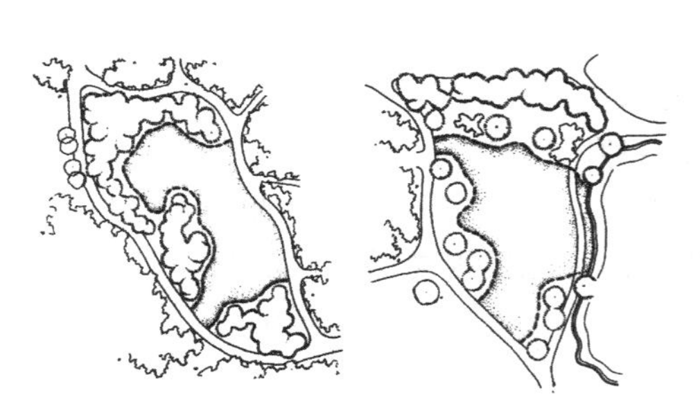

图 5-36　林缘线的布置应曲折多变

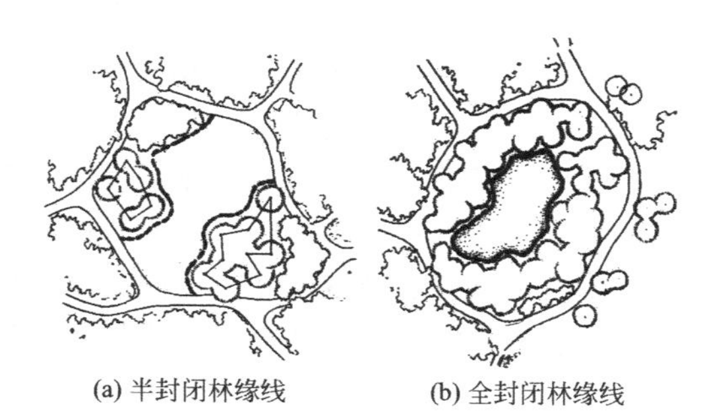

图 5-37　自然式植物景观的林缘线

5.4 园林种植设计的立面设计

5.4.1 立面构图的艺术手法

在立面构图中，可采取以下几种植物配置手法，通过立面的变化将植物景观的立面构图

表现出来。

（1）统一与变化

统一变化即多样中求统一、变化中求统一。相同种类的群体可以通过高低不同的形体来产生变化，相同形体的群体可以通过不同的类型来产生变化，多种树不同姿态、色彩统一。在城市的树种规划中分为基调树种、骨干树种和一般树种。基调树种种类少，但分量大，相同种类的群体形成城市的基调及特色，起到统一的作用；而一般树种，则种类多，每种量少，起到变化的作用。

（2）协调与对比

协调对比即在多个有差异的事物中寻求统一，协调个体之间的差异。运用植物的不同形态，运用高低远近、叶形花形、叶色花色果色等对比手法，表现一定的艺术构思，衬托出美的生态景观。在树丛组合时，要注意相互间的协调，不宜将形态、姿色差异很大的植物组合在一起。植物景观设计要注意相互联系与配合，体现调和的原则。缺乏协调的对比过乱，缺乏对比的协调过于沉闷。等同的大小、高低、姿态的变化可构成协调与对比的统一。

（3）动势与均衡

各种植物的形态不同，有的比较规整，如石楠、桂花等；有的则有一定的定势，如垂柳、竹子、松等。这种定势体现出植物一定的动势，似乎是在一种运动的状态下生长的，比较典型的如黄山的迎客松。在设计时要讲求植物在不同的生长阶段和季节的变化，调和植物的动态生长。将体量、质地各异的植物种类按均衡的原则配植，景观就显得稳定、顺眼。如粗枝干、数量多、体量大的植物种类，给人以稳定的感觉；而细枝干，数量少，体量小的植物种类给人以轻巧的感觉。

5.4.2 立面设计的要点

5.4.2.1 林冠线设计

林冠线是指树林或树丛空间立面构图的轮廓线。不同高度的乔灌木所组合成的林冠线，决定着游人的视野，影响着游人的空间感觉。高于人眼的林冠线可以形成封闭、围合或者阻挡的作用；低于人眼的林冠线则会形成开阔的空间感。

林冠线的形成决定于树种的构成以及地形的变化，见图 5-38。同一高度的树种形成等高的林冠线，通常林冠线往往是树木在立面上的天际线，人们处于一定距离之外才能感受到。在这种情况下，如果树形差异不大往往会形成一种同质感受，同等高度的林冠线平直而单调，简洁而壮观；如果由特殊树形的树种构成可以形成特殊的形态美，如垂柳的柔和与雪松的挺拔以及棕榈的异域风情，不同高度的树种构成的林冠线则高低起伏多变，如果地形平坦，可通过变化的林冠线和色彩来增加环境的观赏性：如果地形起伏，则可通过同种高度或不同高度的树种构成的林冠线来表现、加强或减弱地形特征（图 5-39）。

图 5-38　不同树种构成林冠线起伏变化不同

(a) 加强地形特征　　(b) 减弱地形特征

图 5-39　通过林冠线设计加强或减弱地形特征

5.4.2.2　层次设计

在种植设计中，平面上乔木、灌木以及地被的搭配在立面上表现为种植的层次，应该说林冠线是在立面层次中最高处树冠形成的轮廓线。一个层次丰富的种植群落包括地被、花卉、灌木、小乔木和大乔木（图 5-40）。一般而言，种植设计的层次是根据设计意图而决定的。如需要形成通透的空间，则种植层次要少，可仅为乔木层，如为了形成动态连续的具有远观效果的植物景观，则需要多层的植物种植，从色彩上、树形上以及立面层次上进行对比和变化，从而创造优美的植物景观（图 5-41）。丰富的层次不仅在视觉上可以形成良好的效果，还可以在游人的心理上形成较为厚重的植物种植感受，这点可以在园林围墙边缘地方加以使用，从而使游人感受不到实体边界的存在。

图 5-40　层次丰富的立面景观

图 5-41　立面层次少，视线较为通透

5.4.2.3　突出主景

精心设计的园林植物空间，一般都有主景，这种主景主要是在立面上由于其本身所具有的特殊性而成为主景。种植设计就是通过树种的搭配，突出具有特殊观赏价值的树木花草形成主景。一般而言，主景是通过对比的手法形成的。如在林冠线起伏不大的树丛中，突出一株特高的孤立树，就像“鹤立鸡群”，从而形成空间的主景，再如空旷的草地上几株高大的乔木往往可构成视觉主景［图 5-42(a)］。这种主景可以是树的体量与其环境对比反差大，还可以是其色彩突出。主景既可以是特色乔木，也可以是灌木。灌木往往通过成片成丛种植，其特殊的花色或枝干色彩与周围环境的对比而成为主景。主景也可以是特殊形态的植物，体量不一定大，但由于其形态特异性同样可以成为主景，如旅人蕉［图 5-42(b)］。

5.4.2.4　注意构图

立面构图首先要建立秩序。秩序是一个设计的整体框架，是设计暗含的视觉结构，产生秩序就是要遵循动势均衡的原则，保证立面构图在视觉上的平衡。同时要保证立面构图的统一性，也就是不同树种的配置所组合的立面形成一体的感觉。这种一体感，需要具有主体或主景，需要一定的重复。主体就是一种元素或一组元素从其他元素中突出出来，这样就会形成视觉的焦点，而不会使视觉在不同构成元素上游走；重复由于具有共同之处，而可以产生强烈的视觉统一感。因此，统一与变化，协调与对比以及节奏和韵律的原则应灵活运用，以达到实现统一的目的。统一是既具有变化，又不纷乱繁杂。例如，杭州灵隐古寺的飞来峰下有一个约 8000m² 的草坪空间，周边为七叶树、沙朴、银杏等组成的杂木林，草坪中部，地势略高，并栽有 2 株枫香。这 2 株枫香突出于周边的林冠线形成视觉的主体，起着统领周边环境的作用，从立面上看，整个林冠线构成一个动态平衡的视觉形象，整个形象既统一又有变化。

(a) 孤植的乔木成为主景　　(b) 姿态奇特的旅人蕉在场地中鹤立鸡群

图 5-42　主景突出的植物种植设计

5.5 园林植物景观空间营造

美国当代著名建筑理论家亚历山大曾说："只有当人们认识到树木创造空间的能力时，他们才会感到树木的真正的存在价值和意义。"植物是重要的园林空间的元素结构，在园林景观中起着决定性的作用。园林植物空间设计是景观设计的核心内容，不仅在现代花园中证明了其重要性，在中国古典园林和西方园林也始终高度重视植物空间的建设和营造。一个具有季相变化的植物，形成不同的植物空间的时候也创建了绚丽多姿的风景。在处理植物景观设计的时候，不能只是片面重视植物本身的观赏性，而是应该将其扩大到空间的范围中。景观设计的基本要素是空间，从空间的观点出发去探讨、研究、使用和感觉景观才是真谛所在。

5.5.1 植物空间的概念

空间是与时间相对的一种物质客观存在形式，空间由长度、宽度、高度、大小表现出来。通常指四方（方向）上下。但在景观设计中，空间设计的目的不仅仅是用艺术的手法，将不同的造园要素进行搭配组合，从而创造美的环境这么简单，而更应该有实际的应用。芦原义信《外部空间设计》一书中指出：空间基本上是由一个物体同感觉它的人之间产生的相互关系所形成的，这表明空间设计的目的应该立足于人群的使用，提高人们的生活质量，也为人的日常出行，休闲娱乐和放松交流提供场所（图 5-43）。可见，空间设计需要解决的问题不仅仅是单纯的美学问题，更加应该侧重于人群的使用。正如俞孔坚先生所说："场所或景观不是让人参观，向人展示的，而是供人使用，让人成为其中的一部分，场所和景观离开了人的使用便失去了意义。"景观空间本来就应该是由诸多人性化尺度的小空间构成的。人们在尺度、形式不同的空间内找到满足自身需求的空间机能。空间的真正作用也在于其使用性，缺乏使用性景观设计将毫无意义。

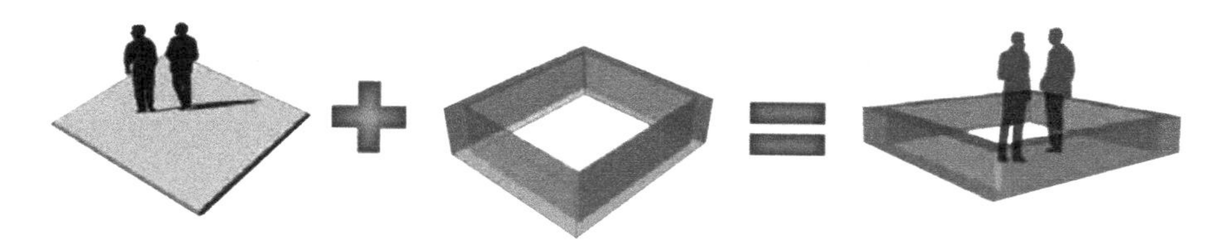

图 5-43 空间＋人群交流＝真正合理的空间设计

植物空间至今还没有非常明确的概念，在中国大百科全书中建筑园林城市规划（1998）中是这样定义植物空间的："园林植物空间的创作是根据地形、地貌条件，利用植物进行空间划分，创造出某一景观或特殊的环境气氛。"目前多数相关书籍中植物空间是指园林中以植物为主体，经过艺术布局组成各种适应园林功能要求的空间环境（彭一刚，1986）。

5.5.2 园林植物空间的构成

构成植物空间的形态限定要素有基面、垂直面、顶面。正是这三种限定要素的组合和变化而形成了形式多样的植物空间；同时，植物空间随着时间的变化而相应地发生变化，因此植物空间是包括时间在内的四维空间。可见，园林植物空间主要由基面、垂直分隔面、覆盖面和时间四个维度构成。

（1）基面

正如凯文·林奇所说，"空间主要是由垂直的面限定的，但唯一的连续的面却在脚下"，可见基面形成了最基本的空间范围。基面形成了最基本的空间范围的暗示，保持着空间视线与其周边环境的通透与连续。园林植物空间中，常常用草坪、模纹花坛、花坛、低矮的地被植物等作为植物空间的基面。

（2）垂直分隔面

垂直分隔面是由具有一定高度的植物构成的一个面，是园林植物构成空间的最重要表现。垂直分隔面形成了明确的空间范围和强烈的空间围合感。首先，树干如同直立于外部空间中的支柱，它们不仅仅是以实体，而且多以暗示的方式来表现垂直分隔面（图 5-44），其空间封闭的程度随树干的大小、树干的种类、疏密程度以及种植的形式不同而不同。其次，

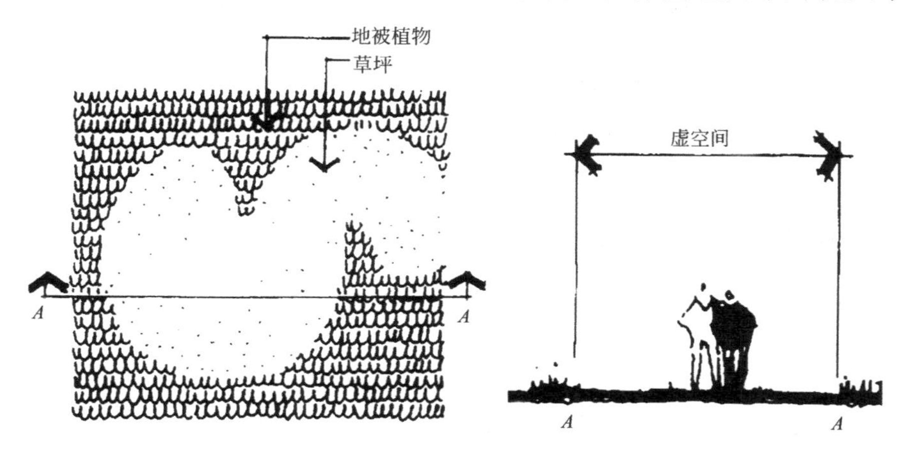

图 5-44 地被植物和草坪暗示空间范围

叶丛的疏密和分枝的高度影响着空间的围合感。阔叶或针叶越浓密、体积越大，其围合感越强烈。而落叶植物的封闭程度，随季节的变化而不同，夏季较封闭，冬季较开敞（见图 5-45）。落叶植物是靠枝条暗示着空间范围，而常绿植物在竖向分隔面上能形成周年稳定的空间封闭效果（图 5-46）。植物空间垂直分隔面主要表现为绿篱和绿墙、树墙、树群、丛林、格栅和棚架等多种形式（图 5-47）。

图 5-45　不同季节植物空间郁闭程度不同

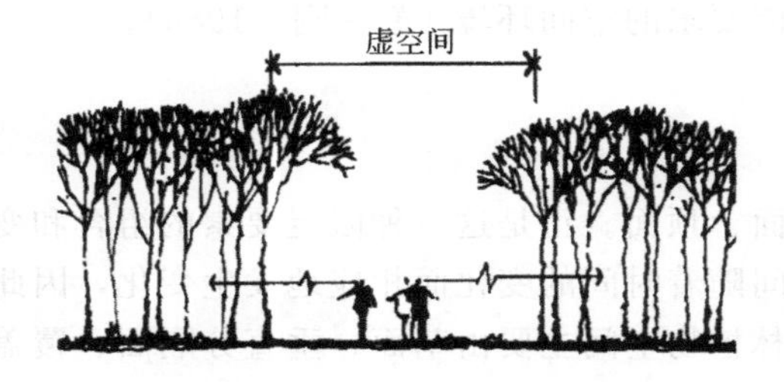

图 5-46　树干构成虚空间边缘

图 5-47　绿篱构成植物空间垂直面

（3）覆盖面

天空是园林植物空间中最基本的顶面构图因素，另外由单独的树木林冠、成片的树木、攀缘植物结合的棚架等也能形成植物空间的覆盖面。覆盖面的特征与枝叶密度、分枝点高度以及种植形式密切相关，并且存在着空间感受的变化。夏季枝叶繁茂，遮阴蔽日，封闭感最强烈，而冬季落叶植物则以枝条组成覆盖面，视线通透，封闭感最弱。

（4）时间

园林植物空间与建筑空间最大的区别在于“时间”。植物随着时间的推移和季节的变化，自身经历了生长、发育、成熟的生命周期，形成了叶容、花貌、色彩、芳香、枝干、姿态等一系列色彩上和形象上的变化，构成了四季分明的景象变化。植物的这种时序景观变化极大地丰富了园林景观的空间构成，为人们提供了各种各样可选择的空间类型。当植物空间由落叶植物围合时，空间围合的程度会随着季节的变化而变化。春夏季，具有浓密树叶的树丛能形成一个个闭合的空间，秋冬季来临时，随着植物的落叶，视线逐渐能延伸到限定空间以外。其次，季相变化中的色彩变化也十分引人注目，通常叶色、花色在一年四季都有着丰富的变化。可见，园林景观是一种生命的景观，它是动态变化的。

5.5.3　园林植物营造空间类型

植物空间以时间维度为导向，由基面、垂直分隔面和覆盖面三个构成面通过多样的变化方式组合，形成了各种不同的空间类型。

（1）开敞植物空间

园林植物形成的开敞空间是指在一定区域范围内，人的视线高于四周景物的植物空间，这种空间没有覆盖面的限制，其空间的大小形态只是由基面和限定该空间的竖向分隔面决定，但在该空间内竖向分隔面仅用低矮灌木和地被植物作为空间的限制因素。人们身处其中，视线通透，视野辽阔，心胸开阔，心情舒畅，容易产生轻松自由的满足感。在现代景观设计中，除了运用草坪和花卉外，应推广使用生命力强、易于养护管理的地被植物来营造此类空间。这种外向的开敞空间属于友好型集体活动场所，不需要私密性，如图5-48所示。该类空间多用于公共活动空间，如公园大草坪、河边草坡等。

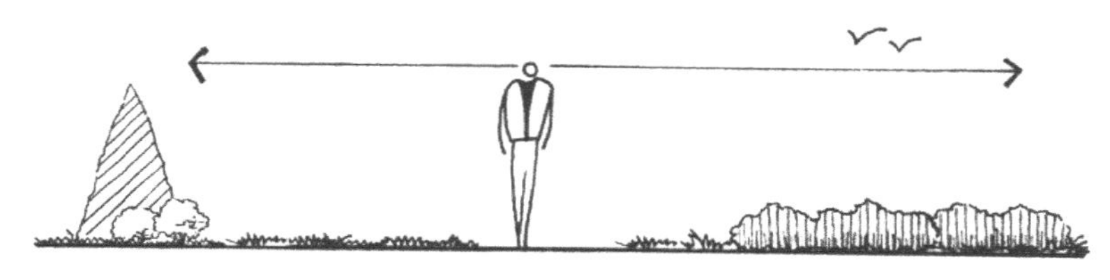

图5-48 开敞植物空间

(2) 半开敞植物空间

半开敞植物空间是在一定区域范围内，四周围不全开敞，有部分视角用植物阻挡了人的视线，方向性强，指向开敞面，是开敞空间向封闭空间的过渡，是园林中出现最多的一种空间类型。它也可以借助地形、山石、小品等园林要素与植物配置共同完成。半开敞空间的封闭面能够抑制人们的视线，从而引导空间的方向，达到"障景"的效果，如图5-49所示。在现代景观设计中，其封闭面可采用乔木、灌木、草本植物的三层配置方式，取得较好的生态效益。

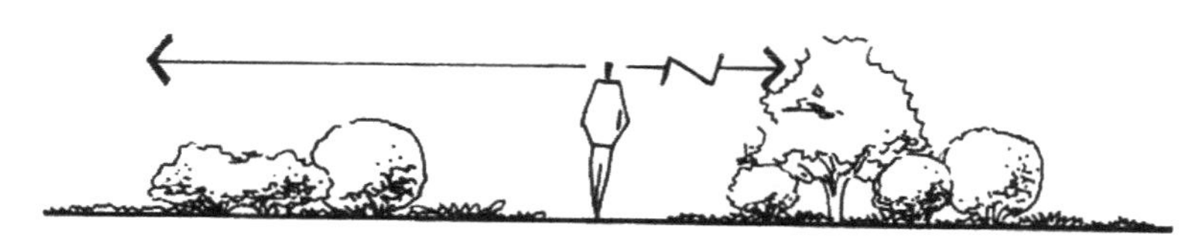

图5-49 半开敞植物空间

(3) 覆盖植物空间

如图5-50所示，覆盖植物空间通常位于树冠下与地面之间，通过植物树干的分枝点高低，浓密的树冠来形成空间感。高大的乔木是形成覆盖空间的良好材料，此类植物分枝点较高，树冠庞大，具有很好的遮阴效果，无论是一棵还是多棵成片，都能够为人们提供较大的活动空间和遮阴休息的区域，这类植物空间的营造也是现代景观设计的主要任务。此外，攀缘植物利用花架、拱门、木廊等攀附在其上生长，也能够构成有效的覆盖空间，如图5-51所示。

图5-50 覆盖植物空间

(4) 纵深植物空间

狭长空间的两侧被景物所挡，形成纵深空间，它具有方向感，将人的视线引向空间的端点。在现代景观设计中，由植物材料营造的纵深空间在园林中很常见，如两旁植有密林的河流、峡谷等形成的空间。道路两侧栽种行道树亦能形成纵深空间，如图5-52所示。此类空间的营造宜采用枝叶茂密的高大乔木，增强纵深感，同时也能取得更大的绿量，提高生态效益。

图 5-51　荷兰罗宫拱廊构成植物覆盖空间

图 5-52　美国纽约中央公园环园大道两旁种植高大乔木，形成纵深植物空间

（5）垂直植物空间

用植物封闭垂直面，开敞顶平面，中间空旷，形成了一个方向垂直、向上敞开的垂直植物空间。分枝点较低、树冠紧凑的中小乔木形成的树列、修剪整齐的高树篱，都可以构成垂直空间（见图 5-53、图 5-54）。这类空间只有上面是敞开的，使人翘首仰望，将视线导向空中，能给人以强烈的封闭感和隔离感，纪念性园林中常出现这种空间。

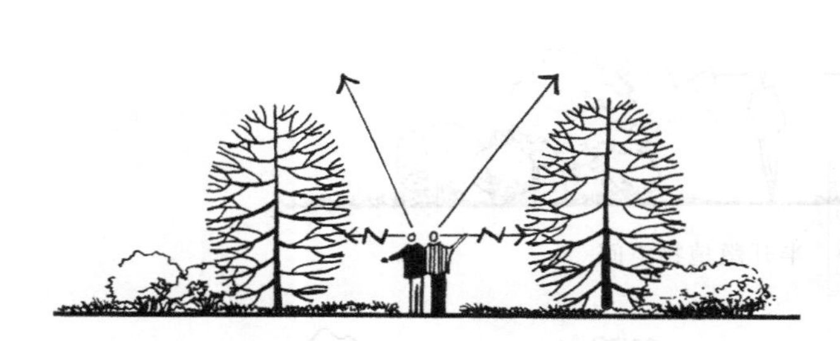

图 5-53　垂直植物空间示意

图 5-54　垂直植物空间实例

（6）完全封闭植物空间

垂直向上类植物枝干能够构成紧密的竖向的空间边界，当此类植物和低矮的水平展开型植物配植时人的视线被封锁严密，围合感更加强烈，而高大的乔木作为上层覆盖整个空间时就形成了完全封闭空间，如图 5-55 所示。这种空间类型多见于风景游览区、森林公园、植物园及防护林带，是现代景观设计中群落结构最复杂、植物种类最丰富、生态效益最明显的空间类型。

图 5-55　完全封闭植物空间示意

5.5.4 园林植物景观空间的特征

园林植物景观是户外空间的一个重要的性能表现，它与园林建筑、水、地形和其他元素一起来构建的园林中的不同。其特征体现在以下几个方面。

（1）植物景观空间具有第四维界面

植物景观空间构成的材料是有生命的有机体，因此，园林植物景观空间和建筑空间最大的区别是在植物景观空间的第四维界面“时间”。时间因素包括时期、季节和年限等，是园林植物景观至关重要的因素。植物景观在不同时期、不同季节和不同的年限里都表现不同，不一样的气候特点下同一植物景观也会有较大差异的表现，一天的不同时期光影的变化也会带来植物景观的异质性。在落叶植物围合的空间里，随着季节的变化，围合性会产生很大的变化，如在夏天，封闭感很强烈的植物空间，在冬天却是通畅，开放的。植物从幼苗期向成熟期的转化，显示为园林植物景观特征的阶段性变化。园林植物空间的形态是发展变化的，反映在植物个体从幼年向成年的转化，也反映在植物景观群落由于生态因子的调节而产生的变化，更反映在植物随季节变化所产生的不同的空间形态。

（2）空间形态复杂和多样化

在园林植物的空间结构中，主要是自然形态的树和花灌木，使得空间形式更自由和富于变化，增加了景观的不确定性和流动性。

（3）园林植物空间尺度变化幅度大

建筑空间是基于建筑物的功能设计，它的规模并没有改变。但作为主体种植的植物景观空间尺度变化很大，每个阶段都有不同的空间感受。在园林植物空间中，既具有大尺度的、可能与山水或周边自然环境联系的空间，也具有尺度较小、私密的人性化空间。大尺度的园林植物空间结构是利用森林和人工的林带来形成绿色的空间框架体系，创造出满足工业、居住、娱乐等多种不同功能需求的空间环境，达到改善小气候条件、保护野生动、植物等目的。在小尺度的环境设计中，植物对于构成外部空间也有积极的意义。园林中的儿童游乐区、私密的空间等都需要通过园林植物的栽植来形成各自的空间。

5.5.5 园林植物空间营造手法

在园林景观设计中，植物空间的营造首先要考虑其生态功能，模拟自然界植物群落空间进行营造，其次要采用一定的艺术手法进行合理配置。

（1）植物空间的生态化营造

① 乔灌草藤相结合　植物空间的生态化营造就是要模拟自然界植物的生长状态，充分利用立体空间，以地带性植物为主，适当引入植物新品种，构成以乔木为主体，灌木、草本植物、藤本植物相结合的复合群落，形成“近自然”植物群落景观。乔木、灌木（藤本植物）与适量的空旷草坪结合，针叶与阔叶结合，季相景观与空间结构相协调，充分利用立体空间，大大增加绿地的绿量，是城市绿地的最佳结构。城市绿化需突出乔木，但如果为了采光、通风，遮阴的比例也不宜过大，绿地内灌木需占一定比例，地面力争全部为草坪或地被植物所覆盖。

② 群落多样性与特色基调树种相结合　多样性的树种决定着城市景观的丰富度和城市绿地生态效益的大小，可以增加群落的稳定性，有效防止病虫害蔓延。城市绿地群落多样性的取得可根据立地条件和植物的种间关系，适当引进外来物种，在不同地段精心选择冠型优

美、寿命较长的骨干树种，结合一定的速生树种，并引进鸟嗜、蜜源类绿化植物，形成稳定而各具特色的群落类型。当然，群落多样性并不是无主次、千篇一律的多样性，应该以一两种基调树种为主体形成密度合理、结构优化、自然稳定、高效多能的多样性群落。

(2) 植物空间的艺术化营造

① 植物空间的围合　园林绿地中，植物空间主要由乔木构成，灌木地被的高度与竖向郁闭度决定植物空间围合的程度。乔木高度是植物空间性质的主导因素，设定乔木高度为H，人处于植物空间中，人与空间边界的距离为W，根据H与W的比值关系，当$1 \leqslant H/W \leqslant 2$时，植物共同构成围合式空间，人在其中具有控制感，领域感较强，如图5-56所示。公园绿地树林中，由植物形成的围合式植物空间常被人们自发地选择为休憩场地或者进行一些动作幅度小的活动，能满足人们潜意识中寻求依靠与安全感的需求。如图5-57所示。

图5-56　围合空间示意

图5-57　由植物形成的围合式植物空间能满足人们潜意识中寻求依靠与安全感的需求

如果植物空间中树冠相互交接，则形成顶面封闭式空间。美国建筑师蒂尔（P. Thiel）对空间围合感受进行研究，通过真人试验，证明空间上水平界面被判断为空间围合感产生的最重要因素，当人们需要寻求一个安全感与领域感强的地方时，设计者应该已经为其提供了一个树冠能交相覆盖的植物空间，尤其是当人们希望安静地交流、休息的时候。小群人（2～7人）比较青睐此类围合式植物空间，以进行休息、聊天、看书等动作量很小的活动，相互间视听联系强（图5-57）。

② 植物空间的分隔与引导　在园林中，常利用植物材料来分隔和引导空间。在现代自然式园林中，利用植物分隔空间可不受任何几何图形的约束。若干个大小不同的空间可通过成丛、成片的乔灌木相互隔离，使空间层次深邃，意味无穷。在规则式园林中则常用植物按几何图形划分空间，使空间显得整洁明朗，井井有条；其中绿篱在分隔空间中的应用最为广泛，不同形式、高度的绿篱可以达到多样的空间分隔效果。不同植物空间的组合与穿插，同样需要不同的指引手段，给人的心理上以暗示，如图5-58所示。利用更具造型的植物来强调节点与空间，可达到引导和暗示的作用。

③ 植物空间的渗透与流通　园林植物通过树干、枝叶形成一种界面，限定一个空间，通过在界面的不同处疏密结合，添入透景效果形成围、透空间，人走其中，便会产生兴奋与愉悦的感觉。相邻空间之间呈半敞半合、半掩半映的状态，以及空间的连续和流通等，使空间的整体富有层次感和深度感。一般来说，植物布局应讲究疏密错落，在有景可借的地方树应栽的稀疏，树冠要高于或低于视线以保持透视线，使空间景观能够互相渗透，如图5-59所示。总体来说，园林植物以其柔和的线条和多变的造型，往往比其他的造园要素更加灵活，具有高度的可塑性，一丛竹，半树柳，夹径芳林，往往就能够造就空间之间含蓄而灵活多变的互相掩映与穿插、流通。

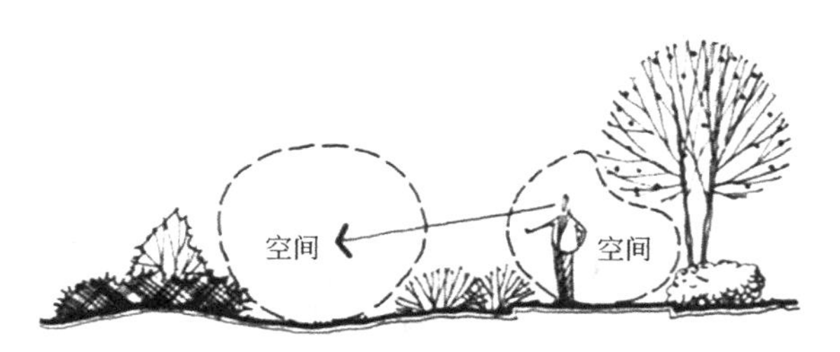

图 5-58　矮灌木在相邻空间暗示了空间的分离

图 5-59　植物种植高低错落，稀疏有致，空间相互掩映和流通

5.5.6　植物景观空间的组合

（1）线式组合

线式组合指一系列的空间单元按照一定的方向排列连接，形成一种线型的空间结构。可以由尺寸、形式和功能都相同的空间重复而构成，也可以用一个独立的线式空间将尺度、形式和功能不同的空间组合起来。线式组合的空间结构包含着一个空间系列，表达着方向性和运动感。可采用直线、折线等几何曲线，也可采用自然的曲线形式。就线与植物空间的关系，可划分为串联的空间结构和并联的空间结构类型两种（图 5-60）。

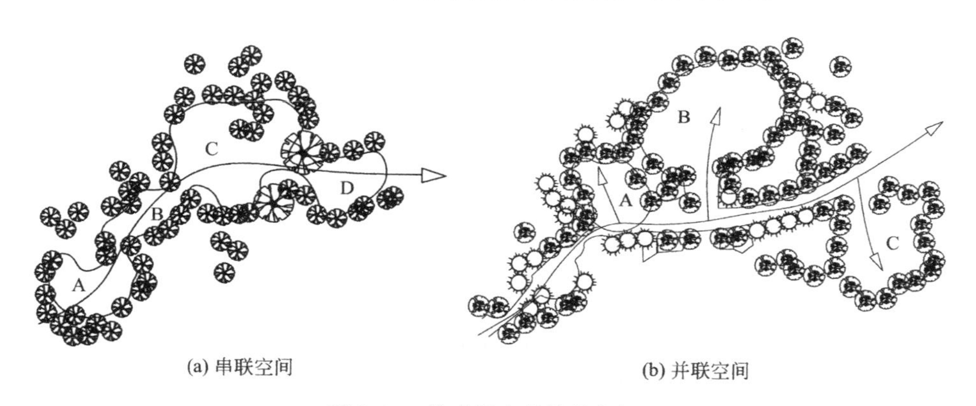

(a) 串联空间　　(b) 并联空间

图 5-60　线式组合的植物空间

（2）集中式组合

集中式组合是由一定数量的次要空间围绕一个大的占主导地位的中心空间构成，是一种稳定的、向心式的空间构图形式。中心空间一般要有占统治性地位的尺度或突出的形式。次要空间形式和尺度可以变化，以满足不同的功能与景观的要求。在园林植物景观设计中，许多草坪空间的设计均遵循这种结构形式。以杭州花港观鱼公园的草坪空间为例（图 5-61），空旷草坪中心空间的形成主要依靠空间尺度的对比，以 120m 左右的尺度形成了统治性的主体空间。其他树丛之间以不太确定的限定形式形成小尺度的空间变化。集中式组合方式所产生的空间的向心性，将人的视线引向丛植的雪松树丛集中。

（3）放射式组合

综合了线式与集中式两种组合要素，具有主导性的集中空间和由此放射外延的多个线性空间构成。放射组合的中心空间也要有一定的尺度和特殊的形式来体现其主导和中心的地位。在勒诺特尔设计的杜勒里花园（The Tuileries Garden）中，采用了放射式空间组合的结构形式（图 5-62）。

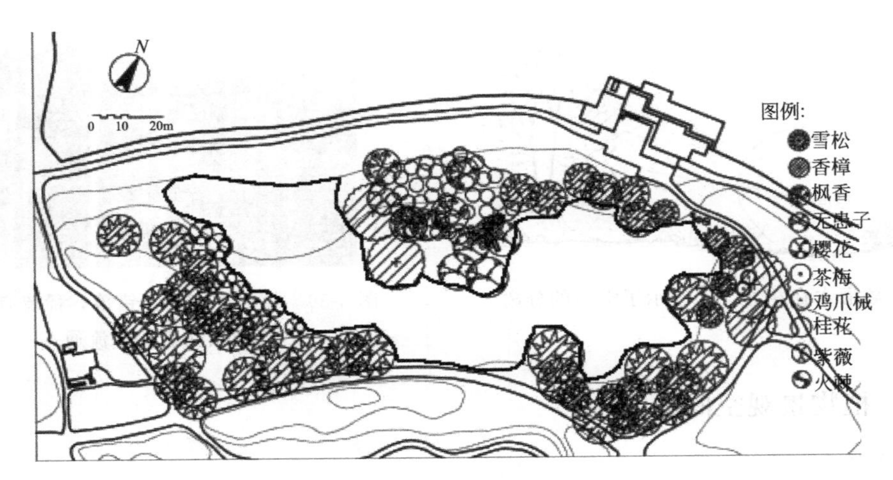

图 5-61 杭州花港观鱼雪松大草坪空间

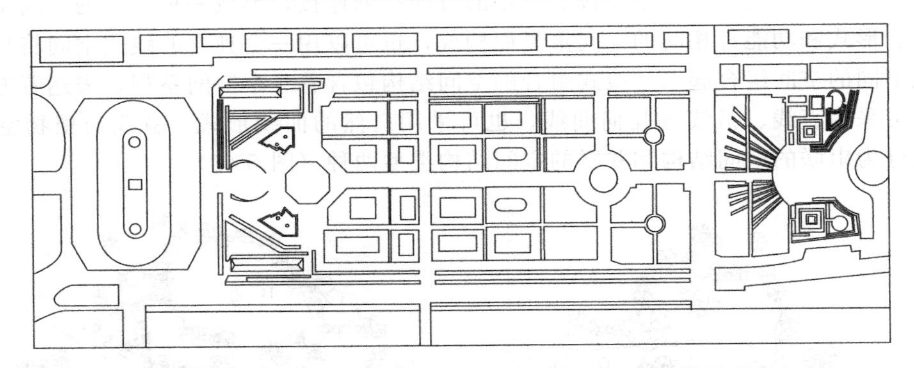

图 5-62 杜勒里花园平面采用了放射式空间组合的结构形式

（4）组团式组合

组团式组合是指形式、大小、方位等因素有着共同视觉特征的各空间单元，组合成相对集中的空间整体。与集中式不同的是没有占统治地位的中心空间，因而，缺乏空间的向心性、紧密性和规则性。各组团的空间形式多样，没有明确的几何秩序，所以空间形态灵活多变，是园林植物空间组合中最常见的组合形式。由于组团式组合中缺乏中心，因此，必须通过各个组成部分空间的形式、朝向、尺度等组合来反映出一定的结构秩序和各自所具有的空间意义，如图 5-63 所示。

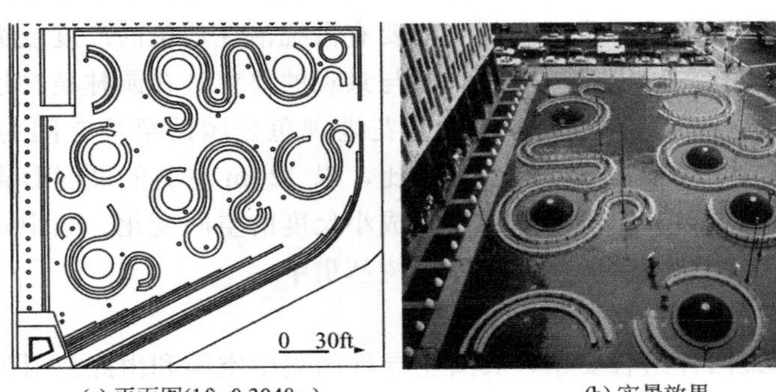

(a) 平面图(1ft=0.3048m)　　(b) 实景效果

图 5-63 纽约亚克博·亚维茨广场绿色的木制座椅采用组团式组合，围绕 6 个球状草丘卷曲舞动，构成外向和内向两种休息环境，适合不同人群

(5) 包容式组合

包容式组合是指在一个大空间中包含了一个或多个小空间而形成的视觉及空间关系(图 5-64)。空间尺度的差异性越大，这种包容的关系越明确，当被包容的小空间与大空间的差异性很大时，小空间具有较强的吸引力或成为大空间中的景观节点。当小空间尺度增大时，相互包容的关系减弱(图 5-65)。如玛莎·施瓦茨作品面包圈花园，西方园林中的植物迷宫就属于此种类型植物空间(图 5-66、图 5-67)。

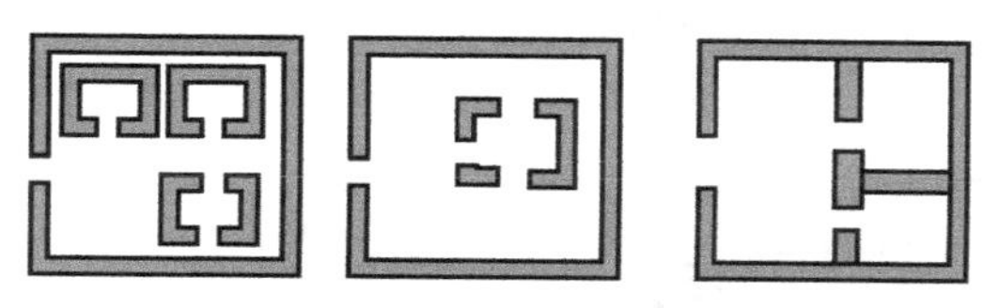

图 5-64 包容式植物空间示意

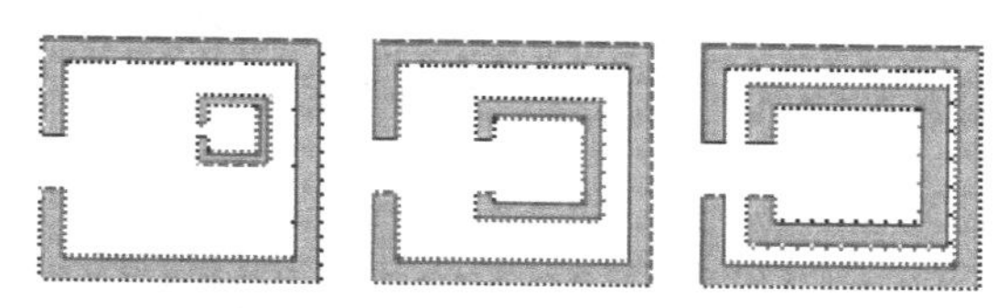

图 5-65 包容式植物空间尺度变大，包容关系减弱

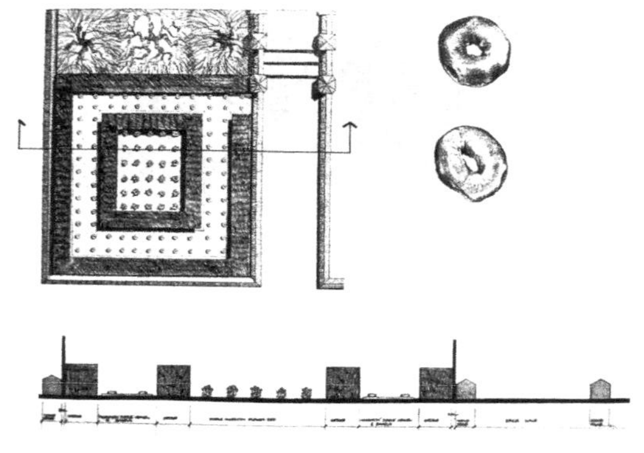

图 5-66 玛莎·施瓦茨作品面包圈花园

图 5-67 美国夏威夷都乐(Dole)菠萝种植园

(6) 网格式组合

网格式组合是指空间构成的形式和结构关系是受控于一个网格系统，是一种重复的、模数化的空间结构形式，采用这种结构形式容易形成统一的构图秩序。当单元空间被削减、增

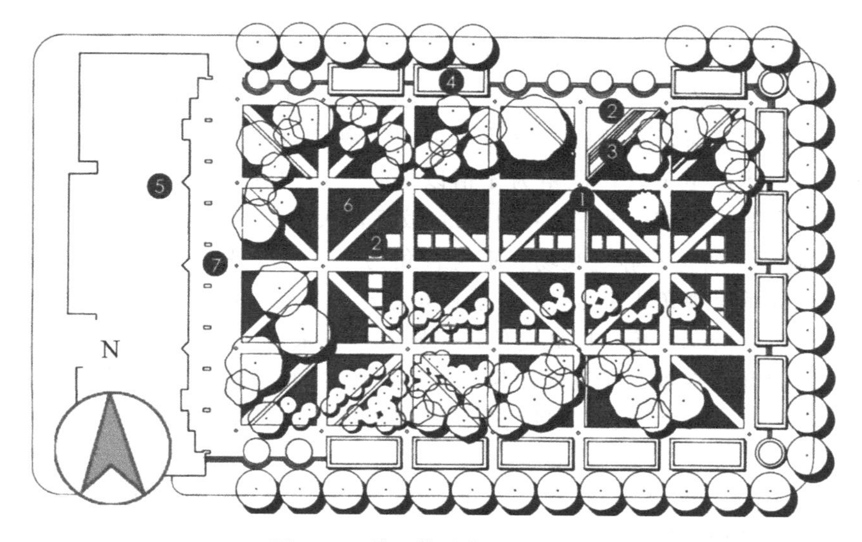

图 5-68 美国伯纳特花园平面

1—花岗岩步道；2—水池；3—马蒂斯“背”浮雕；
4—灌木种植坛；5—办公楼；6—较低的草坪；7—广场

加或重叠时，由于网格体系具有良好的可识别性，因此，使用网格式组合的空间在产生变化时不会丧失构图的整体结构。为了满足功能和形式变化的要求，网格结构可以在一个或两个方向上产生等级差异，网格的形式也可以中断，而产生出构图的中心。也可以局部位移或旋转网格而形成变化（图 5-68）。网格式组合的设计方法在现代景观设计中被广泛使用，其代表人物是美国风景园林师丹·凯利，在他众多的设计作品中很多都采用网格的结构来形成秩序与变化统一的空间环境。美国风景园林师玛莎·施瓦茨在 1991 年设计的加州莫斯城堡方案中，也采用了网格结构的设计。在方形网格的控制下，她栽植了 250 株椰枣树，形成了景观特色鲜明的植物景观（图 5-69）。

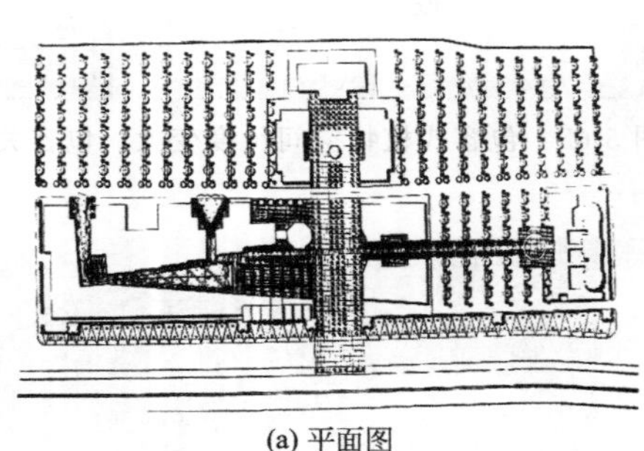

(a) 平面图

(b) 实景

图 5-69　加州莫斯城堡平面与景观

5.5.7　园林种植设计中空间设计要点

5.5.7.1　静态空间

园林静态空间是为游人休憩、停留和观景等功能服务的，是一种稳定的、具有较强围合性的植物空间。静态空间的布局是指在视点固定的情况下所感受的空间画面。一般来说，在每个空间的入口或者空间中某些需要游人停留的地方往往需要考虑静态空间的配置和景点的安排。园林静态空间布局一般需要考虑以下要素。

（1）静态空间的视觉规律

① 最宜视距　从外部空间设计的尺度来看：12m 的空间尺度使人感到亲切；25m 为较宽松的人性化尺度；景物的主要尺度（H）与视距（D）相等时，难以看清其全貌；只能观察其细节。视距为 2 倍时，景物作为整体而出现；视距为 3 倍时，景物在视觉中仍然是主体，但与其他的物体产生关联；视距为 4 倍以上时，景物成为全景中的一个组成要素。因此，静态空间的合适的 D/H 比在 1∶(2～3) 较好，大于 1∶4 空间就缺乏封闭感。

② 最佳视域　人的正常静观视场、垂直视角为 130°，水平视角为 160°，但按照人的视网膜鉴别率，最佳垂直视角小于 30°，水平视角小于 45°，即人们静观景物的最佳视距为景物高度的 2 倍，宽度的 1.2 倍。以此定位设景则景观效果最佳，但是，即使在静态空间内也要允许游人在不同部位赏景。建筑师认为，对景物观赏的最佳视点有 3 个位置，即垂直视角为 18°（景物高的 3 倍距离）、27°（景物高的 2 倍距离）、45°（景物高的 1 倍距离）。

（2）透景与透景线、障景、夹景、框景等处理

特别需要注意的是，无论哪种视角，在种植时一定要注意布置透景线。透景线两边的植物在景观上起到对景物的烘托作用，所以不能阻隔游人视线，不能在透景范围内栽植高于视点的乔木，而要留出充足的空间位置以表现透视范围的景物。规则式园林在安排透景线时，常与直线的园路、规则的草坪、广场、水面统一起来；自然式园林常与河流水面、园路和草

坪统一起来安排，从而使透景线的安排与园林的风格相一致，同时可以避免降低园林中乔木的栽植比例。在非常特殊的场合下，如风景区森林公园，原有树木很多，通过周密的安排，可以疏伐少量衰老或不健康的树木，以达到开辟透景线的作用。

① 借景　在园林种植设计的过程中应该使园内外的美景互相透视，这种手法被明代造园家计成称为“借景”。在借景的过程中需要注意游人观赏点周围的种植与所借风景如何融为一体，不能出现比例上不和谐的问题。借景能扩大空间，丰富园景，一般借景的方法有远借、临借、仰借、俯借、因时因地而借等（图5-70）。

图5-70　借景：拙政园中植物留出透景线将远处白寺塔引入园内

1）远借。将园林远景借入园中。园外远景较高时，可用开辟平视透视法借景。如北京香山饭店园林“烟霞浩渺”景观，就是巧借南部的西山红叶形成的。当人们站在“溢香厅”前平台南望，视线透过2株大银杏，直达700m以外山巅，山上黄栌，万树含烟，入秋如霞。

2）邻借。将园外或景区外近景借入园中。邻借必须有山体、楼台俯视或开窗，如苏州沧浪亭园内缺水，但通过复廊，山石驳岸，自然地将园外之波与园内之景组为一体。

3）俯借。登高远望、俯视所借园外或景区外景物。

4）因时、因地而借。利用一日或四季大自然的变化与园景配合组景。一般可朝借旭日，晚借夕阳，春借桃柳，夏借荷塘，秋借丹枫，冬借飞雪等。例如，杭州西湖的平湖秋月、曲院风荷，河南嵩门的嵩山待月，洛阳西苑的清风明月亭，都是通过应时而借组景的，其艺术效果相当不错。

② 障景　出现局部景色不调和的问题时，常用的手法是“障景”。很多公园绿地用障景的手法变换空间，达到欲扬先抑的目的。障景手法在传统与现代园林中均常见应用，如北京颐和园用皇帝朝政院落及其后一环假山、树林作为障景，自侧方沿曲路前进，一过牡丹台便豁然开朗，湖山在望。

③ 夹景　远景在水平方向视界很宽，但其中又并非都很动人，因此，为了突出理想景色，常将左右两侧以树丛、树干、土山或建筑等加以屏障，于是形成左右遮挡的狭长空间，这种手法叫夹景。夹景是运用轴线，透视线突出对景的手法之一，可增加园景的深远感。（图5-71）。

④ 框景　就是利用类似画框的门、窗、门洞等，把真实的自然风景“框”起来，从而形成画意。植物种植中可以利用树丛、灌丛、甚至乔木枝干等形成框景（图5-72）。

图5-71　植物的夹景作用

图5-72　植物的框景作用

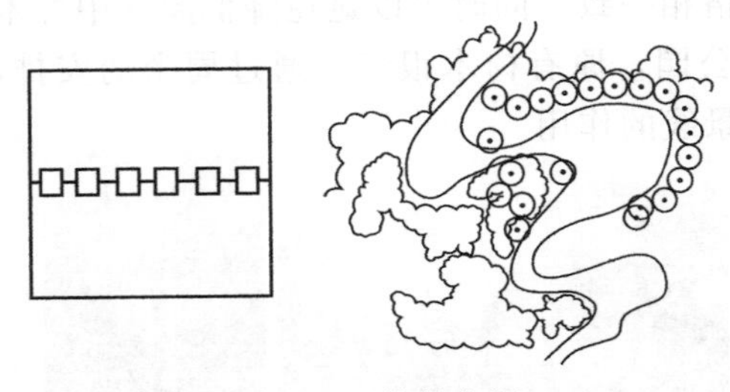
图 5-73　线性空间

5.5.7.2　动态空间

动态的空间形态最直观的表现是一种线性的空间形式，可以是自然式或规则的线形所形成的廊道式空间（图 5-73）。空间具有强烈的引导性、方向性和流动感，线性空间尺度越狭窄，这种流动感就越强。游人视点移动，画面立即变化，随着游人视点的曲折起伏而移动，景色也随着变化，但这种景色变化不是没有规律，而是必须既有变化又要合乎节奏的规律，有起点、高潮、结束，这就要考虑动态空间的布局。以上所说的空间组合形式，每一个空间具有其静态空间，但从整个游线来说，其为一种动态的空间布局，随着游线的展开，视觉画面会随着植物种类、色彩、季节等发生着有节奏的变化。动态空间布局主要注意以下几个方面。

（1）空间的对比与变化

两个比邻的空间，如果在某一方面呈现出差异，借这种差异性的对比作用，将可以反衬出各自的特点，从而使人们从这一空间进入到另一个空间时产生情绪上的突变和快感。空间的差异性和对比作用通常表现在高与矮、开敞与封闭、形状不同和方向不同 4 个方面。

（2）重复与再现

在有机的整体中，对比固然可以打破单调以求得变化，而使用它的对立面，重复与再现，则可借助协调而求得统一，因而这两者都是不可或缺的因素（但需要注意的是过度的重复可能会使人感觉到单调）。植物的空间只有把对比与重复这两种手法组合在一起，才能达到良好的效果，从而形成韵律感。

（3）衔接与过渡

两个大空间如果以简单的方法去直接连通，常常使人感到单薄或者突兀，使人们在进入前后两个空间的时候无法感受到空间的变化或印象不深刻。倘若在两者之间插入一个过渡性的空间，它就能像音乐里的休止符或文字中的标点符号一样，使之段落分明并具有抑扬顿挫的节奏感。

（4）渗透与层次

在分隔两个相邻空间的时候，用“墙”分隔则会显得生硬死板，如果用植物进行分割空间，则会使得两个相邻空间能够相互联系和渗透，互为因借，空间的层次感由此而得到增强。最好的例子就是中国古典园林中的“借景”的手法的运用，利用这种手法而产生深远的意境在植物景观的设计中也值得借鉴和参考。

5.6 案例解析

5.6.1　日本榉树广场（佐佐木叶二、彼得沃克作品）

5.6.1.1　概况

2000 年 4 月于日本埼玉新都心（Saitama New Urban Center）竣工的“榉树广场”是一座可控制植物生长的街心屋顶花园，于 2000 年 5 月 5 日建成对公众开放。设计由佐佐木叶二和彼得沃克共同完成，佐佐木叶二的“新和风”与彼得沃克的“极简主义”设计理念在这里得到充分融合，在此打造了一片极具现代主义感的“空中森林”。屋面如此大规模地种植乔木，在屋顶花园案例中尚属罕见，如图5-74所示。榉树广场面积约11100m²，在市中心铁路遗址上建造，以“空中森林”为基本概念，在架空2m高的二层近方形的场地内，人工移植220棵榉树（*Zelkova serrata*），在城市中心创造一片自然，这是举世罕见的举动，它以榉树这种自然植物景观取代了那种以建筑、广场、道路为主的市中心公共景观，与过去传统的枯山水的理念是一脉相承的，这一切是明显人工化的痕迹，自然的形与象，似是而非，却激起了人的思考联想，在阳光照耀下白沙浩渺，景物模糊、旷远。

图5-74 榉树广场鸟瞰

设计师从全国53000株树苗中，精心挑选了其中的220棵，又在埼玉县境内临时经过1.5年的培育观察，然后一一分类，在6m×6m的网格上种植，从树形、分枝高度、严格精选，人工强化的自然已与野外的自然状态完全不同了，矩阵行列式布置的榉树，如同枯山水中的山石与白沙，被赋予了人工唯美的物质，瀑布和雾气蒸腾的喷水的纯净，也让人体会了升华自然的特征，显得无比静穆、单纯。瀑布的流水下是凹凸不平的黑色大理石，精细裁切成不同形状、尺寸的各种板材，营造出纤细平静的又泛着银光的溪流瀑布。

为了控制榉树的生长、使之保持理想的形状，这座广场采取了很多措施。为了限制树根扩展的范围，将土壤厚度定为1m左右。另外，在结构上将大约1hm²的广场地面划分成10m×10m见方的不同区域，每个区域分别栽上4棵榉树。为了能够长期地保持树木形状，埋设了可观测土壤状态和根部伸展状况的检查管道，同时还设计了地下观测口。榉树广场还制定了榉树管理人员每年122次检查树林生长状况和病虫害情况的日期。修剪和管理树木所需费用每年约为1600万日元（约合人民币107万元）。当然，还研究了修剪方法等，例如通过调节养分和水分等条件，保持树形的美感。这样的现代景观与日本传统园林形式其实有很大的区别，但并不能说这样的设计不尊重自然，而是设计师更多地从人性场所、公共行为等一系列真正为人服务的角度出发，寻找或者创造景观场所，并呵护心灵，使人在景观场所中得到归属感和认同感。突出了开放、明快、简洁、轻松的环境氛围，周边自然环境与人工景观有机地结合。当一个场所令它的使用者感到愉悦，能够体验到他们真正想要的东西，那么就可以说这是一个成功的设计，真正成为人们的生活场所。日本现代园林设计更多从理解普通人、认知他们周围环境的角度出发，使园林设计走入普通人的生活、满足普通人的需求，可以说日本现代园林设计摆脱了某种美丽的图案和风景式的经验主义，不再是作为一组画来设计，使园林景观成为人们心中真正想要的生活场所。

5.6.1.2 设计理念

佐佐木先生在此作品中主要突出两个方面的主题："空中之林"和"变幻的自然与人的相会，新都市广场"。佐佐木在使用榉树作为景观元素的同时，也注重了自然景观和人工景观的结合。220 棵榉树的树形有严格的要求，从选形、编制树形和分叉数都有一定的设计标准。

5.6.1.3 平面布局

该广场分为水体景观区、林荫博览会馆区、下沉广场区、草坪广场区及其他部分的榉树林区，如图 5-75 所示。林下相对围合的空间与草坪相对开放的空间、硬质铺装与植物地被、水系，相互对比、衬托，丰富了广场，建于广场西北侧的"森林之亭"是先将榉树高度定位 12m 后才决定建筑物高度的，对于建筑物的高度，正好使得从房上眺望整个广场时的景色如同树海一样。

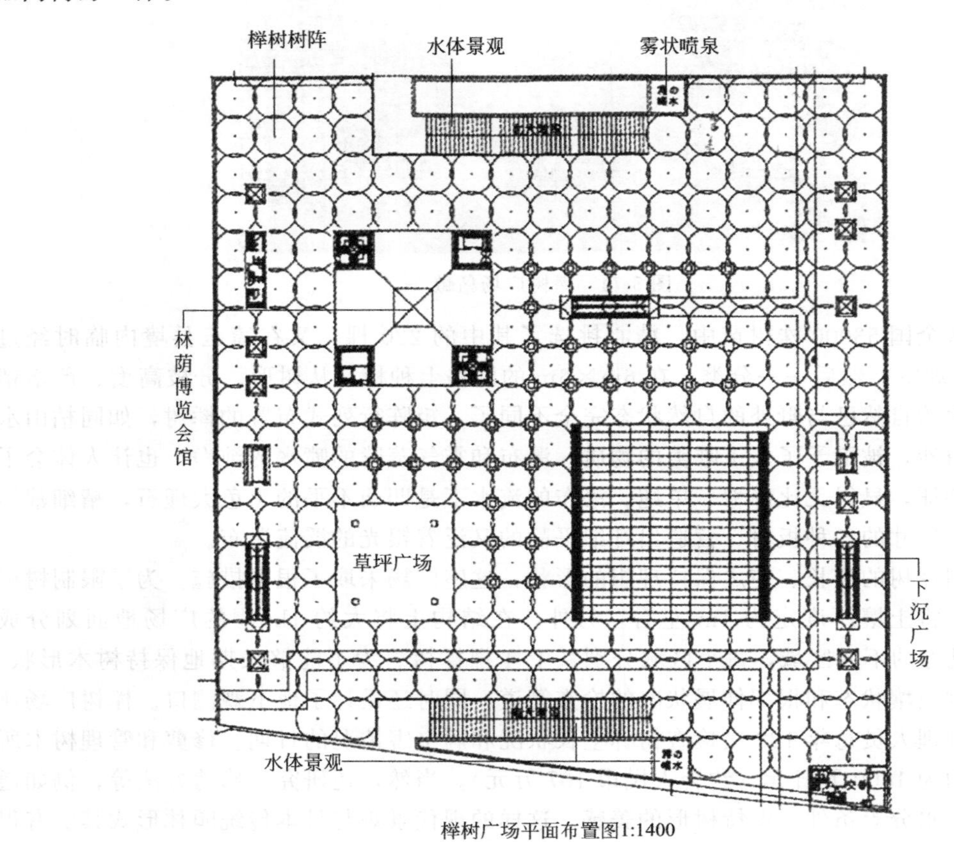

图 5-75 榉树广场平面布置图

榉树广场作为繁忙的中转地，既要保证上班人群能快速通过转向不同的目的地，又要为周边居民提供休闲娱乐场所，因此，“灵活、多功能”称谓广场的设计亮点，为了实现其灵活性和多功能性，设计时采用“点、线、面”叠加的设计策略制定了景观设计方案，有较强的实用性，如图5-76所示。“点”即榉树树阵、方形座椅，榉树树阵对使用者的行走路线不做限定，人们可根据个人喜好快速通过或停留休憩。“线”即风雨连廊，连廊按各个出入口间最短距离布置，保证了人群能快速通过广场而不被雨雪打湿。“面”即草坪、多功能下沉广场和玻璃塔，为场地提供了多种多样的活动空间和活动可能性。

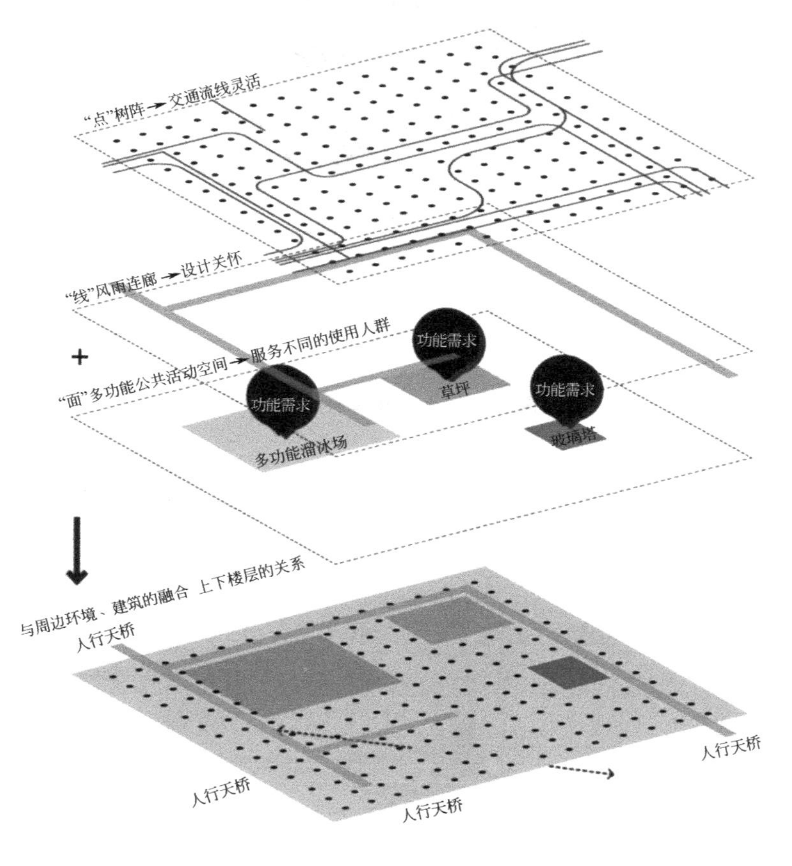

图5-76 榉树广场点、线、面设计解析

（1）榉树树阵区

榉树树阵区内220棵榉树呈点状均匀分布。树阵的间距为6m×6m，包含4株榉树和一张方形座椅（图5-77、图5-78）。榉树间距6m则主要考虑空间设计，使相邻的成熟榉树的树冠相连，从而形成一个“绿色屋顶”。树下空间形成一个绿色穹顶的场地，从屋顶俯视榉树则看到的是一片林海，而从远处平视则看到城市中央区交通枢纽处一座空中花园的景象。同时6m还符合了建筑柱网的排布。从剖面上看，树阵区结构完成高度为1.5m，主要分为面层及底层（图5-79）。面层为使用者能直观感受到的地面，包括铺装花岗岩及透水板，它们以排为单位相间架设在Pc骨架上；由于有1/2的面积能快速排水，在暴雨来临的时候不会因活荷载的骤增而影响建筑安全性。底层内容包括排水井、自动喷淋系统及轻质土壤。排水井同样以6m为基本单位呈井字型分布，划分出种植单元。种植单元内，土球通过铁丝与楼板固定，根系可在种植单位内自由伸展。一般情况下，榉树利用雨水进行灌溉，当雨水过多无法吸收时，可通过排水井将雨水快速排出屋面。密集的排水井既可以防止植物烂根枯萎，又可快速地将榉树无法吸收的水分排出屋面，保证了屋顶的荷载在安全范围内。

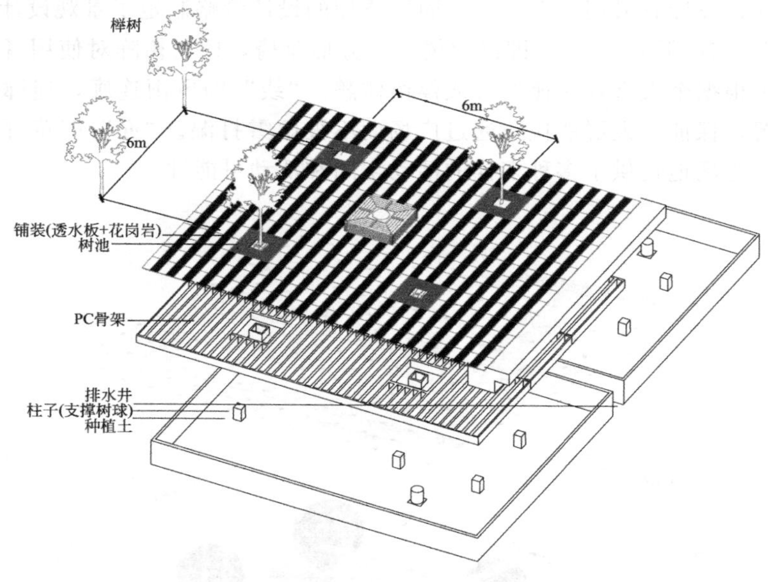

图 5-77　榉树树阵种植示意

图 5-78　榉树树阵和座椅实例

榉树广场屋顶花园植物只使用了榉树。因榉树景观效果稳定，易栽易维护，耐干旱瘠薄，固土、抗风能力强，侧枝萌发能力强，耐修剪，为屋顶绿化的优良品种。栽植在屋顶上的 220 棵榉树筛选自 53000 棵树苗，在苗圃里养护了 1.5 年，达到外形相似后再移植到屋顶上。榉树树姿端庄，春、夏、秋、冬四季叶色黄绿变化，季相变化明显，使人体会到大自然季节更替，满足了人们的精神需求，很好地体现了设计中的人文关怀。

(2) 多功能下沉广场

榉树广场屋顶花园的多功能下沉广场很好地诠释了空间的“多功能性”及“灵活性”。该广场位于树阵区内并低于树阵区 0.75m，平时可作为露天音乐会、跳蚤市场等活动的场地，在冬季还可作为溜冰场（图 5-80）。

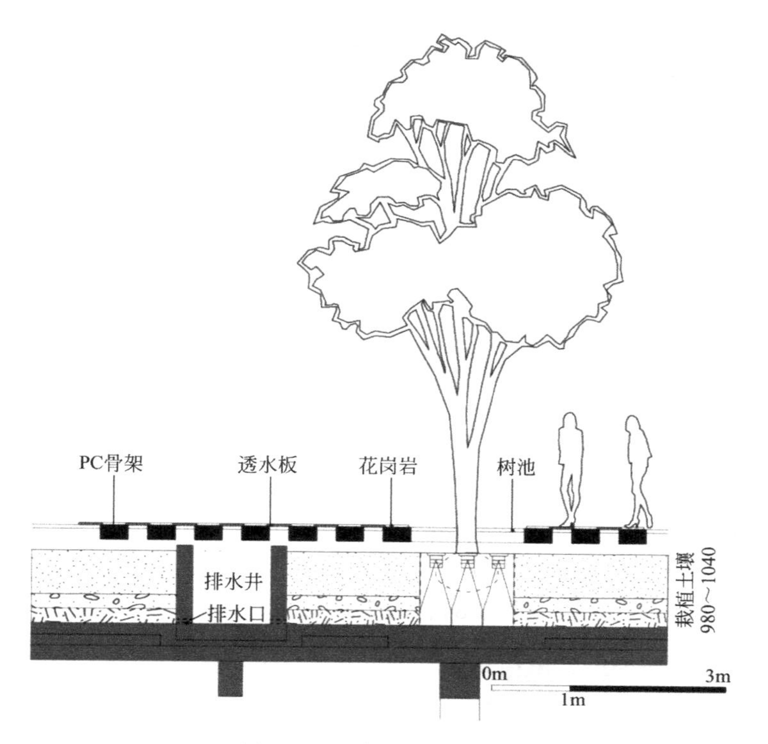

图 5-79 榉树树阵区剖面图

图 5-80 多功能下沉广场

多功能下沉广场的铺装材料为方形花岗岩，每片花岗岩板材上均开有圆孔并镶嵌透光玻璃；室内，各片板材的交汇处安装了射灯。从屋面上看，该板材为独特的铺装设计；从室内上看，该铺装则为可采光的装饰性天花板。日间，室内可利用自然采光，减少能源消耗；夜间，室内的灯光可照亮屋面，在创造景观的同时又提高了榉树广场的精美性及安全性。

（3）广场与周围环境的融合

广场的正面，森林的休闲廊等设施，全部用银白色轻型的固体金属框架玻璃构成，从而表现建筑与环境景观的统一协调。建筑物和景观相互融合、渗透，构成一道和谐的风景(图 5-81)。

（4）细部设计

① 座椅　广场设置 6m 见方的长椅，这一空间白天聚集众多的休息人群，到了晚上，

图 5-81 建筑物和景观相互融合、渗透，构成一道和谐的风景

变成像摆放着一排排灯笼似的发光椅子。被炉式的座椅和传统灰白色的拼砖合为一体，如图 5-82、图 5-83所示。

② 林下空间 林下空间秉承彼得沃克极简主义风格，或设置座椅，体现广场的功能性；或局部点缀花草，丰富景观层次（图 5-84、图 5-85）。

图 5-82 被炉式的座椅和传统灰白色的拼砖合为一体

图 5-83 座椅夜景

图 5-84 林下具民族特色的座椅

图 5-85 树基以花草点缀

5.6.1.4 小结

在这块人工地盘上包含了榉树的生长、排水及照明系统在内的与银白柔软轻型的固体金属做成计；此外，在自然石材完全平坦的地面上映照的榉树的倒影，人们在自然的氛围和光线中活动。适宜尺度的林下空间休息平台的设置保障了人们交往的需求以及公共性和私密性的平衡。

榉树广场整体看似简单，但其细节设计却充满了人文关怀。广场设有多处升降梯、无障碍通道、盲人道及相关辅助设施，保证使用者可以方便快捷地到达室内外的各个空间。另一方面，屋顶花园立面上大部分采用银白色轻型的金属框架和玻璃，这种透明感及反射效果给人积极的心理暗示。夜间，柔和适中的黄光由透射的方式发散出来，使人感到温暖。此外，榉树的季相变化能让人能感受大自然的变化，满足了人们亲近自然的渴望。

榉树广场兼顾社会、美学和生态功能，是户外空间景观绿地的优秀案例，由于其特殊的位置和历史背景，也具有不可复制性。广场设计元素看似不多，但其各个细节都是经过反复推敲。所以，景观设计不应只局限于创造绿色空间，而更应深入挖掘场地内涵，将场地价值最大化。

5.6.2 杭州西湖风景名胜区植物种植设计赏析

5.6.2.1 杭州西湖风景名胜区植物种植设计特点

(1) 师法自然

师法自然一直是中国园林植物种植设计和空间营造秉承的理念。杭州西湖风景名胜区植物种植同样亦遵循各种园林植物自身生长发育的规律和对周边生态环境条件的要求，因地制宜，合理布局，在杭州天然的湖光山色风景中巧妙借用西湖及周边的真山真水，合理汲取乡土和地域风情，使西湖周边公园的植物景观很少有人工雕琢痕迹，达到了“虽由人作，宛自天开”的境界。

在师法自然理念的影响下，杭州西湖的植物景观采用自然式的布局，以植物景观为主导，而园林建筑、假山等其他的人为园林要素置身西湖的湖光山色之中，能够使人真切感受到步移景异的变化。绵延起伏的空间、幽闭深藏的景观和曲径通幽的道路，这些由植物主导的景观虽为人工布局，看上去却自然美观，浑然天成，可以说，西湖的植物景观真正达到了师法自然的境界。

(2) 古为今用，洋为中用

杭州西湖的风景园林建设非常注重继承我国优秀的园林艺术精华，并且在新的时代有所创新。如园林空间处理方面强调欲扬先抑，但主要利用微地形和植物群落结合的方法实现，以植物景观为主，而我国古典园林中主要是依靠假山、景墙、建筑来实现欲扬先抑效果的。例如，花港观鱼公园东入口（苏堤入口）就采用了微地形和植物群落结合，巧妙地分隔处理了入口空间和藏山阁以及疏林草地空间。从苏堤入口进入花港观鱼公园，先经过不长的甬道，雪松和鸡爪槭等组成的植物群落遮挡视线，形成障景，左拐约30m，见到藏山阁疏林草地空间，让人有豁然开朗之感（图5-86）。这样的案例在杭州西湖风景园林中有很多，是继承传统而又有创新的范例，达到了以植物景观为主、古为今用的目的。

图5-86 杭州西湖风景区植物种植设计

杭州西湖的植物景观营造在传统基础上力求创新的同时，也十分注重结合西湖实际情况，借鉴外国风景园林建设的优点，“洋为中用”，创造宜人的植物景观。如密林草地空间、疏林草地空间等应用借鉴了英国自然风景式植物景观。花港观鱼公园中的牡丹园是中西结合的又一范例，将中国的假山和英国的岩石园很好地结合在一起，而又有深刻的中国传统文化内涵。

（3）历史悠久，人文情怀

西湖植物景观具有悠久的历史，迄今已经经历了一千多年的历史沉浮。在这里有多个朝代的名胜古迹，有中国历史上著名文人墨客的足迹和故事，既有杨万里、白居易、苏轼等文人墨客的千古吟颂，也有岳飞、秋瑾等民族英雄的英灵，还有康熙、乾隆、毛泽东、邓小平等国家领袖的足迹……若没有这些历史人文景观，西湖将黯然失色。

西湖人文遗迹的荟萃程度，世所罕见。人与湖、人与植物紧紧相连，密不可分，成为西湖植物特有的文化景观。谈到西湖的梅花，必然会想到孤山林和靖的梅妻鹤子，想到“疏影横斜水清浅，暗香浮动月黄昏”的咏梅名句。谈到林和靖，自然而然地会联想到西湖的梅花和他的咏梅诗。在西湖，人和植物两者之间已经融合在一起，组合成西湖独特的植物景观文化。其他典型的还有苏东坡和苏堤的桃红柳绿、杨万里和西湖的荷花、乾隆和十株御茶、袁仁敬和九里云松、白居易和西湖的桂花等。

（4）立意在先，彰显特色

杭州西湖周边公园的植物景观特色非常鲜明，如太子湾公园、曲院风荷公园、花港观鱼公园、杭州植物园，每个公园都有自己鲜明的植物景观特点，给人留下深刻的印象。西湖著名的景点很多以植物景观为名，如曲院风荷、花港观鱼、柳浪闻莺、苏堤春晓、满陇桂雨、灵峰探梅、孤山寻梅、云栖竹径等；图 5-87 为苏堤春景，桃红柳绿，生机快然。西湖的植物景观已经成为重要的文化遗产，是西湖文化和自然景观的重要组成部分。

图 5-87 苏堤春晓

以某一类的植物为主来营造植物景观作为公园或景点的主要特色。例如，杭州太子湾公园，春天的樱花和木兰科植物亮丽夺目，还有郁金香、风信子、洋水仙等球根花卉，形成了春季植物景观特有的风景线（图 5-88）；曲院风荷公园以“接天莲叶无穷碧”的荷花，形成“风光不与四时同”“映日荷花别样红”的夏天植物景观主题，且严格控制草坪空间，利用香樟、水杉等高大乔木营造了大量密林和林下空间，以形成夏天赏荷纳凉的完美环境，体现出杭州西湖植物景观的特色。

（5）生境丰富，类型多样

西湖因其得天独厚的地理环境造就了丰富的生境，因此西湖植物景观特别注重从植物群落不同层次的设计来形成丰富多样的植物景观。注重植物群落层次的多样性，不但可以增加绿量，使空间、疏密、光影对比更加强烈，而且利于突出植物景观主题。

西湖植物景观类型非常多样。从园林类型上看，有寺庙园林植物景观、私家园林植物景观、公共园林植物景观等。按园林的构成要素分，有山林植物景观、滨水植物景观、建筑植物景观等。可以说，西湖优越的环境造就了多样的植物景观类型，同时多样的植物景观类型反过来使西湖更加美丽动人（图 5-89）。

图 5-88 太子湾公园植物景观

图 5-89 三潭印月岛上是南川柳特别适宜的生境

（6）空间营造，散聚疏密

植物景观的作用首先在于空间营造。杭州西湖公园绿地大大小小近 100 个植物景观空间，从小的 200m^2 左右到大的 10000m^2 左右，不同尺度的空间用错落有致的植物景观来营造，遵循了园林艺术和美学原理，给游客以美的享受，取得了非常好的效果。

有些地方强调单株树木个性的表现，有些地方则运用大片的园林植物，以数量来形成壮观的植物景观气势，做到孤植、列植、片植、群植、混植相结合，从而勾勒出不同空间层次的景观元素，形成植物的个体美和整体美。

植物种植密度方面，该密的地方密该疏的地方疏，通过植物的空间变化呈现优美的天际线和边缘线，构成宜人的景观。

（7）景随季变，色彩丰富

杭州地处亚热带季风气候，四季分明，与此同时相对应的植物景观历来就比较重视季相景观的营造。春有桃杏，夏观十里荷花，秋赏桂花，冬品梅花、蜡梅双梅斗寒，一年四季，西湖的观花植物争相开放，装点着西湖的山山水水。又加之晨暮与雨、雪、晴、风、雾等气候条件的变化，西湖的四季景观显得越加耐人寻味，真正做到步移景异、时移景异，创造出“源于自然、胜于自然”的植物景观效果。

西湖，南宋时有“西湖十景”，元代有“钱塘十景”，清代又有“西湖十八景”“西湖二十四景”，现在又有“新西湖十景”。从这些景名中我们可以看出西湖季相植物景观的丰富度，有些直接点名某个季节的特色植物，有些则只是含蓄地说明是某个季节的景观而对于具体植物并未直接点名。前者，春景的有六桥烟柳、柳浪闻莺、龙井问茶，夏景有曲院风荷、莲池松舍，秋景有满陇桂雨、雨沼秋蓉，冬景有梅林归鹤、西溪探梅，四季可观有花港观鱼、九里云松、云栖竹径、风岭松涛；后者如苏堤春晓、湖山春社、云栖梵径、海霞秋爽等。梅花、柳、荷花等植物的叶色、花色本身就有强烈的视觉效果，时配上莺、鹤、鱼等动物，时融入风、雨、雪、月等自然景观，西湖的植物景观显得更为灵动、更为飘逸。

同时在植物色彩和形态上，西湖植物景观特别注重兼顾统一性和变化性。在具体设计手法上强调一种元素如色彩或形态来统一，其他元素形成变化，使植物景观既避免单调乏味，又避免杂乱无章。同时，江浙地区植物材料丰富的色彩也为西湖植物景观的营造提供了多样的选择，随着季节的更替色彩丰富的西湖植物景观呈现出不同特色。

5.6.2.2 西湖白堤植物种植设计解析

(1) 白堤概况

白堤原名“白沙堤”，是将杭州市区与风景区相连的纽带，东起“断桥残雪”，经锦带桥向西，止于“平湖秋月”。在唐即称白沙堤、沙堤，其后在宋、明又称孤山路、十锦塘。

唐代诗人白居易任杭州刺史时有诗云：“最爱湖东行不足，绿杨荫里白沙堤。”即指此堤。后人为纪念这位诗人，称为白堤。

白堤平坦宽阔，中间是光洁的柏油马路，两旁是花边图案式的人行道，每边各有一行株距整齐的垂柳和碧桃，间以新置的华表玉兰路灯，道旁芳草如茵，造型非常优美。每逢春季，袅袅柳丝泛绿，朵朵桃花含笑；归燕穿梭剪水，彩蝶翩跹舞蹈。正如宋代诗人徐俯在《春游湖》诗中所描绘的：“双飞燕子几时回？夹岸桃花蘸水开。春雨断桥人不度，小舟撑出柳荫来。”景色非常迷人。如图 5-90 所示。到了夏天，里西湖荷花又竞相开放，“堤绕荷花花绕湖”白堤又是一番“千层翠盖万红妆”的瑰丽景象。

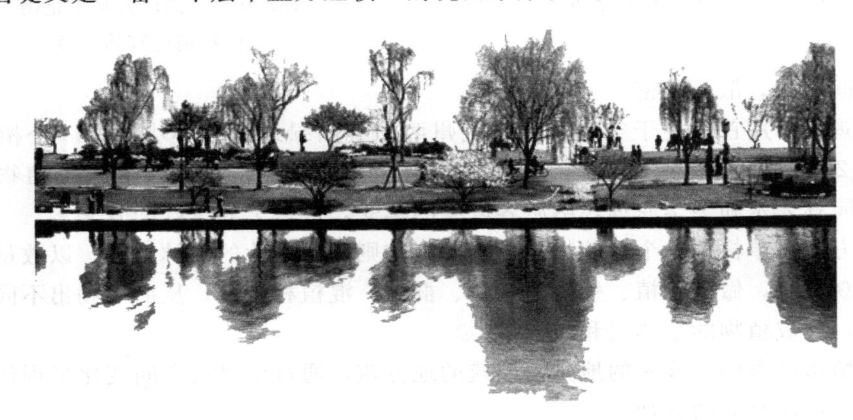

图 5-90 白堤春景

(2) 白堤平面布局

白堤全长987m，宽33m，东起断桥，经锦带桥而止于“平湖秋月”白堤横断湖面，将孤山与北山连接在一起，将西湖分为外湖和里湖。堤上间株杨柳间株桃，春天是观赏最佳时间，白堤距西湖北岸约 300m，距西湖的南岸大约有 2000m，将湖面划分为北小、南大两部分（面积比约为 1∶20)，如图 5-91 所示。

白堤横卧湖上，断桥、锦带桥将长堤划分为三个景观单元。其观赏路线的组织空间序列分别是：起序段（圣塘闸亭—送别白居易雕塑）—高潮段（断桥残雪）—尾声段（湖堤—孤山)，沿白堤游览如看山水画的长卷，空间、视点连续变化。

① 起序段　20 世纪 80 年代，西湖景区复建了白居易疏浚西湖时修建的圣塘闸（图 5-92)，现仍作为出水口使用，且是西湖最大的一个出水口。闸上建亭名为圣塘闸亭，墙上刻录白居易著名的《钱塘湖石记》碑文（图 5-93)。圣塘闸与“送别白居易群雕”生动地再现了当年白居易怀着对西湖的赞美和与西湖父老息息相通的心情，在万众夹道相送中离开的依依惜别的动人场面（图 5-94)。

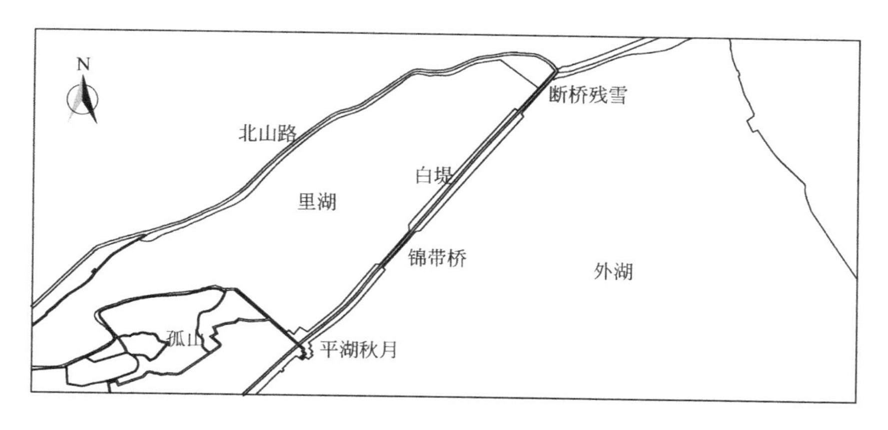

图 5-91　白堤平面布局

图 5-92　圣塘闸

图 5-93　圣塘闸亭

借助圣塘间、碑文与送别雕塑这样的明示引导，介绍白公为杭州人民留下一湖清水、一道芳堤、六井清泉、二百首诗文化背景和铺垫，引导游人前行一睹白堤风采。起序段主要为亭与雕塑，植物处于配景地位，亭的两旁配置垂柳各 1 株，亭前配置低矮的灌木和草本（大叶黄杨和沿阶草），以突出亭的主体地位。

图 5-94　送别白居易群雕

图 5-95　断桥残雪

② 高潮段　高潮段即为西湖十景之“断桥残雪”景点（图 5-95），还包括御碑亭、云水光中水谢。位于断桥北侧的云水光中水榭作为断桥残雪的引导，也是城市道路北山路向风景区转折的过渡空间（图 5-96）。临湖而筑，黛瓦朱栏的水榭常有游客休息于此，可远眺外湖湖光山色、近赏北里湖连天荷叶；也会吸引当地居民在小广场跳舞、纳凉。

题刻着“断桥残雪”的御碑位于断桥东北侧，是西湖十大题名景观的重要历史物证之一。清康熙三十八年（1699 年）康熙巡游西湖、品题“西湖十景”、御书“断桥残雪”景名，碑亭在战争中损坏。20 世纪 70 年代按原尺度、原字迹摹刻复建御碑亭。碑身的正、背两面均刻写康熙帝御题行书“断桥残雪”四字。“断桥”在西湖古今诸多大小桥梁中最为著名，断桥的名气还得益于中国民间传说故事《白蛇传》，其中男女主人公的几段重要故事情节都发生在断桥。

图 5-96　云水光中水榭景观

高潮段的视觉焦点在御碑亭、水榭、断桥及北里湖荷塘。御碑亭、水榭周围植高大悬铃木，树皆合抱，枝叶扶苏；桥上不种植植物，视线开敞；北里湖内片植荷花，每逢夏日熏风吹拂，荷香四溢，令人陶醉（图 5-97）。

图 5-97　断桥荷景

③ 尾声段（湖堤—孤山）　尾声段起于断桥西侧到平湖秋月景点，中间有锦带桥，尾声段的植物种植延续垂柳＋碧桃—草坪的种植形式（图 5-98）。随着视线逐渐开阔，游人远离城市而进入西湖的核心景域。可观赏湖中三岛，远望苏堤烟柳叠翠。

（3）白堤植物景观

现在白堤的植物景观，传承历史“间株杨柳间株桃”的模式，垂柳、碧桃为特色植物（图 5-99）；景观节点处从植杜鹃、美人茶、构骨等组成植物小组团，种植方式上，主要有列植、孤植等，植物景观群落简单但层次分明。

图 5-98 西湖白堤间株杨柳间株桃景观

① 列植 沿堤旁两侧列植垂柳，沿湖边则列植碧桃，虽是列植，但堤两侧垂柳、垂柳与碧桃均是交错、不对称种植。林下绿色草坪作为基底，形成整齐、单一、气势大的景观序列。

② 丛植 高潮段“水光云中”水榭节点处，东侧从植两株小巧玲珑、秋色叶艳丽的鸡爪槭（图 5-100）。色彩上，主景鸡爪槭与水榭建筑的朱红为同色系，单色处理的配置简洁、大方。构图上，轮廓优美的红叶树遮挡部分建筑，作为水榭建筑的前配景，突出水榭建筑的灵巧、通透。

图 5-99 白堤具有韵律感的“间株杨柳间株桃”

图 5-100 云水光中水榭植物景观

③ 孤植 水榭西侧孤植 1 株白玉兰，东北角植 1 株广玉兰，3 种植物构成春夏秋冬四个季节景观，春有玉兰花开，夏有绿树浓荫，秋有红叶飞舞，冬有绿叶扶苏，景色变化万千。

5.6.2.3 西湖苏堤植物种植设计解析

(1) 苏堤概况

西湖苏堤是北宋元祐五年（1090 年），诗人苏轼（东坡）任杭州知州时，疏浚西湖，利用浚挖的淤泥构筑并历经后世演变而形成的，杭州人民为纪念苏东坡治理西湖的功绩，把它命名为“苏堤”。苏堤是跨湖连通西湖南北两岸的唯一通道，穿越了整个西湖水域，为观赏全湖景观的最佳地带。沿堤栽植杨柳、碧桃等观赏树木以及大批花草，还有北宋所建的 6 座单孔半圆石拱桥，自南而北依次为映波、锁澜、望山、压堤、东浦、跨虹。

南宋时，苏堤春晓被列为西湖十景之首，元代又称之为“六桥烟柳”而列入钱塘十景，足见她自古就深受人们喜爱。

寒冬一过，苏堤犹如一位翩翩而来的报春使者，杨柳夹岸，艳桃灼灼，更有湖波如镜，映照倩影，无限柔情。最动人心的莫过于晨曦初露，月沉西山之时，轻风徐徐吹来，柳丝舒卷飘忽，置身堤上，身心舒畅。

(2) 景观布局

苏堤位于西湖的西部水域，南起南屏山麓南山路、北抵栖霞岭下与北山路相接，全长2797m，宽度平均为30～40m。

如图5-101所示，苏堤长堤延伸，六桥起伏，为游人提供了可以悠闲漫步而又观瞻多变的游赏线。走在堤、桥上，湖山胜景如画图般展开，万种风情任人领略。苏堤上的6座拱桥，自南向北依次名为映波、锁澜、望山、压堤、东浦和跨虹。桥头所见，各领风骚：映波桥与花港公园又相邻，垂杨带跨雨，烟波摇漾；锁澜桥近看三潭印月，远望保俶塔，近实远虚；望山桥上西望，丁家山岚翠可挹，双峰插云巍然入目；压堤桥约居苏堤南北的黄金分割位，旧时又是湖船东来西去的水道通行口，"苏堤春晓"景碑亭就在桥南；东浦桥是湖上观日出佳点之一；跨虹桥看雨后长空彩虹飞架，湖山沐晖，如入仙境。仁风亭、醉书亭、垂钓廊点置在堤中间的单元里，满足游人休息、垂钓之需。

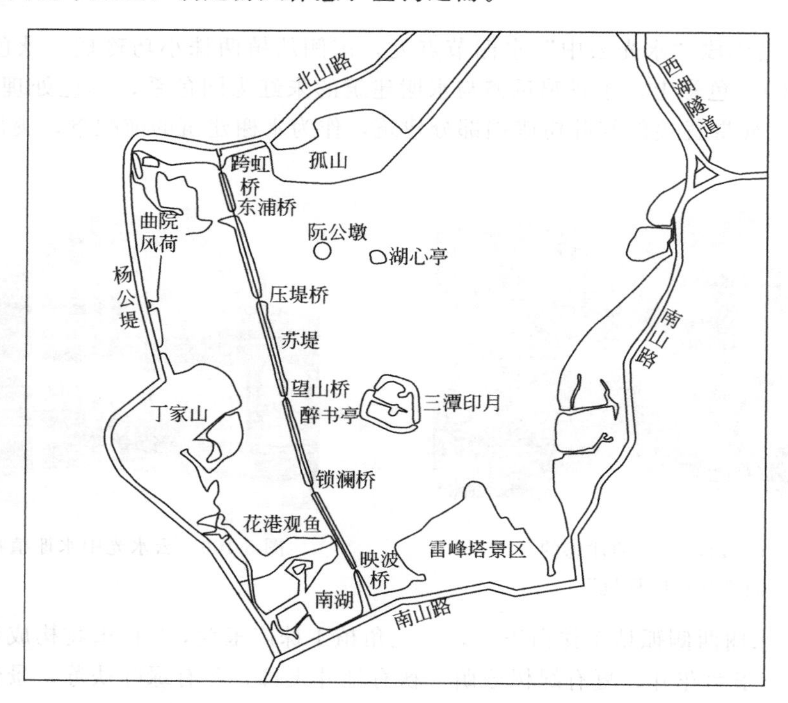

图5-101　苏堤景观布局

苏堤景观空间布局依游览视线依次为：闭合—逐渐开敞—最开敞—逐渐闭合—闭合，沿途视线变化多样，总体概况为收—放—收的变化过程；在景观布局上，依次经过岳王庙—曲院风荷—孤山—阮公墩、湖心亭—丁家山、三潭印月—花港观鱼，其中与湖心三岛、花港观鱼、曲院风荷建立友好互动的空间联系。

(3) 苏堤植物景观特色及种植方式

苏堤长达2797m，自宋代以来，沿堤遍植桃柳，早春观赏最佳，素有"六桥烟柳"、"苏堤春晓"之美名，高度概括了其植物景观特色。

从植物景观来看，仅有桃柳，季相过于单调，植物空间缺少变化。故在保留桃柳特色树种的基础上，提出“一段一树种，一堤六种景”的设想，在桥与桥之间划分的单元，突出一种树种，形成特色，用不同植物的特征与风貌克服长堤单调、乏味和冗长的感觉。除堤边多以垂柳为主外，分段选用香樟、三角枫、重阳木、乌桕、桂花。不仅其植物风格不同，而且也丰富了苏堤的季相色彩。

现苏堤共有植物35种，其中上层的大乔木无患子、三角枫、七叶树、香樟、重阳木、垂柳为主；中层植物以开花小乔木为主，有碧桃、日本晚樱、白玉兰、湖北海棠等；灌木有木芙蓉、南天竹、八仙花、杜鹃、美人茶等共15种；草本植物有二月兰、石蒜、大花萱草、沿阶草等作地被，形成了丰富的植物群落，也营造了四季变化的季相景观。

种植方式上，主要有列植、丛植、孤植等方式，与建筑、山石、水体、园路在色彩和层次上相辅相成。

① 建筑与植物景观　植物与建筑的结合是自然美与人工美的结合，植物能柔化建筑空间，建筑对植物具有点景作用。

御碑亭藏于小径转弯处，在丛林掩映中若隐若现（图5-102）。“苏堤春晓”御碑亭左右点植西府海棠两株，大小相配、顾盼有情，呈一仰一俯之势；与株型飘逸的樱花构成不等边三角形。三株主景树在姿态、体量上错落有致，烘托主体建筑又柔化建筑边界，亭上部木质雕刻框取红叶，宛如一幅画中画。

图5-102　苏堤春晓御碑亭

② 植物与道路　苏堤长宽比近10∶1，本身为狭长的线性空间，植物景观容易单调、乏味。但苏堤却是步移景异、空间丰富的线性步道，主要得益于植物与道路的搭配。以园林主路、园林小径、临水步道划分将苏堤划分出临水休息空间、绿化种植空间等丰富的园林空间。

1）园林主路。苏堤上的主路为沟通各个活动空间的主要道路，沿主路两侧自然式种植香樟、无患子、七叶树、三角枫等大乔木，树冠饱满如华盖，呈拱券式（图5-103）。色彩上，常绿、落叶乔木富有变化韵律，避免了苏堤形成单调的“一眼望穿”景观，形成了季相丰富的道路植物景观（图5-104）。春、夏、秋、冬依次经历：桃红柳绿—绿树成荫—层林尽染—疏朗挺拔的植物景观序列。

林下的地被植物搭配也注重因时而异，夏秋，片植的阔叶山麦冬花絮淡紫色，优雅宁静；忽地笑清新脱俗，给苏堤增添了一抹明亮的色彩。空间营造上，植物种植疏密有致，高低错落。在与桥邻近的地方，桥头两侧种植小乔木，留出透景线，可远借湖心三岛、雷峰塔之景；株型优美、枝叶扶疏的桂花、木芙蓉、鸡爪槭等合成的景框，将远处的湖光山色框

图 5-103　苏堤主路植物景观

图 5-104　苏堤主路旁列植的无患子植物景观

入画境，吸引游人驻足桥上观望，尤其是鸡爪槭秋色叶红艳，吸引游人驻足观赏。

2）小径。苏堤的小径，宽度一般在 1～1.5m，平面上小径生动流畅的曲线。起到连接园林主路与临水步道的作用，其植物景观配置，主要在于加强游览功能和审美效果。

苏堤的小径植物布置比较精细，径旁置以散石，配植常绿沿阶草。两旁嵌竹篱笆，搭配山茶、杜鹃、红花继木、云南黄馨等观赏小灌木，一年四季林下的小径都是花开似锦。丛植桂花在曲线转弯处遮挡视线，巧妙的植物配置，步移景异，给人带来愉悦的视觉享受和柳暗花明的空间体验。

③ 水边植物配置　苏堤临水岸边多是自然式的石岸，人工堆砌的石块，难免生硬和单调。水边种植的植物线条优美、丰富的色彩增添了水边景观的趣味。

苏堤水岸，列植婀娜多姿的垂柳，尤其是枝干遒劲的古树，伸入水中保持顽强的生命力；枝干如框，形成框景；映入水中，倒影成为独特的虚实景观（图 5-105）。

苏堤桥头转弯处，群植木芙蓉、美人茶等具有较强的耐寒性观花灌木，在萧索的秋冬季仍花团锦簇，形色兼备；植于桥头的美人茶，淡雅而不张扬，游船上的游客转头不经意发现盎然盛开的粉色花朵，实属意料之外的喜，急忙拍照留念。轻柔的水和素雅的美人茶交相呼应，则更能凸现美人茶的优雅与宁静，美人茶耐半阴，故多在林下成片种植，形成壮观的观赏效果。

④ 水面植荷花　苏堤西侧水域，西里湖面植荷花，夏可观亭亭玉立；入秋则碧落残荷，雨天，残荷听雨亦别有一番意境。

图 5-105　苏堤水岸植物景观

Chapter 06

小环境植物种植设计

6.1 建筑环境与植物种植设计

园林植物与建筑的配植是自然美与人工美的结合，处理得当，二者关系可求得和谐一致。植物丰富的自然色彩、柔和多变的线条、优美的姿态及风韵都能增添建筑的美感，使之产生出一种生动活泼而具有季节变化的感染力，一种动态的均衡构图使建筑与周围的环境更加协调。

6.1.1 园林建筑和植物的关系

园林建筑属于园林中以人工美取胜的硬质景观，是景观功能和实用功能的结合体；植物体是有生命的活体，有其生长发育规律，具有大自然的美，是园林构景中的主体。园林建筑和植物配置如果处理得好，可互为因借、相得益彰；处理不当却会得出相反的效果。

6.1.1.1 园林建筑对植物配置的作用

在景观设计中，建筑所形成的外部空间、天井、屋顶等环境能够为植物的种植提供场所，同时，通过建筑的遮、挡、围等作用，能够为各种植物提供适宜的环境条件。在植物种植设计中，建筑由于其本身的特点，往往能够对种植设计起到背景、框景、夹景的作用，例如江南古典私家园林中，常常以白墙为纸、以植物为图，构成一幅优美的图画。例如苏州拙政园中“海棠春坞”一景，一丛翠竹、数块湖石，以沿阶草镶边，以白粉墙为背景，使这一粉壁小景充满诗情画意（图 6-1)；各种门、窗、洞对植物起到框景、夹景的作用，形成“尺幅窗”和“无心画”，和植物一起组成优美的构图（见图 6-2)。园林建筑、匾额、题咏、碑刻和植物共同组成园林景观，突出园林的主题和意境。

6.1.1.2 植物配置对园林建筑的作用

（1）植物配置使园林建筑的主题和意境更加突出

景观设计中，常常会依据建筑的主题、意境、特色进行植物配置，使植物对园林建筑起到突出和强调的作用。中国的古典园林中许多景点就是以植物为命题，而以建筑为标志的。例如拙政园中的梧竹幽居，此亭背靠长廊，面对广池，旁有梧桐遮阴、翠竹生情。梧、竹相互配植，以取其鲜碧和幽静境界。又如杭州西湖十景之一的“柳浪闻莺”，在这个景点里，

图 6-1 拙政园海棠春坞以墙为纸，以植物和山石为画

图 6-2 门洞和植物形成框景

种植大量柳树以体现“柳浪”，但主景则是以“柳浪闻莺”碑亭和闻莺馆主体建筑作为标志。因此，碑亭和闻莺馆的植物配置就可以将柳浪闻莺这一主题突出，使建筑与植物相得益彰。北京颐和园的知春亭小岛上栽植柳树与桃树，桃柳报春信，点出知春之意。杭州岳庙的“精忠报国”影壁下种植杜鹃花，是借助“杜鹃啼血”之意，以杜鹃花鲜艳浓郁的色彩表达后人对忠魂的敬仰与哀思。左右各植 1 株红枫，花台边植以沿阶草，当杜鹃花期过后也不致显得毫无景观可赏，这是借助植物加强主题含义的一种手法。

（2）植物配置协调园林建筑与周边环境

植物是融汇自然空间与建筑空间最为灵活、生动的手段，在建筑空间与山水空间普遍种植花草树木，从而把整个园林景象统一在花红柳绿的植物空间当中。植物独特的形态和质感，能够使建筑物突出的体量与生硬轮廓软化在绿树环绕的自然环境之中。植物的枝条呈现一种自然的曲线，园林中往往利用它的质感及自然曲线，来衬托人工硬质材料构成的规则式建筑形体，这种对比更加突出两种材料的质感。一般体型较大、立面庄严、视线开阔的建筑物附近，要选干高枝粗、树冠开展的树种，在结构细致玲珑的建筑物四周，选栽叶小枝纤树冠茂密的树种。例如，英国皇家植物园邱园中各类植物温室均是灰白色或白色，这些浅色的建筑掩映在浓绿的树林丛中，显得格外醒目、突出（图 6-3）。园林中有些服务性建筑，常利用植物来改变与周围环境的关系。例如，旅游景观中厕所旁常种植浓密的珊瑚树等植物，使其尽量不夺游人的视线（图 6-4）。

图 6-3 邱园棕榈温室掩映在浓绿的树丛中

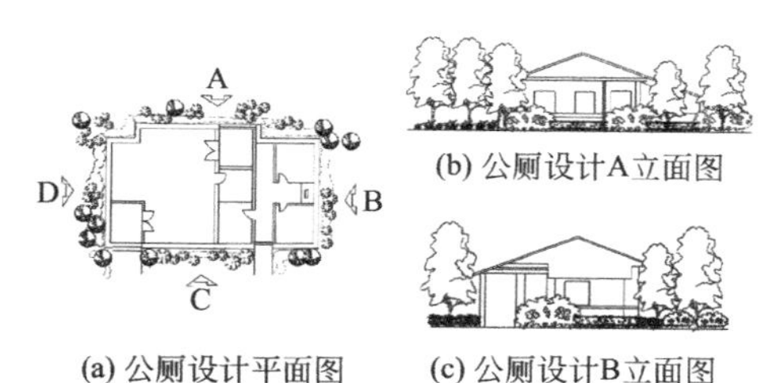

图 6-4 服务型建筑的植物景观设计

（3）植物配置丰富园林建筑的艺术构图

建筑在形体、风格、色彩等方面是固定不变的，没有生命力，多是生硬的几何线条，需用植物衬托、软化其生硬的轮廓，植物的形体和质地，比起建筑显然柔和多变化，建筑因植物的季相变化和树体的变化而产生活力。种植以后，会使这部分空间和谐而有生气。例如，青岛的天主教堂前的枝干虬曲的古树配置于圆尖的建筑前，显得既有对比又和谐。树叶的绿色，是建筑物各种色彩的中间色。常见的圆洞门旁多种植一丛竹或一株

梅花，树枝微倾向洞门，以直线条划破圆线条形成对比，竹影婆娑，映于白粉墙上，更增添了圆洞的美（图 6-5、图 6-6）。拙政园的远香堂，从对岸的雪香云蔚亭南望，5 株广玉兰为远香堂的背景，西边的梧桐树，东边的糙叶树，北边的榔榆等都使这个大型的建筑物轮廓更为丰富。

图 6-5　圆洞门与植物相协调

图 6-6　景窗与植物相协调

（4）赋予建筑物以时间与空间的季相感

建筑空间是包括时间在内的四维空间，建筑物是位置、形态固定不变的实体，而植物则是随季节而变、随年龄而异的生物，从而使这个空间随着时间的变化而相应地发生变化。这些变化主要表现在植物的季相演变方面。植物的四季变化与生长发育，不仅使建筑环境在春夏秋冬四季产生丰富多彩的季相变化，同时植物的生长将原有的景观空间不断丰满扩张，形成了“春天繁花盛开，夏季绿树成荫，秋季红果累累，冬季枝干苍劲”的四季景象，因此产生了“春风又绿江南岸”“霜叶红于二月花”的时间特定景观。随着植物的生长，植物个体也相应地发生变化，由稀疏的枝叶到茂密的树冠，对环境景观产生着重要的影响（图 6-7）。根据植物的季相变化，把不同花期的植物搭配种植，使得同一地点的某一时期产生某种特有的景观，给人不同的感受。而植物与建筑的配合，也因植物季相的变化而表现出不同的画面效果，这比一个亭子孤零零地竖在那里永远是一种样子要好看得多。例如，青岛博物馆内八角形石亭旁植以樱花与紫荆，春暖花开，将苍古的石亭装扮得绚丽多彩。岁月流逝，树木成长，园林植物比原先变得更为高旷苍古，如苏州天平山御碑亭旁古枫成林，深秋红遍，一派斑斓古艳气象。

(a) 拙政园雪香云蔚亭春景

(b) 拙政园雪香云蔚亭冬景

图 6-7　植物赋予建筑物以时间与空间的季相感

（5）使园林建筑环境具有意境和生命力

植物配植充满诗情画意的意境，在景点命题上体现植物与建筑的巧妙结合，在不同区域栽种不同的植物或突出某种植物为主，形成区域景观的特征，可增加园景的丰富性，避免平淡、雷同。例如，苏州留园中的闻木樨香轩亭，周围遍植桂花，开花时节，异香扑鼻，令人神骨俱清，意境十分幽雅；个园的宜雨轩前，花坛上栽植了大量的桂花，此处为春景，有人认为应植竹或春季花木，却为何配置百年老桂。宜雨轩为主人“迎宾”之所，桂花之桂谐音为“贵”，意在欢迎贵人来园，表达了主人的好客之情，中秋佳节贵宾驾临之际，桂花飘香，对月饮酒赏桂别有一番情趣；拙政园的海棠春坞的小庭园中，一丛翠竹，数块湖石，以沿阶草镶边，使一处角隅充满画意，修竹有节，体现了主人宁可食无肉、不可居无竹的清高寓意；而海棠果及垂丝海棠则是海棠春坞的主题，以欣赏海棠报春的景色；嘉实亭四周遍植枇杷，亭柱上的对联为“春秋多佳日，山水有清音”，充满诗情画意，主人在初夏可以品尝甘美可口、橙黄的鲜果，常绿的枇杷树，使嘉实亭即使在隆冬季节依然生意盎然。此外，有雪香云蔚亭，以梅造景，是赏梅胜境，且因梅有“玉琢青枝蕊缀金，仙肌不怕苦寒侵”之迎霜傲雪的品性，故而隐喻建亭构景所追求的是一种心性高洁、孤傲清逸的境界。还有狮子林的问梅阁、修竹阁等都是因植物而造景得名。从上面的实例中不难看出，园林建筑四周花木的配置在构思立意、意境营造上起着举足轻重的作用。

(6) 丰富园林建筑空间层次，增加景深

由植物的干、枝、叶交织成的网络稠密到一定程度，便可形成一种界面，利用它可起到限定空间的作用。这种界面与由园林建筑墙垣所形成的界面相比，虽然不甚明确，但植物形成的这种稀疏屏障与建筑的屏障相互配合，必然能形成有围又有透的庭院空间。例如，苏州艺圃园林景观在整体山林的处理上，特别在与树木的结合上具有很高的艺术价值。如图 6-8 所示，山上的六角亭置于主山峰之后，通过树林隐约露出亭顶加深了空间距离感，反衬出前景的高耸；而水阁前的水体倒映出岸上的建筑和植物，丰富了园林的空间层次。

枝繁叶茂的林木可用来补偿园林建筑高度不足而造成的空间感不强的缺陷，例如园林建筑围合的空间，如果面积过大，高度又有限，则可能出现空间感不强的缺点。面对这种情况，以广种密植的乔木可以在园林建筑之上再形成一段较稀疏的界面，从而加强空间围合感。例如颐和园的谐趣园，以游廊连接建筑而形成的界面尽管绕湖一周而闭和的环形，但由于湖面大而建筑高有限，空间感仍嫌不足。幸好建筑物外侧的乔木既高大又浓密，从而补偿了建筑高度的不足，有效地加强了庭院的空间感。

在园林中，透过建筑的门窗洞口去看某一景物时，感觉含蓄深远。其实透过园林植物所形成的枝叶扶疏的网络去看某一景物时，其作用也是一样的，实际距离不变，但感觉上更显深远（图 6-9）。

图 6-8 苏州艺圃植物与水体的处理，丰富了景观层次

图 6-9 门洞外的植物使景观层次更深远

(7) 完善建筑功能

植物完善建筑功能主要表现在以下 4 个方面。

① 遮阴降温　植物是遮挡建筑太阳辐射的最好的第一道防线。植物遮阴不同于建筑构件遮阴之处还在于它的能量流向，植被通过光合作用将太阳能转化为生物能，植被叶片本身的温度并没有显著升高，而遮阴构件在吸收太阳能后温度会显著升高，其中一部分热量还会通过各种方式向室内传递。最为理想的遮阴植被是落叶乔木，茂盛的枝叶可以阻挡夏季灼热的阳光，而冬季温暖的阳光又会透过稀疏枝条射入室内，这是普通固定遮阴构件无法具备的优点。在园林绿化布局中，利用南侧植树遮阴应尽量采用夏季透过率低而冬季透过率较高的树木，以利于夏季遮阴和冬季太阳能量的获取。而且种植在南面的树木应当与建筑保持适当的距离，不会阻挡冬季的阳光，或者靠近建筑，并去除底部的大树枝和枝干，减少树木在冬季阻挡的太阳热量。窗前种植树木遮阴时，以选择干高冠大、夏天叶茂、冬季落叶的树木落叶乔木为宜。南方地区适宜种遮阴的树木，其树冠呈伞形或圆柱形，主要品种有凤凰木、大叶榕、细叶榕、石栗、白兰花、白杨、梧桐等。它们的特点是覆盖空间大而且高耸，对风的阻挡作用小。在建筑南面种植落叶乔木遮阴的时候，同时也要考虑到它也会阻挡冬季低角度的太阳光而使得太阳能的获取减少。树上的枝干和分叉越多，在冬季被阻挡的太阳能也就越多。因此，对于不同类型的落叶乔木，树木还应避免正对窗户的中心位置，尽量减少对通风、采光和视野的遮挡作用。

此外，在植物改善小气候方面，有时我们也会看到一些反例。如南方某城市在狭窄的街道上种植了浓荫的香樟，使沿街商店建筑在冬季倍觉寒冷。某学校行政楼在紧靠建筑的窗前种植了枝叶茂密的刚竹，使邻近的办公室昏暗潮湿，极需遮阴的活动场地或道路烈日当空，而不准进入的草坪上却林木森森等。这样的种植可谓顾此失彼，应尽可能完善地进行考虑。

② 防风与导风　树木防风的效果也是显著的，冬季绿地不但能降低风速，而且静风时间较未绿化地区长。树木适当密植，可以增加防风的效果。春季多风，绿地减低风速的效应，随风速的增大而增加，这是因为风速大，枝叶的摆动和摩擦也大，同时气流穿过绿地时受树木的阻截、摩擦和过筛作用，消耗了气流的能量。秋季绿地能减低风速，静风时间长于非绿化区。用植被或植被与地形、建筑物相结合来阻挡寒风侵袭是园林设计中常用的手法，同时利用植物亦可以引导风的通过缓解小气候。

③ 降噪　植物是天然的“消声器”。研究证明，植树绿化对噪声具有吸收和消解的作用，可以减弱噪声的强度。其衰弱噪声的机理，一方面是噪声波被树叶向各个方向不规则反射而使声音减弱，另一方面是由于噪声波造成树叶发生微振而使声音消耗，同时树叶表面的气孔和粗糙的毛能把噪声吸收掉。树叶的形状、大小、厚薄、叶面光滑与否、树叶的软硬，以及树冠外缘凸凹的程度等，都与减噪效果有关。研究表明，当树木单独作为隔声体时，越厚、越高、越致密的林带减噪效果越明显，因此，在隔声林带种植时应尽量采用多重复合林结构在林带的布置上，如果宽度一定，那么种植在靠音源一侧要比远离音源效果好。一般来说，隔声栽植树种应选用常绿、低枝、枝叶茂密的常绿乔木，如雪松、桧柏、香樟、珊瑚树、女贞等，这是因为它们既在时间上保证了四季常有的隔声树冠，又在视觉上阻隔了音源，使人心理上产生了宁静感。

④ 滞尘与净化　绿色植物被称之为“生物过滤器”，在一定浓度范围内，植物对有害气体是有一定的吸收和净化作用。但各种植物对污染物的净化能力并不相同，不同的种植结构对污染的净化效果也有差别。因此，种植设计时务必要因地制宜地选择植物和组织群落结构，尽可能大地发挥植物改善建筑环境的功能。

6.1.2 不同风格园林建筑植物种植设计

6.1.2.1 中国皇家园林

中国古典皇家园林如颐和园、圆明园、天坛、故宫、承德避暑山庄等为了反映帝王的至高无上、威严无比的权利，宫殿建筑群具有体量宏大、雕梁画栋、色彩浓重、金碧辉煌、布局严整、等级分明的特点，常选择姿态苍劲、意境深远的中国传统树种，如白皮松、油松、圆柏、青檀、七叶树、海棠、玉兰、银杏、国槐、牡丹、芍药等作基调树种，且一般多行规则式种植。

6.1.2.2 江南古典私家园林

江南古典私家园林小巧玲珑、精雕细琢，以“咫尺之地”进“城市山林”建筑以粉墙、灰瓦、栗柱为特色，用于显示文人墨客的清淡和高雅。植物配置重视主题和意境，多于墙基、角隅处植“松、竹”梅等象征古代君子的植物，体现文人具有像竹子一样的高风亮节、像梅一样孤傲不惧和“宁可食无肉，不可居无竹”的思想境界。

6.1.2.3 岭南园林

岭南园林建筑轻巧、淡雅、通透、建筑旁宜选用竹类、棕榈类、芭蕉、苏铁等乡土树种，并与水、石进行配置。而冬季长而干冷多风的东北、华北、西北园林建筑的植物配置，不应盲目搬抄南方风格的植物配置方式。

6.1.2.4 纪念性园林

纪念性园林建筑要庄重、稳固，植物配置宜庄严肃穆，常用杉、柏、梅、兰、竹等进行规则式配置。例如，南京中山陵选用大量的龙柏以示万古；广州中山纪念堂两侧，选用2株高大壮观的白兰花进行配置，以常绿浓重的白兰花象征先烈为之奋斗的革命事业万古长青。

6.1.2.5 寺庙园林

寺庙园林是我国古典园林中独具特色的一个类型，主要是指佛寺和道观的附属园林，也包括寺观内部庭院和外围地段的园林绿化环境。寺庙园林环境的氛围很大程度上依赖于植物的营造，它兼具宗教活动场所和园林游赏的功能，是宗教建筑与园林环境的结合。因此，它的植物配置除遵循古典园林植物配置的原理与方法之外还有独特的个性，具体表现在儒、道、佛对自然的态度、寺庙与植物的关系、寺庙园林植物配置方法与寺庙园林植物选择特点等。一般来说，寺庙园林主要殿堂的庭院多栽植松、柏、樟、银杏、七叶树等姿态挺拔，虬枝枯干，叶茂荫浓的树种以烘托宗教的肃穆幽玄，同时也在客观上丰富了建筑物的立面效果，如北京潭柘寺雄伟的大雄宝殿两侧植以高大的银杏树与七叶树，杭州灵隐寺影壁前配置的古朴参天的香樟，殿外高耸的枫香等，气氛肃穆而协调。

许多寺庙园林中设塔院，塔院的绿化应更好地表现其崇拜和寄思功能，因此，塔院内常以七叶树、龙柏、香樟等为基调树种，并适当点缀花灌木，如七叶树在寺庙塔院中经常被用到，其塔形的花序与塔院环境极为协调。寺庙的次要殿堂、生活用房因宗教性逐渐减弱则多栽植富有诗情画意的四季花木，以体现禅房花木深的意境，戒台寺的方丈院内，花木繁多，姿态各异，主要有丁香、牡丹、金银花、珍珠梅、紫薇、樱花等；此外还有粗壮高大的银杏树以及数棵高大挺拔的苍松翠柏，给人一种赏心悦目、心旷神怡的感觉。

杭州虎跑寺翠樾堂庭院以桂花、玉兰作为主调树种，并间以红枫等色叶树，下植书带草，突出了季相的变化，使庭院更富有自然风趣。有的寺庙园林单独设置附园，其植物造景旨在创造雅致怡人的空间，如位于香山的碧云寺，北跨院为水泉院，清泉从山石流出，汇集池中，因水得景，开辟了水泉院园林；院内古木华盖，古柏参天，清泉叮咚、亭台、小桥点缀其中，形成了有变化的幽静的庭院园林。

6.1.2.6 现代风格建筑

现代建筑的植物配置现代建筑造型较灵活，形式多样。因此，树种选择范围较宽，应根据具体环境条件、功能和景观要求选择适当树种，如白皮松、油松、圆柏、云杉、雪松、龙柏、合欢、海棠、玉兰、银杏、国槐、牡丹、芍药、迎春、连翘、榆叶梅等都可选择，栽植形式亦多样。

6.1.2.7 欧洲风格建筑

欧洲风格建筑的植物配置一般多行耐修剪、整形树种，如圆柏、侧柏、冬青、枸骨等，修剪造型时应和整个建筑的造型相协调。

6.1.3 不同建筑单体植物种植设计

6.1.3.1 公园入口和大门的植物配置

公园的入口和大门是园林的第一通道，多安排一些服务性设施，如售票处、小卖部、等候亭廊等。入口和大门的形式多样，因此其植物配置应随着不同性质、形式的入口和大门而异，要求和入口、大门的功能氛围相协调。大门前的停车场，四周可用乔灌木绿化，以便夏季遮阴及隔离周围环境。在大门内部可以用花池、花坛、灌木与雕像或导游图相配合，也可铺设草坪种植花灌木，但不应有碍视线，且需交通便利，便于游人集散。常见的入门和大门的形式有门亭、牌坊、园门和影壁等，植物配置起着软化入口和大门的几何线条、增加景深、扩大视野、延伸空间的作用。

6.1.3.2 亭的植物配置

园林中的亭不论放在何处，都必有花木跟随，花木布置方法有 2 种：a. 将亭建于大片丛植林木之中，若隐若现；b. 亭前孤植少数大乔木，以作陪衬，再辅以低矮花木。

园林中亭的类型多样，植物配置应和其造型和功效取得协调和统一。从亭的结构、造型、主题上考虑，植物选择应与其取得一致，如亭的攒尖较尖、挺拔、俊秀，应选择圆锥形、圆柱形植物，如枫香、毛竹、圆柏、侧柏等竖线条树为主，例如“云栖竹径”3 株老枫香和碑亭，形成高低错落的对比，从亭的主题上考虑应选择能充分体现其主曲的植物；从功效上考虑，碑亭、路亭是游人多且较集中的地方，植物配置除考虑其碑文的含义外，主要考虑遮阴和艺术构图的问题。花亭多选择与其题名相符的花木。

6.1.3.3 水榭的植物配置

水榭前植物配置多选择水生、耐水湿植物，水生植物如荷、睡莲，耐水湿植物如水杉、池杉、水松、旱柳、垂柳、白腊、柽柳、丝棉木、花叶芦竹等。

6.1.3.4 服务性建筑的植物配置

公园管理、厕所等观赏价值不大的建筑不宜选择香花植物，而选择竹、珊瑚树、藤木等较合适；且观赏价值不大的服务性建筑应具有一定的指示物，如厕所的通气窗、路边的指示牌等。

6.1.4 建筑不同部位的植物配置

6.1.4.1 建筑背阴面的植物配置

建筑阴面背影距离受季节地形影响，北京夏至背影距离＝0.3 倍楼高，春分、秋分背影距离＝0.8 倍楼高，冬至背影距离＝2～3 倍楼高。建筑阴面应选择耐阴植物并根据植物耐阴力的大小决定距离建筑的远近，常用的耐阴植物有罗汉松、花柏、云杉、冷杉、建柏、红豆衫、紫杉、山茶、栀子花、南天竹、珍珠梅、海桐、珊瑚树、大叶黄杨、蚊母树、迎春、十大功劳、常春藤、玉簪、八仙花、沿阶草等。

6.1.4.2 建筑阳面的植物配置

建筑阳面植物配置应考虑树形、树高和建筑相协调，应与建筑有一定的距离，并应和窗间错种植，以免影响通风采光，并应考虑游人的集散，不能塞得太满，应根据种植设计的意图和效果来考虑种植。如果种植过多植物于建筑的立面，必须有足够的空间让植物生长，如乔木离开建筑 5m 以上，灌木距离不得小于 1.5m。如图 6-10 所示。

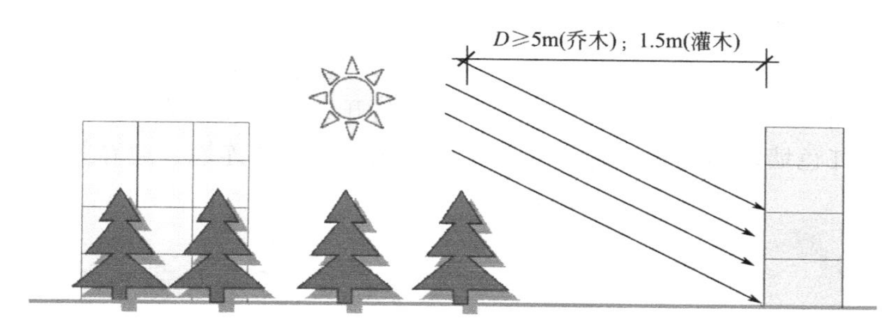

图 6-10 建筑阳面植物配置示意

6.1.4.3 建筑基础的植物配置

建筑的基础种植应考虑建筑的采光问题，不能离得太近，不能太多地遮挡建筑的立面，同时还应考虑建筑基础不能影响植物的正常生长。

6.1.4.4 建筑墙面的植物配置

建筑墙的植物种植（北方）一般对于建筑的西墙多用中华常春藤、地锦等攀缘植物、观花、观果小灌木甚至极少数乔木行垂直绿化，减少太阳的日晒，据测定夏季可以减低室内温度 3～4℃。利用建筑南墙良好的小气候。引种不耐寒但观赏价值较高的植物，形成墙园。常用的种类有紫藤、木香、地锦、蔓性月季、五叶地锦、爬山虎、猕猴桃、葡萄、山荞麦、铁线莲、美国凌霄、凌霄、金银花、盘叶忍冬、华中五味子、绿萝、迎春、银杏、广玉兰等。

6.1.4.5 建筑门窗洞的植物配置

门是建筑的入口和通道，并且和墙一起分割空间。在进行门洞的种植设计时，应充分利用门的造型，以门为框，通过植物配植，与路、石等进行精细地艺术构图，不但可以入画，而且可以延伸视线，扩大空间感（图 6-11）。

窗也可充分利用作为框景的材料，安坐室内，透过窗框外的植物配植，俨然一幅生动的画面，由于窗框的尺度是固定不变的，植物却不断生长，增大体量，因此要选择生长缓慢、变化不大的植物，诸如芭蕉、棕竹、南天竺、孝顺竹、苏铁类、佛肚竹等。近旁还可配些尺度不变的剑石、湖石，增添其稳定感，这样有动有静，构成相对持久的画面（图 6-12）。

图 6-11　洞门植物配置示例

图 6-12　花窗植物配置示例

6.1.4.6　建筑角隅的植物配置

建筑的角隅多线条生硬，用植物配置进行软化和打破很有效果。一般宜选择观果、观花、观干种类如丛生竹、南天竹、芭蕉、丝兰、蜡梅、含笑、大叶黄杨等成丛种植，宜和假山石搭配共同组景。通常情况下，建筑的外墙面为浅灰色时，可在墙隅及花池培植颜色鲜艳的花木，能造成强烈的色彩对比，如图 6-13 所示；而建筑墙面为浅色时，种植深绿色的乔木，则会形成强烈的反差。灰白色墙面前，适宜种植开红花或红叶植物如紫荆、紫玉兰、榆叶梅、红枫，而红色墙面前则适宜种植开白花或黄花的树木如连翘、迎春等。

(a)　(b)

图 6-13　墙隅及花池培植颜色鲜艳的花木，能造成强烈的色彩对比

6.1.4.7　天井的植物配置

在建筑的空间留有种植池形成天井，应选择对土壤、水分、空气湿度要求不太严格的观赏价值较大的观叶植物为主，如芭蕉、山茶、棕竹、南天竹、巴西木、绿萝、红宝石等进行种植。如留园中古木交柯处，靠墙筑有明式花台 1 个，花台内植有柏树、云南山茶各 1，仅 2 树、1 台、1 匾，就形成一幅耐人寻味的画面，运用了传统国画中最简练的手法，化有为无，化实为虚，使整个空间显得干净利落，疏朗淡雅。如图 6-14 所示。

6.1.5　屋顶花园的种植设计

屋顶绿化可以改善屋顶住宅室内温度，提高屋面隔热保温效果，保护建筑物免遭高温、紫外线等损害，有利于延长其寿命。屋顶绿化还可净化空气，调节城市气候，缓解热岛效应等。毋庸置疑，对于有建筑“第五立面”之称的屋顶进行绿化是城市三维立体绿化的重要部分，也是城市环境景观的一大飞跃。调查发现，在屋顶上绿化了的房屋，可以降低室内温度1.2℃，节能30%以上，在炎热天气下楼顶露天天花板的温度可以一度达到50℃，但实施天台绿化后屋顶温度可以降到30℃左右。屋顶花园还能丰富城市的俯仰景观，能补偿建筑物占用的绿化地面，大大提高了城市的绿化覆盖率，是一种值得大力推广的屋面形式。2005年开始，北京出台全国首个天台绿化标准，每年补贴1000多万元。广州已经制定了《屋顶绿化技术规范》，这也是继北京之后全国第二个制定相关标准的城市。

6.1.5.1 屋顶花园的类型

所谓屋顶花园，是指在各类建筑物、构筑物、城围、桥梁、立交桥等的屋顶、露台、阳台或大型人工假山山体上进行造园和种植树木花草的统称。它与露地造园和植物种植的最大区别在于把植物种植于人工的建筑物或者构筑物之上，种植土壤不与大地土壤相连。

基于不同的分类依据，屋顶花园可以划分为各种类型，具体而言，目前国际上主要有如下几种分类方法。

(1) 按照使用要求分类

屋顶花园可以分为公共游憩型、盈利型、家庭型和科研型4种。其中，公共游憩型是国内外屋顶花园的主要形式之一，其主要用途是为工作和生活在该建筑物内的人们提供室外活动的场所，著名的有澳大利亚墨尔本大学伯恩利公共屋顶花园（图6-15)、中国香港的天台花园，国外的凯厦中心（Kaiser Qnter)、奥克兰博物馆（Oakland Museum）等处的屋顶花园。而盈利型屋顶花园大多建设于宾馆、饭店、酒店等场所，主要用于为顾客增设娱乐、休闲环境，往往具有设备复杂、功能多、投资大、档次高。例如，美国曼哈顿迷你屋顶，屋顶是自然和人工元素之间的融合：一座有机的山丘悬浮在一个抽象的建筑网格里，打破了典型的城市景观。长草的山丘上有凹陷的座位和表演舞台，一个照明塔照亮空间并作为地平线上的标志，一个全景酒吧俯瞰哈德逊河。地板使用了发光的地毯，使表面生气勃勃，如图6-16、图6-17所示；上海华亭宾馆、广东东方宾馆、北京长城饭店等都建有该种类型的屋顶花园。家庭型屋顶花园多见于阶梯式住宅和别墅式住所，主要用于房屋主人及其来宾的休息、娱乐，通常以养花种草为主，一般不设园林小品，例如清华大学教工宿舍楼。而科研型屋顶花园主要用于科研、生产，以园艺、园林植物的栽培繁殖试验为主。

图6-14 留园古木交柯

图6-15 澳大利亚墨尔本大学伯恩利公共屋顶花园

(2) 按照建造形式和使用年限

屋顶花园可以分为长久型、容器（临时）型两种形式，其中前者是在较大屋顶空间进行直接种植的长久性园林绿化，而后者是对屋顶空间进行简易的容器绿化，可以随时对绿化内容与形式进行调整。

图 6-16 迷你屋顶花园景观

图 6-17 迷你屋顶夜景

(3) 按照绿化方式与造园内容

屋顶花园可以分为屋顶花园（屋顶上建造花园）、屋顶栽植（对屋顶进行绿化）以及斜面屋顶绿化 3 种类型。此外，按照屋顶花园的营造内容与形式，还可以分为屋顶草坪、屋顶菜园、屋顶果园、屋顶稻田、屋顶花架、屋顶运动广场、屋顶盆栽盆景园、屋顶生态型园林、斜坡屋顶等类型。

6.1.5.2 屋顶花园的特点

屋顶花园既有景观园林的普遍性，又因其所处位置特殊而具有特殊性。其特点大致有以下几个方面：a. 面积狭小，形状规则，竖向地形变化小；b. 种植土由人工合成，土层薄，不与自然土壤相连，水分来源受限制；c. 植物的选择、土壤的深度和园林建筑小品的安排等园林工程的设计营造均受限于建筑物屋顶的承载力；d. 视野开阔，环境较为清静，很少形成大量人流。

屋顶花园与一般园林相同，组成要素主要是自然山水，各种建筑物和植物，按照园林美的基本法则构成美丽的景观。但因其在屋顶有限的面积内造园受到特殊条件的制约，不完全等同于地面的园林，因此有其特殊性。屋顶营造花园，一切造园要素受建筑物顶层的负荷的有限性限制。因此，在屋顶花园中不可设置大规模的自然山水、石材。设置小巧的山石，要考虑建筑屋顶承重范围，在地形处理上以平地处理为主。水池一般为浅水池，可用喷泉来丰富水景。

6.1.5.3 屋顶花园的设计

(1) 屋顶结构的设计

① 首先了解屋顶的结构，每平方米允许载重，屋顶排水、渗漏等自然情况，以便进行精确核算。将花池、种植槽、花盆等重物设置在承重墙或承重柱上。

② 必须把安全放在首位，切实做到万无一失。采取科学的态度，全面进行重量分析，一定要控制荷载在允许范围内。要求新建建筑在符合公共安全要求下，宜采用花园式屋顶绿化，选择适宜的乔木、灌木、地被等植物进行绿化，设置园林建筑小品等设施，提供游憩绿地空间。而简单式屋顶绿化，一般不设置园林建筑小品等设施。对于旧房屋的屋顶绿化，必须要经过屋顶承重安全与闭水试验检测，以确保房屋安全；另外，屋顶绿化应具有良好排水防水系统，不得导致建筑物漏水和渗水，屋顶绿化的屋顶周边也应设置防护围栏。

(2) 植物种植层结构的设计

种植层是屋顶花园结构中的重要组成部分，它不仅工程量大，造价高，而且决定着植物生长的好坏，因而在种植层结构上创造适于植物生长的必要条件，也是建设屋顶花园的关键内容。屋顶种植层与露地相比较，主要的区别是种植条件的变化。由于屋顶种植要受屋顶承重、排水、防水等条件的限制，因而，屋顶花园种植层由上向下包括以下3层构造。

① 采用人工合成种植土代替自然土壤　如人工配制泥炭可作为主要的栽培基质，它的容重很小，一般干重在0.2～0.3g/m³，而普通土壤的容重是1.25～1.75g/m³，湿重约为1.9～2.1g/m³。由此可以推算出泥炭在干重时是普通土壤重量的18%～20%，而湿重是普通土壤重的33%，建造屋顶花园如果全部用泥炭，则可减轻2/3～3/4的重量。在实际实施中，一般采用在两份普通土中掺入一份泥炭做成混合土来建造屋顶花园。屋顶种植区采用人工合成种植土不仅可以大大减轻屋顶荷重，而且可根据各类植物生长的需要配制养分充足、酸碱适合的种植土，结合种植区的微地形处理，考虑地被植物、花灌木、乔木的生存、发育需要和植株的大小，确定种植区不同位置的土层厚度。

② 设置过滤层以防止种植土随浇灌水和雨水而流失　在种植土的底部设置一道防止细小颗粒流失的过滤层，可以是玻璃纤维布或石棉布，这样一方面可防止水土和养分流失；另一方面还可防止堵塞排水系统，如图6-18所示。玻璃纤维布的网格在保障透水的前提下，要适当加密，以防止基质透过进入排水层。

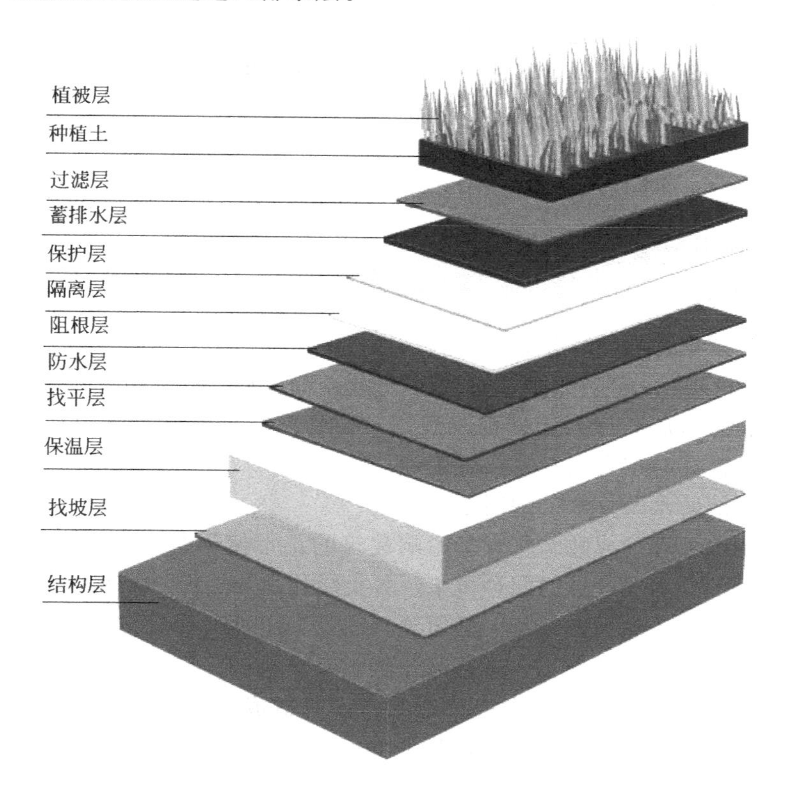

图6-18　屋顶花园施工基础构造

③ 设置排水层　在人工合成土、过滤层之下设置排水层，它的作用除了排除剩余雨水外还有蓄水的作用。当基质层干燥时，通过毛细管的作用，蓄存的水分可以进入植物的根部。过滤层的材料应是既能透水又能过滤而又细小的土颗粒、经久耐用造价低廉的材料。例如，稻草、玻璃纤维布、粗砂等，使用时可根据当地情况进行选择，但排水层的材料应满足通气、排水、储水和轻质要求。

（3）土壤的选择及处理

植物同其他所有生命体一样，必须在一定的生存条件下才能够正常生长，这种必要条件就是必要的阳光、水分、养料、空气和适宜的温度环境，只有保证多种条件的平衡才能维持植物正常的生长。

屋顶种植的特殊条件证明，在屋顶上完全应用园田土作为植物生长基质层是不合适的，必须根据特殊的条件和要求对土壤进行改良，满足植物生长的需要。

基质主要包括改良土和超轻量基质两种类型。改良土壤由田园土、排水材料、轻质骨料和肥料混合而成；超轻量基质由表面覆盖层、栽植育成层和排水保水层三部分组成。为了减轻建筑物的负荷，选用木屑、蛭石、砻糠灰等掺入土，可以减重量，以有利于土壤疏松透气，促使根系生长，增加吸水肥的能力。同时土层厚度控制在最低限度，一般草皮及草本花卉栽培土深 16cm，灌木土深 40～50cm，乔木土深 60～90cm。

(4) 绿化苗木的选择

屋顶绿化设计一般以植物造景为主，把生态功能放在首位，与建筑、环境的比例、陪衬效果，合理搭配植物，营造植物景观。植物选择原则是适地适树，多采用乡土树种，以小型乔木、低矮灌木、地被等植物和攀缘植物等为主，原则上不用大型乔木。宜选择须根发达的植物，因它们水平根系发达，能适应土层浅薄的土壤；不宜选用根系穿刺性较强的植物。也可搭设棚架，种植攀缘花卉，在其下种一些耐阴性花卉或可摆设桌椅，供休息用。

另外，宜选择易移植、抗风、耐旱、耐高温、耐贫瘠以及可耐受、吸收、滞留有害气体或污染物质的植物。广州地区常用的有罗汉松、鸡蛋花、鱼尾葵、散尾葵、洋紫荆、米仔兰、桂花、剑麻、绿景天和台湾草等喜阳花卉。

6.1.5.4 屋顶花园的施工

(1) 承重、荷载问题

屋顶花园的荷载包括活荷载和静荷载。屋顶花园的活荷载：按现行荷载规范规定，上人平屋顶的活荷载为 150kg/m^2，公共建筑为 250～350kg/m^2；屋顶花园的静荷载。包括植物种植土、排水层、防水层和屋顶的保温隔热层、结构、自重等以及屋顶花园中的山石、水体、廊架等重量，计算时按它们各自实际重量计算。

(2) 屋顶花园的防水及排水处理问题

屋顶花园的防水处理的成败，将直接影响建筑的正常使用和安全，防水处理一旦失败，必须将防水层以上的排水层、过滤层种植土、各类绿化植物、园林小品全部除去后才能彻底查找漏水的原因和部位。例如某百货大楼屋顶花园曾发生过这种情况，由于在建筑设计和建造时建筑物体身已做了防水处理，在进行绿化施工时没有进行排水处理，由于排水不畅而造成上述情况，好在渗漏部位只发生在屋顶边缘，没有造成大的损失。因而在屋顶花园施工时，需要更牢靠的防水处理和排水处理，除了采用新型防水材料之外，还应与建筑本身的排水系统相结合，保持屋面排水畅通。

(3) 种植介质

屋顶花园的种植介质应在满足植物健康生长的前提下，力求容重最小化，以最大限度地减少建筑物的承重负担。宜选用质量轻、持水量大、透气排水性好、营养适中、清洁无毒、材料来源广且价格便宜的种植介质，一般可选用草炭土、膨胀硅石、膨胀珍珠岩、细砂和经过发酵处理的动物粪便等材料，按一定比例混合配制而成。此外，研究表明，泥炭是建造屋顶花园的理想种植介质，但由于其价格昂贵，一般采用 2 份普通土和 11 份泥炭混合而成的种植介质。

（4）屋顶花园的养护管理

屋顶花园建成后，为了使其发挥应有的作用，应时刻关注植物生长状况，一旦发现生长不良立即采取补救措施；加强水肥管理；经常修剪，及时清理枯枝落叶，及时更新草花，以免影响整体景观效果；注意排水，防止排水系统被堵，花池及花盆浇灌、雨淋后，多余的水分要能及时排尽。灌溉设备也要方便，最好使用喷淋装置，以增加空气湿度。屋顶强风大，空气干燥，经常喷雾有利于植物生长；屋顶风大，宜设风障保护，夏季还要适当遮阴。

6.2 道路环境与植物种植设计

道路环境的植物种植是道路环境的重要组成部分，也是城市园林系统的重要组成要素，它直接形成城市的面貌、道路空间的性格、市民的交往环境，为居民日常生活体验提供长期的视觉形态审美客体，乃至成为城市文化的组成部分。

我国最早的道路植物配置出现于周朝，《周礼》中有“列树”之称，是指周朝由首都至洛阳的街道两侧列植树木，供来往的过客遮阴休息。到了秦朝，开始大规模出现行道树种植。《汉书》中就记载：“秦为驰道于天下，东穷燕齐，南极吴楚，江湖之上滨海之观毕至。道广五十步，三丈而树，原筑其外，隐以金椎，树以青松”，说明二千多年前我国已有用松树作行道树，唐代京都长安用榆、槐作为行道树。北宋东京街道旁种植了桃李、杏、梨。国外不少国家自古也重视行道树栽植，西欧各国常用欧洲山毛榉、欧洲七叶树、椴、榆、桦木、意大利丝柏、欧洲紫杉等。一些发达国家和我国某些城市更把私宅、公共建筑周围的植物景观纳入到街道绿化，并连成一体，构成了整个花园城市，为此大大改善了城市环境条件和丰富了城市的植物景观，城内、城郊各风景区、公园，植物园中还有许多不同级别的园路，其旁的植物配植更是丰富多彩，不拘一格，使园景增色不少。

道路环境植物种植的类型具有狭义和广义之分：狭义的仅指城市干道的植物种植设计；广义上则包括城市干道、居住区、公园绿地和附属单位等各种类型绿地中的道路植物种植设计。本节拟从广义的层面上分析和探讨道路环境中的植物种植设计。

6.2.1 城市道路的植物种植设计

城市道路的植物配植首先要服从交通安全的需要，能有效地协助组织主流、人流的集散。同时也起到改善城市生态环境及美化的作用。现代化城市中除必备的人行道、慢车道、快车道、立交桥、高速公路外，有时还有林荫道、滨河路、滨海路等。由这些道路的植物配植，组成了车行道分隔绿带、行道树绿带、人行道绿带等。

6.2.1.1 高速公路的植物种植设计

（1）高速公路植物种植的目的

高速公路植物种植的目的有两个方面：一是生态效应，主要是保护和恢复高速公路沿线的自然环境，具体表现为稳固路基、防止水土流失、净化空气、吸滞粉尘、降低噪声、减少路面排水对自然水体和土壤的污染，保护行车免遭风雪袭击或减轻其影响；二是景观效应，主要提供优美舒适的交通环境。科学合理的道路种植设计，能够使公路的景观与周围的环境有机的融合，形成一个新的景观整体，从而改善高速公路交通运输与环境条件，提高行车安全和营运效率。

（2）高速公路植物种植的立地条件

高速公路在修建过程中，路基路面采用了较多的石灰、粉煤灰、沥青或石块等材料，这就改变了土壤原有的结构，导致土壤瘠薄；同时，由于路基抬高，相应降低了地下水位，并且由于回填物较粗，难以形成土壤毛细管，影响地下水的上升。

（3）高速公路植物种植设计

世界上发达国家都非常重视高速公路的绿化，强调遵循自然，相融于周围环境，尽可能恢复原有自然景观，体现了强烈的生态和环保意识。美国、加拿大等国在公路建设中十分重视人与自然的和谐与统一，如碰到生态环境中的湿地问题，经常采取占用多少面积的湿地，就在附近补偿相等或大于所占面积的湿地，使湿地的生态功能少受或不受影响。

德国在高速公路设计与建设中，对线形的选定十分慎重，只要碰到敏感的生态环境问题，一律采取避让的原则；此外，绿化植物的选择备受重视，真正体现了“因地制宜”的原则和大大有利于后期的养护管理丰富的物种及配置形式，不仅愉悦了司乘人员的视觉神经，还可以帮助他们识别地名，体现地方人文关怀。

英国高速公路的线路常先由园林设计师来选定，忌讳长距离笔直的线路，以免驾驶员感到单调而易疲劳；在保证交通安全的前提下，公路线路的平面设计曲折流畅，左转右拐时前方时时出现优美的景观，达到车移景异的效果。公路两旁的植物配植在有条件的情况下喜欢配植宽 20m 以上乔、灌，草复层混交的绿带，认为这种绿带具有自然保护的意义，至少可以成为当地野生动物最好的庇护所。树种视土壤条件而定，在酸性土上常用桦木、花楸、荚迷等种类，有花有果，秋色迷人；其次也有用单纯的乔木植在大片草地上，管理容易，费用不大。在坡度较大处，大片草地易遭雨水冲刷破坏，改植大片平枝荀子，匍匐地面，一到秋季红果红叶构成大片火红的色块，非常壮观，因此驾车在高速公路上，欣赏着前方不断变换的景色，实在是一种很好的享受。因此，良好的高速公路植物配置可以减轻驾驶员的疲劳，丰富的植物景观也为旅客带来了轻松愉快的旅途。

与国外相比，我国对高速公路绿化的研究起步较晚，但发展速度较快，近几年，随着高速公路建设的发展和人类资源环境意识的提高，高速公路绿化从最初的边坡绿化发展到中央隔离带、互通立交、服务区等全方位、立体式绿化，涵盖了整个高速公路的各个功能区段，绿化理念从单纯的绿化美化，演变到现在的“尊重自然、保护自然、恢复自然”。绿化设计中越来越多地应用到生态学理论。

高速公路的绿化种植由中央隔离带绿化种植、边坡绿化种植、两侧预留绿化带绿化种植和互通绿化种植组成。

① 中央隔离带植物种植设计　中央隔离带绿化种植主要目的是遮光以防止对向车灯眩光、预示线形、引导视线和改善景观，是高速公路绿化的重点。如前所述，由于中央隔离带植物种植立地条件差，因此植物选择时应注意选择适应性强、生长速度慢、耐修剪的常绿灌木为主，以规则形式布置，其间配以花灌木，下部则栽植地被类。在进行植物材料选择时，应注意植物枝条不应超过中分带的防护栏，以免阻碍司机视线；植物色彩不宜过分缤纷，植物配置也应以简单明了为主，以免干扰司机安全行车。灌木进行丛植时，种植点连线与公路成 45°角，单株灌木或一组灌木之间标准株距 $D=2r/\sin\theta\approx 9.66r$（其中，$D$ 为株距；$2r$ 为冠幅；θ 为车灯照射角，为 12°，$\sin 12°=0.207$）。绿化带高度以高出路面 1.5m 左右为佳，在半径较小的凹形曲线部分，为了防止眩光，引导视线，应种植 1.5m 以上的中型灌木。以 100km/h 的平均车速计算，每 5min 左右车程即每 8km 左右植物种类及植物配置形式应有较明显的变化。

另外，还应注意中央隔离带内一般不成行种植乔木，避免投影到车道上的树影干扰司机的视线，树冠太大的树种也不宜选用。隔离带内可种植修剪整齐、具有丰富视觉韵律感的大色块模纹绿带，绿带中选择的植物品种不宜过多，色彩搭配不宜过艳，重复频率不宜太高，节奏感也不宜太强烈，一般可以根据分隔带宽度每隔 30～70m 距离重复一段，色块灌木品种选用 3～6 种，中间可以间植多种形态的开花或常绿植物使景观富于变化。中央隔离带常用的种植模式主要有以下 2 种。

1）单一整形式。单一整形式是指中分带在某一路段内只单独种植一种常绿植物，每5～8km 更换一次植物品种，而植物在栽植方式、株型选择上可以多种多样，即在统一中求变化。例如，小叶黄杨可呈直线式以一定株距间开种植，可呈品字形种植，也可以绿篱方式种植（见图 6-19）；龙柏可修剪成塔形，也可修剪成柱形（见图 6-20）；法国冬青绿篱可呈平头形，也可呈波浪形等。单一整形式多用于中分带较窄的路段。

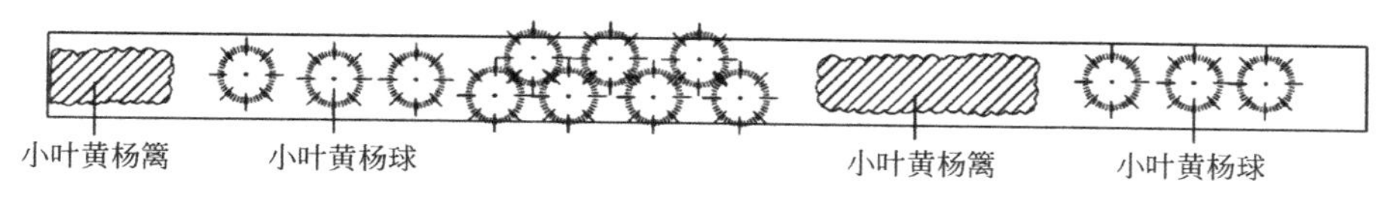

图 6-19　单一整形式种植

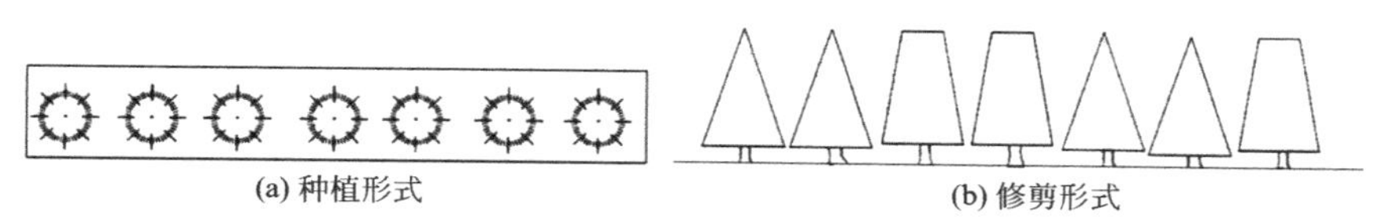

图 6-20　利用植物的不同修剪形式达到景观统一中求变化的效果

由于此形式种植简单，所用树种较单一，导致司乘人员在车辆行驶中容易产生眼部疲劳，有一定的缺陷，基于此点，整形式可以演变成如下变形模式：a. 在中间分隔绿化带种植的树种选择时，可以在种植某一主体植物之余，留出空间选择其他在此路段也具有较强适应能力的树种，或者具有不同叶色、花色的其他品种，对绿化带的色调和样式进行一定的调节；b. 在绿化分隔带的单排防止眩晕树木之间，种植高度不一致、冠幅不一致、树种不一致的树种。在原有主体植物的间隔种植其他树种，采用长距离重复，短距离差异的形式。

2）图案式。由两种或两种以上的植物按一定的构图方式进行的植物配置统称图案式。图案式仍以常绿树种为基调，辅以其他灌木。由于植物种类的增加，植物配置方式也随之丰富，大大提高了景观效果。例如，可观花的以海桐或大叶黄杨为基调树种，间植紫薇、紫叶李、碧桃、观赏石榴及美人蕉、月季等，裸露地面以马蹄金、酢浆草、鸢尾等地被植物覆盖（见图 6-21）；可观叶的，以光叶石楠或小叶黄杨为基调树种，用金森女贞、紫叶小檗、小龙柏等以模纹图案式种植（见图 6-22）；可观果的，以龙柏或蜀桧为基调树种，间植火棘、南天竹等（见图 6-23）；同时，也可将上述观赏类型有机融合在一起，增强观赏质量。只要不妨碍交通安全，在以防眩光为先的原则下，各种适合种植于中分带的植物都可以园林化的手段进行自由地、科学地组合（图 6-24）。

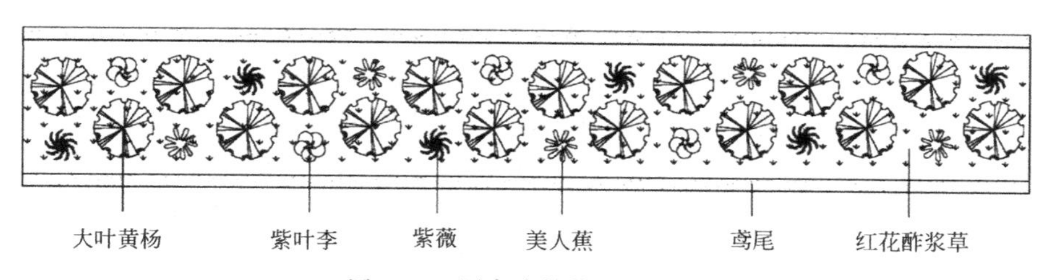

图 6-21　图案式植物种植设计

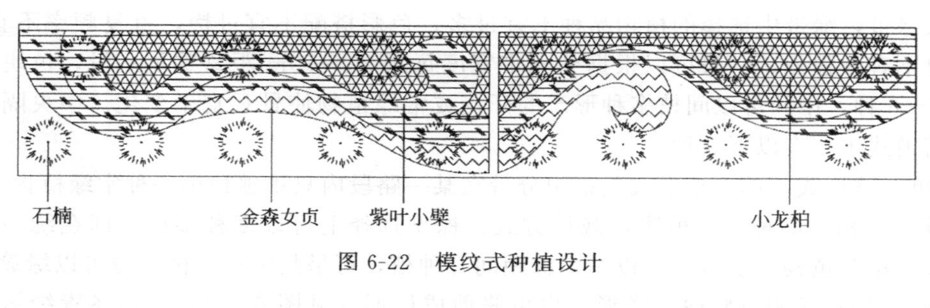

图 6-22 模纹式种植设计

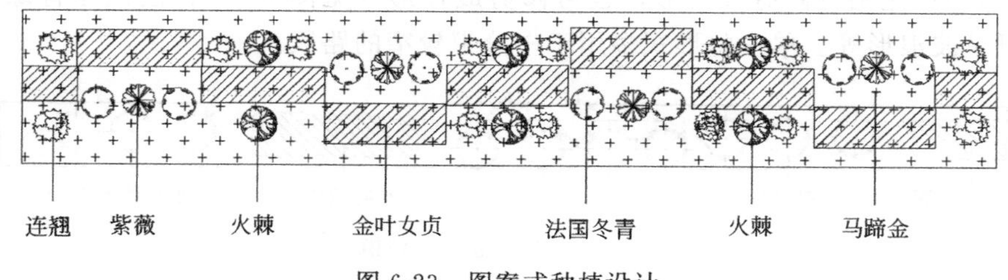

图 6-23 图案式种植设计

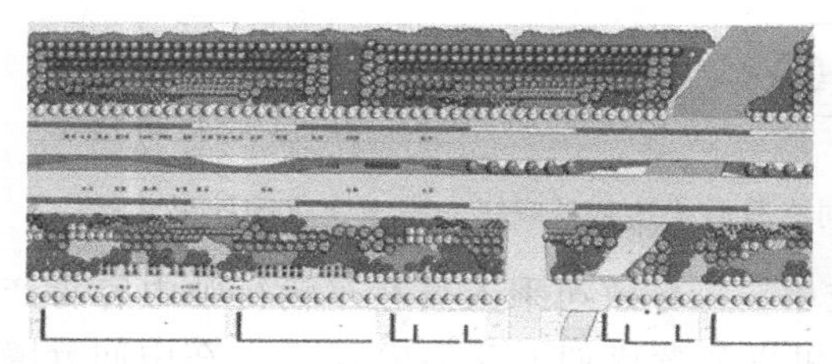

图 6-24 中央隔离带自由式的组合实例

② 边坡绿化种植 边坡绿化种植的主要目的是固土护坡、防止冲刷，其植物配置应尽量不破坏自然地形地貌和植被，选择根系发达、易于成活、便于管理、兼顾景观效果的树种。同时，要根据不同的位置、不同边坡情况采取不同的绿化形式和植物种类，安全性上注意视线诱导栽植、线形预告栽植和缓冲栽植等，近边坡不能栽植高大植物；生态性上注意尽可能应用乔灌草群落栽植，多应用乡土植物，有选择地利用表现良好的野生植物；景观上注意绿化要与沿线环境统一，并适当借鉴园林造景手法创造“车移景异”的效果。

1）石质边坡种植设计。石质下边坡也即填方段石质边坡，多出现于桥梁、通道附近或土壤条件较恶劣、坡度较大的路段。由于石质边坡缺乏植物生存的基本条件，故多在坡顶或坡脚栽种植物，材料选用悬垂型或攀缘型藤蔓植物，以覆盖坡面。有时为加快覆盖速度，可于坡顶与坡脚同时种植。种植方法是：在边坡底部及顶部挖种植坑或砌设种植槽，槽坑内换上肥沃的砂壤土和基肥，按 50cm 左右的间距植苗。这种栽植方式，当年攀藤覆盖可高达 2～3m。

挖方段石质边坡（石质上边坡）是公路边坡生态治理中难度较大的一项工程。种植设计的方法有：设置 2～3 级种植平台，植物可选用乔木、灌木、藤本、竹类及地被等，由坡顶至坡脚植株高度随之下降；使用喷混植生技术，其主要原理即利用客土掺混黏结剂（普通硅酸盐水泥）和固网技术，使客土物料紧贴石质边坡，创造草类与灌木生长的良好环境，以恢复坡面生态复合功能，其施工工艺流程为：清理坡面（清除片石、碎石和杂物）—挂铁丝网（12 号或 14 号镀锌铁丝双挂网）—风钻锚杆孔—锚杆固网—铺设固土材料（砂包带、轮胎等）—土料混合（土、锯木屑、有机复合肥等混合）—培土或高压机械喷土（土层厚度 8～

10cm)—混合料与种子拌和—撒播种子或高压机械喷种（混合料厚2cm)—盖无纺布—喷灌透水—养护；在坡面凿设凹槽，培土种植爬山虎、扶芳藤、迎春等攀藤或悬垂植物。

2）土质边坡。土质下边坡是高速公路中常用的下边坡形式，根据坡度大小可分为植被护坡及植被施工与工程防护相结合两种形式，前者多用于坡度平缓（坡度<60°）或土壤条件较好的路段，而后者多用于坡度较陡（坡度>60°）或土壤条件较差的路段。植被护坡可采用草块铺植、草种播种、地被覆盖、草灌结合或单纯种植灌木林及藤本植物等形式进行绿化种植设计。

有些土质上边坡仍有部分岩石外露，可人为帮助植物创造适宜的土壤条件。如可使用植生袋技术：选用降解薄膜做成有网眼的植生袋，袋底放置腐熟的有机基肥，种子拌入砂质营养土，装入袋中，土壤含水量保持在20%左右；若植生袋直径为10cm，每袋种子约15～17粒，按30cm×30cm株行距埋入斜坡，1/2露出坡面，1/2埋入土中，然后用木桩固定（见图6-25、图6-26)。也可采用客土喷播法：将草种或草灌结合种子与复合肥、有机纤维、保水乳液、水、防侵蚀剂、黏合剂等配置成喷播材料，用高压水或压缩空气喷植，喷播后用无纺布覆盖；这种方式草种发芽快、草被覆盖快。对于无岩石的土质边坡，可采用与土质下边坡相同的绿化种植方法。

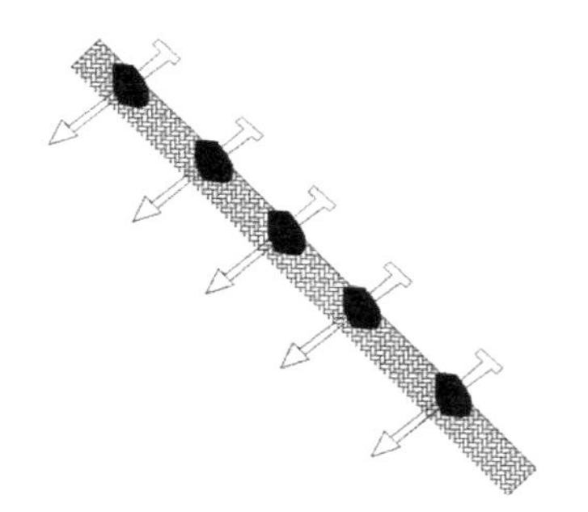
图6-25　植生袋护坡示意

图6-26　植生袋护坡实例

3）边坡绿化种植的植物选择。边坡绿化要求覆盖率高、青绿期长，但由于边坡坡面土质为路基填筑用土，或是路堑开挖后暴露的土体，土质不宜于种植，且灌溉条件差，养护难度高，因此物种选择和前期养护工作格外重要。边坡绿化的特点和目的决定了植物的选择原则：a. 适应当地气候；b. 因地制宜；c. 生物量大；d. 抗旱性；e. 多年生、宿根性；f. 乔、灌、草相结合；g. 抗风性强；h. 缓冲栽植。护坡选用的灌木要枝条密集并富有弹性，对交通事故中冲向路堤边坡的车辆有缓冲作用。

③ 两侧预留绿化带植物种植　在高速公路两侧公路用地范围内，在不影响正常的车辆行驶的前提下选择种植花灌木、乔木和灌木结合，在区分景观同时形成垂直的绿化景观，从而更好地起到保护环境的作用。高速公路两侧的绿化设计和绿化布局在工程实施阶段应该采用因地制宜的原则，根据不同路段的地域特色选择不同的绿化植物和地域文化，在不同区域形成具有不同特色的绿化景观。例如，湿地景观、山林景观、田园景观、草原景观等。为了方便车辆驾驶人员的视线通透需求，在道路两侧适宜种植低矮的灌木，方便司乘人员对公路沿线风景的欣赏，较好地做到人工景观和自然景观相协调、统一。

(4) 互通绿化种植设计

互通绿化位于高速公路的交叉口，最容易成为人们视觉上的焦点，景观多以远观为主，比较注重群体美的效果。种植设计一般要围绕一个设计主题，以简洁明快、美观大方的格局，体现互通立交的宏伟气魄，也给人以开阔的视野空间。

互通立交区域的种植设计在考虑集中复杂的交通功能的同时，应该注重体现周围环境特点和地方文化与道路种植设计整体景观的统一。立交区的绿化应该尽可能地配合交通的指示和引导功能，包括路线预告、强化相应标志和强化目标等。根据不同立交区所在的地域和气候的不同，结合自然环境选择绿化种植的方法和植物。由于立交区域空间落差大的特点，在绿化设计时最好更加注重立交区绿化的空间层次设计，形成较好的自然群落景观，同时减少后期绿化养护工作量。

目前常见的立交区绿化模式有：a. 自然式群落种植绿化模式；b. 大型模纹图案绿化模式，如模纹汉字、图形等；c. 苗圃景观绿化模式，此种绿化模式更加常见。

大型模纹图案绿化模式通过修剪、整形和人为布置花卉和常绿灌木等组成整体一致的图案，如图 6-27 所示；此种绿化模式具有造型丰富、色彩多样的鲜明特点。其缺陷就是后期公路的养护成本较高、管理要求较高，并且生态效益和景观价值有限。自然式群落种植绿化模式和苗圃景观绿化模式，弥补了大型模纹图案绿化模式的不足，提高了立交区的景观欣赏价值和生态环保价值，一般采用不同树种和草本植物高低搭配，落叶植物和常绿植物相结合，使得立交区的绿化更加符合自然规律、更具空间层次和美学价值。

作为公路上的景观节点，互通立交种植设计在植物色彩上可以寻求丰富的变化，一般多选用秋色叶植物，适应性较强的有银杏、广玉兰、五角枫、乌桕、红枫、红叶石楠、鸡爪槭等；同时立交绿化必须满足四面的观赏效果并适应欣赏者瞬间观景的视觉要求，在空间和层次上追求丰富的变化。设计主要是通过乔灌草的合理搭配，以及通过修剪形成高低错落的植物搭配来达到这一效果。

匝道区域车速较慢，停留时间相对较长，视觉变化多端，是景观营造的重点区域，在匝道两侧绿地的入口处，适当种植一些低矮的树丛、树球或三五株小乔木，增强出入口的导向性；在匝道平曲线外侧，栽植成行的常绿小乔木起视线引导作用，间距按弯道的缓急考虑；匝道平曲线内侧栽植高度不超过 1.2m 的矮灌木或花丛，间接示意司机减缓速度对于匝道边坡无论是挖方边坡还是填方边坡，都是反映高速公路路域景观水平的重要区域，应结合具体地形，在可视区域保证最佳的通视条件下做重点美化，以地被植物为基础，点缀花灌木。匝道多级边坡平台的绿化美化，基本与主线相同，建议选择与主线不同的植物品种，增强互通区的环境景观恢复效果。

立交中央的大片绿化地段称作绿岛，即主线与匝道围合区域，要全面绿化，提高单位面积内的绿量，在不影响司机视线和交通安全的基础上，以常绿乔木为主，遵循木本植物与草本植物、常绿树与落叶树、针叶树与阔叶树、乔木与灌木、观叶树与观花、观果树相结合的原则，结合地形特点，建筑形式和人文特色，组合出错落有致的植物群落，构成春天万紫千红、夏天绿树浓荫、秋季层林尽染、冬季松梅傲立的自然景观。需要注意的是，乔木不可运用的过多，绿篱种植的不可过高，否则会产生阴沉压抑的感觉。植物尽可能选择与公路其他绿化区域相似的种类和绿化种植形式；同时注重立体绿化，在立交桥顶设种植池栽植藤本植物，如五叶地锦、小叶扶芳藤等，最大限度地减轻建筑在视觉中所占的分量，实现桥体与周围环境的融合（图 6-28）。

桥下视线所及的地块也应进行绿化，桥下以耐阴、耐旱的草坪或花灌木来满足桥下雨水少、湿度小、光照较差的环境，如杜鹃、麦冬、八角金盘等。中心绿地在景观再造时注意构图的整体性，力求图案美观大方、简洁有序，使人印象深刻。小块绿地以疏林草地的形式群植一些标志性植物，使层次富于变化，反映地方风光的独有韵味，有时还可以人工创造水体，并利用植物模仿湿地景观，达到生态补偿的作用，若周边有水系使其内外贯通效果更佳。

图 6-27 北京菜户营立交桥图案式景观

图 6-28 桥体的垂直绿化

进行植物选择时，综合考虑环境适应性、立地条件的特殊性、经济可承受性及反映本土文化的特色性，还应以性能优良的乡土植物为主，并加强对植物的形态、色彩和绿期的重视，同时注意同一品系分布不宜过分集中，以有效增强群落的抗逆性和抗多种病虫害的能力。在互通立交的绿化设计中，运用较多的常绿树种有大叶女贞、夹竹桃、香樟、广玉兰、雪松、海桐、火棘、大叶黄杨、构骨等；观叶观形植物有银杏、七叶树、黄连木、紫叶李、红叶石楠、卫矛、垂柳等；赏花观果植物有鸡麻、花石榴、紫薇、金丝桃、夹竹桃、月季、紫丁香、火棘、连翘及地被植物黄花地被菊、小冠花、葱兰、红花酢浆草、美人蕉等。

6.2.1.2 一般城市道路绿地的植物种植设计

(1) 人行道绿带的植物种植设计

如图 6-29 所示，人行道绿带是指车行道边缘至建筑红线之间的绿化带，包括人行道和车行道之间的隔离绿地（行道树绿带）及人行道和建筑之间的缓冲绿地（路侧绿带或基础绿带）。此绿带既起到与嘈杂的车行道的分隔作用，也为行人提供安静优美、遮阴的环境。由于绿带宽度不一，因此植物配植各异。

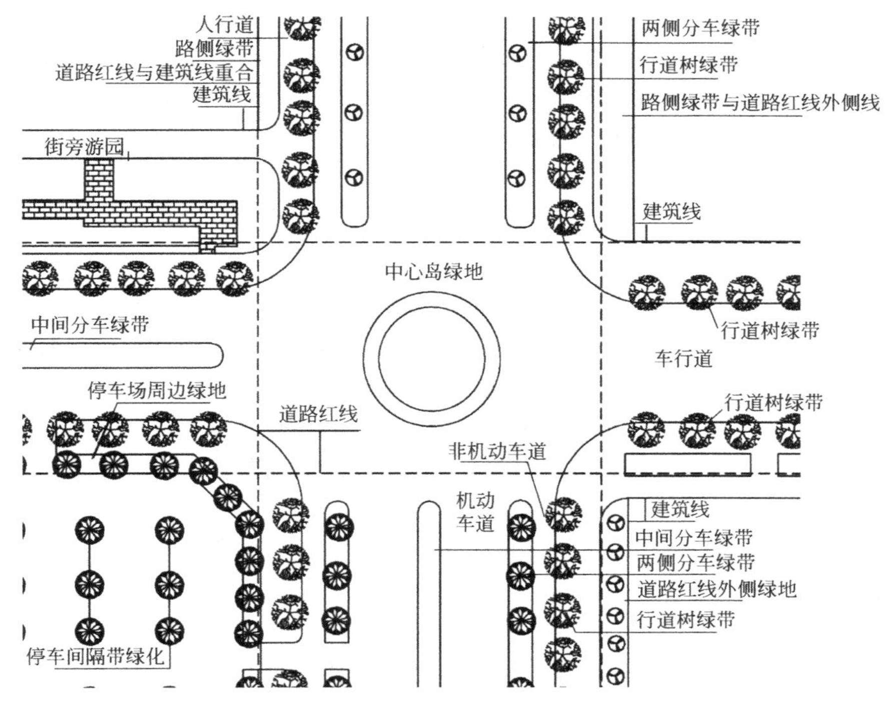

图 6-29 道路绿带示意

① 行道树绿带的种植设计　行道树绿带是指车行道与人行道之间种植行道树的绿带，其功能主要是为行人提供阴凉，同时美化街景。我国大部分地区夏季天气炎热，因此行道树多采用冠大荫浓的树种，如悬铃木、栾树、榕树、槐树、凤凰木等。我国北方大部分地区最好选择落叶乔木，这样可以夏季遮阴冬季又不遮挡阳光。行道树反映了一个区域或一个城市的气候特点及文化内涵，植物的生长又与周围环境条件有着密切的联系，因此选择行道树时一定要适地适树。一些城市行道树的选择既能代表地区特色，植物又能适应当地的气候条件，很好地发挥了行道树体现地方特色和绿化的功能。例如，如北京的槐树、海南的椰树、南京的法国梧桐、成都的银杏、长沙的香樟、武汉的水杉、合肥的广玉兰以及桂林的桂花等。目前行道树的配植已逐渐向乔、灌、草复层混交发展，大大提高环境效益。但应注意的是，在较窄的、没有车行道分隔绿带的道路两旁的行道地下不宜配植较高的常绿灌木或小乔木，一旦高空树冠郁闭，汽车尾气扩散不掉，使道路空间变成一条废气污染严重的绿色烟筒。

行道树绿带的立地条件是城市中最差的。由于土地面积受到限制，故绿带宽度往往很窄，常在1～1.5m。行道树上方常与各种架空电线发生矛盾，地下又有各种电缆、上下水、煤气、热力管道，真可谓天罗地网。更由于土质差，人流践踏频繁，故根系不深，容易造成风倒。种植时，在行道树四周常设置树池，以便养护管理及少被践踏；在有条件的情况下，可在树池内盖上用铸铁或钢筋混凝土制作的树池箅子，除了尽量避开“天罗地网外”，应选择耐修剪、抗瘠薄、根系深的行道树种。常见的种植设计形式有以下几种。

1）树带式。在人行道和车行道之间留出一条不加铺装的种植带，一般宽不小于1.5m，植一行大乔木和树篱；如宽度适宜则可分别植两行或多行乔木与树篱。在交通、人流不大路段用这种方式。植带下铺设草皮，以维护清洁，但要留出铺装过道，以便人流通行或汽车停站。

2）树池式。在交通量较大，行人多而人行道又窄的路段，设计正方形、长方形或圆形空地，种植花草树木，形成池式绿地。正方形树池以1.5m×1.5m较合适；长方形以1.2m×2m为宜；圆形树池以直径不小于1.5m为好。行道树的栽植点位于几何形的中心；一般池边缘高出人行道8～10cm，避免行人践踏。如果树池略低于路面应加与路面同高的池墙，这样可增加人行道的宽度，又避免践踏，同时还可使雨水渗入池内。池墙可用铸铁或钢筋混凝土做成，设计时应当简单大方，坚固和拼装方便。

目前树池边缘高度也分为3种情况：树池边缘高出人行道路8～10cm，这种形式可减少行人踩踏，土壤不会板结，但容易积水，也不利于卫生清洁，可在池内铺一层鹅卵石或者树皮；树池边缘与人行道等高，这种形式方便行人行走，但土壤经行人踩踏易板结，也不利于植物灌溉，对植物生长造成一定影响；树池边缘低于人行道，通常在树池上加池箅子并使之与路面平行，这样利于行人通行，也不会使土壤板结，但造价较高。

行道树种植时应合理确定株距与定干高度，正确确定行道树的株行距利于充分发挥行道树的作用，合理使用苗木及管理。一般来说，株行距要根据树冠大小来决定。但实际情况比较复杂，影响的因素较多，如苗木规格、生长速度、交通和市容的需要等。中国各大城市行道树株距规格略有不同，逐渐趋向于大规格苗木加大株距和定植株距，有4m、5m、6m、8m不等。南方主要行道树种悬铃木（法桐）生长速度快，树大荫浓，若种植于径为5m以上的树苗，株距定为6～8m为宜，见表6-1。

表 6-1 行道树的株距

树种类型	通常采用的株距/m			
	准备间移		不准备间移	
	市区	郊区	市区	郊区
快长树(冠幅 15m 以下)	3～4	2～3	4～6	4～8
中慢长树(冠幅 15～20m)	3～5	3～5	5～10	4～10
慢长树	2.5～3.5	2～3	5～7	3～7
窄冠树			3～5	3～4

行道树选用速生树种时经过 30～50 年就要更新，对于中慢生树种，通常寿命较长，经过一定年限后可隔株移走一棵行道树，避免植物生长空间拥挤。在道路交叉口，行道树的种植要注意树冠不能进入视距三角形范围内，以免遮挡司机视线，影响交通安全。行道树定干高度应根据其功能要求、交通状况、道路性质、宽度，以及行道树与道路的距离、树木分级等定。苗木胸径在 12～15cm 为宜，其分枝角度越大的，干高就不得小于 3.5m；分枝角度较小者，也不能小于 2m，否则会影响交通。另外，要注意行道树种植点距道牙的距离，行道树种植点距道牙的距离决定于两个条件：一是行道树与管线的关系；二是人行道铺装材料的尺寸。

行道树是沿车行道种植的，而城市中许多管线也是沿车行道布置的，因此行道树与管线之间经常相互影响，我们在设计时要处理好行道树与管线的关系，使它们各得其所，才能达到理想的效果。

树木与各种管线及地上地下构筑物之间的最小距离见表 6-2～表 6-4。

表 6-2 树木与地下管线外缘最小水平距离

管线名称	距乔木中心距离/m	距灌木中心距离/m
电力电缆	1.0	1.0
电信电缆(直埋)	1.0	1.0
电信电缆(管埋)	1.5	1.0
给水管道	1.5	—
雨水管道	1.5	—
污水管道	1.5	—
燃气管道	1.2	1.2
热力管道	1.5	1.5
排水盲沟	1.0	—

表 6-3 树木根颈中心至地下管线外缘最小距离

管线名称	距乔木根茎中心距离/m	距灌木根茎中心距离/m
电力电缆	1.0	1.0
电信电缆(直埋)	1.0	1.0
电信电缆(管埋)	1.5	1.0
给水管道	1.5	1.0
雨水管道	1.5	1.0
污水管道	1.5	1.0

注：乔木与地下管线的距离是指乔木树干基部的外缘与管线外缘的净距离。灌木或绿篱与地下管线的距离是指地表处分蘖枝干中最外的枝干基部的外缘与管线外缘的净距。

表 6-4 树木与其他设施最小水平距离

设施名称	至乔木中心距离/m	至灌木中心距离/m
低于 2m 的围墙	1.0	
挡土墙	1.0	
路灯杆柱	2.0	
电力、电信杆柱	1.5	
消防龙头	1.5	2.0
测量水准点	2.0	2.0

以上各表可供树木配置时参考，但在具体应用时还应根据管道在地下的深浅程度而定，管道深的与树木的水平距离可以近些；树种属深根性或浅根性，对水平距离也有影响。树木与架空线的距离也视树种而异，树冠大的要求距离远些，树冠小的则可近些，一般应保证在有风时树冠不致碰到电线。在满足与管线关系的前提下，行道树距道牙的距离应不小于 0.5m。

确定种植点距道牙的距离还应考虑人行道铺装材料及尺寸。如是整体铺装则可不考虑，如是块状铺装，最好在满足与管线的最小距离的基础上定与块状铺装的整数倍尺寸关系的距离，这样施工起来比较方便快捷。

行道树绿带的设计要考虑绿带宽度、减弱噪声、减尘及街景等因素，还应综合考虑园林艺术和建筑艺术的统一，可分为规则式、自然式以及规则与自然相结合的形式。行道树绿带是一条狭长的绿地，下面往往敷设若干条与道路平行的管线，在管线之间留出种树的位置。由于这些条件的限制，成行成排地种植乔木及灌木就成为行道树绿带的主要形式，它的变化体现在乔、灌木的搭配、前后层次的处理和单株与丛植交替种植的韵律上。为了使街道绿化整齐统一，同时又能够使人感到自由活泼，行道树绿带的设计以采用规则与自然相结合的形式最为理想。

② 路侧绿带的设计　路侧绿带包括基础绿带、防护绿带、花园林荫路、街头休息绿地等。当街道具有一定的宽度，人行道绿带也就相应地宽了，这时人行道绿带上除布置行道树外还有一定宽度的地方可供绿化，这就是防护绿带。若绿化带与建筑相连，则称为基础绿带。一般防护绿带宽度小于 5m 时，均称为基础绿带，宽度大于 10m 以上的，可以布置成花园林荫路。防护绿带宽度在 2.5m 以上时，可考虑种一行乔木和一行灌木；宽度大于 6m 时可考虑种植两行乔木，或将大、小乔木，灌木以复层方式种植；宽度在 10m 以上的种植方式更可多样化。

基础绿带的主要作用是为了保护建筑内部的环境及人的活动不受外界干扰。基础绿带内可种灌木、绿篱及攀缘植物以美化建筑物。种植时一定要保证种植与建筑物的最小距离、保证室内的通风和采光。国内常见用地锦等藤本植物作墙面垂直绿化，用直立的桧柏、珊瑚树或女贞等植于墙前作为分隔，如绿带宽些，则以此绿色屏障作为背景，前面配植花灌木、宿根花卉及草坪，但在外缘常用绿篱分隔，以防行人践踏破坏。国外极为注意基础绿带，尤其是一些夏日气候凉爽、无需行道树蔽阴的城市，则以各式各样的基础栽植来构成街景，墙面上除有藤本植物外，在墙上还挂上栽有很多应时花卉的花篮，外窗台上长方形的塑料盒中栽满鲜花，墙基配植多种矮生、匍地的裸子植物、平枝栒子、阴绣球以及宿根、球根花卉，甚至还有配植成微型的岩石园。绿带宽度超过 10m 者，可用规则的林带式配植或培植成花园林荫道。

（2）分车绿带的设计

道路分车绿带是指车行道之间可以绿化的分隔带，也称隔离绿带。其位于上下行机动车道之间的为中间分车绿带，位于机动车道与非机动车道之间或同方向机动车道之间的为两侧分车绿带。分车绿带主要由道牙围合而成，其中设有公共汽车站、广告牌匾、照明灯具、隔离栏杆等市政设施；其从属于整个道路系统。在三块板的道路断面中分车绿带有两条，在两块板的道路上分车绿带只有一条，又称为中央或中间分车绿带。分车绿带有组织交通、分隔上下行车辆的作用。

分车绿带的宽度因道路而异，没有固定的尺寸。因而种植设计就因绿带的宽度不同而有不同的要求了。一般在分车带上种植乔木时要求分车带不小于 2.5m；6m 以上的分车带可以种两行乔木和花灌木；窄的分车带只能种草坪和灌木。两块板形式的路面在我国不多，中央绿带最小为 3m，3m 以上的分车带可以种乔木。国外新城规划中，中央分车带有达几十米宽的，上面不种乔木，只种低矮灌木和草皮。

设置分车带的目的，是用绿带将快慢车道分开，或将逆行的快车与快车分开，保证快慢车行驶的速度与安全。对视线的要求因地段不同而异。在交通量较少的道路两侧没有建筑或没有重要的建筑物地段，分车带上可种植较密的乔、灌木，形成绿色的墙，充分发挥隔离作用。当交通量较大、道路两侧分布大型建筑及商业建筑时，既要求隔离又要求视线通透，在分车带上的种植就不应完全遮挡视线。种分枝点低的树种时，株距一般为树冠直径的 2～5 倍；灌木或花卉的高度应在视平线以下。如需要视线完全敞开，在隔离带上应只种草皮、花卉或分枝点高的乔木。路口及转角地应留出一定范围不种遮挡视线的植物，使司机能有较好的视线，保证交通安全。

分车绿带位于车行道中间，位置明显而重要，因此在设计时要注意街景的艺术效果。可以造成封闭的感觉，也可以创造半开敞、开敞的感觉。这些都可以用不同的种植设计方式来达到。分车带的绿化设计方式有 2 种，即封闭式和开敞式（图 6-30）：封闭式分车绿带是指在分车绿化带上密植一行或多行灌木形成绿墙，可采用不同叶色的植物不等距地分段栽植，每段不应小于 3m，以免晃眼；开敞式分车绿带一般是指在分车绿化带上种植草皮、宿根花卉、低矮灌木或大株距的高大乔木，以达到开朗、通透的效果。在不同的路段可交替使用封闭式与开敞式的手法，既照顾了各路段的特点，又能产生对比，丰富景观。

(a) 开敞式

(b) 封闭式

图 6-30 分车绿带种植形式

无论采取哪一种种植方式，其目的都是为了最合理地处理好建筑、交通和绿化之间的关系，使街景统一而富于变化。但要注意变化不可太多，过多的变化，会使人感到凌乱烦琐而缺乏统一，容易分散司机的注意力，从交通安全和街景考虑，在多数情况下分车绿带以不挡视线的开敞式种植较为合理。

分车绿带种植设计时要注意以下几个问题。

① 分车绿带位于车行道之间，当行人横穿道路时必然横穿分车绿带，这些地段的绿化设计应根据人行横道线在分车绿带上的不同位置采取相应的处理办法，既要满足行人横穿马路的要求，又不致影响分车绿带的整齐美观：a. 人行横道线在绿带顶端通过，在人行横道线的位置上铺装混凝土方砖不进行绿化；b. 人行横道线在靠近绿带顶端位置通过，在绿带顶端留一小块绿地，在这一小块绿地上可以种植低矮植物或花卉草地；c. 人行横道线在分车绿带中间某处通过，在行人穿行的地方不能种植绿篱及灌木，可种植落叶乔木。

② 分车绿带一侧靠近快车道，因此公共交通车辆的中途停靠站都设在分车绿带上。车站的长度 30m 左右，在这个范围内一般不能种灌木、花卉，可种植乔木，以便夏季为等车乘客提供树荫。当分车绿带宽 5m 以上时，在不影响乘客候车的情况下可以种少量绿篱和灌木，并设矮栏杆保护树木。

(3) 交通岛植物种植设计

交通岛是指控制车流行驶路线和保护行人安全而布设在道路交叉口的岛屿状构造物。交通岛绿地一般分为中心岛绿地、导向岛绿地和立体交叉绿地三类。其主要功能是诱导交通、美化市容，通过绿化辅助交通设施显示道路的空间界限，起到分界线的作用。

① 中心岛绿地　中心岛是设置在交叉口中央，用来组织左转弯车辆交通和分隔对向车流的交通岛，习惯称转盘。常规中心岛直径在 25m 以上。中心岛绿化是道路绿化的一种特殊形式，原则上只具有观赏作用；布置形式有规则式、自然式、抽象式等。中心岛不宜密植乔木、常绿小乔木或大灌木，以免影响行车视线。绿化以草坪、花卉为主，或选用几种不同质感、不同颜色的低矮的常绿树、花灌木和草坪组成模纹花坛。图案应简洁，曲线优美，色彩明快。也可布置些修剪成形的小灌木丛，在中心种植 1 株或 1 丛观赏价值高的乔木加以强调。若交叉口外围有高层建筑，图案设计还要考虑俯视效果（图 6-31）。

② 导向岛绿地　导向岛是用以指引行车方向、约束行道、使车辆减速转弯、保证行车安全的交通岛（图 6-32）。在环形交叉进出口道路中间应设置交通导向岛，并延伸到道路中间隔离带。交叉口绿地是由道路转角处的行道树、交通岛绿地以及一些装饰性绿地组成。为了保证驾驶员能及时看到车辆行驶情况和交通管制信号，在视距三角形内不能有任何阻挡视线的东西，但在交叉口处，个别进入视距三角形内的行道树，如果株距在 6m 以上，树干分枝高在 2m 以上，树干直径在 40cm 以下时是允许存在的，因为驾驶员可通过空隙看到交叉口附近的车辆行驶情况。种植绿篱时株高要低于 70cm。

图 6-31　中心岛种植设计

图 6-32　导向岛种植设计

③ 立体交叉绿地　交叉路口是两条或两条以上道路相交之处。这是交通的咽喉、隘口，种植设计需要先调查其地形、环境特点，并了解“安全视距”及有关符号。所谓安全视距是指行车司机发觉对方来车立即刹车而恰好能停车的距离。为了保证行车安全，道路交叉口转弯处必须空出一定距离，使司机在这段距离内能看到对面特别是侧方来往的车辆，并有充分

的刹车和停车时间，而不致发生撞车事故。根据两条相交道路的两个最短视距，可在交叉口平面图上绘出一个三角形，称为“视距三角形”。在此三角形内不能有建筑物、构筑物、广告牌以及树木等遮挡司机视线的地面物。在视距三角形内布置植物时，其高度不得超过0.65～0.7m，宜选低矮灌木、丛生花草种植。

视距的大小，随着道路允许的行驶速度，道路的坡度，路面质量情况而定，一般采用30～35m的安全视距为宜（图6-33）。

安全视距计算公式：

$$D=a+tv+b$$

$$b=v^2/2q\varphi$$

式中，D为最小视距，m；a为汽车停车后与危险带之间的安全距离，m，一般采用4m；t为驾驶员发现目标必须刹车的时间，s，一般为1.5s；v为规定行车速度，m/s；b为刹车距离，m；q为重力加速度，9.81m/s^2；φ为汽车轮胎与路面的摩擦系数，结冰情况下采用0.2，潮湿时0.5，干燥时0.7。

（4）停车场绿地植物种植设计

随着人民生活水平的不断提高，机动车辆越来越多，一般在大型的公共建筑（剧院、商场、饭店、体育馆）、商业楼、居民区都设有停车场，根据停车场的形式，其绿化也可分为多层的、地下的、地面的等形式。目前我国地面停车场较多，对于较小的停车场可以采用周边式植物种植设计，采用草坪砖铺装场地，周围种植乔木、花灌木、绿篱或加以围栏；较大的停车场则采用成行成列种植乔木的树阵式种植方式给车辆遮阴；另外在建筑前，停车场绿化常和基础绿化结合，一般种植乔木和花灌木、绿篱等，使种植既能衬托建筑又能为车辆遮阴。

近年来，生态停车场已成为城市建设中的一个热词，生态停车场是指在露天停车场应用透气、透水性铺装材料铺设地面，并间隔栽植一定量的乔木等绿化植物，形成绿荫覆盖，将停车空间与园林绿化空间有机结合（图6-34）。北京、上海两地相继出台的《北京地区停车场绿化指导书》和《上海市绿荫停车场建设指导手册》中均要求在建的停车场应具有相应的绿化量，以形成较高的绿化覆盖率，并且采用透水材料铺装。而国外的“Green Parking”在绿化覆盖率和透水铺装基础上引入了可持续的雨水管理系统（图6-35）。

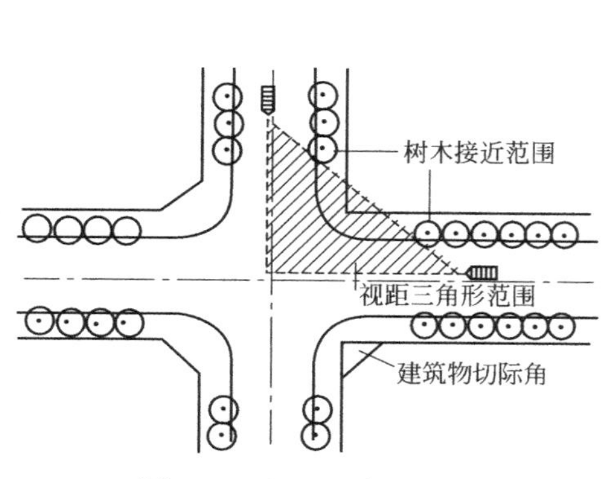

图6-33 视距三角形示意

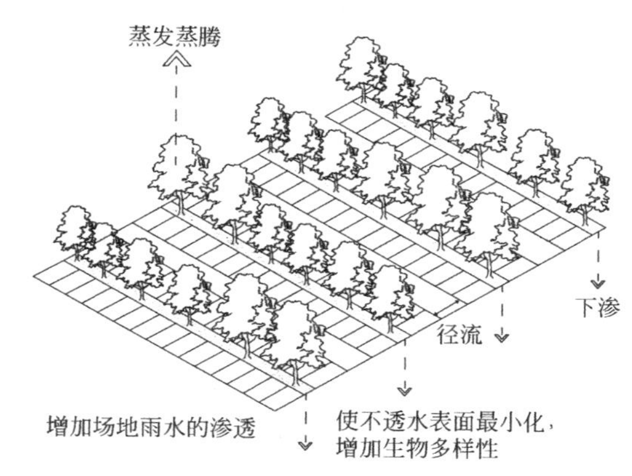

图6-34 生态停车场示意

生态停车场一般具有以下特点。

① 上有大树　为车遮阴，降低车内温度，减少能源消耗，增加人的舒适感。

② 下能透水　让雨水回归地下，调节地面温度，减少排泄量，提升地下水位，兼作绿

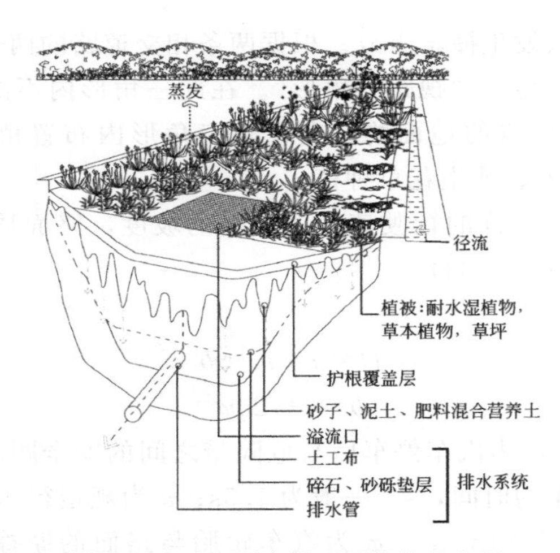

图 6-35 引入雨水管理系统的停车场

化灌溉。

③ 绿树环抱 不仅吸尘减噪，提升景观品质，还能缓解炎炎夏日下的烦躁心情，提升城市环境质量。

④ 交通通畅 布局、运转、流程合理，交通便捷，用地经济，符合停车各项规章制度。停车场的绿地分布以不影响车辆正常通行为原则，包括车位旁的绿地，两排停车位之间的绿地，车位末端的绿地，回车广场、分隔带、行道树等的绿地，以及场地边缘的保护绿地等。停车场周边应种植高大遮阴乔木，宜有隔离防护绿带；在停车场内结合停车间隔带种植高大庇荫乔木。停车场种植的遮阴乔木可选择行道树种。其树木枝下高度应符合停车位净高度的规定：小型汽车为 2.5m；中型汽车为 3.5m；载货汽车为 4.5m，但不宜布置花卉。

地面停车场内种植穴内径应≥1.5m×1.5m，种植穴的挡土墙高度>0.2m，并设置相应的保护措施。残疾人停车车位的一侧设宽度不小于 1.20m 的轮椅通道，应使乘轮椅者从轮椅通道直接进入人行通道到达建筑入口。

生态停车场的建设能够缓解城市局部环境中的热岛效应、促进雨水循环利用、增加生物多样性、提升环境生态效应；此外，还具有改善乘车环境、增加城市绿化面积、保养汽车等功能。

6.2.1.3 城市道路树种的选择

一般说来城市道路树种应具备冠大荫浓、主干挺直、树体洁净、落叶整齐；无飞絮、毒毛、臭味；种苗来源丰富并适应城市环境条件，如耐践踏，瘠薄土壤、耐旱、抗污染等；隐芽萌发力强、耐修剪、易复壮、长寿等。

① 道路树种选择应以乡土树种为主，从当地自然植被中选择优良的树种，但不排斥经过长期驯化考验的外来树种。

华北、西北及东北地区可用杨属、柳属、榆属、槐、臭椿、栾树、白蜡属、复叶槭、元宝枫、油松、华山松、白皮松、红松、樟子松、云杉属、桦木属、落叶松属、刺槐、银杏、合欢等。华东、华中可选择香樟、广玉兰、泡桐、枫杨、重阳木、悬铃木、无患子、枫香、乌桕、银杏、女贞、刺槐、喜树、合欢、榔榆、榆、榉树、薄壳山核桃、柳属、南酸枣、青桐、枇杷、楸树、鹅掌楸等。

华南可考虑香樟、榕属、桉属、木棉、台湾相思、红花羊蹄甲、洋紫荆、凤凰木、木麻黄、悬铃木、银桦、马尾松、大王椰子、蒲葵、椰子、木菠萝、扁桃、芒果、蝴蝶果、白千层、石栗、白兰、大花紫薇、蓝花楹等。

② 结合城市特色，优先选择市花、市树及骨干树种　如济南市在绿化用树的选择上，确定雪松、柳树、绒毛白蜡、国槐、法桐、紫薇等树种为该市园林绿化基调树种；桧柏、白皮松、侧柏、大叶女贞、栾树、五角枫、银杏、毛白杨、臭椿、刺槐等树种为该市园林绿化骨干树种。在市树柳树、市花荷花的基础上，建议推选国槐、紫薇为第二市树、市花。

③ 道路各种绿带常可配植成复层混交的群落，应选择一批耐阴的小乔木及灌木　如大叶米兰、山茶、厚皮香、拎木、竹柏、桂花、红茴香、大叶冬青、君迁子、含笑、虎刺、扶桑、海桐、九里香、红背桂、大叶黄杨，锦熟黄杨、栀子、水栀子、杜鹃属、棕榈、棕竹、散尾葵、丁香属、小蜡、枸骨、瓶兰、老鸦柿、棣棠、海仙、阴绣球、珍珠梅、太平花、金银木、小檗属、十大功劳属、胡枝子属、溲疏属等。

④ 郊区公路绿带可考虑选用一些具有经济价值的树种　如乌桕、油桐、竹类、女贞、棕榈、杜仲、白千层、枫香、箭杆杨、榆、水杉等。

6.2.2 园路的植物种植设计

6.2.2.1 园路概述

园路是指在园中起交通组织、引导游览、停车等作用的带状、狭长形硬质地面。其既是贯穿全园的交通网络，同时又是分割各个景区、联系不同景点的纽带，与建筑、水体、山石、植物等造园要素一起组成丰富多彩的园林景观。根据中华人民共和国行业标准《公园设计规范》(CJJ 48—92)，园林道路主要分为主路、支路和小路三级（表6-5)。园路的宽窄、线路乃至高低起伏都是根据园景中地形以及各景区相互联系的要求来设计的。一般来讲，园路的曲线都很自然流畅，两旁的植物配植及小品也宜自然多变，不拘一格。游人漫步其上，远近各景可构成一幅连续的动态画卷，具有步移景异的效果。

表6-5　园路级别和宽度　单位：m

园路级别	陆地面积/hm^2			
	<2	2～10	10～50	>50
主路	2.0～3.5	2.5～4.5	3.5～5.0	5.0～7.0
支路	1.2～2.0	2.0～3.5	2.0～3.5	3.5～5.0
小路	0.9～1.2	0.9～2.0	1.2～2.0	1.2～3.0

园路的面积在景观绿地中占有很大的比例，又遍及各处，因此两旁的植物配置的优劣直接影响全园的景观。园路变化多端，时而有清晰的路缘，时而似路非路而似一块不规则的广场，但能引导游人游览各个景区，起到移步换景的作用，而这种作用往往是有植物完成的，因此园路的植物种植设计应精心布局，结合周围的景物（地形、水体、建筑等)，用不同的艺术手法创造丰富的道路景观。

6.2.2.2 主路旁的植物种植设计

主路是沟通各活动区的主要道路，在园区中往往设计成环路，一般宽2～7m，游人量大。主路的植物种植设计代表了绿地的形象和风格，植物配置应该引人入胜，形成与其定位一致的气势和氛围。要求视线明朗，并向两侧逐渐推进，按照植物体量的大小逐渐往两侧延展，将不同的色彩和质感合理搭配。植物可选择冠大荫浓、主干优美、树体洁净、高低适度的树种，如香樟、广玉兰、银杏、大叶女贞、合欢、鹅掌楸、栾树、合欢、枫杨等，以城市乡土树种为主兼顾特色，并注意速生树种和慢生树种的结合种植，形成林荫夹道的空间效果，如图 6-36 所示，正所谓“迢迢青槐街，相去八九坊”，树下配置耐阴的花卉植物，植物配置上要有利于交通。

平坦笔直的主路两旁可采用规则式配植。往往以一个或两个树种为基调，并搭配其他花灌木，丰富路旁色彩，形成节奏明快的韵律。最好植以观赏价值较高的观叶或观花乔木，林下配植耐阴的地被或灌木，丰富园内色彩。若前方有建筑作对景时，两旁植物可密植，使道路成为一条甬道，以突出建筑主景，如图 6-37 所示。

图 6-36　国槐构成林荫道

图 6-37　密植的乔木突出建筑

蜿蜒曲折的园路，不宜成排成行，而以自然式配植为宜，沿路的植物景观在视觉上应有挡有敞，有疏有密，有高有低。景观上有草坪、花地、灌丛、树丛、孤立树，甚至水面，如图 6-38 所示。山坡、建筑小品等不断变化，游人沿路漫游可经过大草坪，也可在林下小憩或穿行在花丛中赏花。路旁若有微地形变化或园路本身高低起伏，最宜进行自然式配植。若在路旁微地形隆起处配植复层混交的人工群落，最得自然之趣。如华东地区可用马尾松、黑松、赤松或金钱松等作上层乔木；用毛白杜鹃、锦绣杜鹃、杂种西洋杜鹃作下层灌木；络石、宽叶麦冬、沿阶草、常春藤或石蒜等作地被，游人步行在松树下，与杜鹃擦肩而过，顿觉幽静、优美异常，见图 6-39。路边无论远近，若有景可赏，则在配植植物时必须留出透视线。如遇水面，对岸有景可赏，则路边沿水面一侧不仅要留出透视线，在地形上还需稍加处理。要在顺水面方向略向下倾斜，再植上草坪，诱导游人走向水边去欣赏对岸景观。路边地被植物的应用不容忽视，可根据环境不同，种植耐阴或喜光的观花。观叶的多年生宿根、球根草本植物或藤本植物，既组织了植物景观又使环境保持清洁卫生。

图 6-38　布查特花园景观优美的园路

图 6-39　乔灌木由低到高，逐层向外推移，扩大空间感

靠近入口处的主干道要体现景观和气势，往往采用规则式配置。可以通过量的营造来体现，或通过构图手法来突出；可用大片色彩明快的地被或花卉，体现入口的热烈和气势。

值得注意的是，在自然式配置时植物要丰富多彩，但是在树种的选择上不可杂乱。在较短的路段范围内，树种以不超过3种为好。选用1种树种时，要特别注意园路功能要求，并与周围环境相结合，形成有特色的景观。在较长的自然式的园路旁，如只用1种树种，往往显得单调。为了形成丰富多彩的路景，可选用多种树木进行配置，但要有1种主调树种。

6.2.2.3 次路与小路旁植物种植设计

次路是园中各区内的主要道路，一般宽2～3m，小路则是供游人漫步在宁静的休息区中，一般宽仅1～1.5m。次路和小路两旁的种植可更灵活多样，由于路窄，有的只需在路的一旁种植乔、灌木，就可达到既遮阴又赏花的效果。有的利用诸如木绣球、红枫、夹竹桃等具有拱形枝条等大灌木或小乔木，植于路边，形成拱道，游人穿行其下，极富野趣（图6-40），有的植成复层混交群落，则感到非常幽深，如华南植物园一条小路两旁种植大叶桉—长叶竹柏—棕竹—沿阶草四层的群落。南京瞻园一条小径，路边为主要建筑，但因配植了乌桕，珊瑚树、桂花、夹竹桃、海桐及金钟花等组成的复层混交群落，加之小径本身又有坡度，给人以深远、幽静之感。某些地段可以突出某种植物组织植物景观，如昆明圆通公园的西府海棠路，北京颐和园后山的连翘路（图6-41）、山杏路、山桃路等。

图6-40 红枫形成拱道

图6-41 颐和园后山连翘路

主路上栽植的园路树为全园确定了路树的基调，这类基调树在次路及小路上也应有所体现，从而使全园的园路基调树得以统一，使园路景观在变化中有一种和谐的美感。

6.2.2.4 不同类型园路的植物种植设计

在园林中，除主路、次路外，常常结合地形地势，利用各种各样的植物创造不同情趣的小径。

（1）山径

在园林的山地中，植物丛生、蜿蜒崎岖的山路是极具山野情趣的道路形式。它吸引人们沿路而上，一边欣赏途中的景致一边体会攀爬的乐趣。山道的宽度依不同的环境而不同，或仅能容一人通行，或宽达4～5m，但其旁的植物种植多为自然式，或仅种植几丛灌木，让人们能够远眺山景，或种植高大的乔木，为攀爬的人们提供阴凉；当然也可以乔灌草结合，创造具有层次感的景致。

在园林中，也有很多平地改造后形成山林之趣，此类山径多为路面狭窄而路旁树木高耸的坡道，路越窄、坡越陡、树越高，则山径之趣越浓。例如，杭州花港观鱼的密林区，经过地形改造、降低路面、提高路旁的坡度，使高差达2m，同时还通过山坡的曲折来遮挡视线。坡地上种植高大、浓密的乔木，如枫香、麻栎、沙朴、刺槐等，株行距从0.5m至4m不等，一般树与路边线的距离不等，从而形成了密林中的小山道。因此，在人工园林中往往采取一些措施来营造自然山径的意趣，也总结出一些规律来加强山径的植物景观。

1）山径旁的树木要有一定的高度，使之产生高耸入林的感觉，树高与路宽之比为（6∶1）～（10∶1）时，效果比较显著。树种宜选择高大挺拔的大乔木，树下可栽低矮的地被植物，以加强树高与路狭的对比。

2）径旁树木宜密植，郁闭度最好在90%以上，浓荫覆盖，光线阴暗，如入森林。

3）径旁树还要有一定的厚度，游人的视觉景观感觉不是开阔通透，而是浓郁隐透。视线所及尽皆树根、树干（图6-42）。

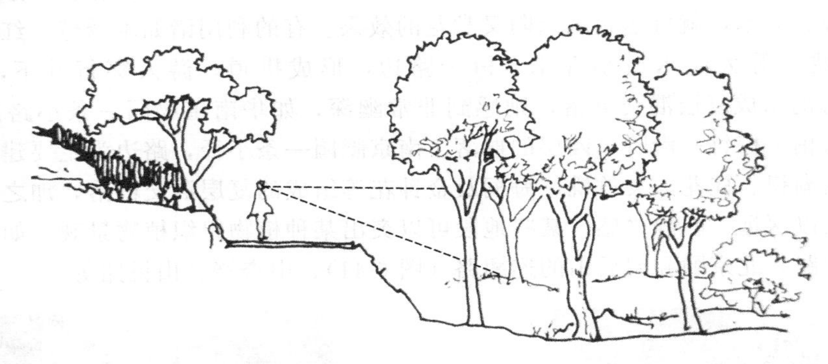

图6-42　山径中视线所及，尽是树根树干，才有山林之趣

4）山径本身要有一定的坡度和起伏，坡陡则山径的感觉强，如坡度不大，则可降低路面，相对地增加了路旁山坡的高度，坡上种高大乔木，加强高差，如漫步山林。

5）山径还需要有一定的长度和曲度，长，显得深远，曲，显得幽邃。

6）路径的开辟，尽量结合甚至创造一些自然的小景，如溪流、置石、谷地、丛林等，以加强山林的气氛。

无论自然山道或人工山道，要使之具有山林之趣，一般山路旁的树木要有一定的高度，以产生高耸感，当路宽与树高的比例在（1∶6）～（1∶10）时效果比较明显。或者，道路浓荫覆盖，具有一定的郁闭度，光线适当地暗一些，加上周围厚度适当的树木，以强化“身临山林”之感。

（2）林径

在平原的树林中设径称为林径，与山径不同的是多在平地，径旁的植物是量多面广的树林，它不是在径旁栽树，而是在林中穿路，林有多大则径有多长，植物的气氛极为浓郁。尤其是一些常绿的松径和秋天的色叶径（如北方的黄栌径、南方的枫香径等）更是大自然中径路植物景观的精华所在

（3）竹径

竹径自古以来都是中国园林中经常应用的造景手法。李白诗中“绿竹人幽径，青萝拂行衣”。诗中常见“竹径通幽处，禅房花木深”，说明要创造曲折、幽静、深邃的园路环境，用竹来造景是非常适合的。竹生长迅速，适应性强，常绿，清秀挺拔。杭州的云栖、三潭印月、西泠印社，植物园内部有竹径；尤其是云栖的竹径，长达800m，两旁毛竹高达20余米，竹林两旁宽厚望不到边，穿行在这曲折的竹径中很自然地产生一种“夹径萧萧竹万枝，

云深幽壑媚幽姿”的幽深感。

竹径的特色是四季常青，形美色翠，幽深宁静，表现出一种高雅、潇洒的气质。但是，由于园林的立意不同，环境复杂，路旁栽竹常常可以造成不同的情趣与意境。

① 竹林小径　这是园林中最常见的一种竹径，一般比较短或直，荫浓，幽静，明暗对比强烈。

② 通幽曲径　这种竹径的特点是“曲”和“幽”，可增加园林的含蓄性，又以优美流畅的动感，引发游人探幽访胜的心情，不一定要“长”而“深”，也可产生宁静、幽深的意境。有些较宽的竹径，在两旁竹丛下部以围墙遮挡，上部则竹叶交错覆盖着整条曲径，使空间感更显宁静，但觉景色单调，似乎又将加快游览的节奏。

③ 竹中求径　有的竹径并无明显的路面或只是散铺数块步石，游人可以自由地穿行于有意留有竹林的空间内。

（4）花径

以花的形、色观赏为主的径路称为花径。花径是园林中具有特殊情趣的路径，它在一定的道路空间内，通过花的姿态和色彩来创造一种浓郁的花园的氛围，给人们一种美的艺术享受，尤其在盛花时期能让人产生如入花园的感觉。例如，济南五龙潭公园的樱花径，位于武中奇书画馆之后，路宽1.5m，两旁以樱花为主，间植少量云杉。樱花的树冠覆盖了整个路面，每当樱花盛开之时，人们犹如在粉红的云霞之中畅游。而在各地的公园中，也常用桃花、桂花、玉兰、连翘等花木丛植来创造花径。一般花灌木要密植，最好有背景树。花径植物宜选择花型美丽、花期较长，花色鲜艳、开花繁茂的植物，有香味则更妙。例如，樱花、垂丝海棠、黄槐、紫薇、木本绣球、丁香、金银木、夹竹桃、扶桑、杜鹃花、金丝桃、郁金香、葡萄风信子、矮牵牛等（图6-43）。

图6-43　花径

（5）叶径

叶径主要也是赏叶色和叶形，叶色一般体现于秋季的黄叶与红叶，叶形通常选择有特殊形状的棕榈科、芭蕉科植物为多。

（6）草径

草径是指突出地面的低矮草本植物的径路。约有6种不同的观赏栽植方式：a. 在路径旁铺设草带或草块（图6-44）；b. 在草坪之上开辟小径，设步石（图6-45）；c. 沿路径边缘栽书带草与“草中嵌石”；d. 在大草坪中以低矮小白花作路沿，划出一条草路，这只是在游人不多的园林边缘地区表现的一种“野趣”之径；e. 在地形略有起伏的草坪中开径，白色路面的小径，在低处的绿色草坪中，仿若流水一般地缓曲流动，造成一种动态景观（图6-46）；f. 于浅水中设置步石（汀步），汀步旁可栽植些许挺水植物，如香蒲、千屈菜、水生鸢尾等；栽植时切忌左右对称，呆板僵硬，可以采用丛植的手法，左右点缀，形成极富自然野趣的水面景观。

图6-44　草径

图 6-45　草坪之上开辟小径，设步石

图 6-46　草坪中设小径

6.3 水体环境的植物种植设计

水是万物的生命源泉之一，是园林中的“血液”。古人云：“石为山之骨，泉为山之血。无骨则柔不能立，无血则枯不得生。”园林中有了水就有了灵性，园林水景给人以明净、清澈、近人、开怀的感受，古今中外的园林对于水体的运用非常重视。

园林中的水一般分为动、静两种形态。多数园林水景以静态为主。观赏静态水，可体会寂静深远的意境，如颐和园昆明湖的水面即为静态水。具有动态水的园林，静中有动，动中有静，欣赏者要兼顾水的声、形、色、音、影等综合艺术效果，如泉城济南的趵突泉、黑虎泉均是闻名遐迩的动态水，是园景生动的点睛之笔。

园林中各类水体，无论其在园林中是主景、配景或小景，无一不借助植物来丰富水体的景观。水中、水旁园林植物的姿态、色彩、所形成的倒影，均加强了水体的美感。有的绚丽夺目、五彩缤纷，有的则幽静含蓄，色调柔和。例如，杭州西湖苏堤上桃柳夹道，每年三月，桃花盛开，绚丽夺目，令人沉醉。而白堤上绿柳成行，芳草如茵，回望群山含翠，湖水涂碧，含蓄幽静，难怪白居易诗云：“最爱湖东行不足，绿杨荫里白沙堤”。

6.3.1　园林植物与水体的景观关系

水是植物的生命之源，植物又是水景的重要依托，植物婀娜多姿、色彩丰富，使水体的美得到充分的体现和发挥。水岸石壁、悬葛垂萝可以形成令人神往的绿幕景观；山花野草、曲涧幽溪可增添人工园林的野趣与亲切感；“疏影横斜水清浅，暗香浮动月黄昏”最是形象地说明了植物、水体相辅相成，形成诗意般的美景。

6.3.1.1　水体景观环境中植物的作用

(1) 生态作用

植物有护岸、维护生态环境、净化水体、提高生物多样性等多种生态功能。植物根系可固着土壤，枝叶可截留雨水，过滤地表径流，抵抗流水冲刷，从而起到保持堤岸、增加堤岸结构的稳定性、净化水质、涵养水源的作用，而且随着时间的推移，这些作用被不断加强。例如所有的灯心草类植物都可以承受急流，而伞形植物则适用于加固河堤上的土壤。近 30

年来，我国对东湖、巢湖、滇池、太湖、洪湖、白洋淀等浅水湖泊的富营养化控制和人工湿地生态恢复的大量研究证明，水生植物可以吸附水中的营养物质及其他元素，增加水体中的氧气含量，抑制有害藻类大量繁殖，抑制底泥营养盐向水中的再释放，以利于水体的生态平衡。

（2）丰富水体景观

通过植物生长中干、叶、花、果的变化，以及花开花落、叶展叶落和幼年、壮年、老龄的种种变化而有高低不同，色彩不同，形态花果的不同，展现出春华、夏荫、秋叶、冬实的季相，是一种无穷变化的大自然美的体现。水体景观环境中良好的植物配置，可以丰富水体的平、立面及色彩效果，使之与周围环境融合成一体。“春则花柳争妍、夏则荷榴竞放、秋则桂子飘香、冬则梅花破玉”生动地描绘出植物对杭州西湖景观的贡献。另外，水生植物也是营造野趣的上好材料，在河岸密植芦苇林、大片的香蒲、慈菇、水葱、浮萍定能使水景野趣盎然。

（3）划分水体空间

水体中常常设置堤、岛、桥作为划分水面空间的重要因素，而堤上、岛中、桥头的植物配置，则是划分水面空间的主要题材和手段。通过植物造景的手段可以加强水体的景致，扩大或遮挡水面空间，增加水上游览的趣味，丰富水面空间的色彩，甚至影响到水体景观的风格。如西湖长达 2.8km 的苏堤，在桥与桥之间，每一段突出一个树种，形成特色，用不同植物的特性与风貌，克服长堤单调、乏味和冗长的感觉。除堤边多以垂柳为主外，分段选用香樟、三角枫、重阳木、乌桕、桂花，不仅其植物风格不同，而且也丰富了苏堤的季相色彩。

6.3.1.2 水体景观环境的植物配置原则

（1）生态性原则

水体的植物种植设计的目的是为了建立人工水边及水中植物群落。在种植设计过程中，要充分了解植物的生态需求，再根据园林水体的类型和立地条件选择适宜的植物种类并进行合理的配置，如图 6-47 所示。根据当地气候条件、水质、土壤条件选择水生植物的种类，乡土植物具有不可替代的优势，在引种过程中成活率高，取材极方便，营造出的景观具有浓烈的地域气息，经济适用。我国水系众多，水生植物资源非常丰富，仅高等水生植物就有 300 多种，为科学合理地利用好水生植物提供了有利条件。

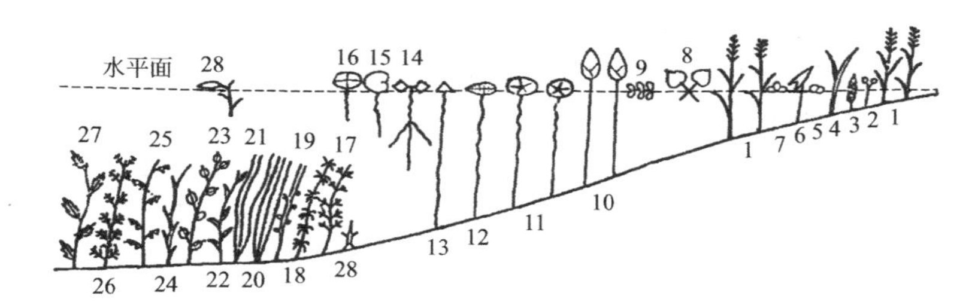

图 6-47 水体景观植物生态示意

1—芦苇；2—花蔺；3—香蒲；4—菰；5—青萍；6—慈菇；7—紫萍；8—水鳖；9—槐叶萍；10—莲；11—芡实；12—两栖蓼；13—荼菱；14—菱；15—睡莲；16—荇菜；17—金鱼藻；18—黑藻；19—小茨藻；20—苦草；21—竹叶眼子菜；22—光叶眼子菜；23—龙须眼子菜；24—菹草；25—狐尾藻；26—大茨藻；27—五针金鱼藻；28—眼子菜

（2）种类多样性原则

多种类植物的搭配，不仅在视觉效果上相互衬托，形成丰富而又错落有致的效果；同时有利于实现生态系统的完全或半完全的自我循环。从层次上考虑，有耐旱植物、喜湿植物和水中生长的植物，水中生长的植物又有灌木与草本之分，挺水、浮水和沉水植物之别。将这些各种层次的植物进行搭配设计，既能保持水体景观环境的生态完整性，带来良好的生态效果；而在精心配置后，或摇曳生姿，或婀娜多态的多层次植物还能给整个水体景观创造一种自然的美。

(3) 艺术性原则

除了要遵循园林植物配植的一般艺术原则，园林水体植物种植设计中还应考虑植物与水面配植所产生的特殊的艺术效果。

① 线条构图　平静的水面与竖线条、水平线条、点状、块状等不同姿态的植物搭配，可创造出不同的景观效果。与竖线条植物（如水杉、水松等）搭配，则视觉冲击力强；与水平线条的植物（如睡莲）搭配，则祥和宁静（图 6-48）。

图 6-48　英国谢菲尔德公园“十足湖”（上湖）令人惊叹的水体植物景观

② 色彩构图　水体的色彩是园林景观的色彩背景，水色的变幻可以与植物、建筑、天空等的色彩达到高度的协调。

③ 倒影的应用　水体在提高空间亮度和扩大景观空间的同时，产生的变幻无穷、静中有动、似静似动的倒影能加深水景的意境和赏景的乐趣。

④ 借景与透景　通过疏密有致的植物配植或将园林远景借入园中，或将园外或景区外景借入园中，或利用四季大自然的变化与园景配合组景。在配植时候，根据场地的立地条件，保留可透视远方景物的空间，远方空间的终点是可以被观赏的具体景物。所以，在水边植物种植之时，切忌封闭水体，应根据景点的组织佳则收之，俗则摒之。

⑤ 增加水景的层次　空旷的水面往往过于单调。通过水面植物景观、水边植物景观以及水面小品等的搭配，打破水面的平直感，使水面景观富有层次和变化。

6.3.2　水体景观环境的植物种植设计手法

植物能够为水景带来生命与生机，柔化水体的边缘，能为人们带来四季的丰富色彩和不同的意境，也能将水景与整个园林景观充分融合。植物的色彩景观和季相变化、植物的姿态、倒影、天际线等，都为水景添加了色彩，增强了水体的美感。

园林水体种植的主要区域为水面、水边、驳岸以及堤、岛。不同区域在种植设计的手法和原则上也有不同。

6.3.2.1 水面的植物种植设计

水面是扩大景观空间感觉，增添景观趣味的重要因素。由于水面景观低于人的视线，与水边景观呼应，加上水中倒影，有限的材料却给人们创造出意境深远的景观效果，最宜观赏。在进行水面植物种植设计时，常常以水面作为底色，配置丰富多彩的水生植物，既扩大了绿化面积，增加了俯视水面的植物景观，又与岸上的植物互相衬托，相映成趣。

满栽植物的水景多适于小水池，或水池中比较独立的一部分，如苏州拙政园中大片栽植的满池荷花，不仅在视觉上产生一定的气势，也以其“数里荷香”增添游人嗅觉上的喜悦（图 6-49）。部分栽植的水景中植物的配置一定要与水面大小比例、周围景观的视野相协调，尤其不要妨碍有倒影产生的效果，这时水面植物配置要与水边景观相呼应，注意植物与水面面积的比例以及所选植物在形态、质感上的和谐。水边景观加上水中倒影，正是入画美景，所以至少需留出 2/3 的水面面积供欣赏倒影。同时在对水面植物种植定位时，应当细心考虑岸边景物的倒影，以便将最美的景色现于水中。而名贵的植物品种，要种植在游人视距最清晰的视点上，以充分发挥其观赏作用。

图 6-49 拙政园荷池景观

6.3.2.2 水边的植物种植设计

紧靠水边的植物是水体景观的重要组成部分，其作用主要在于丰富岸边景观视线，增加水面层次，它与其他的山石、建筑、道路组合的艺术构图对水面空间起着举足轻重的作用。水边植物种植要选择耐水湿的植物材料，而且要符合植物的生态要求，这样才能创造出理想的景观效果。

水边植物配置的重点在于线条构图上，其景观主要是由湿生的乔灌木和挺水植物组成，不同的植物以其形态和线条打破了平直的水面。作为丰富天际线栽植的乔木，必须选用体形巨大、轮廓分明、色彩与周围的绿树有差别的树种，如槲树、大叶白蜡、楝树、重阳木、悬铃木、榕树、蒲葵等。湖边的树丛应有起伏变化的林冠线，从对岸观望才能产生雄伟、浑厚的表现力，也有借助湖边小山的树群丰富岸边林冠线的变化。在植物种植上切忌等距种植及整形修剪，要注意应用植物的枝、干，增加水面层次，形成框景、透景等景观效果。利用乔木的天际线与平直的水面形成对比，或者在配植中与岸边建筑相互呼应。我国园林中水边多植以垂柳，柔条拂水，动感的竖向线条打破水面的水平线条，给整个水景注入动感。挺水植物以大小不等群丛与石矶、小桥、栈道搭配，别具情趣。

北方常常植垂柳于水边，或配以碧桃樱花，或片植青青碧草，或放几株古藤老树，或栽几丛月季蔷薇、迎春连翘，春花秋叶，韵味无穷。有时候，也可在浅滩区或平直的湖岸线处植上一片水杉林，大气而壮观，很有一种意想不到的效果。可用于北方水边栽植的还有旱柳、红枫、重阳木、悬铃木、桑、梨、海棠、棕榈、棣棠、夹竹桃以及一些枝干变化多端的松柏类树木。南方水边植物的种类就相对丰富些，如水松、蒲桃、榕树类、红花羊蹄甲、木麻黄、椰子、蒲葵等棕榈科树种、落羽松、垂柳、串钱柳、乌柏等，都是很好的种植设计

图 6-50　水边孤植树形成主景

材料。

水边植物的种植设计要注意以下 4 点。

(1) 以树木构成主景

对于水体面积较大和周边空旷的区域，水边常栽植一株或一丛具有特色的树木，以构成水池的主景，如水边栽植红枫、蔷薇、桃、樱花、白蜡等，都能构成主景（图 6-50）。

(2) 林冠线

我国古代园林的植物配植比较讲究植物的形态与习性，如垂柳“更须临池种之，柔条拂水，弄绿搓黄，大有逸致”“湖上新春柳，摇摇欲换人”。池边种垂柳几乎成了植物配植的传统风格。在现代园林设计中水边植物种类多样，可孤植，亦可群植，群植时还应注意与园林周边环境的协调，更应注意植物配植的林冠线处理，避免天际线生硬呆板（图 6-51）。

(3) 透景线

在有景可借的水边种树时，要留出透景线。水边的透景与园路透景有所不同，它不限于一个亭子、一株树木或一座山峰，而是一个场面。配植植物时，可选用高大乔木，要加宽株距，用林冠来构成透景面，利用树干、树冠框以对岸景点，引导游客很自然地步向水边欣赏对岸景色（图 6-52）。

图 6-51　英国谢菲尔德公园水体边以树形挺拔的松树为主景的树丛配置，层次丰富

图 6-52　湖对岸树丛间的草坪既是道路，又延伸了空间

(4) 色彩构图

淡绿透明的水色，是调和各种园林景物的底色，如水边碧草、绿叶，水中蓝天、白云。它与树木的绿叶是调和的，有时显得比较单一，但对绚丽的开花乔灌木及草本花卉，或秋色却具衬托的作用。最好能根据不同景观的要求，在水边或多或少地配植色彩丰富的植物，使之掩映于水中。

总之，水面是一个形体与色彩都很简单的平面。为了丰富水体景观，水边植物的配植在平面上，不宜与水体边界等距离，其立体轮廓线要高低错落，富于变化；植物的色彩不妨艳丽一些，但这一切都必须按照立意去做。水边植物宜选树冠圆浑、枝条柔软下垂或枝条水平开展的植物，如垂柳、榆树、乌桕、朴树、枫杨、香樟、水杉、桂花、广玉兰、紫薇、枇杷、樱花、无患子、白皮松、南天竹、六月雪、黄瑞香、罗汉松、棕榈等。

6.3.2.3　驳岸植物种植设计

水体的驳岸是水陆交错的过渡地带，在自然状态下往往是物种丰富、生产力高的区域。

岸边植物的配植与水体驳岸的结合非常重要，它能够使岸与水融为一体，扩展水面的空间。

（1）结构性驳岸的植物种植设计

结构性的驳岸整齐而且坚固，游人在岸边活动能够比较随意，在园林水景中应用较为广泛。但是，结构性驳岸的线条却显得有些生硬，尤其是规则的驳岸。因此，通过岸边种植合适的植物，柔化其线条而弥补其不足就显得尤为重要。如常见的垂柳、南迎春、夹竹桃、迎春等种植在水边，其下垂或拱形的枝条可以遮盖石岸，同时配以鸢尾、黄菖蒲、燕子花等增加活泼气氛；而对于较大的水面，可以在驳岸上种植攀缘植物（如地锦、薜荔等）加以改善。

（2）非结构性驳岸的植物种植设计

应结合地形、道路、岸线布局进行设计。非结构性驳岸一般自然蜿蜒，线条优美，因此植物配植应以自然种植为宜，忌等距栽植及修剪整形，以自然姿态为主。结合地形和环境，配植应该有近有远，有疏有密，有断有续，有高有低，使沿岸景致自然有趣。

6.3.2.4 堤、岛、桥植物种植设计

水体中设置堤、岛是划分水面空间的主要手段，堤常与桥相连。而堤、岛的植物配置，不仅增添了水面空间的层次，而且丰富了水面空间的色彩，倒影成为主要景观。

（1）堤

在园林中虽不多见，但杭州的苏堤、白堤，北京颐和园的西堤，广州流花湖公园及南宁南湖公园都有长短不同的堤。堤常与桥相连，故也是重要的游览路线之一。堤起着划分水面的作用，堤上的植物则是水面空间或联系或分割的关键。堤上植物的种植设计应该遵循总体设计的意图，疏密有致，以其丰富的四季季相变化来丰富水面空间景观。

“沿堤插柳”是古典园林水边湖岸常用的植物配置手法。北京颐和园西堤以杨、柳为主，以柳树为主基调，是桃红柳绿的传统配植手法，颂咏春景。西堤沿途以百年历史的古柳群落与色彩丰富的树林为背景，增加了湖面的景深。丰富的林冠线，将昆明湖划分为有收有放的南北两大层次。

（2）岛

岛是水体景观的重要元素之一。岛的类型众多，大小各异，有可游的半岛及湖中岛，也有仅供远眺、观赏的湖心岛；前者在植物配植时还要考虑导游路线，不能有碍交通，后者不考虑内部游览，植物配植密度较大，要求四面皆有景可赏。在进行植物种植设计时，选择适宜的乔木，疏密有致，高低有序，增加了湖岛的层次、景深和丰富了林冠线层次。对于岛上有塔或雕塑等主景时，在种植设计时应当注重对主景的烘托。通过岛与水面虚实对比，交替变化的园林空间在巧妙的植物配植下，表现得淋漓尽致。英国丘吉尔庄园中广阔的水面中有一孤岛，岛上林木葱郁，高低有序，倒影在清澈水面，宁静深远（图6-53）。

（3）桥

桥既能连接水两边的陆地又能划分水面的空间，在园林水体中起着联系风景点、组织交通的作用。园林中常见的桥有拱桥、平桥、亭桥、廊桥等形式，而根据其材质则有木桥、砖石桥、钢筋混凝土桥等。不同材质、不同造型的桥其旁边的植物配植也不尽相同。如拱桥旁边多种植姿态摇曳的小乔木、花灌木等，而折线形平桥多低临水面，其两旁多种植水生植物，如荷花、睡莲等，使人感到亲切、自然。如果桥的体量较小，则适宜搭配秀美的植物；如果体量较大，适宜密植乔木，形成一定的规模。扬州瘦西湖二十四桥景区广植牡丹芍药，桥头杨柳依依，桥外青山隐隐，游人一路游赏，犹如一幅水墨画卷在眼前逐渐展开，美不胜收（图6-54）。

图 6-53　丘吉尔庄园的湖中小岛

图 6-54　瘦西湖二十四桥植物景观

6.4 山石与植物种植设计

园林中的山石因其具有形式美、意境美和神韵美而富有极高的审美价值，被认为是“立体的画”“无声的诗”。在传统的造园艺术中，堆山叠石占有十分重要的地位。中国古典园林无论北方富丽的皇家园林还是秀丽的江南私家园林，均有缀石为山的秀美景点。而在现代园林中，简洁练达的设计风格更赋予了山石以朴实归真的原始生态面貌和功能。在园林中当植物与山石组织创造景观时不管要表现的景观主体是山石还是植物，都需要根据山石本身的特征和周边的具体环境，精心选择植物的种类、形态、高低大小以及不同植物之间的搭配形式，使山石和植物组织达到最自然、最美的景观效果。柔美丰盛的植物可以衬托山石之硬朗和气势，而山石之辅助点缀又可以让植物显得更加富有神韵，植物与山石相得益彰地配置更能营造出丰富多彩、充满灵韵的景观。

6.4.1　山石的类型

园林中的山石一般是指只用来起装饰作用，观赏性强的石头。常见的园林山石有黄石、太湖石、灵璧石、英德石、千层石、波纹石等。它们多来源于自然山野、河床等地，天然石块经过大自然长期风化、搬运（水流作用），而形成了鬼斧神工之杰作，具有极高的观赏价值。

除了这些天然形成的外，还有一些人工并打磨成与天然景石相类似的或更有特色的塑石。在不产石材地区塑石得到更为广泛利用。塑石是指近代有用灰浆或钢筋混凝土等材料制作的假石。此法可不受天然石材形状的限制，随意造型，但保存年限较短，色质等也不及天然石材。由于其成本较之于真石低，且不如真石重，塑石的使用也越来越广泛了。

6.4.2　山石一般的布置手法及选材

6.4.2.1　特置

又称孤置，多以整块体量巨大、造型奇特和质地、色彩特殊的石材做成。特置常用作整体或局部的构图中心和视线焦点，可于入口处作障景或对景，也可置于视线集中的廊间、天井中间、漏窗后面、水边、路口或园路转折的地方，要与周围的环境、尺度、颜色相配。

特置的选材特别重要，并不是什么石头都可以用来作特置的，要求石材本身应具备一定的观赏价值，能独立成果，或形奇、或姿俏、或花纹绮丽、或雄浑厚重。此外，还要具备一定的体量才行。特置也可以小拼大，不一定都是整块的立峰。

6.4.2.2 对置

在建筑物前两旁对称地布置两块山石，以陪衬环境，丰富景色。如北京可园中对置的房山石。

对置的选材也很重要，要求石材大小相仿，形态相似或相对，或一立一卧等。

6.4.2.3 散置

又称散点，即“攒三聚五”的做法。于小径尽头、空旷之处、狭湖岸边、佳树之下散置一定数量的天然石块，大大小小的石块看似无心散置，实则是经过精心布局的结果。

散置按体量不同可分为大散点和小散点。例如，北京北海琼华岛前山西侧用房山石作大散点处理，既减缓了对地面的冲刷，又使土山增添奇特嶙峋之势。小散点，如海珠湿地公园北门果林前的做法，显得深埋浅露，有断有续，散中有聚，脉络显隐。

散置的选材相对于以上两个要求就没那么高了，只要比主景石小，少破损的就可以了。

6.4.3 不同类型山石的植物种植设计

6.4.3.1 太湖石与植物种植设计

太湖石又名窟窿石，是一种石灰岩，其色泽以白石为多，少有青黑石、黄石。太湖石形状各异，姿态万千，通灵剔透，是园林四大名石之一。太湖石色泽最能体现“皱、漏、瘦、透”之美，适宜布置公园，草坪，校园，庭院等绿地中，有很高的观赏价值。太湖石常采用特置、对置和散置的形式置于路旁、庭园入口等地，尤其是置于古典韵味比较浓郁的庭园中；植物的配置，主要是突显太湖石的古典之美。除与植物相配置以外，景石往往还会与亭、桥、粉墙等园林建筑相结合，来展现古典园林的韵味。太湖石多呈灰白色，因而为了彰显其淡雅之美，配置于太湖石周围的植物的颜色以绿色居多。作为孤赏石，太湖石周围多配植草本植物，如文殊兰＋蜘蛛兰＋肾蕨＋沿阶草。而置于道路旁边的太湖石，为了打破单调，常采用乔—灌—草的配置模式，如西府海棠—毛白杜鹃—沿阶草。在公园的中国古典式小庭院内，太湖石旁多采用乔—灌—草的配植模式，如拙政园中走出“兰雪堂”后，迎面看到一座湖石假山，青翠的竹丛和古松，簇拥着一座巨大的石峰，状如云朵，峭然兀立，这座石峰叫作“缀云峰”；石峰下配置毛白杜鹃、木绣球等花灌木，灌木下植沿阶草，苔藓斑驳，藤蔓纷披，不乏古意（图6-55）。因此，太湖石与小型的竹类植物、棕竹、一叶兰、肾蕨、沿阶草等相配置，不仅能很好地展现太湖石的典雅之美，也能营造出清新、自然、优雅的环境。

6.4.3.2 黄蜡石与植物配置

黄蜡石呈润黄色，石质润泽光滑如同打蜡，因此得名，亦为园林四大名石之一。黄蜡石具有湿、润、密、透、凝、腻6个特点，其主“色相”黄色也是其成为名贵观赏石的重要因素。黄蜡石数量众多，是最为常见的一种景石，它常被特置于公园门口、散置于园路旁、草地中或置于小庭院内。此外，黄蜡石在公园内与水、植物组合造景也十分常见。当黄蜡石特置于公园或景点入口作为题名石时，其四周通常会配植植株低矮、体量较小的植物，如肾蕨及何氏凤仙、一串红、四季秋海棠等草花。在园路旁、庭园或草地中，体型较小的景石常三两成群地散置，此时会采用乔—灌—草的配植模式，如在南方可采用白兰—黄金榕—花叶良姜＋肾蕨，小叶榕—南天竹—孔雀菊＋肾蕨＋假银丝马尾等形式进行配置。北方可用黑松—

图 6-55　缀云峰

刚竹—酢浆草＋沿阶草等形式进行配置。在水景园中，黄蜡石亦可置于水景瀑布中，周围配植玉兰、海棠、木绣球或小叶榕、散尾葵、春羽等（图 6-56）；或散置于溪流的岸旁，周围配置喜湿的草本植物，如再力花、孔雀竹芋、春羽、风车草等，使景观自然和谐。据调查，由于花叶良姜的颜色、质感与黄蜡石润黄色的色泽极为和谐相配，因而被广泛应用于公园景石造景中。

图 6-56　黄石假山植物种植设计

6.4.3.3　英石与植物配置

英石原产于英德市区东北面 25km 的英山山脉，故谓“英石”。它是经过千百年骤冷暴晒、箭雨风刀而成的玲珑剔透、千姿百态的石灰石，是园林四大名石之一。英石一般为青灰色，其形状瘦骨铮铮，嶙峋剔透，多皱褶棱角，清奇俏丽。公园中英石比较常见，而且多以英石假山的形式出现。在水池旁的英石假山周围所配置的植物常采用乔—灌—草的配置模式，高大浓绿的乔木形成的背景，很好地衬托了英石假山及其周围植物的葱郁和旺盛生命力，如短序鱼尾葵＋青皮竹—观音竹＋狗牙花—海芋＋花叶良姜＋绿萝，再配以小叶榕盆景；在特置的英石旁，则常采用灌（或小乔木）—草的配置模式，如观音竹—花叶良姜＋龟背竹＋海芋＋沿阶草，佛肚竹—金脉爵床＋沿阶草等。在广州公园内，英石假山周围多点缀佛肚竹、海芋等乡土植物，不仅能突显岭南特色，还可营造古典园林的典雅之美。

6.4.3.4 花岗石与植物配置

花岗石是火成岩，属于硬石材，由长石、石英及少量云母组成。其颜色主要是由长石的颜色和少量云母及深色矿物的分布情况而定，通常为灰色、红色、蔷薇色或灰红相间的颜色。在加工磨光后，便形成色泽深浅不同的美丽斑点状花纹，花纹的特点是晶粒细小均匀，并分布着繁星般的云母亮点与闪闪发光的石英结晶。花岗石构造致密，呈整体的均粒状结构。花岗石在公园中一般作孤赏石，体量都比较大，四周配植喜阳植物。花岗石雕塑周围的植物常采用灌—草的模式，如天河公园粤晖园内的南粤胜景，在3块花岗岩雕琢而成的景石配上红刺露兜—彩叶凤梨等植物。此外，天然花岗石作为自然造景要素时，可散置于群落中，故可运用乔—灌—草的配植模式，如尖叶杜英—竹子—灰莉＋鹅掌藤—春羽＋花叶良姜等（图6-57）。

图6-57 花岗岩假山植物配置

6.4.4 山石的植物种植设计手法

6.4.4.1 植物为主、山石为辅

以山石为配景的植物配置可以充分展示自然植物群落形成的景观，设计主要以植物配置为主，石头和叠山都是自然要素中的一种类型，利用宿根花卉、一二年生花卉等多种花卉植物，栽植在树丛、绿篱、栏杆、绿地边缘、道路两旁、转角处及建筑物前；以带状自然式混合栽种可形成花境这样的仿自然植物群落，再配以石头的镶嵌使景观更为协调稳定和亲切自然、更富有历史的久远。现在上海许多绿地中都有花境的做法。中山公园的花境一角由几块奇石和植物成组配置。石块大小呼应，有疏有密植物有机地组合在石块之间，蒲苇矮牵牛、秋海棠、银叶菊伞房决明、南天竹、桃叶珊瑚等花境植物参差高下生动有致。佘山月湖山庄的主干道两侧以翠竹林为景观主体，林下茂盛葱郁的阴生植物、野生花卉、爬藤植物参差错落生动野趣，偶见块石二三一组、凹凸不平、倾侧斜欹在浓林之下密丛之间，漫步其中如置身郊野山林，让人充分领略大自然的山野气息。重庆某别墅区的庭院一隅，在紫薇棕榈、杜鹃、肾蕨组成的植物群落中独具妙心地加入了一块古拙之石，构成了一处精致的景观小品。

6.4.4.2 山石为主、植物为辅

在古典园林中经常可以在庭院的入口、中心等视线集中的地方看到特置的大块独立山石；在现代的绿地和公园内山石也经常被安置于居住区的入口、公园某一个主景区、草坪的一角，

轴线的焦点等形成醒目的点景。在山石的周边常缀以植物或作为背景烘托或作为前置衬托，形成了一处层次分明、静中有动的园林景观。这样以山石为主、植物为辅的配置方式因其主体突出常作为园林中的障景、对景、框景用来划分空间、丰富层次，具有多重观赏价值。

与古典园林相比现代园林选用的石材发生了很大变化，现代园林中的石材更多地融入了现代人追求简洁、精练的风格。石材的品种在湖石、黄石、英石的基础上多用人工塑石、卵石。低矮的常绿草本植物或宿根花卉层叠疏密地栽植在石头周围精巧而耐人寻味，良好的植物景观也恰当地辅助了石头的点景功能。

假山的植物配置宜利用植物的造型、色彩等特色衬托山的姿态质感和气势。假山上的植物多配植在山体的半山腰或山脚，配植在半山腰的植株体量宜小：蟠曲苍劲；配植在山脚的则相对要高大一些，枝干粗直或横卧。扬州个园的黄石假山山间有古柏出石隙中，坚挺的形态与山势取得调和，苍绿的枝叶又与褐黄的山石形成对比；山脚的青枫姿态挺拔、清爽高挑，增加了景深，陪衬了秋山的明净。

在园林中，植物已不是植物学意义上的植物，山石也已不是矿物学意义上的山石，它们已由纯自然的客观存在物转化为园林的主观存在物。“位置得宜”就是说必须将一花一石安置得当，使它们恰到好处地表现出人的性灵，体现自然界的生态，从而创造出园林美。因此植物与山石的配置要体现出整体美、自然美，要注意形式与神韵、外观与内涵、景观与生态的统一，让人们在欣赏和感受外形的同时能领悟到深邃的内涵。

6.5 花境的植物种植设计

花境起源于西方英国古老的村舍花园，18 世纪随着英国出现了自然式风景园林，花坛边境脱离了规则形式，逐渐发展成为一种独立的、较自然的花卉应用形式。园艺上用 flower border 表示这种花卉应用形式。19 世纪后期，花境在英国非常流行，而且形式多样。英国园艺学家 William Robinson 在花境中将乔灌木和宿根、球根花卉以组丛状布置。他种植的较耐寒植物，不需要不断地养护管理就能自然健壮地生长，以欣赏植物的自然特性为主。William Chamber 在花境中将几种不同的植物种植在同一种植穴内，使得在同一点处以最少的付出获得色彩、质地、形式、色调和季节性的趣味混合。Gertrude Jekvll 模拟自然界林地边缘地带多种野生花卉交错生长的状态，运用艺术设计的手法，开始将宿根花卉按照色彩、高度、花期搭配在一起成群种植，开创了一种景观优美的全新花境形式。

第二次世界大战之后，草本花境的真正意义已经基本消亡了，花境的设计向另一方向努力——设计混合花境和四季常绿的针叶树花境。随着时代的变迁和文化的交流，花境的形式和内容也在变化和拓宽，但是其基本形式和种植方式仍被保留了下来，而且在西方发达国家，花境得到广泛的应用，这不仅提高了园林绿化的艺术性，也体现了花境在城市建设及生态园林建设中的重要作用。

20 世纪 70 年代后期，花境这种在西方国家广为流传的花卉种植形式漂洋过海来到中国，在上海、杭州等地公园里应用了花境的形式，虽然面积不大，却取得较好的效果。

6.5.1 花境的定义和分类

6.5.1.1 花境的定义

花境是一种花卉应用形式，是指由花组成的小环境，由可供观赏的植物组成的一处地方。中国大百科词典中释义为：花境是在园林中由规则式的构图向自然式构图过渡的中间形式，其平面轮廓与带状花坛相似，种植床的两边是平行的直线或是由几何轨迹可循的曲线，主要表现植物的自然美和群体美。目前学术界普遍接受的花境解释为：花境是模拟自然界中林缘地带各种野生花卉交错生长的状态，以宿根花卉、花灌木为主，经过艺术提炼而设计成宽窄不一的曲线式或直线式的自然式花带，表现花卉自然散布生长的景观。通常选用露地宿根花卉、球根花卉及一二年生花卉，栽植在树丛、绿篱、栏杆、绿地边缘、道路两旁及建筑物前，平面外形轮廓呈带状，其种植床两边是平行直线或几何曲线，内部的植物配置则完全采用自然式种植方式，它主要表现观赏植物开花时的自然美，以及其自然组合的群体美。

6.5.1.2 花境的分类

花境的形式多种多样，可以根据花境的设计形式、植物材料的选用、生长环境以及功能等方面分成不同的类型。

（1）按花境的植物材料分类

① 宿根花卉花境　花境全部由可露地越冬、适应性较强的宿根花卉组成，如菊花、荷兰菊、黑心菊、落新妇、金鸡菊类、芍药、萱草、玉簪、风铃草类等都是良好的花境材料，是一种较为传统的花境形式（见图6-58）。

宿根花卉花境具有种类繁多、适应强、栽培简单、繁殖容易、群体效果好等优点，而且在花期上具有明显的季节性，这使得整个花境的景观在一年中富于变化，给设计师的创意和想象赋予了更大的创作空间；另外，由于宿根花卉的品种繁多，因此也就为设计师提供了更丰富的植物材料的选择，创造出多种别具特色的组合。例如，上海辰山植物园旱溪花境中应用了大量的观花的宿根植物，其中红色系的如火炬花、天人菊、美丽月见草等，蓝紫色系的如穗花婆婆纳、密花千屈菜、柳叶马鞭草等，黄色系的如黄菖蒲、大花金鸡菊、黄金菊等，白色系的如山桃草、毛地黄钓钟柳、滨菊等，如此丰富的观花植物品种造就了辰山植物园旱溪花境三季皆有花海的盛景。其次，在旱溪花境的配置中还应用了大量的观赏草品种，矮蒲苇、花叶蒲苇、细叶芒、斑叶芒等观赏草为旱溪花境的两侧打造出了一幅极为自然野趣的背景。

② 球根花卉花境　花境内栽植的花卉为球根花卉，例如百合、海葱、石蒜、大丽菊、水仙、风信子、郁金香、唐菖蒲等，都可以组成球根花卉花境（见图6-59）。球根花卉具有丰富的色彩和多样的株型，有些还能散发出香气，因而深受人们的喜爱。多数球根花卉的花期都在春季或初夏，正好可以弥补此时宿根花卉和灌木景观上的不足，因此常被用于春季花境中。但是由于花期较短或相对集中，开花后的休眠期的景观效果相对较差，设计花境时可以选择多个品种或同一品种不同花期的类型来延长观赏期。

③ 一、二年生草花花境　花境应用的植物材料全部为一、二年生的草本花卉。一、二年生草花花境的最大特点就是品种丰富、色彩艳丽、具有简洁的花朵和株型、自然野趣感很强，从初春到秋末都可以有色彩绚丽的景观效果，非常适合营造自然野趣的花境。大多数一、二年生的草花花卉的栽培养护管理简单，只要土壤排水良好，阳光充足即可，但要保持完美的状态要根据不同种类花卉的花期不同来更换部分花卉，而且每年都要重新栽种，会耗费一定的人力物力（图6-60）。

④ 观赏草花境　随着观赏草在植物造景中的广泛应用，近年来还出现了由不同类型的观赏草组成的花境，如图6-61所示。观赏草茎秆姿态优美，叶色丰富多彩，花序五彩缤纷，

图 6-58 上海辰山植物园旱溪宿根花卉花境

图 6-59 球根花卉花境（风信子、郁金香）

图 6-60 一、二年生草花境

图 6-61 观赏草花境

植株随风飘逸，能够展示植物的动感和韵律，为景观增加了无限风情。观赏草的品种繁多，从叶色丰富到花序多样，从粗犷野趣到优雅正气，从株型高大到低矮小巧，应用起来可以组合出多种形式。中小类型的观赏草成片种植会给人留下难忘的印象，而对于高大的观赏草如芒类和蒲苇等，孤植更能吸引人的目光。由观赏草组成的花境自然而优雅，朴实而刚强，富有野趣，别具特色且管理粗放，越来越受到人们的青睐。但其缺点就在于春季是观赏草的发育阶段，其景观效果会有一定的影响。

⑤ 专类植物花境　由一类或一种植物组成的花境，称为专类植物花境。如由叶形、色彩及株型等不同的蕨类植物组成的花境、由不同颜色和品种的郁金香组成的花境、鸢尾属的不同种类和品种组成的花境、芳香植物组成的花境等。这种花境的景观特点是花期比较集中，花卉在花期、株型、花色等方面有比较丰富的变化。

⑥ 混合花境　混合花境主要是指由灌木和耐寒性强的多年生花卉组成的花境，是园林中最常见的花境类型。混合花境是景观最为丰富的一类花境，通常是以常绿乔木和灌木为基本结构，以耐寒性的多年生花卉为主体，组成一个小型的植物群落。花境的组成植物的姿态、叶色、花色等在不同的时期会呈现出不同的景观效果，反映分明的季相变化，持续的时间长，同时也符合了植物自身的生态要求。这为设计师们提供了广泛的选择空间和创意的发挥，可以不仅仅局限于花卉将多种植物集中于一个花境作品中，大大提升了花境的观赏效果（见图 6-62）。

（2）按设计方式分类

① 单面观赏花境　花境靠近道路和游人的一边，常以建筑物、矮墙、树丛、绿篱为背景，前面为低矮的边缘植物，后面的植物逐级高大，形成一个倾斜的观赏面，使得游人不能从另外一边观赏，这种花境称之为单面观赏花境（见图 6-63）。这是一种传统的应用形式，应用的范围非常广泛。这种花境通过植物株型高度的变化，结合着背景，为观赏者提供了一种节奏感和韵律感。

图 6-62 英国阿利庄园中混合花境

② 双面观赏花境 可供两面或多面观赏的花境。多设置在草坪、道路和广场的中央，如隔离带花境、岛屿花境等，植物种植总体上中间的植物较高，然后逐渐向两边或四周降低，边缘以规则式居多，没有背景。

③ 对应式花境 就是作为配景的花境在园林通路轴线的左右两侧，广场或草坪的周围，建筑的四周，配置左右二列或周边互相拟对称的花境，当游人沿着道路前进时，不是侧面欣赏一侧的构图，而是整个园林局部统一的连续构图，这种花境，称为对应式花境（图 6-64）。对应式花境在设计上统一考虑，作为一组景观，左右两侧的植物配置可以完全一样也可以略有差别，但不宜差别过大，这样可以使人产生深远的感觉；还可以将游人的视线引向远处的漂亮景致，如小品、孤植的大树、水景等，给人留下更深刻的印象。

图 6-63 单面观花花境

图 6-64 对应式花境

（3）按园林应用形式分类

① 路缘花境 路缘花境通常是指设置在道路旁边，具有一定背景，多为单面观赏的花境，可以起到引导游人和视线的作用。植物材料的选择可根据环境及地形选择，多以宿根花卉为主，适当的配以小灌木和一、二年生草花等，具有较好的景观效果。

② 林缘花境 林缘花境是指位于树林的边缘，以乔木或灌木为背景，以草坪为前景，边缘多为自然曲线的混合花境。这种花境在立面高度上实现了由上层的乔灌木向底层草坪的过渡，丰富了林下空间，使得植物配置更具层次感，而且具有自然野趣，使植物种植更具群体美和生态价值。

③ 隔离带花境 隔离带花境是设置在道路或公园中起到隔离作用的花境。这种花境在满足分隔功能的同时，增加了景观效果。植物多采用观赏草和彩叶植物等，可适

当增加色彩艳丽的一、二年生草花来营造明亮、活泼的氛围，边缘有饰边，花期长且养护管理简单。

④ 岛式花境　岛式花境是指设置在交通岛或草坪中央的花境。可四面观赏，通常以高大浓密的植物为视觉焦点，四周的植物材料高度逐步降低，形成岛状。岛式花境的体量通常都比较大，这样既可以吸引观赏者的视线，同时也在视线上起到一定的阻隔作用。

⑤ 台式花境　台式花境是设置在高床中的花境，种植床床壁可以用石头、木板等围合砌成种植槽。一般的台式花境规模不大，且植物种类不多，简洁明快；若两个或两个以上的台式花境排列起来，则会营造出更有气势的氛围。

⑥ 岩石花境　岩石花境是一种模拟岩生植物或高山植物的生长环境，将植物栽植成自然生长状态的花境。岩石花境一般置于阳光充足的山坡或缓坡地带，充分利用植物多样的姿态或匍匐或下垂，高低错落、疏密有致，在石缝中生长茂盛。植物的柔美同岩石的坚硬形成强烈对比，显得自然天成，使游人仿佛置身在野外大自然中。

⑦ 庭院花境　庭院花境是指设置在私家庭院中的花境，这是花境最古老的应用形式，也是最具个性的应用形式。庭院的主人可以结合小品、铺装，根据庭院的面积大小、环境特征、个人爱好及经济能力来进行创作和发挥，建成一个美丽、实用又充满情调的居住环境。

6.5.2　花境的设计

(1) 种植床的设计

花境大小的选择取决于环境空间的大小。通常花境的长轴长度不限，但为管理方便及体现植物布置的节奏、韵律感，可以把过长的植床分为几段，每段长度以不超过 20m 为宜。段与段之间可留 1～3m 的间歇地段，设置座椅或其他园林小品。

就花境自身装饰效果及观赏者视觉要求出发，花境应有一适当的宽度，过窄不易体现群落的景观，过宽超过视觉鉴赏范围造成浪费，也给管理造成困难。通常，混合花境、双面观花境较宿根花境及单面观花境宽些。下述各类花境的适宜宽度可供设计时参考：单面观混合花境 4～5m；单面观宿根花境 2～3m；双面观花境 4～6m。在家庭小花园中花境可设置 1～1.5m，一般不超过院宽的 1/4。较宽的单面观花境的种植床与背景之间可留出 70～80cm 的小路，以便于管理，又有通风作用，并能防止作背景的树和灌木根系侵扰花卉。种植床依环境土壤条件及装饰要求可设计成平床或高床，并且应有 2%～4%的排水坡度。

一般而言，土质好、排水力强的土壤，设置于绿篱、树墙前及草坪边缘的花境宜用平床，床面后部稍高，前缘与道路或草坪相平。这种花境给人整洁感。在排水差的土质上、阶地挡土墙前的花境，为了与背景协调，宜用 30～40cm 高的高床，边缘用不规则的石块镶边，使花境具有粗犷风格；若使用蔓性植物覆盖边缘石，又会造成柔和的自然感。

(2) 背景设计

单面观花境需要背景。花境的背景依设置场所不同而异。较理想的背景是绿色的树墙或高篱，用建筑物的墙基及各种栅栏做背景也可，以绿色或白色为宜（图 6-65、图 6-66）。如果背景的颜色或质地不理想，可在背景前选种高大的绿色观叶植物或攀缘植物，形成绿色屏障，再设置花境。背景是花境的组成部分之一，可与花境有一定距离，也可不留距离。总之花境背景设计时应从整体考虑。

图 6-65 绿篱作花境背景

图 6-66 建筑墙基作背景

进行背景设计要重点考虑的就是与花境色彩的协调。从视觉效果来看，通常以暖色调作背景时会使人在视觉上感觉前面的物体体积比实际小；而冷色系则会产生距离感，作为背景可以突出主景。从色彩搭配上来看，背景的颜色与前面植物的颜色要产生对比，如背景是白色墙体，那么前面花境的植物特别是靠近白墙的植物要选用色彩鲜艳或花色深重的品种来凸显，但若背景是颜色较深的绿篱或树丛时，就要在靠近背景的地方栽种色彩浅淡明亮的植物，避免深重的花色。

（3）边缘设计

花境边缘不仅确定了花境的种植范围，也便于前面的草坪修剪和园路清扫工作。高床边缘可用自然的石块，砖头、碎瓦、木条等垒砌而成。平床多用低矮植物镶边，以 15～20cm 高为宜。可用同种植物，也可用不同植物，以后者更接近自然。若花境前面为园路，边缘分明、整齐，还可以在花境边缘与环境分界处挖 20cm 宽、40～50cm 深的沟，填充金属或塑料条板，防止边缘植物侵蔓路面或草坪。

（4）种植设计

① 植物选择　全面了解植物的生态习性，并正确选择适宜材料是种植设计成功的根本保证。在诸多的生态因子中，光照和温度的要求是主要的。植物应在当地能露地越冬；在花境中背景及高大材料可造成局部的半阴环境，这些位置宜选用耐阴植物。此外，如对土质、水肥有特殊要求，可在施工中和以后管理上逐步满足。其次应根据观赏特性选择植物，因为花卉的观赏特性对形成花境的景观起决定作用。种植设计正是把植物的株形、株高、花期、花色、质地等主要观赏特点进行艺术性地组合和搭配，创造出优美的群落景观。选择植物应注意以下几个方面。

1）在当地露地越冬，不需特殊管理的宿根花卉为主，兼顾一些小灌木及球根和一、二年生花卉。

2）花卉有较长的花期，且花期能分散于各季节。花序有差异，有水平线条与竖直线条的交叉，花色丰富多彩。

3）有较高的观赏价值。如芳香植物、花形独特的花卉、花叶均美的材料、观叶植物等。某些观赏价值较高的禾本科植物也可选用。但一般不选用斑叶植物，因它们很难与花色调和。适宜布置花境的植物材料即花卉的种类较花坛广泛，几乎所有的露地花卉均可选用，其中尤以宿根花卉、球根花卉最为适宜，最能发挥花境的特色。这类花卉栽植后能够多年生长，无需年年更换，比较省工，如玉簪、石蒜、萱草、鸢尾、芍药、金光菊、蜀葵、芙蓉葵、大花金鸡菊等。球根花卉因其枝叶较少，园地易裸露，可在株间配植低矮的花卉种类。

花境中各种花卉的配植必须从色彩、姿态、株形、数量，以及生长势、繁衍能力等多方面搭配得当，形成高低错落、疏密有致、前后穿插，花朵此开彼谢的景观，一年内富有季相变化，四季有花观赏。一般花境一旦布置成功，能多年生长，供人们长期观赏。

② 色彩设计　花境的色彩主要由植物的花色来体现，植物的叶色，尤其是少量观叶植物的叶色也是不可忽视的。宿根花卉是色彩丰富的一类植物，加上适当选用一些球根及一、二年生花卉，使得色彩更加丰富，在花境的色彩设计中可以巧妙地利用不同的花色来创造空间或景观效果。如把冷色占优势的植物群放在花境后部，在视觉上有加大花境深度、增加宽度之感；在狭小的环境中用冷色调组成花境，有空间扩大感。在平面花色设计上，如有冷暖两色的两丛花，具有相似的株形、质地及花序时，由于冷色有收缩感，若使这两丛花的面积或体积相当，则应适当扩大冷色花的种植面积。利用花色可产生冷、暖的心理感觉，花境的夏季景观应使用冷色调的蓝紫色系花，给人带来凉意；而早春或秋天用暖色的红、橙色系花卉组成花境，可给人带来暖意。在安静休息区设置花境宜多用使用暖色调的花。

花境色彩设计中主要有 4 种基本配色方法。

1）单色系设计。这种配色法不常用，只为强调某一环境的某种色调或一些特殊需要时才使用。

2）类似色设计。这种配色法常用于强调季节的色彩特征时使用，如早春的鹅黄色、秋天的金黄色等。有浪漫的格调，但应注意与环境协调。

3）补色设计。多用于花境的局部配色，使色彩鲜明、艳丽。

4）多色设计。这是花境中常用的方法，使花境具有鲜艳、热烈的气氛。但应注意依花境大小选择花色数量，若在较小的花境上使用过多的色彩反而产生杂乱感。花境的色彩设计中还应注意色彩设计不是独立的，必须与周围环境的色彩相协调，与季节相吻合。较大的花境在色彩设计时，可把选用花卉的花色用水彩涂在其种植位置上，然后取透明纸罩在平面种植图上，抄出某季节开花花卉的花色，检查其分布情况及配色效果，可据此修改，直到使花境的花色配置及分布合理为止。

③ 季相设计　花境的季相变化是它的特征之一。理想的花境应四季有景可观，寒冷地区可做到三季有景。季相设计主要是利用花期、花色及各季节所具有的代表性植物来创造季相景观。如春季的三色堇、夏日的福禄考、秋天的菊花等。植物的花期和色彩是表现季相的主要因素，花境中开花植物应连接不断，以保证各季的观赏效果。因此在设计时，应按照春花、夏花、秋花不同时段列出植物材料的花期。花境在某一季节中，开花植物应散布在整个花境内，以保证花境的整体效果。

④ 平面设计　花境的平面多是呈带状的。单面观赏花境的后边缘线多采用直线，前边原先可谓直线或自由曲线。两面观赏花境的边缘线基本平行，可以是直线，也可以是流畅的自由曲线。花境在平面构图上是连续的，每个植物品种以组团的形式种植在一起，组团大小、数量不同，各组团间衔接紧密，疏密得当，形成自然野趣的状态。由于植物材料的生物学特性，决定了花境的朝向对花境的景观效果有一定影响。特别是对应式花境，就要求花境的长轴沿南北方向展开，使得左右两侧的花境都能光照均匀，达到设计效果。花境的朝向不同，植物材料的受光程度也就不同，因此，在设计中选择植物材料也要根据花境的具体位置有所考虑。

绘制图纸时，通常在图纸上先画出花境的轮廓线，然后在轮廓线的内部画出各种植物的分布区域，在每个区域标出植物的名称或编号，并列出相应的植物种类。花境中植物的区域多为封闭的自然曲线。每一个区域内的植物都是成丛种植，避免单株种植或是不同种类的植物混种于一个区域中。

⑤ 立面设计　立面是花境的主要观赏面。在花境设计过程中应该根据不同类型植物的景观特点使整个花境错落有致、花色层次分明，充分利用植物的株形、株高、花型、质地等观赏特性，创造出错落有致的立面景观。

1）植株高度。宿根花卉依种类不同，高度变化极大，从几厘米到两三米都有充分的选择。在设计单面观赏花境的过程中，就应在后面种植植株较高的植物然后逐级向前降低，以避免相互遮挡而影响观赏效果。而设计岛式花境时，高的植物要放在中间，四周围合低矮植物，形成空间上的起伏，层次更加丰富。实际应用时，高低植物可有穿插，以不遮挡视线，实现景观效果为准。

2）株形与花序。株形和花序是与景观效果相关的另外两个重要因子。根据花朵构成的整体外形，可把植物分成水平型、直线型及独特形三大类。水平型植株圆浑，开花较密集，多为单花顶生或各类伞形花序，开花时形成水平方向的色块，如福禄考、蓍草、金光菊等。直线型植株耸直，多为顶生总状花序或穗状花序，形成明显的竖线条，如羽扇豆、毛地黄、美人蕉、飞燕草、蛇鞭菊等。独特花形兼有水平及竖向效果，如鸢尾类、大花葱、石蒜等。花境在立面设计上最好有这三大类植物的外形比较，尤其是平面与竖向结合的景观效果更应突出。

3）植株的质感。不同质感的植物搭配时要尽量做到协调。粗质地的植物显得近，如大多数的观赏草类，细质地的植物显得远，例如景天类植物。在设计中也可利用立面设计除了从景观角度出发外，还应注意植物的习性，才能维持群落的稳定性。

质感搭配是根据花叶的不同形状及质地等巧妙搭配，将植物的细腻与粗糙糅和起来，让花境更加活泼生动，拉近与观赏者的距离。如将粗放的玉簪点缀在细腻的草本植物中，会给人一种生动活泼的别样感觉。而在蓖麻等一些质感粗糙的植物中加入一些牻牛儿苗，也会让花境有种别样的感觉。

（5）设计图绘制

花境设计图包括花境位置图、平面图、立面图、效果图、施工图等。

① 花境位置图　用平面图表示，标出花境周围环境，如建筑物、道路、草坪及花境所在位置。依环境大小可选用（1∶100）～（1∶500）的比例绘制（图6-67）。

② 花境平面图　绘出花境边缘线，背景和内部种植区域，以流畅曲线表示，避免出现死角，以求接近种植物后的自然状态。在种植区编号或直接注明植物，编号需附植物材料表，包括植物名称、株高、花期、花色等。花境平面图可选用（1∶50）～（1∶100）的比例绘制（图6-68）。

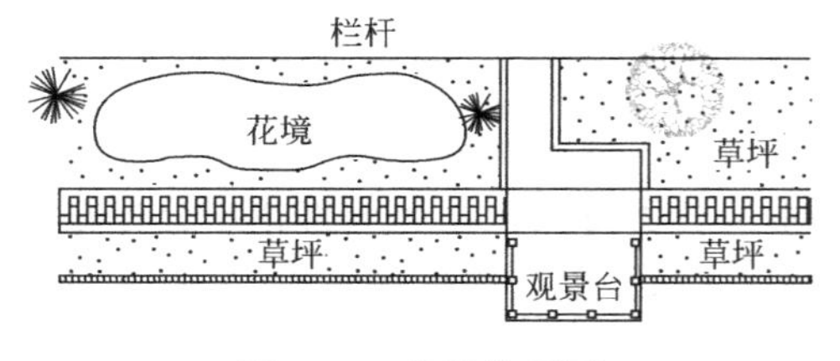

图6-67　花境位置图

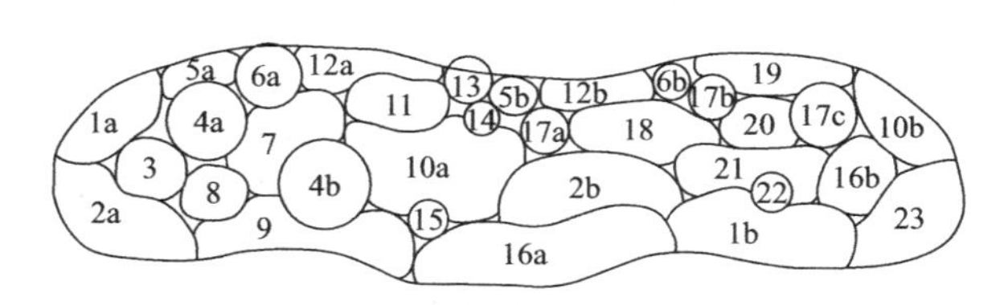

图6-68　花境平面图

③ 花境立面效果图　可以一季景观为例绘制，也可分别绘出各季景观。选用（1∶100）～（1∶200）的比例皆可（图6-69）。

④ 文字说明　设计师还应提供花境设计说明书，简述作者设计意图及管理要求并对图

图 6-69　花境立面图

中难以表达的内容做出说明。

（6）花境的种植施工与养护

① 花境的施工　在花境的园林景观施工中，首先要给植物创造良好的土壤环境。虽然多数宿根植物都能耐干旱瘠薄、生命力强，但疏松、肥沃、排水良好的土壤可以让植物尽情展示自己的风采。所以建植初期要对土壤进行细致改良，避免黏重土、避免低洼地，施足基肥。

此外，要避免花境施工与设计脱节的现象。由于设计的植物品种没有货源或植物没有达到出圃规格而临时更换品种的现象时有发生。这时候不要盲目选择品种，为了不破坏整个设计，尽量选择与原品种类似的植物材料。

② 花境养护　与花草的频繁更换和草坪的频繁修剪相比，花境的园林绿化养护确实是成本较低、投入较少的一类植物应用方式，但低养护并不是不养护，也不是随意养护。

花境养护也有自身的规律可循，修剪首当其冲。多年生宿根植物在开花后要进行修剪，残花不仅影响景观效果还消耗营养。修剪不仅可以促使一些宿根植物二次开花，如金鸡菊、美女樱、石竹、千鸟花等，还促使大部分植物营养体的壮大，使得植物安全度过炎热潮湿的夏季。

施肥也是不可或缺的一环，前面提到了整地同时施入有机肥，之后生长期可 1～2 次追肥，开花后可进行一次施肥。当然施肥不能过于频繁，否则营养体疯长，影响开花，且植物过于膨大，影响景观效果。

6.6 花坛的种植设计

花坛是将同期开放的多种花卉，或不同颜色的同种花卉，根据一定的图案设计，栽种于特定规则式或自然式的苗床内，以发挥群体美。它是公园、广场、街道绿地以及工厂、机关、学校等绿化布置中的重点。

6.6.1　花坛的种类

花坛的种类根据花坛的表现主题、布置方式、植物材料、观赏季节等不同，花坛分类不同。以花坛表现的主体内容不同进行分类是花坛最基本的分类方法，据此可将花坛分为花丛式花坛（盛花花坛）、模纹式花坛、标题式花坛、装饰物花坛、混合花坛等。

（1）花丛式花坛（盛花花坛）

主要表现和欣赏观花的草本植物花朵盛开时花卉本身群体的绚丽色彩以及不同花色种或品种组合搭配所表现出的华丽的图案和优美的外貌。根据平面长和宽的比例不同，可将花丛式花坛分为以下几种。

① 花丛花坛　花坛平面纵轴和横轴长度之比在（1∶1）～（1∶3）之间，主要作景观空

间的主景（图 6-70）。它的外形可根据地形呈自然式或规则式的几何形等多种形式，而内部的花卉配置可根据观赏的位置不同而各异。如四面观赏的花坛一般是中央栽植植株稍高的种类、四周栽植株较矮的种类；单面观赏的花坛则前面栽植较矮的种类，后面栽植较高的植株，使其不被遮掩。这类的花坛设置和栽植较粗放，没有严格的图案要求。但是，必须注意使植株高低层次清楚、花期一致、色彩协调。一般以一、二年生草花为主，适当配置一些盆花。

② 带状花丛花坛　花坛的宽度即短轴超过 1m，且长、短轴的比例超过 3～4 倍以上时称为带状花丛花坛，或称为花带。带状花丛花坛通常作为配景，布置于带状种植床，如道路两侧、建筑基础、墙基、岸边或草坪上，有时也作为连续风景中的独立构图。带状花坛既可由单一品种组成，也可由不同品种组成图案或成段交替种植。根据环境的特点花带可以为规则式矩形栽植床，也可以是流线型，甚至两边不完全平行（图 6-71）。

图 6-70　花丛花坛

图 6-71　带状花丛花坛

③ 花缘　宽度通常不超过 1m，长轴与短轴之比至少在 4 倍以上的狭长带状花坛，被称为花缘。花缘通常不作为主景处理，仅作为草坪、道路、广场之镶边或作基础栽植，通常由单一种或品种做成，内部没有图案纹样。

图 6-72　模纹式花坛

（2）模纹式花坛

此种花坛是以色彩鲜艳的各种矮生性、多花性的草花或观叶草本为主，在一个平面上栽种出各种精致复杂的图案纹样，看上去犹如地毯（图 6-72）。花坛外形均是规则的几何图形。花坛内图案除用大量矮生性草花外，也可配置一定的草皮或建筑材料，如色砂、瓷砖等，使图案色彩更加突出。这种花坛是要通过不同花卉色彩的对比发挥平面图案美，所以，所栽植的花卉要以叶细小茂密、耐修剪为宜。例如，半枝莲、香雪球、矮性藿香蓟、彩叶草、石莲花和五色草等，其中以五色草配置的花坛效果最好。在模纹花坛的中心部分，在不妨碍视线的条件下，还可选用整形的小灌木、桧柏、小叶黄杨以及苏铁、龙舌兰等。当然也可用其他装饰材料来点缀，如形象雕塑、建筑小品、水池和喷泉等。

模纹花坛既可独立成为一个整体，又可分散在两侧成带状。但图案纹样要朴素大方，色彩鲜艳、简洁明快。此类花坛除平面式之外，还有龟背式、立体花篮式和花瓶式等。模纹花坛利用时间长，可从 3～5 月一直运用到 9～10 月。但由于此类花坛施工复杂费工，需要精细管理，多设置在园林的重要部位。

（3）标题式花坛

用观花或观叶植物组成具有明确的主题思想的图案，按其表达的主题内容可分为文字花坛、肖像花坛、象征性图案花坛等。标题式花坛最好设置在角度适宜的斜面以便于观赏。

(4) 装饰物花坛

以观花、观叶或不同种类配植成具一定实用性装饰物的花坛，如做成日历、日晷、时钟等形式的花坛，大部分时钟花坛以模纹花坛的形式表达，也可采用细小致密的观花植物组成。

图 6-73　混合花坛

(5) 立体造型花坛

即以枝叶细密的植物材料种植于具有一定结构的立体造型骨架上而形成的一种花卉立体装饰。其造型可以是花篮、花瓶、建筑、各种动物造型、各种几何造型或抽象式的立体造型等。所用的植物材料以五色苋、四季秋海棠等枝叶细密、耐修剪的种类为主。

(6) 混合花坛

不同类型的花坛如花丛花坛与模纹花坛结合、平面花坛与立体造型花坛的结合，以及花坛与水景、雕塑等的结合而形成的综合花坛景观（图 6-73）。

6.6.2　花坛的设计

6.6.2.1　花坛设计的原则

(1) 主题原则

主题是种植思想的体现，是神之所在。作为主景设计的花坛应该从各个方面充分体现其主题功能和目的，即文化、保健、美化、教育等多方面功能；而作为建筑物陪衬则应与相应的主题统一、协调，不论是形状、大小、色彩等都不应喧宾夺主。

(2) 美学原则

美是花坛设计的关键。花坛的设计主要在于表现美，因此设计花坛的各个部分时在形式、色彩、风格等方面都要遵循美学原则。特别是花坛的色彩布置，既要互相协调，又要有对比。对于花坛群的设计，在尺度上要重视人的感觉，与周围的环境应相辅相成，无论花坛的形状、大小、高低、色彩等都应与园林空间环境相协调。

(3) 文化性原则

植物景观本身就是一种文化体现，花坛的植物搭配也不例外，它同样可以给人以文化享受。特别是木本花坛、混合花坛，其永久性的欣赏作用，渗透的是文化素养、情操的培养，其主观意兴、技巧趣味和文学趣味是不可忽视的。

(4) 功能性原则

花坛除去其观赏和装点环境的功能外，因其位置不同，常常具有组织交通、分隔空间等功能，尤其是交通环岛花坛、道路分车带花坛、出入口广场花坛等，必须考虑车行及人流量，不能造成遮挡视线、影响分流、阻塞交通等问题。

(5) 科学性原则

花坛设计同样需考虑地域环境、气候条件、季节变化等因素，正确选择植物材料。

6.6.2.2　花坛的位置和形式

花坛的设置主要根据当地的环境，因地制宜地设置。一般设置在主要交叉道口、公园出入口、主要建筑物前以及风景视线集中的地方。花坛的大小、外形结构及种类的选择，均与四周环境有关系。一般在花园出入口应设置规则整齐、精致华丽的花坛，以模纹花坛为主；在主要交叉路口或广场上则以鲜艳的花丛花坛为主；并配以绿色草坪效果为好；纪念馆、医院的花坛则以严肃、安宁、沉静为宜。花坛的外形应与四周环境相协调。如长方形的广场设置长方形花坛就比较协调，圆形的中心广场又以圆形花坛为好，三条道路交叉口的花坛，设置马鞍形、三角形或圆形均可。

在平面布置上，一般主景花坛外形应是对称的，作为配景处理的花坛群通常配置在主景主轴的两侧，且至少是一对花坛构成的花坛群，例如最常见的出入口两侧对称的一组花坛；如果主景是有轴线的，也可以是分布于主景轴线两侧的一对花坛群；如果主景是多轴对称的，只有主景花坛可以布置于主轴上，配景花坛只能布置在轴线两侧；分布于主景主轴两侧的花坛，其个体本身最好不对称，但与主景主轴另一侧的个体花坛，必须取得对称，这是群体对称，不是个体本身的对称，这样主轴得以强调，也加强了构图不可分割和整体性。

花坛不宜过大。花坛过于庞大既不易布置，也不易与周围环境协调，又不利于管理，花坛大小一般不超过广场面积的1/5～1/3。平地上图案纹样精细的花坛面积越大，观赏者欣赏到的图案变形越大，因此短轴的长度最好在8～10m之内。图案简单粗放的花坛直径可达15～20m。草坪花坛面积可以更大些。方形或圆形的大型独立花坛，中央图案可以简单些，边缘4m以内图案可以丰富些，对观赏效果影响不会很大。如广场很大，可设计为花坛群的形式，交通叉道的转盘花坛是禁止入内的，且从交通安全出发，直径需大于30m。为了使得具有精致图案的模纹花坛不致变形，常常将中央隆起，成为向四周倾斜的弧面或斜面，上部以其他花材点缀，精致的纹样布置于侧面。也可以将单面观的平面花坛布置于斜面上。斜面与地面的成角越大，图案变形越小，与地面完全垂直时，在适当高度内图案可以不变形，但给施工增加难度，因此一般多做成60°。一般性的模纹花坛可以布置在斜度小于30°的斜坡上，这样比较容易固定。

6.6.2.3 花坛的高低和大小

花坛的高度应在人们的视平线以下，这样能够使人们能够看清花坛的内部和全貌。所以，不论是花丛花坛还是模纹花坛，其高度都应利于观赏。为了使花坛层次分明、便于排水，花坛应呈四周低中心高或前低后高的斜坡形式。花坛的种植床应稍高出地面，通常7～10cm。为了利于排水，花坛中央拱起，保持4%～10%的排水坡度。

为了使花坛的边缘有明显的轮廓，且使种植床内的泥土不致因水土流失而污染路面或广场，为了使游人不致因拥挤而踩踏花坛，花坛种植床周围常以边缘石保护，同时边缘石也具有一定的装饰作用。边缘石的高度通常10～15cm，大型花坛，最高也不超过30cm。种植床靠边缘石的土面需稍低于边缘石。边缘石的宽度应与花坛的面积有合适的比例，一般介于10～30cm之间。边缘石可以有各种质地，但其色彩应该与道路和广场的铺装材料相调和，色彩要朴素，造型要简洁。

6.6.2.4 花坛的图案纹样设计

如图6-74所示，花丛花坛的图案纹样应该主次分明、简洁美观，忌在花坛中布置复杂的图案和等面积分布过多的色彩；模纹花坛纹样应该丰富和精致，但外形轮廓应简单。由五色草类组成的花坛纹样最细不可窄于5cm，其他花卉组成的纹样最细不少于10cm，常绿灌木组成的纹样最细在20cm以上，这样才能保证纹样清晰。装饰纹样风格应该与周围的建筑或雕塑等风格一致。从中国建筑的壁画、彩画、浮雕，古代的铜器、陶瓷器、漆器等借鉴而来的云卷类、花瓣类、星角类等都是具有我国民族风格的图案纹样，另外新型的文字类、套环等也常常使用。标志类的花坛可以各种标记、文字、徽志作为图案，但设计要严格符合比例，不可随意更改，纪念性花坛还可以人物肖像作为图案，装饰物花坛可以日晷、时钟、日历等内容为纹样，但需精致准确。

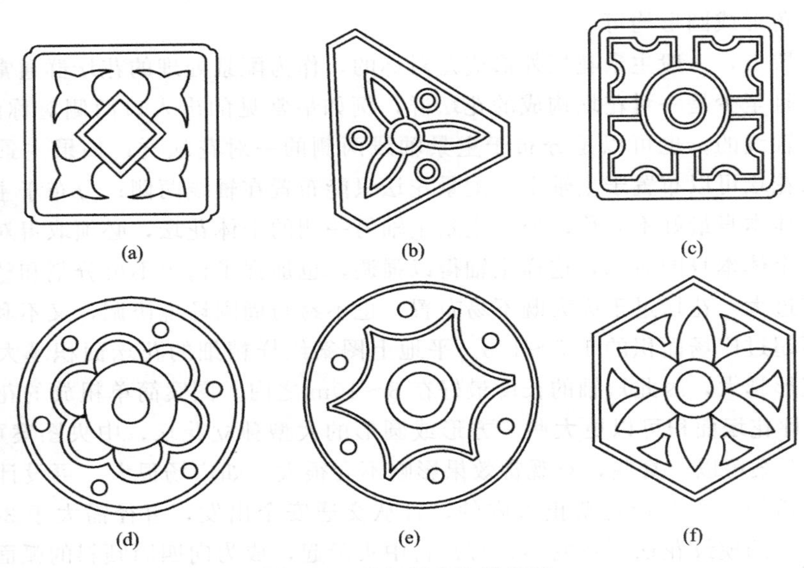

图 6-74　花坛图案纹样示例

6.6.2.5　花坛的色彩

花坛内花卉的色彩是否配合得协调，直接影响观赏的效果。如色彩配合不当，就会显得烦琐杂乱。为了合理配置花卉色彩，首先了解一些色彩方面的知识及其相互间的关系。红、黄、蓝称为三原色或基本色，三种基本色之间不同比例的混合便形成丰富多样的颜色。按色彩的配合变化，排列成色环图，如红和黄相配得到橙色，蓝和黄相配得到绿色，红与蓝相配得到紫色。这种由两种原色混合而产生的颜色称为间色。色环图中位于 180°的相对的两种颜色，称为对比色，如红色与绿色、蓝色与橙色，都构成对比色。从色彩给予人的感觉上说，可分为暖色和冷色。例如，红色、橙色和黄色会给人以热情、兴奋的感觉，故称暖色。而蓝色、绿色和紫色则给人以沉静、凉爽及深远的感觉，故称冷色。白色属于中间色，混合在不同的颜色中，给人以调和的感觉。整个花坛的色彩布置应有宾主之分，即以一种色彩作为主要色调，以其他色彩作为对比、衬托色调。一般以淡色为主，深色作陪衬，效果较好，若淡色、浓色各占 1/2，就会使人感觉呆板、单调。当出现色彩不协调时，用白色介于两色中间可以增加观赏效果。一个花坛内色彩不宜太多，一般以二三种为宜。色彩太多会给人以杂乱无章的感觉。在布置花坛的色彩时，还要注意周围的环境，注意使花坛本身的色彩与周围景物的色彩相协调。例如，在周围都是草地的花坛中，栽种以红、黄色为主的花卉，就会显得格外鲜艳，收到良好的效果。

6.6.2.6　花坛的设计图

花坛的设计图通常包括以下几部分。

（1）总平面图

通常根据设置花坛空间的大小及花坛的大小，以（1∶1000）～（1∶500）图纸画出花坛周围建筑物边界、道路分布、广场平面轮廓及花坛的外形轮廓图。

（2）花坛平面图

较大的花丛花坛通常以 1∶50 比例、精细模纹花坛以 1/30～1/2 比例画出花坛的平面布置图，包括内部纹样的精确设计。

（3）立面图

单面观、规则式圆形或几个方向图案对称的花坛只需画出主立面图即可。如果为非对称式图案，需有不同立面的设计图。

（4）说明书

对花坛的环境状况、立地条件、设计意图及相关问题进行说明。

（5）植物材料统计表

包括花坛所用植物的品种名称、花色、规格（株高及冠幅）以及用量等。在季节性花坛设计中，还需标明花坛在不同季节的轮替花卉。

6.6.3 施工与养护管理

6.6.3.1 施工

花坛施工，首先要翻整土地，将石块、杂物拣除或过筛剔出。若土质过劣则换以好土，如土质贫瘠则应施足基肥。土地按设计要边缘，以免水土流失和防止游人践踏。也可求平整后，四周最好用花卉材料作边饰，不得已情况下也可用水泥砖、陶砖砌好配以精致的矮栏，更能增加美观和起到保护作用。然后按图纸要求以石灰粉在花坛中定点放样，以便按设计进行栽植。

植株移栽前将苗床浇一次水，使土壤保持一定湿度，以防起苗时伤根。起苗时，要根据花坛设计要求的植株高低、花色品种进行掘取，然后放入筐内避免挤压，散挖。将苗移到花坛时应立即栽种，切忌烈日暴晒。栽植时应按先中心后四周，或自后向前地顺序栽种。如用盆花，应连盆埋入土中，盆边不宜露出地面。不耐移植而用小盆育苗的花卉品种，则应倒出后栽种。模纹花坛则应先栽模纹图案，然后栽底衬，全部栽完后立即进行平剪，高矮要一致，株行距以植株大小或设计要求决定。五色草类株行距一般可按 3cm×3cm；中等类型花苗如石竹、金鱼草等，可按 15～20cm；大苗类如一串红、金盏菊、万寿菊等，可按 30～40cm，呈三角形种植。花坛所用花苗不宜过大，但必须很快形成花蕾，达到观花的目的。

6.6.3.2 养护管理

花坛上花苗栽植完毕后，需立即浇一次透水，使花苗根系与土壤紧密结合，提高成活率。平时应注意及时浇水、中耕、除草、剪除残花枯叶，保持清洁美观。如发现有害虫滋生，则应立即根除；若有缺株要及时补栽。对五色草等组成的模纹花坛，应经常整形，修剪，保持图案清晰、整洁。

6.6.3.3 花坛的更换

由于各种花卉都有一定的花期，要使花坛（特别是设置在重点园林绿化地区的花坛）一年四季有花，就必须根据季节和花期经常进行更换。每次更换都要按照绿化施工养护中的要求进行。现将花坛更换的常用花卉介绍如下。

① 春季花坛　以 4～6 月开花的一、二年生草花为主，再配合一些盆花。常用的种类有三色堇、金盏菊、雏菊、桂竹香、矮一串红、月季、瓜叶菊、旱金莲、大花天竺葵、天竺葵、筒蒿菊等。

② 夏季花坛　以7～9月开花的春播草花为主，配以部分盆花。常用的有石竹、百日草、半枝莲、一串红、矢车菊、美女樱、风仙、大丽花、翠菊、万寿菊、高山积雪、鸡冠花、扶桑、五色梅、宿根福禄考等。夏季花坛根据需要可更换一、二次，也可随时调换花期过了的部分种类。

③ 秋季花坛　以9～10月开花的春季播种的草花并配以盆花。常用花卉有早菊、一串红、荷兰菊、滨菊、翠菊、日本小菊、大丽花及经短日照处理的菊花等。配置模纹花坛可用五色草、半枝莲、香雪球、彩叶草、石莲花等。

④ 冬季花坛　长江流域一带常用羽衣甘蓝及红甜菜作为花坛布置露地越冬。

6.7 实例分析

以上海世博园中国馆屋顶花园设计为例。[1]

6.7.1 上海世博园中国馆屋顶花园简介

中国馆位于世博园的中央，它的设计理念为“东方之冠、鼎盛中华、天下粮仓、富庶百姓”，表达中国文化的精神与气质。在展馆内中国传统城市营建的智慧被展现得淋漓尽致，木结构建筑、拱桥、庭院、园林、斗拱、砖瓦等都是观赏的亮点。此外，中国馆还是一幢“绿色建筑”，代表着21世纪的建筑新思潮——节能、环保、绿色、和谐。中国馆的外墙可以将太阳能转化为电能；地区馆的外廊为半室外玻璃廊及其自遮阳体系，用被动式节能技术为地区馆提供冬季保暖和夏季拔风；另外，地区馆“新九州清晏”屋顶花园运用生态农业景观等技术措施有效实现隔热。屋顶花园在建筑表皮技术层面，充分考虑环境能源新技术应用的可能性，景观设计还加入了小规模人工湿地，可实现循环自洁，成为生态景观。“新九州清晏”之中，不但浓缩着中国园林和现代造景技术，更蕴藏着中华智慧和东方神韵。中国馆屋顶花园总平面见图6-75。

6.7.2 中国馆屋顶花园设计立意

屋顶花园总面积27000m^2，主要功能为休闲、集散用地，作为主题国家馆的重要景观衬托，景观立意“新九州清晏”，取北京清代皇家园林圆明园中九州景区之形。“在圆明园九州景区我们看到，水系环绕9个小岛，一个主岛，8个腹岛，以代表整个中华大地。从九州的概念引到‘九州清晏’象征一种对疆土平安、社会安泰的期许，让人和自然处在和谐、统一之中。屋顶花园是一个现代景观，每个小岛有一个不同地形景观主题，但是九个岛又构成一个共同的大主题。通过这种概念转移，实现了体现国家性、延续脉络的要求，也对和谐有了新的解释。最终，以8种不同的人居气候条件——田、泽、渔、脊、林、甸、壑、漠命名八个腹岛，岛屿之间用生命之水来连接。”

6.7.3 设计方案优化

为了使最终的景观达到最佳效果，并利于后期养护，建设人员在尊重原设计、不改变原设计方案风格基础上进行整体性考虑，对局部、细节进行了优化。

[1] 资料来源于王仙民著. 上海世博立体绿化. 武汉：华中科技大学出版社，2011.

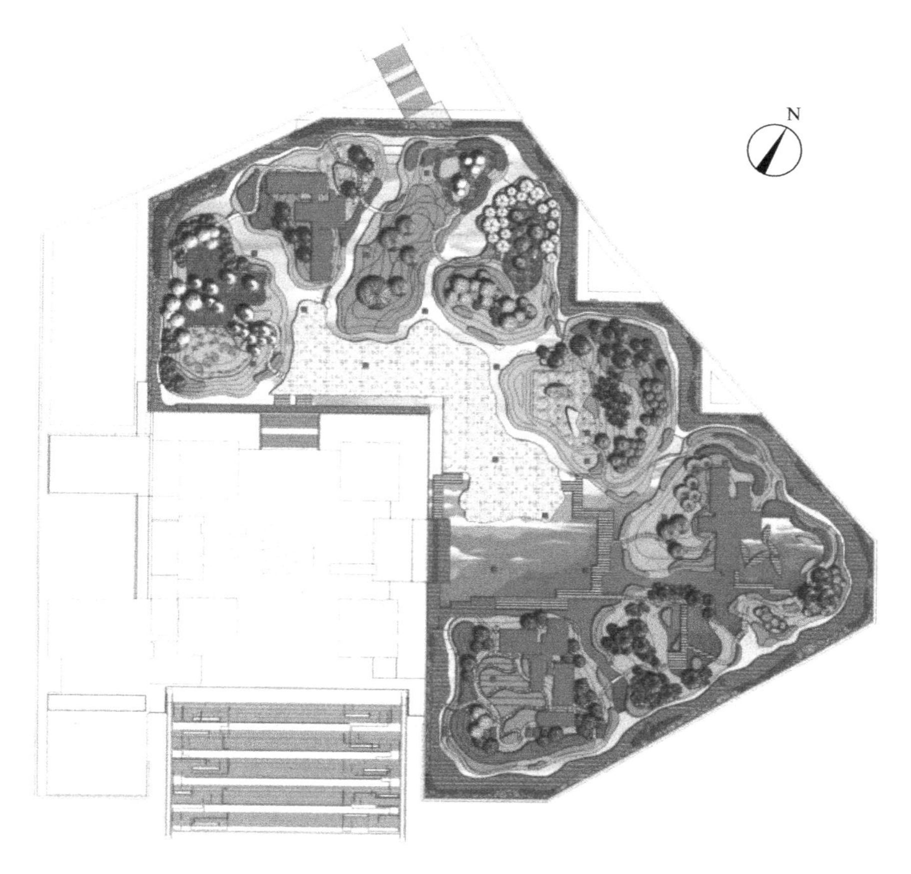

图 6-75　中国馆屋顶花园总平面图

(1) 优化原则

主要包括：a. 体现世博园区“科技、人文、生态”的整体规划原则；b. 在尊重原设计、不改变原设计风格基础上进行整体性考虑，局部、细节性优化；c. 世博会前，合理安排施工工序，优化施工方案，保证世博景观工程按时、保质、保量完成；d. 世博会中，从世博会期间景观效果出发，优化铺，考虑环绕观览路线也是非常重要的景观路线，纯粹单铺卵石面积比较大显得太单调，也影响整个景观营造效果；e. 世博会后，从场馆养护管理角度出发，对部分植栽品种进行优化替换，降低会后长期的养护成本。

(2) 土建优化

① 地形优化设计　在分析原方案竖向标高后，发现原方案 8 个岛除“漠”17.6m、“林”17.1m、“田”17.1m 外，其余 5 个岛标高均为 16.6m，在狭小的屋顶空间内，由于岛屿间距过近，致使地形整体起伏变化较小。建议将“甸”16.6m 降为 16.1m，“林”17.1m 降为 16.6m，“脊”由 16.6m 抬升为 17.1m，“泽”由 16.6m 降为 16.1m，使整体地形起伏更明显，达到地形大格局主体突出、山水古剑变化有致、气韵生动的目的，立面走势暗含我国大陆架西高东低的格局。

② 道路优化设计

1) 动线。中国馆主体建筑与地方馆的屋顶花园有两个主要连接出入口，在原设计方案中道路系统只有一处与中国馆直接相连，考虑道路的连贯性、人流的紧急疏散性，优化后把两处出入口与屋顶道路景观道路直接相连（图 6-76）。

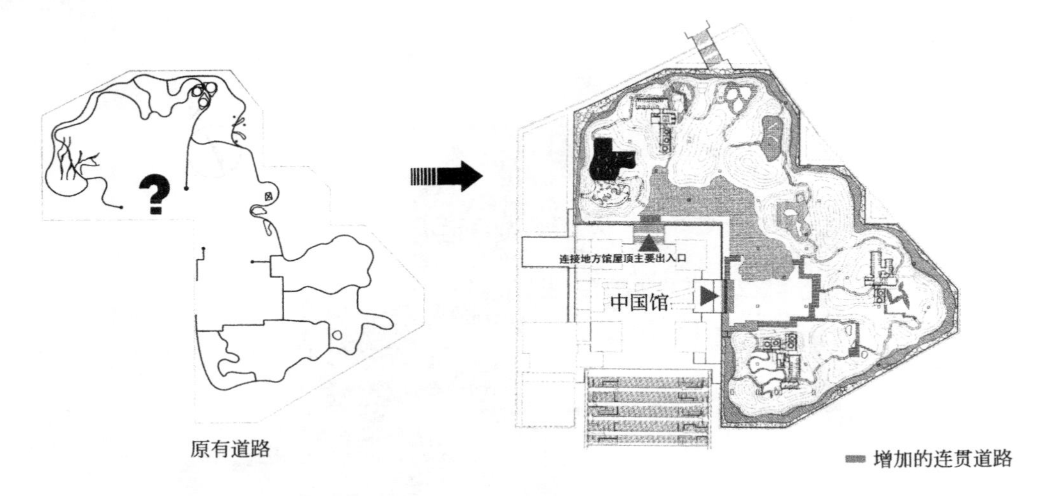

图 6-76　景观道路流线优化图

2）道路宽度。本景观为公共场所，作为主要游览流线最少允许两人自由通行，根据人体工程学要求两人行走的路面宽度在 1.2m 比较舒适，原有道路为 1m，不适合两人通行，优化为 1.2m 宽的道路（图 6-77）。

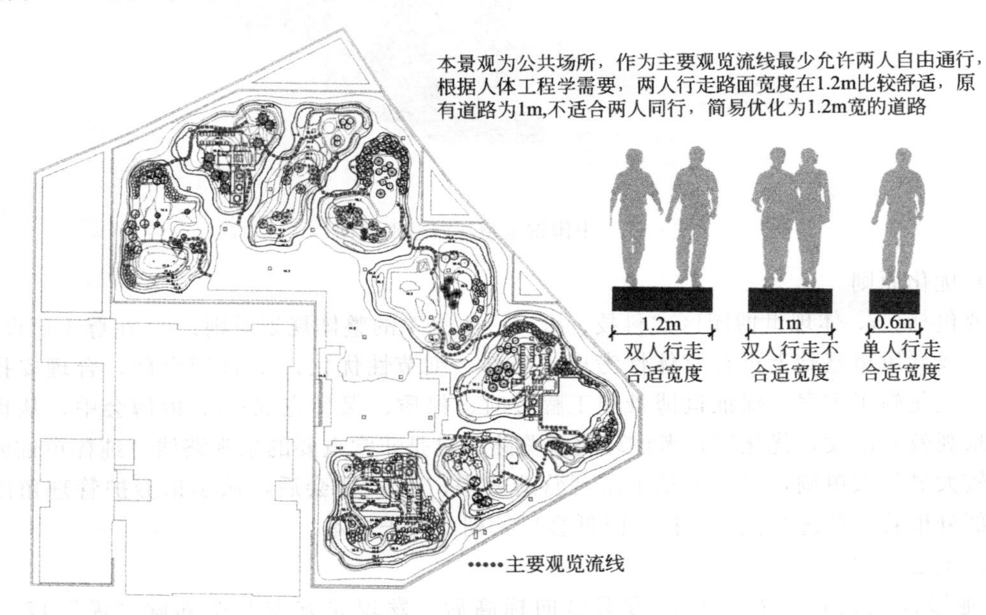

图 6-77　主要游览道路优化图

③ 环绕游览道路与栏杆之间的优化

1）原设计。环绕游览道路于栏杆之间都是用卵石干铺，考虑环绕游览路线也是重要的景观路线，纯粹干铺卵石面积比较大显得太单调，也影响整个景观营造效果。

2）优化后。结合原有卵石，在景观节点和道路拐角处合理布置花境景观，这使得道路内外景观有良好的连续性，自然过渡到屋顶花园的边缘处（图 6-78、图 6-79）。

④ 标示牌设计　在地方馆屋顶花园入口广场上设置刻有屋顶花园地图的泰山石作为指示铭牌，在各个岛内部也设置一些导向型指示牌，材质同样采用泰山石。在这里取泰山“五岳之首”的寓意，以彰显中华民族历史文化博大精深、傲视四海的气魄。

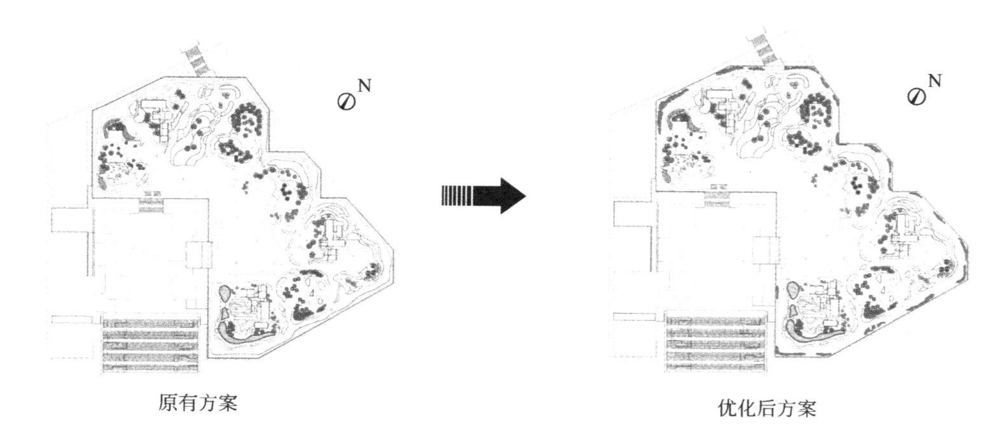

图 6-78 环绕游览道路与栏杆之间的优化（一）

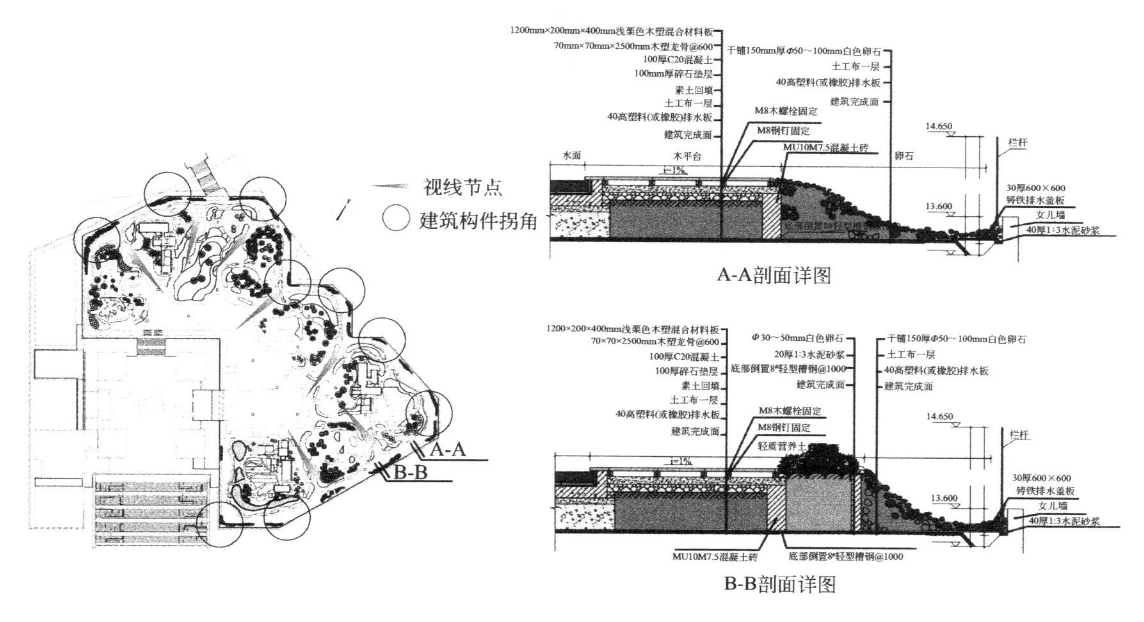

图 6-79 环绕游览道路与栏杆之间的优化（二）

⑤ 风机口雕塑优化　建筑屋顶有 36 个风机口，为了很好地与建筑、景观相融合，原方案设计师以红色雕塑加以包装美化。经对图纸的细心解读，发现个别风机口的构架与周边环境和空间存在一些矛盾，为了更好地协调，对 5 处风机口的构架做了细微的调整。

⑥ 服务性建筑优化　屋顶花园 8 个岛中设计了 4 个服务性建筑，其中 3 个地上，1 个地下。地上建筑以红色作为主体框架，造型简约，根据景观性质、地域特征、资源分布特点将这些建筑室内装饰定位为三大功能区包括主题咖啡吧、主题餐厅及休闲音乐餐厅。室内设计结合建筑语言及周边环境，设计手法定位于目前颇为流行的混搭风格，在设计中运用传统美学法则，利用现代的设计手法，融合现代材料与结构的室内造型，加入多元文化，运用温馨的色调，展示出奢华的贵族气息创造出一个优雅的休闲场所。

（3）绿化种植优化

在对原方案种栽图纸分析后，整体绿化存在的问题如下。

① 岛与岛之间绿化联系性不强，除外围竹类植物做背景外，无其他关联性　建议在中景层增加相似或相同树种，沿前景的水系当中栽植荷花、碗莲等水生植物统一岸线，增加绿化整体统一性。整体的绿化种植优化见图 6-80～图 6-84。

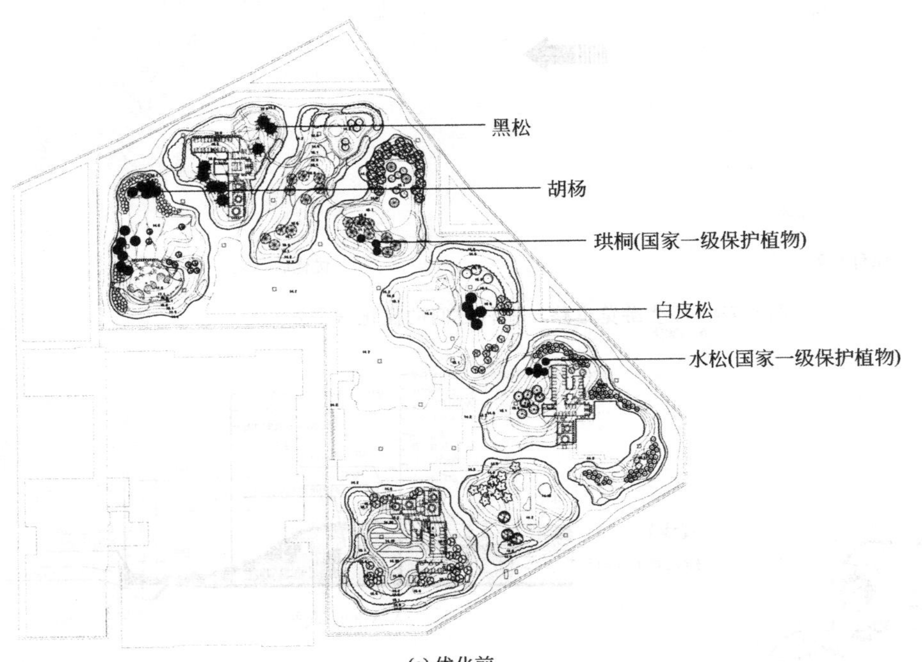

(a) 优化前

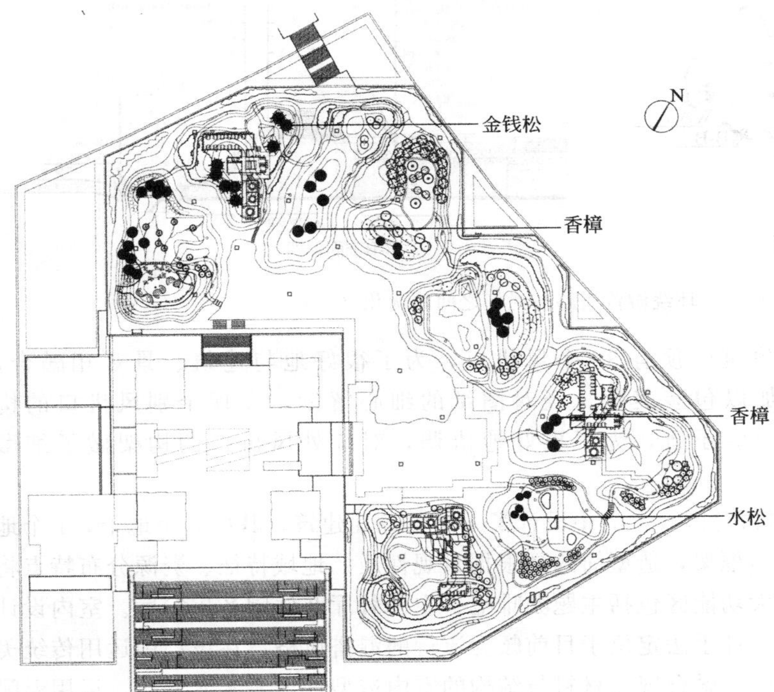

前景树/特有、珍稀、濒危树种优化

(1)黑松优化为金钱松：金钱松为国家二级保护树种，属特产树种，树形优于黑松，更适于庭院绿地。

(2)红枫优化为香樟：以点植常绿树种香樟来凸显“草甸”上面的菊科草花花境。

(3)加植香樟：丛植造型优美的常绿树种香樟来作为中国馆东侧入园主通道的对景。

(4)移植“水松”：以丛植常绿树种香樟来凸显“草甸”上面的菊科草花花境

(b) 优化后

图 6-80　前景乔木优化对比

红枫
紫薇桩
水松
水杉池杉混植
柿树
(1)水松优化为红枫：受“渔”“泽”主题植物互换影响，此处的水松换为世博期间色叶树种紫叶桃。
(2)水杉池杉混植优化为丛生紫薇：受“渔”“泽”主题植物互换影响，此处的水杉池杉混植林换为世博期间观花树种丛生紫薇。
(3)柿树+枣树优化为果石榴+香泡：考虑到世博期间景观效果后者搭配好于前者，因此将其更换。
紫叶桃
丛生紫薇
果石榴
香泡

(a) 优化前

(b) 优化后

图 6-81 中层乔木优化对比

② 立面色彩缺乏节奏性变化　5～10 月份世博会期间，自左至右各岛特色植物依次为“漠”—紫薇（开花）、“壑”—黑松（绿色）、“甸”—红枫＋菊科地被（红、黄）、“林”—红枫＋银杏（红、黄）、“脊”—白皮松＋梅花（绿色）、“渔”—水杉＋池杉（绿色）、“泽”—柳树＋花桃（绿色）、“田”—柿树（绿色）。整体的色彩变化为“色—绿—色—色—绿—绿—绿—绿”，显然“甸”与“林”颜色过于丰富，而后面的 4 个岛色彩又过于单调，建议将“甸”的红枫移植到“渔”，在“田”内增加观花观果的果石榴以改变这种单调的节奏。

③ 个别岛屿植物与主题理念不够贴切，主要是“渔”“泽”两岛　习惯上我们会将“渔”与江南鱼米之乡联系起来，而“泽”则常为湿地的代名词，因此桃红柳绿应为“渔”的环境写照，而耐水湿的水杉、池杉则多出现于湿地之中，因此建议将“泽”与“渔”两岛的主题植物互换，以反映我们现实生活中较为熟悉的环境场景（图 6-84）。

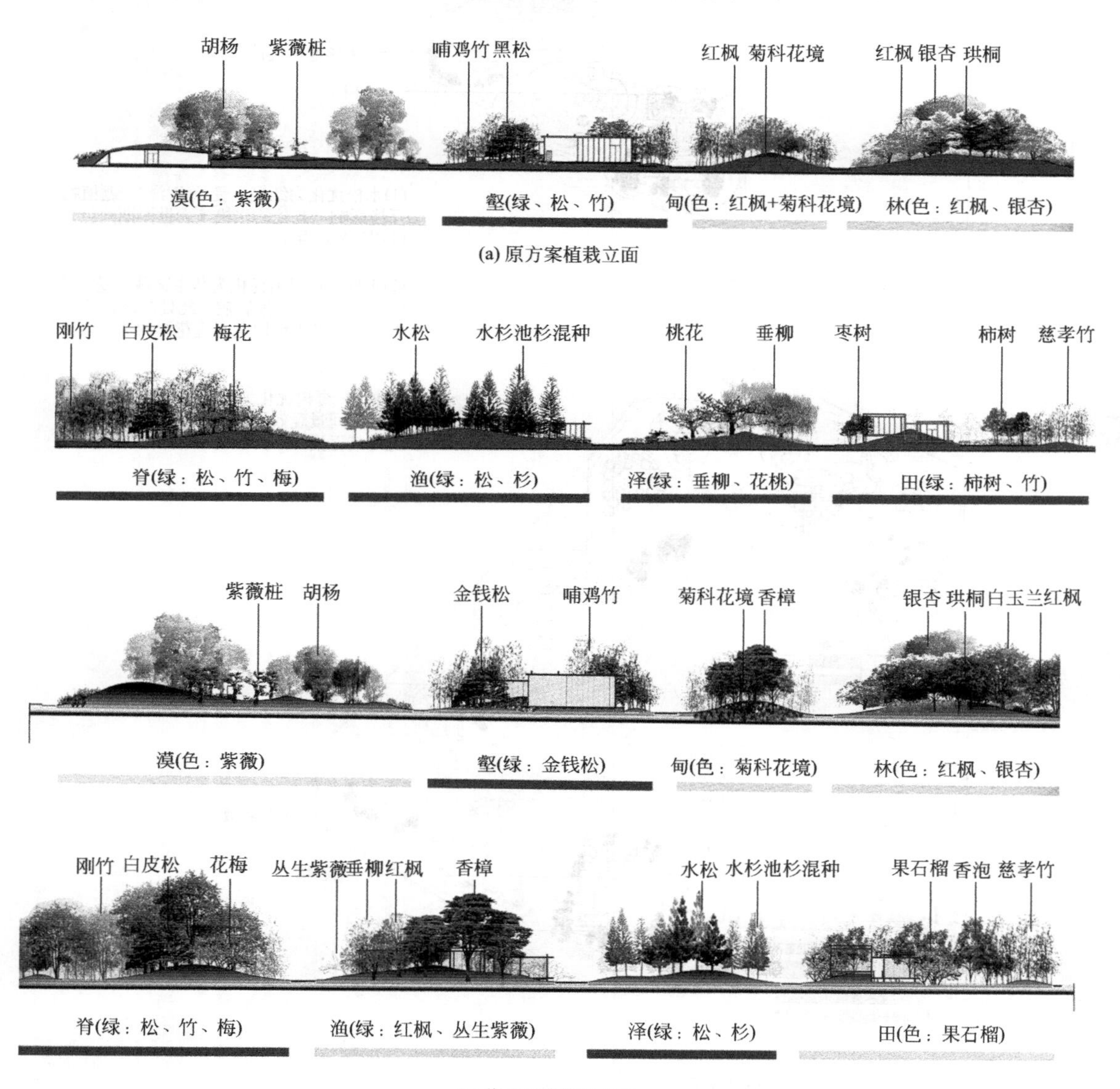

图 6-82　中层乔木优化立面对比

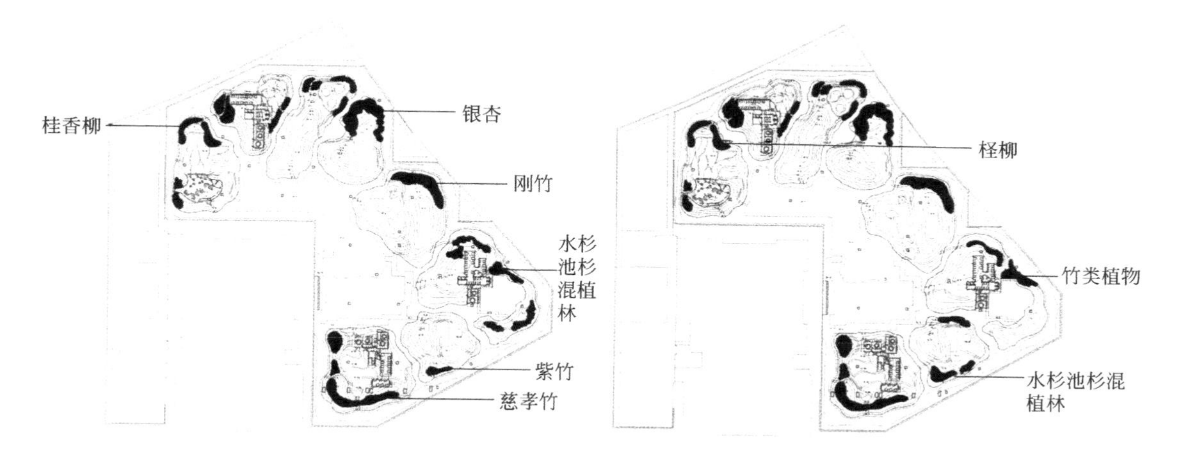

图 6-83　背景树/竹类植物

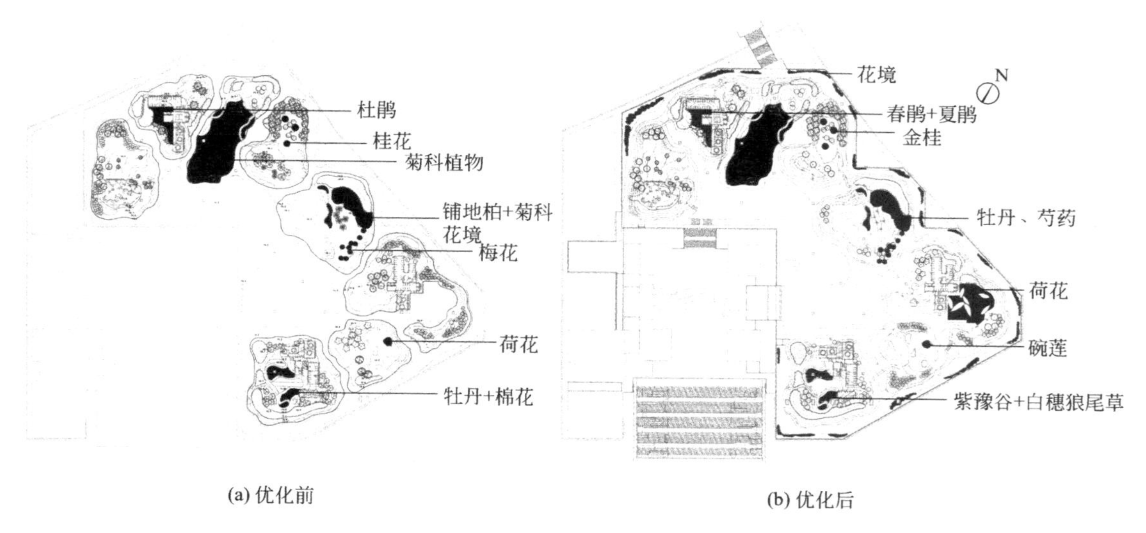

(a) 优化前

(b) 优化后

图 6-84　花卉地被植物的优化

④ 各别岛屿　乔、灌、草层次搭配不合理。原方案表现草场芳甸感觉的“甸”部分，上层乔木选用了色彩绚烂的红枫，过于抢镜，建议上层调整为常绿造型孤景树。

各岛的具体优化如下。

1）“田”　原方案：柿树、枣树、慈孝竹、牡丹（棉花）。优化后：果石榴、香泡、慈孝竹、白穗狼尾草、紫豫谷、矢羽芒。原因：香泡 8～10 月挂果，果石榴 5～6 月开花，9～10 月结果，在中国的传统文化中代表了多子多福的美好祝愿，且观赏性更强。“田”间种植形似水稻的紫豫谷及白穗狼尾草、矢羽芒，充分体现“田”林野趣的乡村景观。同时考虑牡丹、芍药为半阴植物，优化至“脊”和“渔”的林下种植，更有利于其生长（图 6-85）。

2）“泽”　原方案：垂柳、花桃、紫竹、荷花。优化后：水松、东方杉、水杉、池杉、碗莲、水生植物。原因：为了更接近主题“泽”的理念，将“泽”与“渔”的植物品种进行对换，采用水杉与池杉的混种作为背景，东方杉和水松作为主景和前景树，岸线及水景中增加梭鱼草、花叶水葱、再力花、花叶美人蕉、碗莲等水生植物，达到软化岸线、增添野趣，更好地体现湿地景观（图 6-86）。

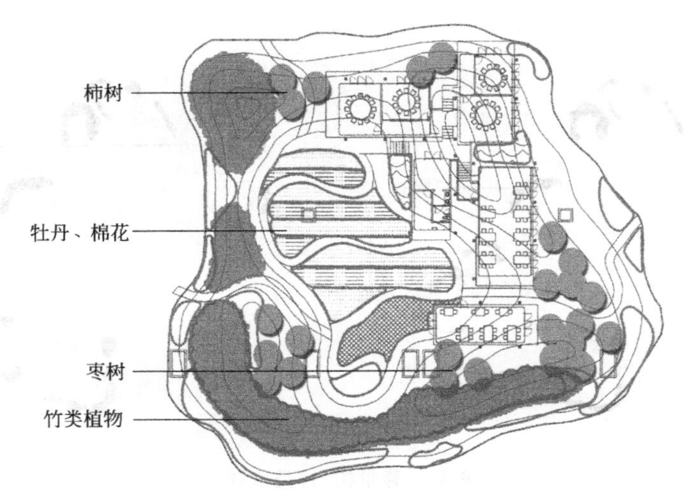

(a) 原方案：柿树、枣树+慈孝竹+牡丹(棉花)

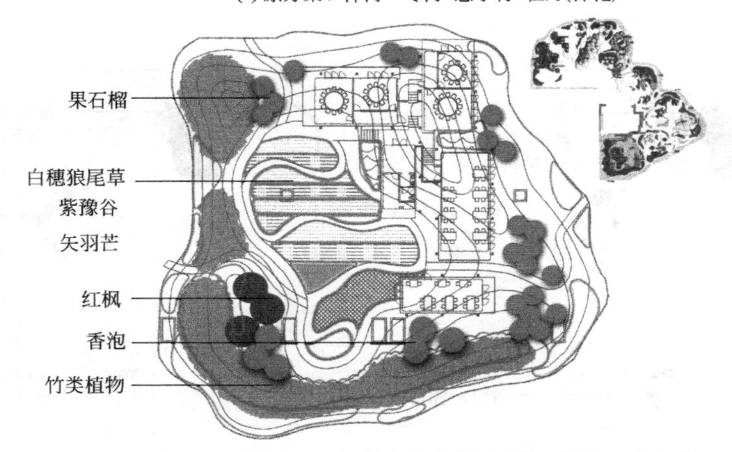

(b) 优化后：果石榴、香泡+慈孝竹+白穗狼尾草、紫豫谷、矢羽芒

图 6-85 “田”植物优化

3）“渔” 原方案：水松、东方杉、水杉、池杉、水生植物。优化后：金丝柳、香樟、红枫、竹类植物、丛生紫薇、碗莲、水生植物。原因：为了更能表达“渔”的理念，将“泽”中的植物品种移至此处，表达鱼米之乡桃红柳绿的生活场景。由于桃花4月开花，在世博会开始前已经凋谢，因此将部分桃花优化为世博会期间开花的紫薇，其形态选择丛生，充分保证株形景观，达到亮化“渔”景观的效果。垂柳优化为无花的金丝柳，创造生态人居环境，同时在西侧主通道与岛上建筑间点植孤景香樟作为人流视线的对景。考虑原方案岛内水系较浅，无法种植深水植物，因此局部抬高水面，加植荷花，与池中船形木质铺装融合为一体，形成莲叶荷田似的江南水乡风光（图 6-87）。

4）“脊” 原方案：白皮松、梅花、常春玉兰、刚竹、铺地柏、菊科植物。优化后：白皮松、花梅、常春二乔玉兰、竹类植物、铺地柏、牡丹。原因：“脊”体现了一种气节，“脊”的标高也应该是园内较高的，因此将标高从16.6m抬升到17.1m。同时由于牡丹、芍药都是喜干的植物，种植在高坡上更有利于其生长，因此建议移到此处；梅花优化为白、红、绿色混种的花梅，同时增加种植密度，达到片植的群落景观效果（图 6-88）。

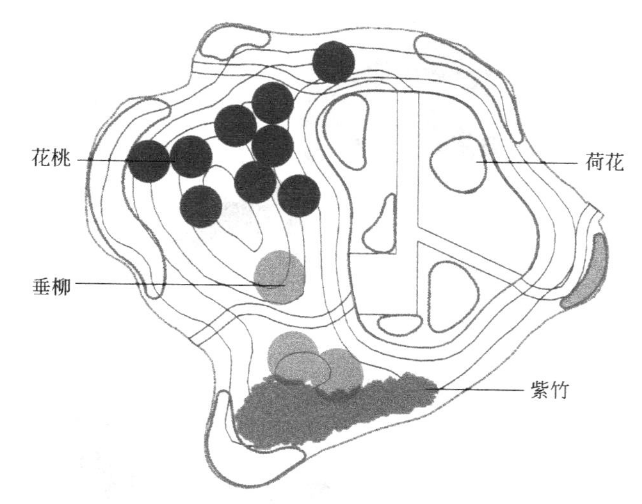

(a) 原方案：垂柳+花桃+紫竹+荷花

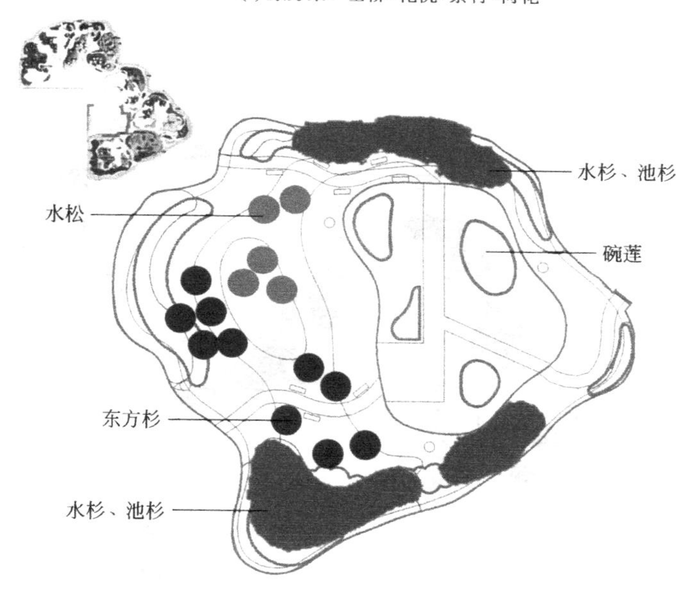

(b) 优化后：水松、东方杉、水杉、池杉+碗莲、水生植物

图 6-86 “泽”植物优化

5）“林” 原方案：珙桐、红枫、银杏、早春玉兰、桂花、灌木花境。优化后：珙桐、红枫、银杏、白玉兰、金桂、灌木花境。原因：金桂为中国传统八月桂花飘香的植物品种，是桂花种类中较好的品种；白玉兰为上海市花，在这里点植更能体现上海特色（图 6-89）。

6）“甸” 原方案：红枫、早春玉兰、哺鸡竹类、菊科花境。优化后：香樟、白玉兰、哺鸡竹类、菊科混种花境。原因：多种菊科植物混种可以延长花期，使世博会期间都能有花可赏。考虑下层菊花与上层红枫色彩效果过于强烈，为突出下层花境，建议红枫优化为常绿造型孤景乔木香樟，以充分体现“甸”的主题（图 6-90）。

7）“壑” 原方案：黑松、竹类植物、杜鹃。优化后：金钱松竹类植物春鹃、夏鹃。原因：金钱松为我国特有的二级保护树种，其形态优于黑松，春鹃、夏鹃的混植以延长花期，增加世博会期间的观花效果（图 6-91）。

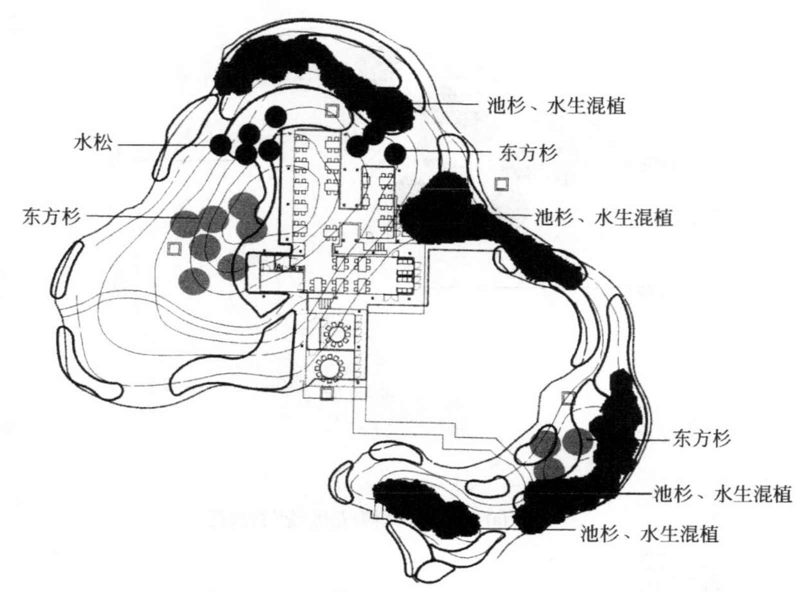

(a) 原方案：水松、东方杉、水杉、池杉+水生植物

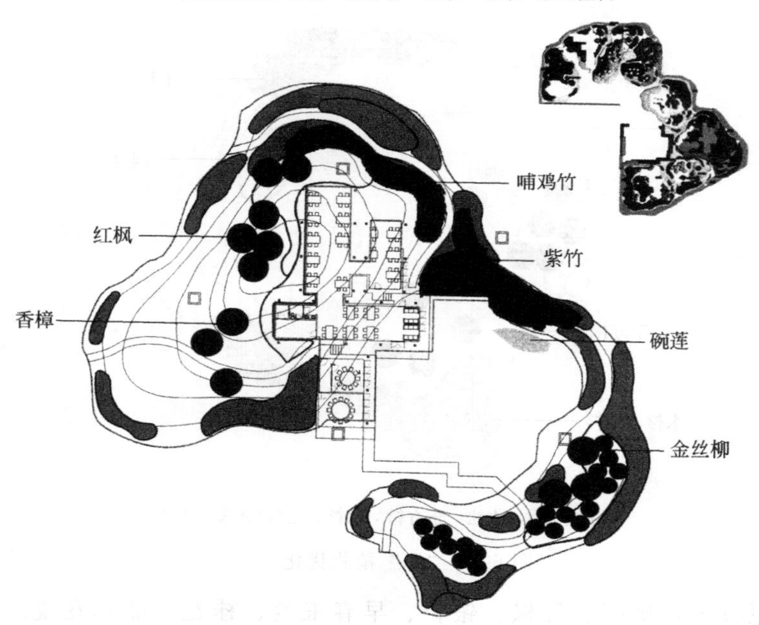

(b) 优化后：金丝柳、香樟、红枫+竹类植物、丛生紫薇+碗莲、水生植物

图 6-87 “渔”植物优化

8）“漠” 原方案：紫薇桩、胡杨、桂香柳、景天科植物。优化后：大紫薇桩、胡杨、柽柳、景天科植物。原因：受地理位置、土壤、气候影响，建议将桂香柳优化为在上海成功引种的形态相似的荒漠植物柽柳；将原设计中紫薇桩的地径 10～12cm 增大为 18～20cm，以充分体现苍劲有力的树干，与胡杨、柽柳共同表现戈壁沙漠植物的顽强（图 6-92）。

（4）先进技术

世博会是以展现人类在社会、经济、文化和科技领域取得成就的国际性盛会。在技术上中国馆屋顶花园采用了环保节能的无土草坪、轻型绿化无机介质技术和防倒伏技术等措施，

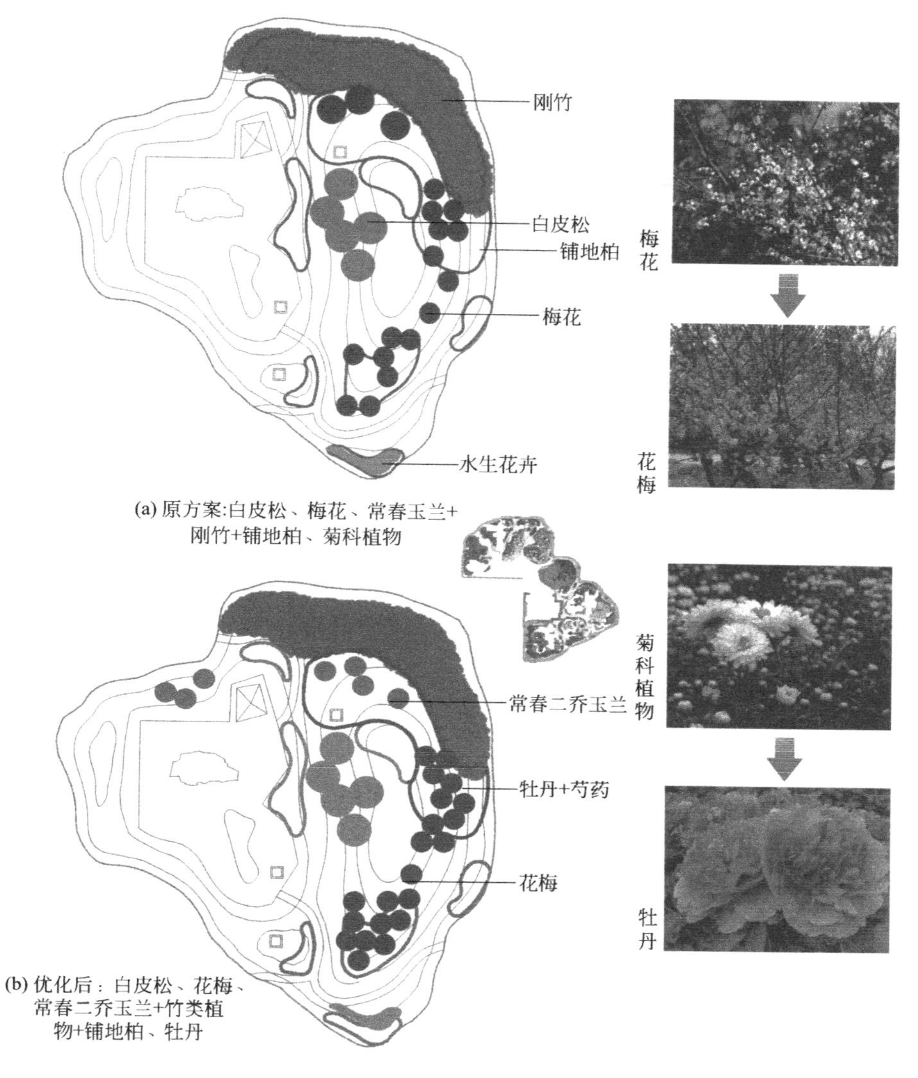

图 6-88 “脊”植物优化

都是国际上比较先进的。

绿色环保型无土草坪是目前国内外先进的栽培技术和理念，是具有前瞻性的环保科技产品。它具有抗病虫害、无杂草、绿期长、景观好、节能环保、不破坏国土资源的优点。轻质轻型屋顶绿化适宜于对承重条件要求苛刻以及对栽培基质重量有着严格的要求的建筑物屋顶。自然土壤容重一般都在 $1.0g/cm^3$ 以上，不宜用于轻型屋顶绿化，适合于轻型屋顶绿化的栽培基质风干和饱和水状态下容重分别在 $0.5g/cm^3$、$0.8g/cm^3$ 左右，具有薄层、稳定和环保等优势。

(5) 技术性优化

① 苗木种植 屋顶花园精美、大气的景致离不开栽种的珍稀引种苗木，这些苗木是上海地区的移栽容器苗。种植前，苗木工人把所需苗木移栽到培养池中进行 2～3 个月的养护培养，确定苗木成活后再进行栽种。不仅如此，还对种植苗木周边环境进行改造，如土壤采用适合该品种生长的配制营养土，采用地形处理及辅助物遮挡以满足品种的供水、通风及光照需求。针对每株苗木还编制了具体养护手册，现场派遣专业管理人员进行全天监督管理。

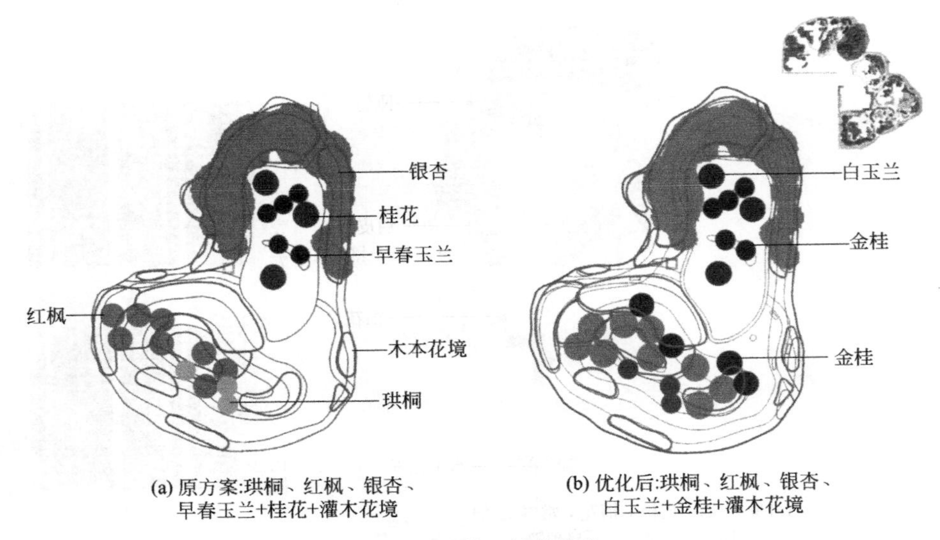

(a) 原方案:珙桐、红枫、银杏、早春玉兰+桂花+灌木花境

(b) 优化后:珙桐、红枫、银杏、白玉兰+金桂+灌木花境

图 6-89 “林”植物优化

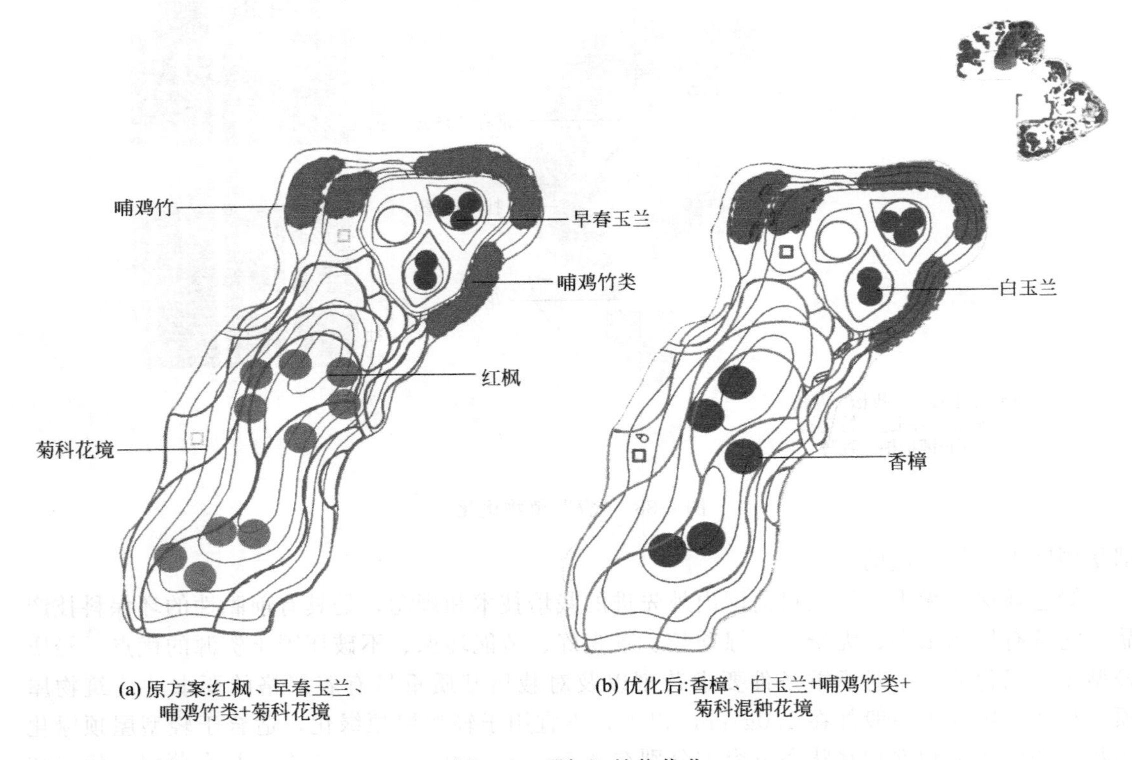

(a) 原方案:红枫、早春玉兰、哺鸡竹类+菊科花境

(b) 优化后:香樟、白玉兰+哺鸡竹类+菊科混种花境

图 6-90 “甸”植物优化

这些措施都为提高苗木成活率、确保工程进度奠定了基础。

② 新材料性新技术的应用 屋顶花园采用了环保节能的无土草坪、轻型绿化无机介质技术和防倒伏技术等措施。其中，无土草坪具有抗病虫害、无杂草、绿期长、景观好、节能环保、不破坏国土资源的优点，轻型绿化无机介质具有薄层、稳定和环保等优势。生长介质性质长期稳定是影响屋顶绿化寿命的关键因素。轻型屋顶绿化完成施工后，其寿命一般为20～30年，为确保景观长期效果提供了保障。新材料新技术优点详细说明如下。

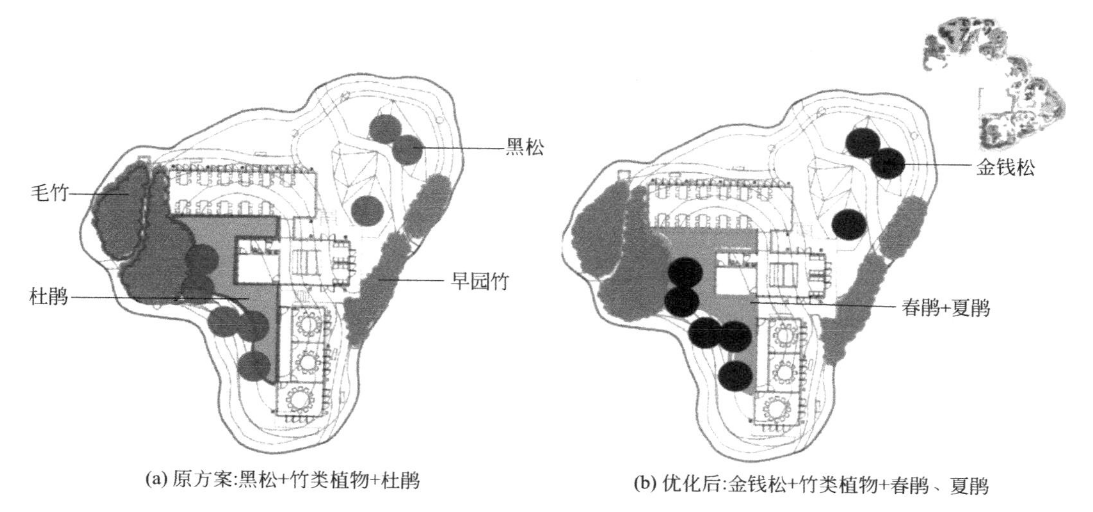

图 6-91 “壑”植物优化

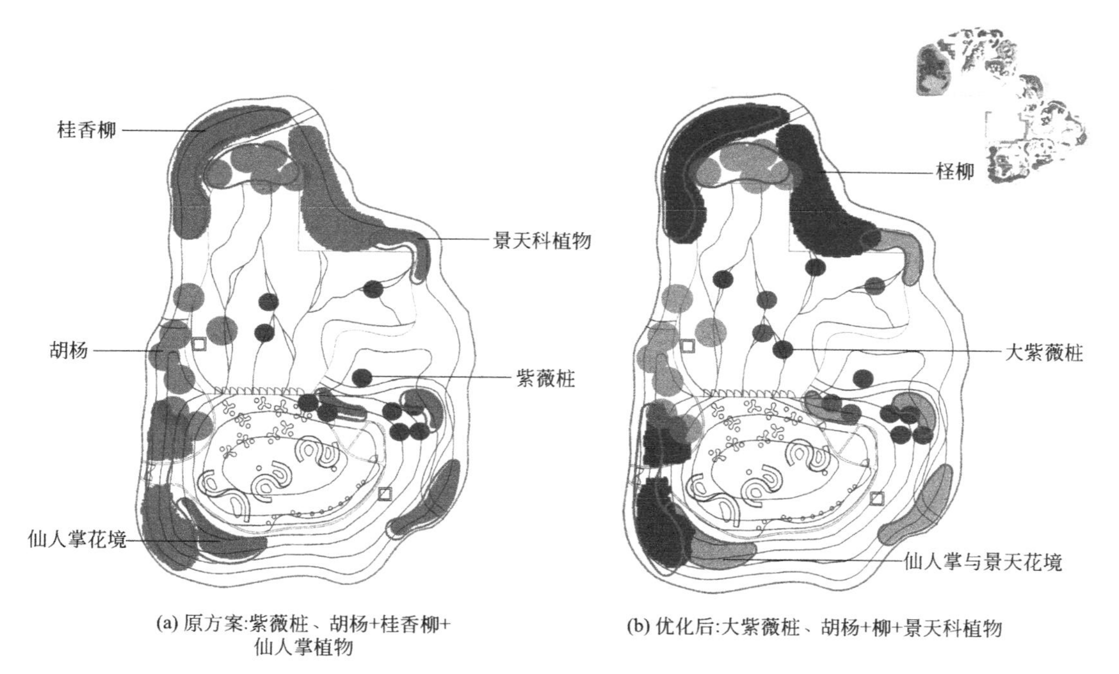

图 6-92 “漠”植物优化

1）绿色环保型无土草坪优点。绿色环保型无土草坪是目前国内外先进的栽培技术和理念，是具有前瞻性的环保科技产品。

Ⅰ.抗病虫害：由于土壤本身就携带有病菌，故有土草皮病虫害较多，尤其是在高温高湿的夏天，而无土草皮由于前期的培植床已消毒灭菌，故无病虫害。

Ⅱ.无杂草：有土草坪后期养护的最大费用是除杂草，因为除杂草只能是人工一根一根拔起。但无土草坪一旦铺在公园、小区、足球场、高尔夫球场上，由于无土草坪营养基是一层厚达 1cm 的配植床，而配植床的降解至少需要 2～3 年，所以配植床地下的杂草就会被捂死。

Ⅲ.绿期长：以冷季型草“早熟禾”为例，有土草坪的“早熟禾”绿期为 280d 左右，而无土草坪的“早熟禾”为 320d 左右。

Ⅳ. 景观好：有土草坪经常有秃斑、病死、枯萎等现象，整体景观效果不好；而无土草坪整齐划一，就像一块绿色的地毯。

Ⅴ. 节能环保、不破坏国土资源：有土草坪的绿化是以破坏良田为代价的，吃的是“子孙饭”，是一种短期行为。如果按草坪卷土层厚度 3cm 计算，$6.7\times10^7m^2$ 耕地中一茬草就被挖走土壤约 $200000m^3$，而且这些土壤都是养分丰富的“熟土”，这样一层层剥去，种不了几茬草大片良田将变成盐碱低洼地，土壤出现沙化，国土资源流失严重，生态环境逐渐被破坏。

2）轻型绿化无机介质技术应用。　轻质轻型屋顶绿化适宜对承重条件要求苛刻的建筑物屋顶，对栽培基质重量有着严格的要求（图 6-93）。自然土壤容重一般都在 $1.0g/cm^3$ 以

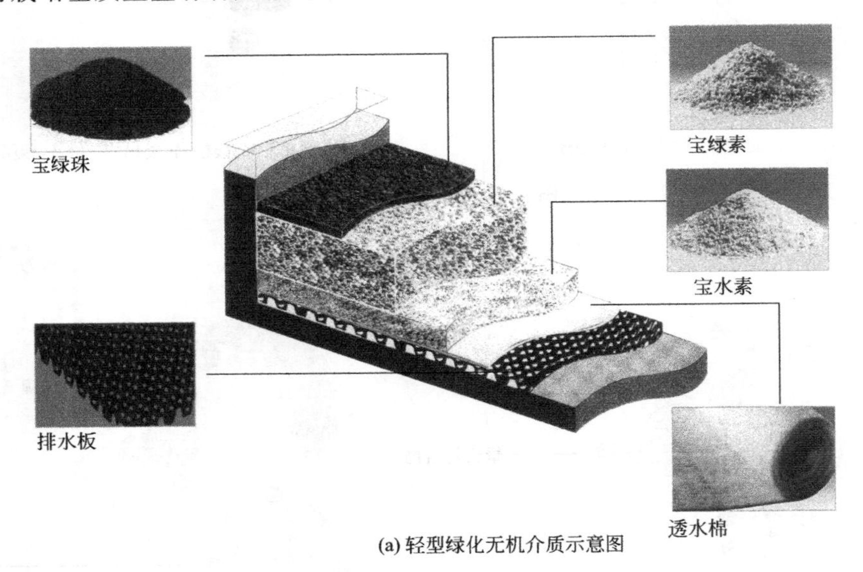

(a) 轻型绿化无机介质示意图

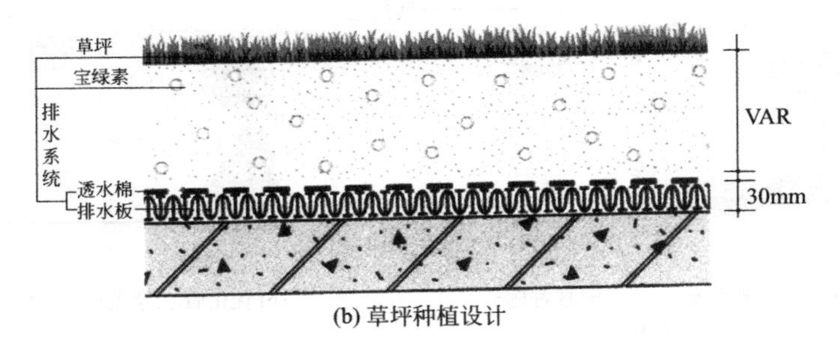

(b) 草坪种植设计

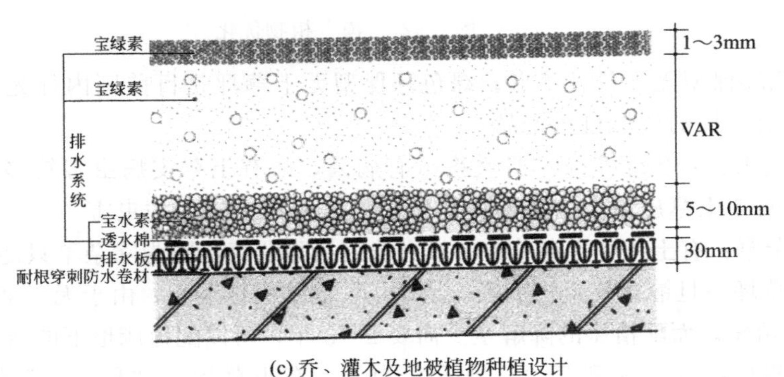

(c) 乔、灌木及地被植物种植设计

图 6-93　轻型绿化无机介质技术应用

上，不宜用于轻型屋顶绿化，适合于轻型屋顶绿化的栽培基质风干和饱和水状态下容重分别在0.5g/cm³、0.8g/cm³左右。

Ⅰ.薄层：在屋顶实施绿化，通过尽可能地降低种植层厚度无疑是非常有效的减轻负重措施，如德国著名的FLL（园林建筑研究会）标准中所指轻型屋顶绿化，倾向于种植层10cm以下降低生长层的厚度，这样必然会降低其保水性、养分供应能力、温度调节能力、减少根系穿透层等植物生长必需的介质条件，为了解决这个问题，对栽培基质本身的物理、化学特性需要有严格的要求。

Ⅱ.稳定：轻型屋顶绿化完成施工后，其寿命一般为5～20年。影响屋顶绿化寿命的主要是建造材料质量、施工工艺几植物特性，其中生长介质长期稳定是关键因素。屋顶绿化一旦建成，大幅度更换生长介质的难度将会很大。要求基质物理结构、酸碱度、养分供应等稳定性要长久。劣质的屋顶绿化栽培基质在使用不长的时间里，由于材料破碎或降解，结构性会发生很大变化，养分释放和酸碱度环境也会随着植物根系吸收和分泌作用发生剧烈变化。但是屋顶绿化中植物生长介质的稳定性是一个动态的，其调控方式不仅包括原材料的选择和工艺技术，也包括对植物本身新陈代谢所发生的物质能量循环的利用。

Ⅲ.环保：屋顶绿化过去的人工栽培基质原料大部分是选自天然无机矿物和天然有机材料，随着矿产资源的日益匮乏和栽培基质产业的本身发展，对工农业废弃物进行资源化再利用是栽培基质发展的重要趋势。屋顶绿化基质要求选择清洁材料和无害化工艺，能控制病虫害，具有抗风吹、雨水冲刷能力，要做到基质不会对环境造成污染。

③ 屋顶花园防倒伏技术措施的应用　上海世博会中国馆屋顶花园乔木全部采用地下支撑构件。防倒伏构件以高强度不锈钢材料为主，其质量和性能需经过检测符合国家标准后采用，由厂家负责指导施工，确保质量。

（6）中国馆屋顶花园施工技术措施

根据设计施工图，先在屋顶做第一次初级放线，明确水池方位、园路、建筑物位置、造型土方位置，用以确定整个屋顶花园的施工思路。思路如下：第一步为建筑物、水池；第二步为土方回填；第三步为原路基础，建筑装饰；第四步为绿化乔灌木种植；第五步为园路装饰；第六步为地被、草坪种植。

① EPS填充板　造型土方的位置，在造型回填土标高比较高的地方先放下填充板，满足：乔木种植区域土方厚度达到1.5m，灌木满足0.8m，地被、草坪满足0.3m。

② 排水板组合　回填土方的位置，在满足割裂的绿化苗木需求的土方厚度的前提下，放置填充板后再铺上排水组合板，并在排水组合板上方铺无纺布，土方下水经由排水组合板导向屋面天沟，再导向虹吸口，由建筑内管排掉，解决土层下部的排水，避免今后的苗木根部的积水问题，保证绿化的苗木成活率。

③ 土方回填　在填充板、排水组合板都铺放完毕之后开始填土方、造型。

土方运输有土方车外运到中国馆不影响各单位施工区域。在屋顶花园顶上，翻边之内，靠近翻边区域每隔50m架设一套井架，通过井架将土方装在劳动车内往屋顶运输，保证劳动车在上吊运输过程中不会因为摇晃而碰撞到外墙装饰铝板，同时用彩条布遮挡其总包单位已经完成的铝板，然后在屋顶平面通过人工驳运、平整、分区分段、井架配合劳动车的方式完成土方的垂直运输。

④ 乔木种植　在造型图回填完成后，进行第二次放线，确定各乔木位置，然后根据乔木底所带土球大小，以确定乔木底支架的大小，来确定挖穴的大小和位置。然后将乔木土球和支架用扎带绑在一起放下树穴。

⑤ 水池边地被、灌木的无土种植　如图 6-94 所示。

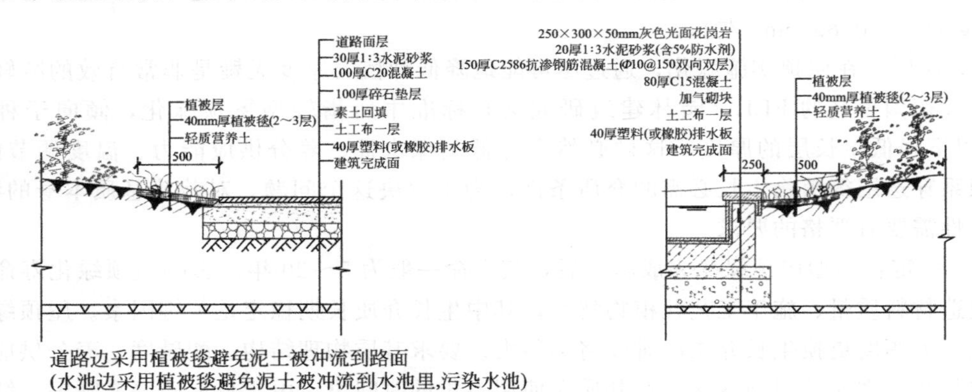

图 6-94　水池边地被、灌木的无土种植

⑥ 水生植物的种植　应为水池底较浅，并且无种植土，因此采用器皿种植碗莲，如图 6-95 所示。

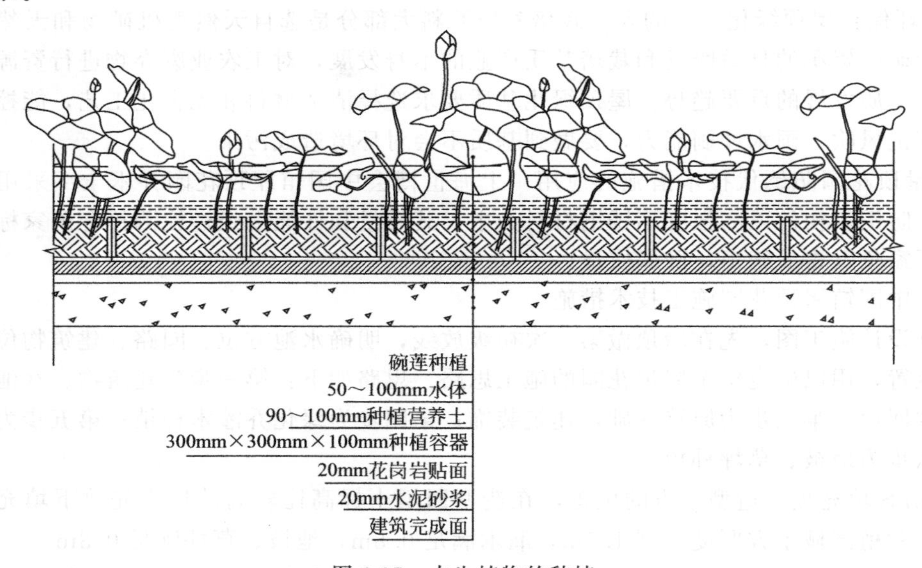

图 6-95　水生植物的种植

园林植物种植

园林植物种植的过程将设计变为现实，这是植物种植设计过程中（场地分析、设计构思、方案设计、植物选择等）最有价值的环节。一个优美的绿地植物景观的实现不仅取决于优秀的构思和设计，还取决于后期的植物种植。

成功的园林植物种植取决于以下几个因素：现场踏勘；场地准备；种植苗的质量；种植时间；苗木定植；种植方法；初期的养护。

7.1 现场踏勘

在植物种植之前应组织相关人员到现场进行细致的勘察，了解施工现场的位置、现状、施工条件以及影响施工进展的各种因素。同时还要核对设计施工图纸。

现场踏勘的内容一般有如下几项。

① 土质情况　了解当地土壤性质，确定是否需要换土，估算换土量，了解好土来源和渣土的去向，确定土壤改良方案。

② 交通状况　了解场地内外能否通行机械车辆，如果交通不便则需确定开通道路的具体方案。

③ 电源情况　接电地点、电压及负荷能力。

④ 水源情况　了解水源、水质、供水压力等，确定灌水方法。

⑤ 各种地上物的情况　如房屋、树木、农田、市政设施等，明确地上物如何处理，办理原有树木的移伐手续。

⑥ 安排施工期间的生产、生活设施　如办公、宿舍、食堂、卫生间、材料、囤苗地点等位置。将生产、生活设施的位置标注在平面图上。

7.2 场地准备

7.2.1 清理施工现场

园林植物种植应在建筑物、地下管线建筑物铺设、道路铺装全部竣工后进行，并由建设单位负责拆除应拆除的建筑物及按规划影响施工的一切设施，清理建筑垃圾等杂物，平整场地，为种植施工创造条件。对现场原有的树木尽量保留，对非清除不可的也要慎重考虑。

场地保留的植物施工前可用栅栏或色彩鲜艳的施工带将植物的包裹起来，将低枝绑好，剪掉易受感染的枝条以利于植物存活。

7.2.2 场地整理

在施工现场根据设计图纸要求，划分出绿化区与其他用地的界限，整理出预定的地形，根据周围水系的环境合理规划地形，或平坦或起伏。若有土方工程，应先挖后垫。对需要植树造林的地方要注意土层的夯实与土壤结构层次的处理，如有必要，适当增加客土以利植物生长。低洼处要合理安排排水系统。现场整理后将土面加以平整。

7.2.3 土壤改良

园林植物种植土层厚度至少要达到植物生长所需要的最低限度，一般深于根长或土球高度的 1/3 以上，否则不能施工。不同类型植物生长所需土层厚度见表 7-1。

表 7-1 不同类型植物生长所需土层最小厚度

植物种类	植物生长所需土层最小厚度/m	植物种类	植物生长所需土层最小厚度/m
地被植物	0.2	浅根性乔木	1.00
小灌木	0.3	深根性乔木	1.2
大灌木	0.6		

景观建造和其他的施工在设施安装的过程中会导致土壤板结、侵蚀或土壤损失，尤其当建筑施工与种植施工同时进行时，土壤板结压迫了土壤间的孔隙，大大减少了土壤水分的渗透、排水和通气，最终导致土壤根系窒息或腐烂。因此，耕作或疏松板结的土壤是必要的。疏松土壤后进行彻底的灌溉并延迟 2 周种植，以使土壤下沉。受侵蚀或减少的土壤施工后需要增加一层表土，值得注意的是，应用新土在压实后会减少 15%～20%。

园林植物对土壤的酸碱度适应能力不同，大部分植物适宜在微酸或为微碱性土壤生长，一般 pH 值以 6.7～7.5 为宜，过酸或过碱均需采取措施，根据植物的适应性对土壤进行改良。酸性土壤可试用石灰及有机肥料，碱性土壤施用硫酸亚铁、硫黄粉、腐殖酸肥料等逐步降低土壤的酸碱度，或采取局部换土法。

在黏性重的土壤植树时，通常采用抽槽换土或客土掺沙、增施腐熟的有机肥料的办法，施肥时，务必使腐熟的有机肥料充分与土壤搅拌均匀，其上再铺置约 10cm 厚的园土后方可种植。

在地势低洼、积水较重或地下水位较高地域实施种植工程时，应按照水的流向铺设排水设施，并适当填土提高树穴的标高方可施工。尤其是雪松、广玉兰、梅花等不耐水湿的树种还要填土抬高种植，以利排水和根系伸展。

7.2.4 水源、水系设置

绿化离不开水，尤其是初期养护阶段。水源、灌溉设备以及电源系统必须实现安置妥当。

7.3 种植苗木的质量

7.3.1 种与品种的表述

虽然植物分类学中明确指出植物名称分为地方名、学名、拉丁名三种称谓，便于不同人群进行交流，但业内人士在种、变种、品种称谓时仍然存有很多不规范之处。

（1）种、亚种、变种和变型的概念

① 种　是生物分类的基本单位，具有一定的自然分布区和一定的形态特征和生理特性的生物类群。在同一种中的各个个体具有相同的遗传性状，彼此交配（传粉受精）可以产生能育的后代。种以下除亚种外，还有变种、变型和栽培变种的等级。

② 亚种　一般认为是一个种内的类群，在形态上多少有变异，并具有地理分布上、生态上或季节上的差异，这样的类群即为亚种。属于同种内的两个亚种，不分布在同一地理分布区内。

③ 变种　也是种类的变异类型，其有形态结构的差异，但没有明显的地带性分布区域之别。

④ 变型　是指形态特征上变异较小的类型，如花色、花形、毛的有无、叶面色斑等。

⑤ 品种　只用于栽培植物的分类上，在野生植物中不使用品种这一名词，因为品种是人类在生产劳动中培养出来的产物，具有经济意义较大的变异，如色、香、味、形状、大小，植株高矮和产量等的不同，如香蕉苹果、京白梨。药用植物中如地黄的品种有金状元、新状元、北京1号。

正是由于有这些差异，我们在表述变种、变型等植物材料时就不能忽视其称谓的准确性。如选用紫薇时就不能含糊地统称谓“紫薇”而应准确地称其到变型名称，红色花称为红薇，深紫色的花称为翠薇，纯白色的花称为“银薇”。园林植物很多是采用其具有某种观赏特点的变种、变型、品种等。在园林苗木中为了使其保持优良变异的特性，采取的是自根苗（扦插苗、分株苗、压条苗）或嫁接苗的形式进行繁育。而用种子繁育的实生苗只能表现本种习性的特点，丧失了其变种、品种的观赏性，如单瓣的榆叶梅、单瓣的黄刺玫、单瓣棣棠等。称谓的不到位往往造成选苗、购苗的差错，把一些景观效果差的“实生苗”种当成园艺品种苗购进并种植与绿地，从而严重影响景观效果。在对拉丁名不熟悉的情况下可在“种名”前加以描述，如重瓣榆叶梅、重瓣黄刺玫、重瓣棣棠等以示区分。

（2）种名和属名的差异

有些容易混淆的同属种应准确地称谓到“种名”，不能到“属名”为止。例如，珍珠梅，同属常见的植物有华北珍珠梅和东北珍珠梅，这两个种的最大差异是，东北珍珠梅花、果序直立，残花、残果宿存，俗称山高粱，严重影响景观效果；同样观花观果，华北珍珠梅的效果就好得多，因为它没有残花、残果宿存的现象。又如榉树的树种——大叶榉比较适合在长江流域栽种，泡桐属、楸树属下的树种生态习性差异都很大，设计应用时不应简单地称为泡桐、楸树，应准确地称谓到种名，如灰楸、金丝楸、毛泡桐、白花泡桐、南方泡桐等，后边应加附拉丁名。

7.3.2 木本苗质量及规格标准

苗木质量标准一般分为株型质量、生长质量和包装质量。

（1）苗木株型及规格标准

① 落叶乔木　主枝匀称、树冠丰满、分枝点到位。胸径5.0cm以上，快长树胸径7.0cm以上，落叶小乔木胸径（地径）3.0cm以上。用于道路的落叶乔木分枝点高度不低于2.8m。园景及孤植树分枝点高度2.5m。

② 针叶常绿乔木　树冠圆满匀称，具有地表分枝，要求不偏冠、不脱腿，高度在2.5m

以上。

③ 灌木　灌丛丰满，主枝不少于5个。主枝平均高度达1.0m以上。匍匐形灌木，应有3个以上主枝，主枝达0.5m以上。单干圆冠型，主枝分布均匀，地径2cm，树高1.2m以上。

④ 藤木　分枝数不少于3个，主蔓直径在0.3cm以上，主蔓长度在1.0m以上。

⑤ 植篱苗　灌丛丰满，分枝均匀，常绿苗不脱腿，苗龄在3年以上或苗木高度在50cm以上。

⑥ 嫁接苗　包括花灌木和高接乔化苗木，要求嫁接在3年以上，接口愈合牢固，无砧木滋生现象。

⑦ 竹类　散生竹，2～4年苗龄，大中型竹苗具竹竿1～2个以上，小型竹苗具竹竿3～5个以上；丛生竹具竹竿5个以上。

(2) 苗木生长质量考察

植株健壮，整体树形匀称，枝叶繁茂，色泽正常，根系发达。

① 移栽次数要求　在苗圃繁殖的苗木必须移栽过2～3次，外引山苗必须在苗圃养护3年以上。

② 无病虫害　经检疫不带病虫，无病虫危害状。进场时必须出示苗木出圃单（证）和树木检疫证明（外地苗木）。

③ 无机械损伤　整个植株完整，枝、叶、根完好，无机械损伤，无冻害及哨条。

④ 保证苗木含水量　a. 掘苗前必须灌水，充实枝干水分；b. 移栽、运输环节避免植株失水。

⑤ 根系发育良好，大小适宜，带有较多侧根和须根，且根不劈不裂。根系是为苗木吸收水分和矿物质营养的器官，根系完整，种植后能较快恢复生长，及时给苗木提供营养和水分，从而提高种植成活率，并为以后苗木的健壮生长奠定有利的基础。苗木带根系的大小应根据不同品种、苗龄、规格、气候等因素而定。苗木年龄和规格越大，温度越高，带的根系也应越多。

⑥ 苗木的地上部分与根的比例要适当　苗木地上部分与根系之比，是指苗木地上部分鲜重与根系鲜重之比，称为茎根比。茎根比大的苗木根系少，地上、地上部分比例失调，苗木质量差；茎根比小的苗木根系多，苗木质量好。但茎根比过小，则表明地上部分生长小而弱，质量也不好。

(3) 掘苗包装质量

1) 按规范要求掘苗，保证根冠幅长度或土球大小。

2) 裸根苗尽可能多带护心土。

3) 土球打包及箱板苗要求球形规整，包装牢固。

4) 裸根小灌木包装保湿完好。

5) 裸根小苗沾浆均匀、饱满，保护完好。

(4) 木本苗出圃规格标准

为方便设计者、苗木生产者、种植施工方三家苗木市场流通，对不同苗木规格标准如表7-2所列。

7.3.3　露地栽培花卉及草坪出圃质量要求

(1) 露地栽培花卉应符合的规定

1) 一、二年生花卉。株高一般为10～50cm，冠径为15～35cm，分枝不少于3～4个，植株健壮，色泽明亮。

表 7-2 木本苗出圃规格标准

苗木分类	指标	分级	级差
绿篱苗	高度/m	0.8～1.0、1.0～1.2、1.2～1.5、1.5～1.8	0.2～0.3
常绿大乔木	高度/m	2～2.5、2.5～3、3～3.5、3.5～4	0.5
落叶大乔木	胸径/cm	4～5、5～6、6～7、7～8	1
小乔木	地径/cm	2.5～3、3.5～4、4.5～5	0.5
单干灌木	地径/cm	2.5～3、3.5～4、4.5～5	0.5
多干灌木	地径	有3～5个主干，每个主干粗1～1.5cm	分枝点高于30cm的要求地径
丛生灌木	地径、分枝(主枝)数及粗度		
小灌木		最小2～3年生	
嫁接苗	按嫁接几年为指标，乔木按干径	如龙爪槐安主干胸径指标，还应嫁接3年以上	

2）宿根花卉。宿根花卉品种必须符合设计要求，根系完好发达，并有3～4个壮芽。无损伤、无病虫害。

3）球根花卉。块茎和球根花卉块茎和球根必须完整无损，无腐烂和病虫并有2个以上的芽眼或芽。

4）观叶植物。叶片分布均匀，排列整齐，形状完好，色泽正常

5）水生植物。水生植物根、茎、叶发育良好，植株健壮。

（2）草块、草卷质量要求

1）草块、草卷必须生长均匀，根系密布，无斑秃，无病虫害；出圃前3d浇水，进行适度修剪。草卷厚度1.8～2.5cm，主要用于早熟乔、多年生黑麦草、高羊茅和结缕草。草块厚度2～3cm，主要用于羊胡子草。草块、草卷长度适度，每块规格一致，厚度一致。

2）野牛草主要用分株繁殖，原草覆盖率应达90%以上，杂草不超过2%。

（3）草种子、花种子质量要求

1）草种、花种必须有品种、品系、产地、生产单位、采收年份、纯度、发芽率等标明种子质量的出厂检验报告或说明，并在使用前作发芽率试验，以便调整播种量，失效、有病虫害的种子不得使用。商业种子应附检疫证明。

2）应出示种子发芽率试验记录。

7.4 种植时间

园林植物种植是一个季节性很强的工作，确定适时的种植季节是提高种植成活率、尽早发挥园林绿化效果的重要因素之一。什么时候种植最合适，其判断的标准应该是新种植物能否成活和成活后生长的好坏。

植物成活的生理条件是植物体内水分保持动态的平衡，即根系从土壤中吸收的水分足于弥补植物地上部分因蒸腾作用而失去的水分。要维持动态平衡的途径主要有3个：a. 人为增加土壤中的含水量（如灌水、整地等），但这个途径在大规模园林绿化中受到经济条件的限制，不是常用的方法；b. 植物本身维持动态平衡的能力，这取决于植物本身生理活动的规律，即要求此时地上部分活动弱些，蒸腾量小，而地下部分的根系活动较强，以便根的再生能力和吸水能力强；c. 适宜的环境条件，即要求温度、湿度、风等气候因子有利于植物

吸收水，而蒸腾又小。

所以适时种植主要考虑如下几个因素：a. 苗木本身的生理活动，一般选择苗本地上部分活动缓慢或处于休眠状态，而地下部分根系活动仍然较旺盛时进行种植，因此时根系再生能力强，吸收水分多，而地上部分蒸腾小，苗木易保持水平平衡；b. 气候条件，选择适宜于根系吸水生根所需要适宜的温度条件和充足的水分条件，并尽可能避免不利于保持水分平衡的极端因子（如干旱、高温、霜冻等）；c. 病虫害的规律，避免在病虫害高发或猖獗的季节种植。

从以上分析可知，最适宜的种植季节应该是早春和晚秋，即植物落叶后开始进入休眠至土壤冻结前，以及植物萌芽前刚开始生命活力的时候，这两个时期植物对水分和养分的需要量不大，容易得到满足，蒸腾量小，而且此时体内还储存有大量的营养物质，具有一定的生命活动能力，有利于伤口的愈合和新根的再生。

我国地域广阔，树种繁多，特性各异，从东到西、从南到北自然条件相差很大，从全国来说，只要措施得当一年四季都有可以种植的地方。但从各地的气候条件分析，就降低种植成本和提高种植成果来说都有其主要的种植季节。

7.4.1 春季种植的特点及适宜地区

春季种植是指春天自土壤化冻后至植物发芽前进行种植。

（1）优缺点

此时气温逐渐回升，雨水增多，空气湿度大，土壤水分增加：苗木地上部分尚未萌动或刚萌动，而根系已开始活动（土温比气温高，根系活动比地上部分早），有利于根系的主动吸水，种植成活率高。但持续的时间短，一般只有 2～4 周，种植任务繁重。

（2）早春季种植较好

春天种植应强调一个“早”字，其中最好的时间是在新芽开始萌动之前 2 周左右。好处是：早种植，苗（树）木扎根早，恢复早，成活率高，对后期（夏季）高温干旱抵抗力强。南方地区因温度高，更应如此。“进入清明春季天，种植火候要抢先”（清明之前，种植必须结束）。尤其是落叶树种，必须在新芽开始膨大或新叶开放之前种植。

（3）安排好种植顺序

根据树木的生长特点安排好先后顺序进行种植，萌动早的树种如松、杨、柏、杉类先种，萌动迟的树种如红松、白花泡桐、法国梧桐等树种后种。

（4）适宜地区

春季是一年中的黄金时光，是全国各地的主要季节，除西南地区因受印度洋季风影响，冬、春为旱季，春栽成活率较低（落叶树尚可）外，其他各地区均可在春季种植，且成活率较高。

7.4.2 冬季种植特点及适宜地区

在冬季比较温暖，冬天土壤不结冻或结冻时间短，天气不太干燥的地区，可进行冬季种植。

（1）优缺点

扎根早、恢复早，且正值农闲季节。在一些地方冬季不过分严寒，土壤不结冻或结冻期很短，如南方可在冬季种植。实际上在南方地区很多树种种植在冬季就已开始，一直延续到春季，一般不分冬春季。

（2）冬季种植适宜迟些

冬季种植最好以落叶阔叶树为主，温暖避风的地区可栽竹，但在冬季严寒的华北北部、东北大部，土壤结冻较深，也可采用带冻土球的方法种植。

（3）适宜地区

冬季主要在土壤不结冻的地区：华南地区、华中、华东、长江流域地区。在东北大部、西北北部、华北北部种植耐寒力强的树种在冬季可采用“冻土球移植法”进行种植。

7.4.3 夏季种植特点及适宜地区

（1）优缺点

冬春降雨少，气候干旱多风，而进入夏季雨水集中，湿度大，有些树种可在气温不太高的时候（初夏）进行种植（主要是热带、亚热带树种，常绿及萌芽力较强的树种），如木麻黄、黑荆树、相思树、桉树、橡胶树等。具体时间在4～5月份连续阴雨或透雨后进行。缺点是夏季炎热多变，适宜种植时较短，因此夏季种植是最不保险的，因为这个时期植物正值生长期，枝叶蒸腾量很大，根系需吸收大量的水分；而土壤的蒸发作用也强，容易缺水，易使新栽的树木遭受旱害，植物易受损伤。

（2）夏季应尽量选在初夏（即雨季）进行。

抓住连续阴雨的有利时机栽培，因温度高，应适当修剪枝叶，带土种植、容器苗种植或采用小苗种植。

（3）适宜地区

适合某些地区和某些常绿树种，如华南地区，西南地区（常绿树尤佳），华北大部和西北南部的有些树种也可在夏季（雨季）种植。

7.4.4 秋季种植特点及适宜地区

秋季种植是指植物落叶后至土壤封冻前进行。

（1）优缺点

此时树木进入休眠期，生理代谢转弱，消耗营养物质少，有利于维持生理平衡。同时气温逐渐降低，蒸发量小，土壤水分较稳定，从植物生理特性来说，由落叶转入休眠，地上部分的水分蒸腾已达很低的程度而根系在土壤中的活动仍在进行，甚至还有一次生长小高峰，而且此时树体内储存营养物质丰富，有利断根伤口愈合，如果地温尚高，还可能发生新根。经过一冬，根系与土壤密切结合，春季发根早，符合树木先生根后发芽的物候顺序。对于不耐寒的、髓部中空的或有伤流的树木不适宜秋植，而对于当地耐寒的落叶树的健壮大苗应安排秋植。

（2）秋季植种植不要太早。

应从落叶盛期以后至土壤冻结之前进行，因种植时间长，许多地方采用秋季带叶种植（但不要太早种植）。

（3）适宜地区

华中、华东、长江流域地区，华南地区（尽量迟）以及华北大部与西北南部的有些树种也可秋植。

7.5 种植方法

园林植物种植的工序应该包括：种植穴准备，苗木的起苗、包装、运输，种植，裁后管理与现场清理等。

7.5.1 种植穴的准备

是植物种植前改良种植地立地条件的一项重要措施，是落实设计意图、保证种植成功的重要因素，主要工作有定点放线、挖坑（挖穴）、土壤改良等。

7.5.1.1 定点放线

根据园林植物种植设计图，把图上设计的有关项目按方位及比例放线于地面上，确定各种植物的种植点位置。不同的绿化用途和种植点的不同配置，定点放线的方法也不同。

（1）规则式树木种植的定点放线

规则整齐、行列明确的树木种植要求位置准确，尤其是行位必须准确无误。下面就以行道树为例来说明规则式树木种植的定点放线。

行道树行位按设计的横断面所规定的位置放线，有固定马路牙的道路以路牙内侧为基准，无路牙则以路面中心线为基准。用钢尺或皮尺测准行位，然后按设计图规定的株距，大约每 10m 钉一行位框。长距离路面，首尾用量尺确定行位，中间可用测竿标定。定好行位，用皮尺或测绳定出株位，株位中心由白灰作标记。

（2）自然式种植的定点放线

自然式种植的定点放线比较复杂，关键是寻找定位点。最好是用精确手段测出绿地周围的范围，道路、建筑等的具体方位，再定种植点的位置。

自然种植设计图有两种类型：一是在图纸上详细标明每个种植点的具体方位；二是在图纸上只标明种植位置范围，而种植点则由种植者自行处理。

自然是种植定点放线主要有以下几种方法。

1）利用精密测量仪器定点、放线。这种方法准确精细，复杂，比较适合于建筑，除特殊要求外种植施工中很少运用。

2）网格法。用皮尺、测绳等工具在地面上按照设计图的相应比例等距离划分正方格，用白灰划线。这样可以较准确地在地面上定出要种植植物的位置。

3）交会法。此办法较适用于小面积绿化。找出设计图上与施工现场上完全符合的建筑基点，然后量准植树点与该两基点的相互距离，分别于各点用皮尺在地面上画弧交出种植点位，并撒白灰作标志即可。

7.5.1.2 挖穴

无论是裸根种植、带土球种植还是容器苗种植，种植穴都应适合于幼龄的乔木、灌木或较高的草本植物，种植穴对植物的生长有着密切关系。我国目前还主要用镐和锹进行人工挖穴，在国外已采用机器挖穴。

挖穴时以定点标志为圆心，按照设计时的植物规格尺寸，先在地面上用白灰作圆形或方形轮廓，然后沿此线垂直挖到规定深度。种植穴的大小、深度起码应大于土球苗木侧根的幅度和主根的长度。在土壤条件差的地方，穴的规格可适当加大，常用的挖坑规格见表 7-3。

切记要上下口垂直一致，挖出的坑土（表土和心土）要上下层分开，回填时原上层表土因富含有机质而应先回填到底部，原底层土（心土）可回填到表层。种植绿篱时应挖沟槽，而非单个种植穴（见表7-4）。花卉的栽培比较简单，可播种、移栽或直接把花盆埋于土中，但对细节要求却很严格，如种子的覆土厚度、土壤的颗粒大小、施肥、灌水等。

表7-3 乔灌木种植穴的规格

乔木胸径/cm		3～5	5～7	7～10	
常绿树高度/m	1.0～1.5	1.5～2.0	2.0～2.5	2.5～3.0	3.0～3.5
落叶灌木高度/m		1.2～1.5	1.5～1.8	1.8～2.0	2.0～2.5
穴径×穴深/cm	(50～60)×40	(60～70)×(40～50)	(70～80)×(50～60)	(80～100)×(60～70)	(100～120)×(70～90)

表7-4 绿篱种植槽规格

绿篱苗高度/m	种植槽规格(宽×深)	
	单行式/cm	双行式/cm
0.5～0.8	40×30	60×30
1.0～1.2	50×30	80×40
1.2～1.5	60×40	100×40
1.5～2.0	100×50	120×50

7.5.2 栽苗

不同植物的规格不同，种植要求也不同，但种植时首先必须保证植物的根系舒展，使其充分与土壤接触，为防止树木被风吹倒可立支架进行绑缚固定。苗放入穴内然后填土、踩实的过程称为“栽苗”。

(1) 裸根苗的种植

一般两人为一组，先填些表土于穴底，堆成小丘状，放苗入穴，比试根幅与穴的大小和深浅是否合适，并进行适当修理。具体栽植时，一人将放入穴中的苗扶直，另一人将种植穴边上拍碎的湿润表层土填入，填土到坑的1/2时用手将苗木轻轻往上提起，使根颈部分与地面相平或略高，让根系自然地向下舒展开来，然后用脚踏实土壤；继续填土，直到填满后用力踏实或夯实一次；然后用剩下的底土在穴外缘筑灌水堰。对密度较大的丛植地，可按片筑堰。

(2) 带土球栽植

必须先量好坑的深度与土球的高度是否一致。若有差别应及时将树坑挖深或填土，必须保证栽植深度适宜。土球入坑定位，安放稳当后应尽量将包装材料全部解开取出，即使不能全部取出也要松绑，以免影响新根再生。回填土时必须随填土随夯实，但不得夯砸土球，最后用余土围浇水堰。

(3) 栽苗的技术要求

① 确定合理的栽植深度　一般要求苗（树）木根颈部的原土痕与栽植穴地面齐平或略低（约3～5cm）。栽植过浅，根系经风吹日晒容易干燥失水，抗旱性差；栽植过深，树木生长不旺，甚至造成根系窒息，几年内就会死亡。苗木栽植深度也因树木种类、土壤质地、地下水位和地形地势而异：一般发根（包括不定根）能力强的树种（如杨、柳、杉木等）和穿

透力强的树种（如悬铃木、樟树等）可适当深栽；而榆树可以浅栽；土壤黏重、板结应浅栽，质地轻松可深栽，土壤排水不良或地下水位过高应浅栽；土壤干旱、地下水位低应深栽；坡地可深栽、平地和低洼地应浅栽，甚至需抬高栽植。此外，栽植深度还应注意新栽植地的土壤与原生长地的土壤差异。如果树木从原来排水良好的立地移栽到排水不良的立地上，其栽植深度应比原来浅5～10cm。

② 根据植物的生长特性及景观要求确定正确的种植方向　苗木，特别是主干较高的大树，栽植时应保持原生长的方向。因为一般树干和枝叶的方向不同，组织结构的充实程度或抗性也不同。例如，朝西北面的结构坚实，抗性强。如果原来树干朝南的一面栽植时朝北，冬季树皮容易冻裂，夏季容易遭受日灼。

此外，为了提高绿化的观赏价值，应招观赏价值高的一面朝向主要观赏方向，如将树冠丰满的一面，朝向主要的观赏方向（入口处或行车道）；树冠高低不平衡时，应将低的一面栽在阳面，高的一面栽在背面，使之有层次；在规则式栽植时，假如苗木高矮参差、冠径不一，应预先排列栽植顺序，避免高低，大小悬殊；苗木弯曲时，应使弯曲的一面与行列的方向一致。

③ 树身上下垂直，如果树干有弯曲，弯应朝向当地主风方向。行列式种植必须保持横平竖直，左右相差最多不超过半个树干。

④ 路树等行列树栽植要求：每隔10～20棵事先栽好标杆树，然后以2棵标杆树为瞄准依据，栽中间的树。

⑤ 浇水堰做好后，将捆绕树冠的草绳解开，以便枝条舒展。

7.5.3　支撑

较大苗木为了防止被风吹倒或浇水后发生倾斜，应在浇水前立支柱进行固定支撑，北方春季多风地区及南方台风地区更应注意。

（1）单枝柱支撑

用坚固的木棍或竹竿，斜立于下风方向，埋深30cm，支柱与树干之间用麻绳或草绳隔开，然后用麻绳捆紧。对于枝干较细的小树，在侧方埋一较粗壮的木桩作为依托即可。

（2）双支柱支撑

用两根支柱垂直立于树干两侧与树干平齐，支柱顶部捆一横担，用草绳将树干与横担捆紧，捆前先用草绳将树干与横担隔开，以免擦伤树皮。如图7-1所示，行道树立支柱不能影响交通。一般而言，高达6m左右的树木，支柱长度约2.0～2.5m，打入离干基15～30cm的地方，深约60cm。

（3）三支柱支撑

将3根约1.2～2m的支柱组成三角形，将树干位置中间，用草绳或麻绳将树和支柱隔开，然后用麻绳捆紧（图7-1）。

（4）牵索式支架支撑

用1～4根（一般为3根）金属丝或缆绳拉住架固。这些支撑线（索）从树干高度约1/2的地方拉向地面，与地面的夹角约45°。线的上端用防护套或其他软垫绕干一周连接起来，线的下端固定在铁（或木）桩上。角铁桩上端向外倾斜，槽面向外，周围相邻桩之间的距离应该相等。在大树上牵索，有时还要将金属线连在紧线器上。牵索支架很少在街道或普通公园应用，因为这些金属线索将给行人或游客带来潜在的危险，特别是在夜间容易绊伤行人。

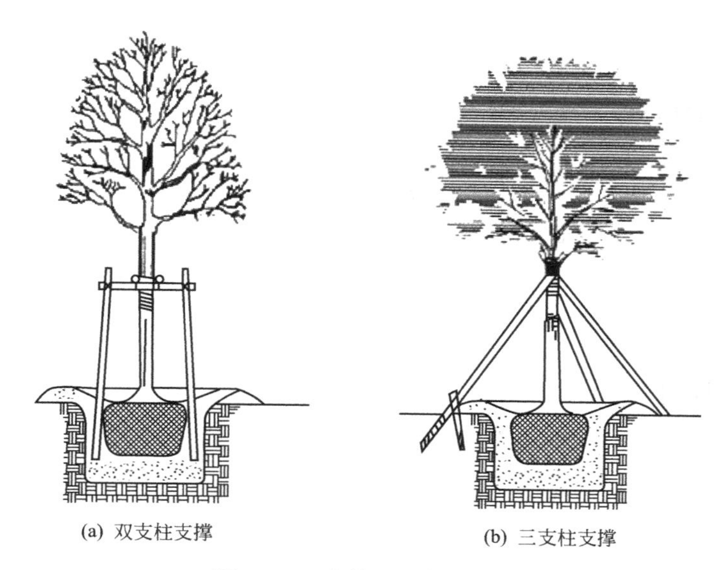
(a) 双支柱支撑　(b) 三支柱支撑

图 7-1　双支柱、三支柱支撑

因而应对牵索加以防护或设立明显的简单标志，如在线上系上白布条或将竹竿劈开一条缝套在线上，再在竹竿外部涂以红白相间的涂料，以引起行人的注意。

7.5.4　树干包裹与树盘覆盖

（1）裹干

新栽的树木，特别是树皮薄、嫩、光滑的幼树，应用粗麻布、粗帆布、特制皱纸（中间涂有沥青的双层皱纸）及某些其他材料（如草绳）包裹，以防日灼、干燥和减少蛀虫侵染，冬天还可防止啮齿类动物的啃食。从阴蔽树林中移出的树木，因其树皮极易遭受日灼的危害，对树干进行保护性包裹效果则十分显著。

包被物用细绳安全而牢固地捆在固定的位置上，或从地面开始，一团一团互相重叠向上裹至第一分枝处。树木包裹的材料应保留 2 年或让其自然脱落。树干包裹也有其不利方面，即在多雨季节，由树皮与包裹材料之间保持过湿状态，容易诱发真菌性溃疡病，若能在包裹之前于树干上涂抹某种杀菌剂，则有助于减少病菌感染。

（2）覆盖

覆盖可以为植物生长创造一个健康的环境。其意义主要表现在：a. 降低土温，保持水分；b. 随着覆盖物的分解，可以向土壤中释放必要的有机物，改善土壤条件；c. 控制杂草。

覆盖物的厚度取决于所选择的覆盖材料，质地细软的有机覆盖物，如与肥料充分混合的锯末，一般覆盖 3～5cm 厚；粗糙松软的材料应覆盖 7～10cm 厚。如果采用过厚的覆盖层，尤其在温度较高的地区，会减少土壤中氧气和水分的渗透。这将会导致浅根植物的死亡，如杜鹃花属和山茶花属植物。厚度少于 5cm 厚的覆盖层，在干燥地区会让阳光穿过覆盖物穿透到土壤里而增加土壤水分的损失。用覆盖层保持水分的最佳时间是晚春，土壤正处于从春雨中吸收了水分之后且夏季高温开始进入土壤水分蒸发以前的阶段。为了避免秋季移栽植物过程中受到冻害，应该在植物移栽后马上覆盖，覆盖物一般应保留越冬，到春天揭除或埋入土中，也可栽种一些地被植物进行覆盖。

覆盖的材料可用木屑、草坪修剪的碎屑、稻草、腐叶土或充分腐熟的有机肥料等，沿街树池也可用沙覆盖。

7.6 竹的种植

竹子生长有其特殊性，它是依靠地下茎（俗称竹鞭）上的笋芽发育长成竹笋，再长成新竹。新竹在1～4个月内即可完成高度、直径生长，以后不再增加。竹子年年均会发笋长竹，因此，观赏竹子种植技术也有别于其他苗木，早园竹、刚竹、金镶玉竹、黄槽竹、黄杆京竹、紫竹、箬竹等竹类的种植方法大体相同。

7.6.1 种植时间

7.6.1.1 散生竹

散生竹通常是在3～5月份开始发笋，多数竹种6月份基本完成高生长，并抽枝长叶；8～9月份大量长鞭；进入11月后，随着气温的降低，生理活动逐渐缓慢；至翌年2月，伴随气温回升，逐渐恢复生理活动。根据这一生长节律，散生竹理想的栽竹时节应该是在10月至翌年2月，尤以10月份的“小阳春”最好。冬季11～12月份种竹，尽管雨量少，天气干燥，但此时竹子的生理活动趋弱，蒸腾作用不强，栽竹成活率也较高。长江中下游地区，可在梅雨季节正常年份采用移竹造林。但只宜近距离移栽，且根盘带土多方能保证高的成活率。北方地区由于冬季严寒，宜在秋季10月及早春2月栽竹。值得注意的是，3～5月份出笋期不宜栽竹。“种竹无时，雨后便移”。只要保证母竹质量，精心管理，保持水分平衡，一年中除炎热的三伏天和严寒的三九天外，其余时间均可栽种。如果采用容器竹苗，则南北地区均可四季种竹，保证成活。

7.6.1.2 丛生竹

一般3～5月竹秆发芽，6～8月发笋，且丛生竹不耐严寒。所以丛生竹种植最好在2月竹子芽眼尚未萌发、竹液开始流动前进行最好。同样，如果管理条件好或采用容器竹苗，也可四季种竹。

7.6.1.3 混生竹

混生竹生长发育节律介于散生竹与丛生竹之间，5～7月发笋长竹，所以栽竹季节以10～12月和春季2～3月为宜。

7.6.2 种植地整理

竹子生长要求土层深度50～100cm（中小径竹50cm即可，大径竹如毛竹则要求80～100cm），肥沃，湿润，排水和透气性能良好的砂质壤土，微酸性或中性，pH4.5～7.0为宜，地下水位1m以下（毛竹）或50cm以下（中小径竹）。整地是竹子种植前的重要环节，整地好坏直接影响到造竹质量的高低和成林速度的快慢。整地方法采用全面整地最好，即对种植地进行全面耕翻，深度30cm，清除土壤中的石块、杂草、树根等杂物。如土壤过于黏重、盐碱土或建筑垃圾太多，则应采用增施有机肥、换土或填客土等方法进行改良。整好地后即可挖种植穴，种植穴的密度和规格，根据不同的竹种、竹苗规格和工程要求具体而定。在园林绿化工程上，一般中小径竹每平方米3～4株，株行距50～60cm，种植穴的规格为长、宽各40cm、深30cm。

7.6.3 母竹的要求

母竹质量对造竹质量影响很大。优质母竹种植容易成活和成林，劣质母竹不易栽活或难以成林。母竹质量主要反映在年龄、粗度、长势及土球大小等方面。

1）母竹年龄。最好是当年至2年生。因为当年至2年生母竹所连的竹鞭一般处于壮龄阶段，鞭芽饱满，鞭根健全，因而容易栽活和长出新竹、新鞭，成林较快。老龄竹（3年以上）不宜作母竹。

2）母竹粗度。中径竹（哺鸡竹类、早园竹等）以胸径2～3cm为宜，小径竹（紫竹、金镶玉竹、斑竹等）以胸径1～2cm为宜。

3）母竹要求生长健壮、分枝较低、枝叶繁茂、无病虫害及开花迹象为宜。

4）土球直径以25～30cm为宜。土球过小，母竹易过度失水，降低成活，且竹鞭短，根系少，成林慢。土球过大，则不便运输。

中小型观赏竹，通常生长较密，因此，可将几支一同挖起作为一“株”母竹。具体要求为：散生竹1～2支/株，混生竹2～4支/株，丛生竹可挖起后分成3～5支/丛。母竹挖起后，一般应砍去竹梢，保留4～5盘分枝，修剪过密枝叶，以减少水分蒸发，提高种植成活率。母竹远距离运输时，如果土球松散，则必须进行包扎，用稻草、编织袋等将土球包扎好。装上车后，先在竹叶上喷上少量水，再用篷布将竹子全面覆盖好，防止风吹，减少水分散失。母竹近距离运输不必包扎，但必须防止鞭芽和“螺丝钉”受损及宿土震落。

7.6.4 母竹的种植

母竹运到种植地后应立即种植。竹子宜浅栽不可深栽，母竹根盘表面比种植穴面低3～5cm即可。首先，将表土或有机肥与表土拌匀后回填种植穴内，一般厚10cm。然后解除母竹根盘的包扎物，将母竹放入穴内，根盘面与地表面保持平行，使鞭根舒展，下部与土壤密接，然后先填表土，后填心土，捡去石块、树根等杂物，分层踏实，使根系与土壤紧密相接。填土踏实过程中注意勿伤鞭芽。然后浇足“定根水”，进一步使根土密接。待水全部渗入土中后再覆一层松土，在竹秆基部堆成馒头形。最后可在馒头形土堆上加盖一层稻草，以防止种植穴水分蒸发。如果母竹高大或在风大的地方需加支护架，以防风吹竹秆摇晃。

7.7 初期养护

初期养护是指定植后第一年进行的景观养护，这是一个非常敏感且至关重要的过渡阶段，恰当的管理养护将会增加绿地景观成功的可能性。因为，此时苗（树）木刚刚栽植不久，苗（树）木正处于恢复和适应新环境阶段（缓苗期）；苗（树）木受到不同程度的损伤（特别是裸根起苗），根系吸收土壤水分、养分的能力较差：抵抗不良环境的能力弱，易死亡。因此在此期间，若能及时进行养护管理就能促进苗（树）木的根系恢复，提高根系吸收水分的能力，促进新栽植物体内的水分平衡，并能及时满足其生长发育所需要的条件，尽快恢复生长，增强树木对高温干旱或其他不利因素的抗性。此外，还能挽救一些濒危植株，保证新栽树木的成活率。新栽树木的养护，重点是水分管理，保持适当的水分平衡，并要在下过第一次透雨以后进行一次全面检查，以后也应经常巡视，发现问题及时采取措施予以补救。主要的管理工作有如下一些内容。

7.7.1 浇水

树木定植埋土后，在植树坑（穴）的外缘用细土培起 15～20cm 高的土埂称“开堰”。浇水堰应拍平踏实，防止漏水。株距很近、联片栽植的树木，如绿篱、色块、灌木丛等可将几棵树或呈条、块栽植的树木联合起来集体围堰称“作畦”。作畦时必须保证畦内地势水平，确保畦内树木吃水均匀，畦壁牢固不跑水。

树木定植后必须连续浇灌 3 次水，以后视情况而定。第 1 次灌水应于定植后 24h 之内，水量不宜过大，浸入穴土 30cm 上下即可，主要目的是通过灌水使土壤缝隙填实，保证树根与土紧密结合。在第 1 次灌水后，应检查一次，发现树身倒歪应及时扶正，树堰被冲刷损坏之处及时修整。然后再浇第 2 次水，水量仍以压土填缝为主要目的。第 2 次灌水距第 1 次灌水时间为 3～5d，浇水后仍应扶直整堰。第 3 次灌水距第 2 次灌水时间为 7～10d，此次要浇透灌足，即水分渗透到全穴土壤和穴周围土壤内，水浸透后应及时扶直。

在浇水中应注意两个问题：一是不要频繁少量浇水，因为这样水只能湿润地表几厘米内的土层，诱使根系靠地表生长，降低树木抗旱和抗风能力；二是不要超量大水灌溉，否则不但赶走了根系正常发育的氧气，影响生长，而且还会促进病菌的发育，导致根腐，同时浪费水资源。因此树木根系周围的土壤，既要经常保持湿润又不应饱和。

此后，还应浇水 5～6 次，特别是高温干旱时更需注意抗旱。浇水的方式有以下几种。

（1）对树冠喷水

树体地上部分（特别是叶面）因蒸腾作用而失水。叶面的蒸腾量与叶片表面的温度和湿度关系很大，喷水可以降低叶面的温度，增加叶面湿度，从而减少树体的蒸腾量。而且对于枝叶修剪量较小的名贵大树，在高温干旱季节，即使保证土壤的水分供应也易发生水分亏损。因此当发现树叶有轻度萎蔫症状时，有必要通过树冠喷水增加冠内空气湿度，从而降低温度，减少蒸腾，促进树体水分平衡。喷水宜采用喷雾器或喷枪直接向树冠或树冠上部喷射，喷水要求细而均匀，让水洒落在枝叶上。喷水时间可在每天 10 时到 16 时，每隔 1～2h 喷 1 次。

（2）采用“打点滴”的方法供水

即在树枝上悬挂盛满清水的盐水瓶，利用打点滴的原理，让瓶内的水慢慢滴在树体上。采用喷雾方法供水效果较好，但较费工费料；而打点滴的方法省工省钱，但供水不匀，水量难于控制。对于去冠移栽的大树，也可在前期采用“打点滴”的方法，等抽枝发叶后用喷雾的方法喷水。

7.7.2 扶正培土

由于新栽植物容易受风吹、人为干扰等一些原因，导致树体晃动，应及时踩实覆土；树盘整体下沉或局部下陷，应及时覆上填平，防止雨后积水烂根；树盘土壤堆积过高，要铲土耙平，防止根系过深，影响根系的发育。

对于倾斜的树木应采取措施扶正。如果树木刚栽不久就发生歪斜，应立即扶正。在扶正时不能强拉硬顶，损伤根系。首先应检查根颈入土的深度，如果栽植较深，应在树木倒向一侧根盘以外挖沟至根系以下内掏至根颈下方，用锹或木板伸入根团以下向上撬起，向根底塞土压实，扶正即可；如果栽植较浅，可按上法在倒向的反侧掏土稍微超过树干轴线以下，将掏土一侧的根系下压，回土踩实。大树扶正培土以后还应设立支架。

7.7.3 病虫害防治

病虫害应怎样防治？通常，新栽植的植物很容易受昆虫和病菌的侵袭。应注意观察栽植的植物，有助于避免植物的损失，熟悉所选不同植物的种类可能出现的潜在危害问题，注意植物活力的变化并针对出现的变化及时采取相应的措施。种植的幼树尤其容易受到病虫害的袭击，要特别注意。

防治病虫害的最好办法是在植物原来生长的地点采取措施，购买健康的植物苗木，给予适当的照顾，这样就可以避免许多潜在的问题。保持种植池内无杂草以减少病虫害，将所有有病虫寄生或有病害的植物部分剪掉。不要把这些材料加到肥料中。浇水时不要喷洒那些发霉的或有病菌的叶子，最好浇植物的根部。

（1）虫害防治

① 涂干法　是目前行之有效的防虫措施，即把内吸性药剂涂抹在树体的主干或主枝上，随树体生长向枝梢和叶片输送药液，以起到防治虫害的作用；或是利用害虫定时上下树（如松毛虫冬天下树、春天上树，舞毒蛾白天下树、夜间上树）的特性，使药剂通过害虫足部敏感区进入虫体内，将其杀死。用涂干法防治害虫，不受树高、天气、地形、地势的影响，而且用药量少，不污染环境，还可减少人力物力的投入。

在使用农药原液进行刮皮涂干时，一定要考虑树木对农药的敏感性，以免树体产生药害。最好先进行试验，再大面积使用。如在用甲胺磷涂干防治梨二叉蚜时，原液涂干处理30d左右会出现树叶边缘焦枯的轻微药害。

② 树体注射（吊针）　借鉴给人体打吊针输液的原理，将药剂直接滴注进树体，同样能产生很好的防治效果。这是国外在20世纪80年代前后出现的技术，试验证明，通过给树木打“吊针”防治病虫害，不仅能有效除灭裸露性害虫，同时也使那些钻在树干里、躲在树叶里的害虫无处可逃。

我国在这方面的应用也日趋普遍，如由西北农林科技大学研制的“自流式树干注药器”，可方便地应用于树体注射。这一技术的主要特点是药器合一，无水施药，操作简便快捷，效率高，并且不污染环境。同时，它不受气候和地理环境的影响，可广泛应用于城市园林、旅游风景区绿化、防护林带的病虫害和营养缺素症的防治，尤其对常规方法难以防治的蛀干性害虫、卷叶性害虫、吮吸性害虫等具有很好的防治效果。其操作方法是，先用木工钻与树干成45°夹角打孔，孔深6cm左右，打孔部位在离地面10～20cm之间，然后用注药器插入树干，将药液慢慢注入树体内，让药液随树体内液流到达树木的干、枝、叶部，使树木整体带药，从而起到消灭害虫的作用。

（2）药害防治

药害是指因用药不当对园林树木造成的伤害，有急性药害和慢性药害之分。急性药害指的是用药几小时或几天内，叶片很快出现斑点、失绿、黄化等；根系发育不良或形成黑根、鸡爪根等。慢性药害是指用药后，药害现象出现相对缓慢，如植株矮化、生长发育受阻、开花结果延迟等。药害发生原因主要有：a. 药剂种类选择不当，如波尔多液含铜离子浓度较高，对幼嫩组织易产生药害；b. 部分树种对某些农药品种过敏，有些树种性质特殊，即使在正常使用情况下也易产生药害，如碧桃、寿桃、樱花等对敌敌畏敏感，桃、梅类对乐果敏感，桃、李类对波尔多液敏感等；c. 在树体敏感期用药，各种树木的开花期是对农药最敏感的时期之一，用药要慎重；d. 高温易产生药害，温度高时树体吸收药剂较快，药剂随水分蒸腾很快在叶尖、叶缘集中，导致局部浓度过大而产生药害；e. 浓度过高、用量过大，因病虫害抗性增强等原因而随意加大用药浓度、剂量，易产生药害。

为防止园林树木出现药害，除针对上述原因采取相应措施预防发生外，对于已经出现药害的植株，可采用下列方法处理：a. 根据用药方式如根施或叶喷的不同，分别采用清水冲根或叶面淋洗的办法，去除残留药剂，减轻药害；b. 加强肥水管理，使之尽快恢复健康，消除或减轻药害造成的影响。

7.7.4 修剪

（1）护芽除萌

新植树木在恢复生长过程中，特别是在进行过强度较大的修剪后，树体干、枝上会萌发出许多嫩幼新枝。新芽萌发，是新植树生理活动趋于正常的标志，是树木成活的希望；更重要的是，树体地上部分的萌发能促进根系的生长。因此，对新植树、特别是对移植时进行过重度修剪的树体所萌发的芽要加以保护，让其抽枝发叶，待树体恢复生长后再行修剪整形。同时，在树体萌芽后，要特别加强喷水、遮阴、防病治虫等养护工作，保证嫩芽与嫩梢的正常生长。但多量的萌发枝不但消耗大量养分，而且会干扰树形；枝条密生，往往造成树冠郁闭、内部通风透光不良。为使树体生长健壮并符合景观设计要求，应随时疏除多余的萌蘖，着重培养骨干枝架。

（2）合理修剪

合理修剪以使主侧枝分布均匀，枝干着生位置和伸展角度合适，主从关系合理，骨架坚固，外形美观。合理修剪尚可抑制生长过旺的枝条，以纠正偏冠现象，均衡树形。树木栽植过程中，经过挖掘、搬运，树体常会受到损伤，以致有部分枝芽不能正常萌发生长，对枯死部分也应及时剪除，以减少病虫滋生场所。树体在生长期形成的过密枝或徒长枝也应及时去除，以免竞争养分，影响树冠发育。合理修剪可改善树体通风透光条件，使树体生长健壮，减少病虫危害。

（3）伤口处理

新栽树木因修剪整形或病虫危害常留下较大的伤口，为避免伤口染病和腐烂，需用锋利的剪刀将伤口周围的皮层和木质部削平，再用1%～2%硫酸铜或40%的福美砷可湿性粉剂进行消毒，然后涂抹保护剂。

7.7.5 施肥

施肥可促进新植树木地下部根系的生长恢复和地上部枝叶的萌发生长，有计划、合理地追施一些有机肥料更是改良土壤结构、提高土壤有机质含量、增进土壤肥力的最有效措施。新植树的基肥补给，应在树体确定成活后进行，用量一次不可太多，以免烧伤新根。施用的有机肥料必须充分腐熟，并用水稀释后才可施用。

树木移植初期，根系处于恢复生长阶段、吸肥能力低，宜采用根外追肥；也可采用叶面营养补给的方法，如喷施易吸收的有机液肥或尿素等速效无机肥，促进枝叶生长，有利光合作用进行。一般0.5个月左右1次，可用尿素、硫酸铵、磷酸二氢钾等速效性肥料配制成浓度为0.5%～1%的肥液，选早晚或阴天进行叶面喷洒，遇降雨应重喷一次。

7.7.6 松土除草

因浇水、降雨及人类活动等导致树盘土壤板结，影响树木生长，应及时松土，促进土壤与大气的气体交换，有利于树木新根的生长与发育。但松土不能太深，以免伤及新根。

有时树木基部附近会长出许多杂草、藤本植物等，应及时除掉，否则会耗水、耗肥，藤蔓缠身妨碍树木生长。可结合松土进行除草，每20～30天1次，除草深度以掌握在3～5cm为宜，可将除下的枯草覆盖在树干周围的土面上，以降低土壤辐射热，有较好的保墒作用。

若采用化学除草，一年进行2次，一次是4月下旬至5月上旬，一次是6月底至7月初。春季主要除多年生禾本科宿根杂草，每亩可用10%草甘膦0.5～1.5kg，加水40～60kg喷雾（用机动喷雾器时可适当增加用水量）。灭除马唐草等一年生杂草，可选用25%敌草隆0.75kg，加水40～50kg，做茎叶或土壤处理，可取得良好效果。防除夏草，每亩用10%草甘膦500g或50%扑草净500g或25%敌草隆500～750g，加水40～50kg喷雾，一般在杂草高15cm以下时喷药或进行土壤处理，可取得较好效果。茅草较多的绿地，可选用10%草甘膦1.5kg/亩，加40%调节膦0.25kg，在茅草割除后的新生草株高50～80cm时喷洒，杂草茎、叶细嫩、触药面积大、吸收性强、抗药力差，除草效果好。

化学除草具有高效、省工的优点，尤适于大面积使用。但操作过程中，喷洒要均匀，不要触及树木新展开的嫩叶和萌动的幼芽。除草剂用量不得随意增加或减少，除草后应加强肥水和土壤管理，以免引起树体早衰。使用新型除草剂，应先行小面积试验后再扩大施用。

7.7.7 调整补缺

园林树木栽植后，因树木质量、栽植技术、养护措施及各种外界条件的影响，难免会发生死树缺株的现象，对此应适时进行补植。补植的树木在规格和形态上应与已成活株相协调，以免干扰设计景观效果。对已经死亡的植株，应认真调查研究，如土壤质地、树木习性、种植深浅、地下水位高低、病虫害、有害气体、人为损伤或其他情况，分析原因，采取改进措施再行补植。

Chapter 08

园林养护

种植设计过程中的最后一步是保证对新建景观的合理养护，正确的养护是任何种植设计成功的关键。园林树木的养护就是根据植物的生长习性和生态习性，对植物采取浇水、施肥、病虫害防治、防寒、中耕除草、修剪技术等。

8.1 浇水

我国北方地区景观绿地仅靠自然降水满足不了树木的生长需要，必须依靠人工浇水，根据不同植物类型和植物不同生长阶段的需求量来补充土壤水分的不足。草本植物材料、根系较浅的小苗及根系发育恢复阶段的新植苗木应作为浇水的重点关注对象，而大树及一些靠土壤水分就足以维持正常生长可以不用浇水或掌握干旱季节给予适当补水。

在我国南方，因为雨水充沛，常常会在雨季形成局部涝灾，对于不耐水湿的植物而言长期浸水不利于植物生长。因此，为了确保树木的健康生长，在考虑给水的同时还需要考虑在雨季的排水措施。

8.1.1 浇水的季节性

1～2月冬季休眠期，如秋冬雨雪极少，秋季冻水耗尽的年份应及时补水。尤其是草本地被、宿根花卉及根系浅的木本小苗。

3～6月份，我国北方多数地区是干旱、少雨季节，但却是植物发育的旺盛时期，需水量较大，一般都需要灌水，灌水次数应根据树种和各地气候条件决定。而江南地区因有梅雨季节，此期不宜多灌水。对于某些花灌木如梅花、碧桃等于6月底以后形成花芽，所以在6月份短时间扣水（干一下），以促进花芽的形成。

7～8月份为是各地的雨季，降水较多，空气湿度大，故不需要多灌水，遇雨水过多时还应注意排水，但在大旱之年在此期也应灌水。

9～10月份植物进入生长末期，为避免植物贪青徒长，影响枝条木质化，降低抗寒性，一般情况下不应再灌水。但如过于干旱也可适量灌水，特别是对新栽的苗木和名贵树种及重点布置区的树木，以避免植株因过于缺水而萎蔫。

11～12月份植物已经停止生长，此期在冬季严寒的北方地区应灌封冻水，减少冬春寒冷干旱的危害，特别是在北方地区越冬尚有一定困难边缘树种一定要灌封冻水。

不同地区的气候不同，灌水也不同，如在华北灌冻水宜在土地将封冻前，但不可太早，因为9～10月灌大水会影响枝条成熟，不利于安全越冬；但在江南，9～10月常有秋旱，故在当地为安全越冬起见在此时应灌水。

8.1.2 浇水量及水质

浇水量与植物需水习性、植物栽植年限、土壤理化性质等息息相关。耐干旱的树种浇水量和次数较少，如樟子松、锦鸡儿；而对于水曲柳、枫杨、垂柳、赤杨、水松、水杉等喜欢湿润土壤的树种，则应加强灌水；观花树种，特别是花灌木的灌水量和灌水次数均比一般的树种要多；一些名贵树木，如红枫、羽毛枫、杜鹃等，当略现萎蔫或叶尖焦干时，应立即灌水并对树冠喷水，否则将导致旱害；而丁香类及蜡梅等，虽然遇干旱即现萎蔫，但长时间缺水也不至于死亡，在灌水条件差时可延期灌溉。浇水时，应遵循浇足浇透的原则，让水分浸润根系分布层，切忌表土打湿而底土仍然干燥。若每次仅浇湿浅层土壤，则根系多趋于浅层，不耐旱，在多风地区易造成倒伏。最好采用小水勤灌、漫灌的方式，使水分慢慢渗入土中。一般已达花龄的乔木，大多应浇水使其渗透到80～100cm深处。适宜的灌水量一般以达到土壤最大持水量的60%～80%为标准。

不同栽植年限灌水的要求也不同。新植园林植物一定要灌3次水方可保证成活。新栽乔木需要连续灌水3～5年（灌木最少5年），土质不好的地方或树木因缺水而生长不良以及干旱年份均应延长灌水年限。对于新栽常绿树，除正常灌水外，还应向树体喷水，以利成活，特别是常绿阔叶树，更应注意喷水。对定植多年、生长正常的植株，一般可少灌水或不灌水，但在久旱或立地条件差时也应及时灌水。

从排水角度来看，也要根据树木的生态习性，忍耐水涝的能力决定。耐水力最强的树种，如柽柳、榔榆、垂柳、旱柳、紫穗槐等，均能耐3个月以上深水淹浸，即使被淹短时期内不排水也问题不大；而耐水力弱的树种，应及时排水防涝，如玉兰、梅花、梧桐耐水力最弱，若遇水涝淹没地表，必须尽快排出积水，否则不过3～5d即可死亡。此外，新植树木，由于根系发育不健全，应注意及时排水。

不同理化性质的土壤对水分的涵养程度不同，浇水的要求也不同。黏重的土壤保水能力强，浇水量及次数应适当减少。砂质土壤漏水漏肥，每次浇水量可少些、次数应多些。最好采用喷灌。有机质含量高、持水量高的土壤或人工基质，浇水次数及数量可少些。

土壤中的水主要靠自然降水、人工灌水和地下水，其中人工灌水的水源分河湖水与井水，有条件的应使用河水，其养分含量优于井水。在使用再生水浇灌绿地时，水质必须符合园林植物灌溉水质要求。

8.1.3 浇水时期

浇水时期主要由植物不同物候期的需水要求、气候特点和土壤水分的变化规律等决定。除定植时要浇大量的定根水外，一般可以分为休眠期灌水和生长期灌水2种。

(1) 休眠期灌水

一般在秋冬和早春进行。我国的北部地区冬春季节降水量较少，又严寒干旱，且多风，因此休眠期灌水非常必要。

秋末或冬初的灌冻水（封冻水），冬季水结冻时放出潜热，可提高地温，使树木免受冻害，可防止早春干旱，故在北方地区，这次灌水是不可缺少的；对于边缘树种，越冬困难的树种，以及幼年树木等，浇冻水更为必要。

早春灌水，又称春灌，不但有利于新梢和叶片的生长，也有延迟萌动、防止晚霜为害的作用。

（2）生长期灌水

分为花前灌水、花后灌水和花芽分化期灌水。

① 花前灌水　在北方一些地区早春少雨多风，易发生干旱，及时灌水是解决树木萌芽、开花、新梢生长和提高坐果率的关键。在盐碱地区早春灌水后进行中耕还可以起到压碱的作用。花前水可在萌芽后结合花前追肥进行。花前水的具体时间要因地、因树种而异。

② 花后灌水　多数植物在花谢后 0.5 个月左右是新梢迅速生长期，如果水分不足则抑制新梢生长。果树此时如缺少水分则易引起大量落果。尤其北方各地春天风多，土壤水分的蒸发量大，适当灌水以保持土壤适宜的湿度。没有灌水条件的地区，可采用盖草、盖沙等保墒措施，以减少地面蒸发。

③ 花芽分化期灌水　此次灌水应安排在新梢生长缓慢或停止生长时。植物对一般在此时期开始进行花芽分化，同时也是果实生长迅速的时期，均需要较多的水分和养分，若水分不足则会影响花芽分化和果实生长，尤其对观花、观果植物非常重要。因此，在新梢停止生长前及时而适量的灌水可促进春梢生长而抑制秋梢生长，有利花芽分化及果实发育。

8.1.4　浇水方法

常用的方法有下列几种。

（1）围堰灌溉

常用于孤植乔木。用胶管引水如树堰，水量足，树堰内 10cm 深的灌水相当于 100mm 的降水量，可达到大树 40～60cm 的根部。

（2）喷灌

喷灌是目前使用较为普遍的一种灌溉方法。适合花卉、草坪和花灌木灌溉，对高大乔木效果差。

（3）滴灌

利用埋设在地下多孔塑料管道系统，将水直接输送到植物根部，水从滴头滴入根部土壤，浸润根系分布的土层。其优点是非常节水，可以自动化控制，使土壤始终保持在湿润状态，有利于植物生长。但投资较高，滴头极易堵塞。

（4）透水管渗灌

及时在树木种植施工时将透气管道按设计要求，螺旋盘形埋布在树木根区的位置，通过透水管直接灌水达到根部区域。透水管渗灌的优点在于：a. 浇水可直达根区，向四周渗透，及时补给了水分，又不会造成土壤板结，节约了用水量；b. 对精细养护的树木，可以随水加肥（加药），解决了传统施肥作业的困难；c. 透水管道给根区土壤创造了既补水又透气的双向生态环境，对促进树木生长、改善老树、古树生存环境起到了关键作用；d. 该项技术用于坡地、坡面供水，将透水管埋于坡面垂直方向 15～20cm 深处，可解决从坡面浇灌时水土流失的难题。但树堰还是要保留的，主要作用不是用于浇水，而是用于透气和收集自然降水。

8.2 施肥

8.2.1 施肥原则

8.2.1.1 根据植物不同生长期内的需肥特性进行施肥

在植物的年生育期内，不同的物候期都有其养分分配中心，随着生长期的进展，分配中心也随之转移。在每个物候期即将到来之前，适时施入生长所需要的营养元素才能充分发挥肥效，使植物健壮生长。如果施肥不当，肥效不大还会造成损失。对苹果、杏施用速效氮肥的试验证明，当养分分配以开花坐果为中心时，即使施入超过一般生产水平氮肥量，仍能提高坐果率，但错过这一时期即使少量施肥也会加剧生理落果。

植物在不同生长期需要的营养元素是不同的。萌芽抽枝发叶期，需吸收较多的氮肥。在充足的水分条件下，新梢从生长初期到生长盛期其需氮量是逐渐提高。随着新梢生长的结束，植物的需氮量也随之降低。在新梢缓慢生长期，除需要氮、磷外也还需要一定数量的钾肥。开花、坐果和果实发育时期，植物对各种营养元素的需要都特别迫切，而钾肥的作用更为重要，在结果的当年，钾肥能加强植物的生长和促进花芽分化。植物生长的后期，对氮和水分的需要一般很少，但在此时，土壤所供吸收的氮及土壤水分却很高，所以此时应控制灌水和施肥。

另外，不同的植物在不同的物候期需肥也不同，如柑橘类几乎全年都能吸收氮素，但吸收高峰在温度较高的仲夏；磷素主要在枝梢和根系生长旺盛的高温季节吸收，冬季显著减少；钾的吸收主要在5～11月间。而栗树从发芽即开始吸收氮素，在新梢停止生长后，果实肥大期吸收最多；磷素在开花后至9月下旬吸收量较稳定，11月以后几乎停止吸收；钾在花前很少吸收，开花后（6月间）迅速增加，果实肥大期达吸收高峰，10月以后急剧减少。可见，施用三要素的时期也要因植物而异。了解植物在不同物候期对各种营养元素的需要，对控制树木生长与发育和制定行之有效的方法非常重要。

8.2.1.2 根据不同植物需肥的特点施肥

植物不同，对养分的要求也不一样，行道树、庭荫树和针叶树等以观赏枝叶树形为主，应以施氮肥为主，促其枝叶迅速增长，尽快形成优美树冠；春花植物，如白玉兰、梅、海棠、迎春等，花前应增施基肥和适量追肥，4～5月追施氮肥，7月份左右控制氮肥，多施磷肥；夏花植物，春季前以施氮肥为主，花前多施磷肥，促使花芽分化；月季、紫薇等一年多次开花的植物，花后应立即施以氮、磷为主的肥料，既促枝叶又促开花。

不同植物需肥的种类也不同，如果树和木本油料树种应增施磷肥；酸性花木，如杜鹃、山茶、栀子花、八仙花等，应施酸性肥料，绝不能施石灰、草木灰等；幼龄针叶树不宜施用化肥。

8.2.1.3 依据植物吸肥与外界环境的关系施肥

树木吸肥不仅决定于植物的生物学特性，还受外界环境条件的影响，如光、热、气、水、土壤反应、土壤溶液的浓度等因素。光照充足，温度适宜，光合作用强，根系吸肥量就多；如果光合作用减弱，使根部得到有机营养相应减少，则树木从土壤中吸收养分的速度也变慢。而当土壤通气不良或温度不适宜时也会发生类似的现象。

土壤质地影响肥效的发挥，黏重土壤，透气性差，而沙土保肥性差，易淋失，树木从土壤中吸收营养元素的速度也变慢。

土壤水分含量与发挥肥效有密切关系，土壤缺水时，由于肥分浓度过高，植物不能吸收利用，而遭毒害。积水或多雨地区肥分易淋失，降低肥料利用率。因此，施肥应根据当地土壤水分变化规律或结合灌水施肥。

土壤的酸碱度对植物吸肥的影响较大。在酸性反应的条件下，有利于阴离子的吸收；而碱性反应的条件下，有利于阳离子的吸收。在酸性反应的条件下，有利于硝态氮的吸收；而中性或微碱性反应，则有利于铵态氮的吸收，即在 pH＝7 左右时有利于铵根离子的吸收，在 pH＝5～6 时有利于硝酸根离子的吸收。

8.2.1.4 依据肥料的性质施肥

肥料有酸性、碱性和中性之分，在同一地块不能长期连续施用酸性或碱性肥料，以免土壤酸化或碱化；不同性质的肥料，施肥的时期也不同，易流失和易挥发的速效性或施后易被土壤固定的肥料，如碳酸氢铵、过磷酸钙等宜在植物需肥前施入；迟效性肥料如有机肥料，因需腐烂分解矿质化后才能被树木吸收利用，故应提前施用。

8.2.2 施肥的时间

在生产上，施肥时期一般分基肥和追肥。基肥施用时期要早，追肥要巧。

基肥是在较长时期内供给植物养分的基本肥料，所以宜施迟效性有机肥料，如腐殖酸类肥料，堆肥、厩肥、圈肥、鱼肥以及作物秸秆、树枝、落叶等，使其逐渐分解，供植物较长时间吸收利用大量元素和微量元素。北方一些省份，多在秋分前后施入基肥，但时间宜早不宜晚，尤其是对观花、观果及从南方引入的树种，更应早施，施的过迟会使树木生长不能及时停止，降低树木的越冬能力。

追肥又叫补肥。应根据树木一年中各物候期需肥特点进行追施，及时供应树木生长和发育所需的营养。在生产上追肥的施用时期分前期追肥和后期追肥。前期追肥又分为开花前追肥、落花后追肥和花芽分化期追肥。对观花、观果树木而言花后追肥与花芽分化期追肥比较重要，尤以落花后追肥更为重要，而对于牡丹等开花较晚的花木，这两次肥可合为一次。花前追肥和后期追肥常与基肥施用相隔较近，条件不允许时则可以省去。一般对初栽 2～3 年内的行道树、庭荫树、花灌木及风景树等，每年应在生长期进行 1～2 次追肥。

8.2.3 施肥的方法

植物施肥的方法主要有土壤施肥和根外追肥两种形式。

8.2.3.1 土壤施肥

① 环状施肥法　按树冠大小，以主干为中心挖环状沟，半径为树的滴水线（滴水线是指树冠垂直下来到地面的那条线），沟的深度依根系分布深浅而定，一般深 20～30cm，宽 30cm。之后放入肥料，用泥土再埋回去。这种情况通常在肥料较少或者幼树的时候使用。

② 放射施肥法　在树的主干挖放射状沟 5 条，沟宽 30cm，靠近树干处宜浅，向外渐深。之后也放入肥料，用泥土再埋回去。

③ 条沟状施肥法　以树主干为中心，在树的左右两边的各划两条平行线，线到树主干的距离为滴水线到树主干的距离，深宽各 30cm，施肥后覆土填平，通常在成年树上使用。

④ 盘状沟施肥法　以树主干为中心、滴水线为半径的圆上挖4～6个30cm宽的坑，然后将肥均匀撒入盘内，然后覆土填平。该法经常用于幼树施肥。

⑤ 洒播施肥法　将肥均匀撒布树的周围，然后结合秋末冬初或早春深耙把肥翻入土中。适用于根系已布满全园的成年树，但不能长期应用。

8.2.3.2　根外追肥

植物主要通过根系吸收养分，但也可通过叶片吸收少量养分，一般不超过植物吸收养分总量的5%。生产上常把速效性肥料直接喷施在叶面上以供植物吸收，这种施肥方法称为根外施肥或叶面营养。溶于水中的营养物质喷施叶面后，主要通过气孔，也可通过湿润的外侧角质层裂缝进入细胞内。根外施肥在作物生长后期根系活力降低，吸肥能力减弱时效果比较好，但是在植物生长的其他时期也可进行根外施肥。

根外施肥方法简单，肥料利用率高，肥效快，易快速被植株吸收，生产上广泛用于保花保果、促进花芽分化和缺素症矫治等。用于根外施肥的肥料要求易溶于水，能被叶片迅速吸收。用作根外施肥效果好的肥料有尿素、磷酸二氢钾、硝酸钾、硫酸钾、硫酸铵、过磷酸钙和草木灰的浸出液，偏磷酸铵及大部分微量元素肥料等。

8.3 修剪

8.3.1　修剪的目的与作用

8.3.1.1　树木本身生理意义上的需要

园林植物的修剪养护，首先是为了调整树木的生长状况，使其自身的营养供应得到充分的利用，避免无效的竞争、浪费。

① 调整树势，促进生长　树木通过修剪，可使水分、养分集中供应留下的枝芽，促使局部生长；若修剪过重，对树体生长又有削弱作用。因而可以通过修剪来恢复或调节均衡树势，既可使衰弱的部分壮起来，也可使过于旺盛的部分弱下来。对潜芽寿命长的衰弱树或古树，适当修剪，结合施肥、浇水，促使潜芽萌发，进行更新复壮。

② 调节根冠比，改善通风透光条件，提高抗逆能力　通过适当的修建，调节根冠比的平衡，可促进树木的健康生长。青壮龄苗木的旺盛生长往往会造成枝叶的过分郁闭，树冠内膛光照不足、通风不良，极易诱发病虫害。通过修剪及适当疏枝，可增加树冠内膛的通风与透光度，使枝条生长粗壮，降低冠内的相对湿度，提高苗木的抗逆能力，减少病虫害的发生。

③ 促进观花、观果树木的开花结实　对于观花、观果的树木，可通过修剪促进其花芽分化，达到增花、增果的目的。营养生长与生殖生长之间的平衡关系决定着花芽分化的数量和质量。在实际栽植养护中，可通过一定的修剪方法和合适的修剪时间来调节观花、观果树木营养生长和生殖之间的平衡，协调二者之间的营养分配，为丰富花果创造条件。另外，要促进幼年观花、观果苗木尽早进入开花结果期，或是已进入花期的花果苗木年年花繁实累，均可通过合理和科学的整形修剪进行调节。

④ 老树的更新复壮　树木的寿命有长短，但不是绝对的。树体衰老后，外围枝会大量枯死，骨干枝残缺，导致树冠出现空秃，冠形不整，花果量急骤减少，观赏价值明显降低。此时可通过适当的修剪，刺激枝干的隐芽萌发，形成粗壮、年轻的枝条，填空补缺，再现英

姿，达到恢复树势、更新复壮的目的。

8.3.1.2 与周边环境协调的需要

不同形体的园林植物，因周边环境条件的限制常常需要进行调整，而整形修剪是一种常用的方法。如行道树的树冠往往与架空电线发生矛盾，为避免树冠与电线的接触，常将行道树修剪成“杯状”，使电线从“杯”的中间穿过。欧美很多国家常把行道树树冠修剪成“帘”状，不仅增加了植物的美感，还为行人和汽车在炎炎夏日提供了遮阴场所。

此外，建筑物、假山、漏窗及池畔等处的配景植物，为了与环境协调，常常需控制植株高度或冠幅的大小。屋顶、阳台等处种植的花木，由于土层浅，容器小、空间窄，也需要把植株的大小控制在一定的范围内。在宾馆、饭店等的室内花园中的栽培观赏植物，更需要压干缩冠，限制体量。在实际应用中，除了在植物种类的选择上应慎重考虑外，整形修剪调节也是经常采用的方法。

8.3.1.3 审美的需要

在园林绿化水平日益提高的今天，根据不同的造型要求，对园林树木进行修剪整形，使之与周围的环境配置相得益彰，更能创造协调美观的景致；也可对园林花木的整剪以表现出不同的意境，形成广场、街头、社区的景观亮点，满足人们不同的审美要求。

8.3.1.4 园林植物整剪的其他需要

园林植物还可以通过整形修剪达到一些其他的目的。如悬铃木的控果修剪，可有效地缓解悬铃木飘毛的问题；在有台风侵扰的地区，有的大树因枝条过密，在大风时易出现树木倒伏的现象，通过疏枝修剪则可减小风压，防止大树倒伏；在大树移植时，必须进行修剪，以保证移栽的成活率等。

8.3.2 园林树木修剪的时期与作业内容

8.3.2.1 冬季修剪

（1）作业内容

冬季修剪又称休眠期修剪。至秋季树木落叶至春季萌芽前，凡是修剪量大的乔灌木整形、截干、缩剪更新都应在冬季树木休眠期进行。

（2）作业顺序安排

冬季修剪可安排先修剪耐寒树，后修剪一般耐寒树，最后进入2月底3月上旬再修剪耐寒性稍差的树种，如月季、紫薇、紫荆等因为过冬后它们会抽条，修剪时抽到哪个部位就剪到哪。南方阔叶常绿树的修建应安排在早春萌芽前进行。

（3）对伤流的技术处理

对伤流特别严重的树种，如葡萄、复叶槭、胡桃、悬铃木、元宝枫、枫杨等，一是尽可能不修或小枝轻度短截；二是掌握修剪时机。伤流严重的树种修剪应避开根系吸水、根压较大，而枝条（芽）还在休眠时，忌讳晚秋和冬季修剪，掌握在根系开始活动且发芽后再行修剪，此间伤口愈合较快。

8.3.2.2 夏季修剪

夏季修剪又称生长期修剪。树木叶芽萌动至当年停止生长前（4～9月）。夏季修剪主要内容和目的是调整主枝方位，疏删过密枝条，摘心、剪除蘖芽等，在生长期调整树势可减少养分损失，提前育好树形。其作业内容包括：a. 新植乔木的去蘖、留定主枝修剪；b. 花灌木的幼树的扩大树冠、去梢或摘心的修剪；c. 上一年夏秋形成花芽的早春开花类灌木的花后修剪；d. 当年多次形成花芽的花灌木的选壮芽及去残花的修剪；e. 绿篱和造型苗木的整形修剪；f. 嫁接园艺品种苗的去砧修剪等；g. 观叶、观干花灌木的扩大树冠的修剪，主要是去梢，在生长季促发新枝，如红叶石楠、金叶女贞、红瑞木等。

8.3.3 修剪的方法

（1）疏枝

疏枝又称疏剪。疏枝的对象是细弱枝、过密枝、重叠枝、交叉枝、嫁接苗的砧木萌枝等。疏枝可使枝条分布均匀，扩大空间，改善通风透光条件，保持树冠下部不空脱，更利于花芽分化。疏除大型轮生枝（卡脖枝）要逐年进行。

（2）短截

① 轻短截　剪去枝条顶梢，即剪去枝条长度的1/5～1/4，适用于花果树强枝修剪。如西府海棠强壮树上生长旺盛的枝条采取轻短截，刺激下部多数叶芽萌发，形成短枝，次年开花，分散枝条养分，缓和了树势。

② 中短截　剪到枝条中部饱满叶芽处，即剪去枝条长度1/3～1/2，适用于生长势中等的树木或枝条修剪。使新生枝条不会徒长也不会变弱。

③ 重短截　剪到枝条下部饱满芽处，即剪去枝条长度2/3～3/4，剪口叶芽偏弱，刺激后生长1～2个壮枝。适用于老树、弱枝的复壮更新修剪。

④ 极重短截　在枝条基部留下2～3个芽剪截。由于剪口芽为瘪芽，芽质量差，能萌发1～3个短、中枝，有时也会萌发旺枝。观赏树木中紫薇冬季修剪多用此法。

（3）回缩修剪

不只限于一年生枝条，可剪到多年生枝处，即连同生长一年生枝条的母枝剪去一部分。树木年年生长，株行距过密或修剪方法不当，造成枝条都集中在树冠最上部，下部形成光脱，用回缩修剪方法，促使下部萌发新枝。例如碧桃、紫薇、紫荆等常用此法。

（4）去蘖

去蘖即去除植株各部附近的根蘖苗或树干上萌蘖的措施。应该未木质化时徒手去蘖。根蘖要贴地表剪去，不留木桩。

（5）锯大枝

对于粗大的枝条，进行短截或疏枝，多用锯进行。要求锯口平齐、不劈不裂。锯除粗大的树枝时，为避免伤口处劈裂，可先在确定锯口位置的地方，在枝下方向上先锯一切口，深度为枝粗度的1/5～1/3（枝干越成水平方向，切口就应越深些），然后再在锯口上向下锯断，可防劈裂。疏除靠近树干的大枝时，要保护皮脊（皮脊指主枝靠近树干粗糙有皱纹膨大的部分），在皮脊前下锯，伤口小，愈合快。

8.4 不同类型园林植物的修剪

8.4.1 行道树的修剪

行道树是指在道路两旁整齐列植的树木，每条道路上树种相同。城市中，主干道种植的行道树主要作用是美化市容，改善城区小气候，夏季降温、滞尘和遮阴。行道树要求枝条伸展，树冠开阔，枝叶浓密。冠形依种植地点的架空线路及交通状况决定。主干道上及一般干道上，采用规则形树冠，修剪整形成杯状形、开行形等立体几何形状。在无机动车辆通行的道路或狭窄的巷道内，可采用自然式树冠。

(1) 自然式冠形的整形及其修剪

苗木在随意生长的条件下，在不妨碍交通和其他公用设施时，行道树多采用自然式冠形，如尖塔形、卵圆形、扁圆形等。在有中央领导枝的行道树，如水杉、金钱松、雪松等，其分枝点的高度由苗木特性及苗木规格而定，栽培中要保护顶芽向上生长。对于郊区一般用高大乔木，分枝点在4～6m以上。主干顶端如损伤，则应选择在一直立向上生长的枝条或壮芽处短剪，并把其下部的侧芽打去，抽出直立枝条取代主干，避免形成多头现象。

阔叶类树种如毛白杨，不耐重抹头或重截，应以冬季疏剪为主。修剪时应保持树干与树冠的适当比例，一般树冠高占树高的3/5，树干（分枝点以下）高占2/5。在快车道旁的分枝点至少应在2.8m以上。注意最下的三大枝上下位置要错开，方向匀称，角度适宜。要及时剪掉三大主枝上最基部贴近树干的侧枝，并选留好三大主枝以上枝条、逐步形成的圆锥状树冠。成形后，仅对枯病枝、过密枝疏剪，一般修剪量不大。

无中央领导枝的行道树。选用主干性不强的树种，如旱柳等，分枝点高度一般为2～3m，留5～6个主枝，各层枝间距短，使自然长成卵圆形或扁圆形的树冠。每年修剪主要对象是密生枝、枯死枝、病虫枝和伤残枝等。

(2) 杯状形的整形与修剪

杯状形苗木存在典型的三叉（三个主枝）、六股（六个一级侧枝）、十二枝（十二个二级侧枝）的冠形，主干高为2.5～4m。一般条件下，苗木骨架在定植后5年左右才能完成。在苗木骨架形成后，由于树冠扩大很快，应疏去密生枝、直立枝。促发侧生枝，内膛枝可适当保留，这是为了增加遮阴效果。而若上方有架空线路的树木，应避免使枝与线路触及，按规定保持一定距离。通常电话线为0.5m，高压线为1m以上。近建筑物一侧的行道树，一般为防止枝条扫墙、堵门、堵窗，影响室内采光和安全，还要随时对过长枝条进行短截修剪。生长期内也应经常进行抹芽，抹芽时注意不要扯伤树皮，不留残枝。在冬季修剪时把交叉枝、并生枝、下垂枝、枯枝、伤残枝和背上直立枝等截除。

(3) 自然开心形的整形与修剪

开心形一般通过杯状形改进而来，无中心主干，中心不空，但分枝较低。其整形措施与自然杯状形基本相同，只是主枝与一、二级侧枝的数目无固定的要求，且分枝角度一般比较小。定植时，应将主干留3m截干，春季发芽后，选留3～5个位于不同方向、分布均匀的侧枝行进行短剪，促使枝条长成主枝，其余全部抹去。在生长季需注意将主枝上的芽抹去，只留3～5个方向合适、分布均匀的侧枝。第2年萌发后则继续选留二级侧枝，全部共留6～10个，使其向附近斜生，并行短截，促发次级侧枝，使冠形丰满、匀称。

8.4.2 花灌木的修剪

首先要观察植株生长的周围环境、光照条件、植物种类、长势强弱及其在园林中所起的作用，做到心中有数，然后再进行修剪。

8.4.2.1 因树势修剪与整形

幼树生长旺盛，以整形为主，宜轻剪。严格控制直立枝，斜生枝的上位芽在冬剪时应剥掉，防止生长直立枝。一切病虫枝、干枯枝、人为破坏枝、徒长枝等用疏剪方法剪去。从生花灌木的直立枝，选生长健壮的加以摘心，促其早开花。

壮年树应充分利用立体空间，促使多开花。于休眠期修剪时，在秋梢以下适当部位进行短截，同时逐年选留部分根蘖，并疏掉部分老枝，以保证枝条不断更新，保持丰满株形。

老弱树木以更新复壮为主，采用重短截的方法，使营养集中于少数腋芽，萌发壮枝，及时疏剪细弱枝、病虫枝、枯死枝。

8.4.2.2 因树势修剪与整形因时修剪与整形

落叶花灌木依修剪时期可分冬季修剪（休眠期修剪）和夏季修剪（花后修剪）。冬季修剪一般在休眠期进行。夏季修剪在花落后进行，目的是抑制营养生长，增加全株光照，促进花芽分化，保证来年开花。夏季修剪宜早不宜迟，这样有利于控制徒长枝的生长。若修剪时间稍晚，直立徒长枝已经形成。如空间条件允许，可用摘心办法使生出二次枝，增加开花枝的数量。

8.4.2.3 根据树木生长习性和开花习性进行修剪与整形

春季开花，花芽（或混合芽）着生在二年生枝条上的花灌木。如连翘、榆叶梅、碧桃、迎春、牡丹等灌木是在前一年的夏季高温时进行花芽分化，经过冬季低温阶段于第二年春季开花。因此，应在花残后叶芽开始膨大尚未萌发时进行修剪。修剪的部位依植物种类及纯花芽或混合芽的不同而有所不同。连翘、榆叶梅、碧桃、迎春等可在开花枝条基部留 2～4 个饱满芽进行短截，而牡丹则仅将残花剪除即可。

夏秋季开花，花芽（或混合芽）着生在当年生枝条上的花灌木。如紫薇、木槿、珍珠梅等是在当年萌发枝上形成花芽，因此应在休眠期进行修剪。将二年生枝基部留 2～3 个饱满芽或一对对生的芽进行重剪、剪后可萌发出一些茁壮的枝条，花枝会少些，但由于营养富集会产生较大的花朵。一些灌木如希望其当年能开两次花的，可在花后将残花及其下的 2～3 芽剪除，刺激二次枝条的发生，适当增加肥水则可。

花芽（或混合芽）着生在多年生枝上的花灌木。如紫荆、贴梗海棠等，虽然花芽大部分着生在二年生枝上，但当营养条件适合时多年生的老干亦可分化花芽。对于这类灌木中进入开花年龄的植株，修剪量应较小，在早春可将枝条先端枯干部分剪除，在生长季节为防止当年生枝条过旺而影响花芽分化时可进行摘心，使营养集中于多年生枝干上。

一年多次抽梢、多次开花的花灌木，如月季，可于休眠期对当年生枝条进行短剪或回缩强枝，同时剪除交叉枝、病虫枝、并生枝、弱枝及内膛过密枝。寒冷地区可进行强剪，必要时进行埋土防寒。生长期可多次修剪，可于花后在新梢饱满芽处短剪（通常在花梗下方第 2～第 3 芽处）。剪口芽很快萌发抽梢，形成花蕾开花，花谢后再剪，如此重复。

8.4.3 绿篱的修剪

绿篱是萌芽力、成枝力强、耐修剪的树种，密集呈带状栽植而成，起防范、美化、组织交通和分隔功能区的作用。适宜作绿篱的植物很多，如女贞、大叶黄杨、小叶黄杨、桧柏、侧柏、冬青、野蔷薇等。

绿篱的高度依其防范对象来决定，有绿墙（160cm 以上）、高篱（120～160cm）、中篱（50～120cm）和矮篱（50cm 以下）。绿篱进行修剪，既为了整齐美观，增添园景，也为了使篱体生长茂盛，长久不衰，高度不同的绿篱采用不同的整形方式，一般有下列 2 种。

（1）绿墙、高篱和花篱

适当控制高度，并疏剪病虫枝、干枯枝，任枝条生长，使其枝叶相接紧密成片提高阻隔效果。用于防范的绿篱和玫瑰、蔷薇、木香等花篱，也以自然式修剪为主。开花后略加修剪使之继续开花，冬季修去枯枝、病虫枝。对蔷薇等萌发力强的树种，盛花后进行重剪，新枝粗壮，篱体高大美观。

（2）中篱和矮篱

常用于草地、花坛镶边，或组织人流的走向。这类绿篱低矮，为了美观和丰富园景，多采用几何图案式的修剪整形，如矩形、梯形、倒梯形、篱面波浪形等。绿篱种植后剪去高度的1/3～1/2，修去平侧枝，统一高度和侧萌发成枝条，形成紧枝密叶的矮墙，显示立体美。绿篱每年最好修剪2～4次，使新枝不断发生，更新和替换老枝。整形绿篱修剪时，顶面与侧面兼顾，不应只修顶面不修侧面，这样会造成顶部枝条旺长，侧枝斜出生长。从篱体横断面看以矩形和基大上小的梯形较好，下面和侧面枝叶采光充足，通风良好，不能任枝条随意生长而破坏造型，应每年多次修剪。

8.4.4 藤木类的修剪

园林绿地中对藤木类植物的修剪主要有以下几种方式。

① 棚架式　应在近地面处重剪，促使发生数条强壮主蔓，然后垂直诱引主蔓至棚架的顶部，并使侧蔓均匀地分布在架上。每隔数年将病、老或过密枝疏剪掉，一般不必每年修剪。

② 凉廊式　常用于卷须类及缠绕类植物，偶尔用吸附类植物。因凉廊有侧方格架，所以主蔓勿过早诱引至廊顶，否则易形成侧面空虚。

③ 篱垣式　多用于卷须类及缠绕类植物。将侧蔓进行水平诱引后，每年对侧枝进行短截，就能形成整齐的篱垣。

④ 附壁式　只要将藤蔓引于墙面即可自行靠吸盘或吸附根而逐渐布满墙面，常见的植物有爬墙虎、凌霄、扶芳藤、常春藤等。修剪时应注意使壁面基部全部覆盖，各蔓枝在壁面上分布均匀，避免互相重叠交错。此方式修剪与整形最容易出现的问题就是基部空虚，不能维持基部枝条长期茂密。对此，应采取轻、重修剪以及曲枝诱引等综合措施加以纠正。

⑤ 直立式　对于一些茎蔓粗壮的种类，如紫藤等，可以修剪整形成直立灌木式。此式用于公园道路旁或草坪上，收效明显。

8.4.5 草坪的修剪

草坪修剪是草坪养护管理的核心内容。适当定期进行修剪给草坪草以适度的刺激，可抑制其向上生长，保持草坪平整，促进草的分枝，利于匍匐枝的伸长，提高草坪的密度，改善通气性，减少病虫害的发生，抑制伸长点较高的杂草的竞争能力；然而不适当的修剪也会给草坪带来不良影响。

（1）草坪修剪的作用

1）控制草坪草的生长高度，保持草坪的平整美观。

2）抑制草坪向上生长，修剪能促进草坪草基部生长点萌发新枝，促进横向生长，增加草坪密度。

3）抑制由于枝叶过密而引起的病害，驱逐草坪地上害虫，防止大型杂草侵入。

4）修剪去掉过量的叶片，利于阳光到达草坪基部，改善基部叶片的光合作用，为根系的生长提供更多的同化产物，同化产物向根系的运转又能为根系提供呼吸作用所需的有机养分，改善草坪根系的活性，促进其对水分和养分的吸收，提高草坪的弹性和平整性。

5）防止草坪草因开花结实而老化。

（2）修剪次数

草坪修剪的次数主要取决于草坪草的修剪高度和生长速度。

在温度适宜、雨量充沛的春季和秋季，冷季型草坪草一般每周修剪2次，修剪频率高于冬季和夏季的每周1次；而暖地型草坪的修剪频率则是夏季高于春季和秋季。

一般氮肥用量越高，草坪的生长速度越快，修剪的频率就越高；但氮肥过量使用会造成草坪草对病虫害的抗性减弱。因此，应合理使用氮肥，既要保证草坪对氮的需求，又要防止过量施氮；同时结合土壤测试结果，配合使用磷、钾和铁，在降低修剪频率的同时，保证草坪草的健康生长。

一定范围内，灌水量越大，草坪的修剪频率越高；相反，在干旱条件下，植物生长缓慢，生长量小，则修剪频率就低。在刚浇过水或土壤比较潮湿的情况下不要修剪，因此时修剪后的草坪显得不平整，且修剪后的草屑易聚集成团，覆盖在草坪上，会使草坪草因光照、通气不足而窒息。

一些生长迅速的草坪草，如假俭草、细叶羊毛等，修剪的频率相对较高。

（3）修剪的高度

草坪的修剪是有限度的，如剪得过低，首先是使草坪草根基受到伤害，大量生长点被剪除，使草坪草丧失再生能力；其次是大量叶组织被剪除后，植物的光合作用能力受到严重限制，草坪草处于亏供状态，使草坪衰败。在草坪实践中，把草坪的这种极度去叶的现象称“脱皮”或“蜕皮”，草坪严重“蜕皮”后，将使草坪只留下褐色的残茬和裸露的地面。草坪修剪留茬过高，将产生蓬乱、不整洁、不平整的外观，还会使草坪密度下降，并降低品质，最后失去其坪用功能。所以草坪的修剪一定要适度。一般草坪草适宜的留茬高度为3～4cm，具体的因草种不同而不同。

每次修剪时，剪掉的部分应不超过叶片自然高度的1/3，即必须遵守“1/3”原则”。如果一次修剪过量，将会由于叶面积的大量损失而导致草坪草光合作用能力急剧下降而影响草坪草的生长。所以最好当草坪草长到要求留茬高度的1.5倍时，就应遵循“1/3原则”进行修剪。如某一草坪要求留茬高度为3cm，那么当草长到4.5cm时就要修剪。如果草长得过高，不应一次就将草剪到标准高度，这样将使草坪草受到严重危害。应增加修剪次数，逐渐修剪到要求的高度，几次修剪要有一定的间隔时间。这种逐渐降低的方法虽然比一次修剪费工、费时，但常会因获得良好的草坪而得到补偿。当草坪受到不利因素影响时，最好提高修剪的留茬高度，以提高草坪的抗性。如在夏季，冷季型草坪草的留茬应较高，以增加草坪草对炎热和干旱的耐受度。树下遮阴处也应提高草坪的留茬高度。

（4）修剪的方式

同一草坪每次修剪应避免以同一种方式进行，要防止永远在同一地点、同一方向多次重复修剪，否则草坪草将趋于瘦弱和发生“纹理”现象（草叶趋向于同一方向的定向生长）。纹理将使草坪不平整，出现层痕，如在高尔夫球场的球盘区则会影响球进洞。一般修剪习惯采用条状平行方向进行，面积较大的大型草坪则多采用环条形方向运行，以免遗漏或重复，要经常改变方向进行修剪。有些运动场草坪的修剪方法，不同于一般草坪。如足球场草场，为了让运动场草坪减少磨损，或者磨损以后能够迅速恢复，球场养护者常习惯于采用条状花纹形式间歇修剪草坪。所谓间歇修剪，即将草坪的剪草分成两次来完成，第一次剪草机运行时，先修剪其中的单数线条花纹，间歇一段时间后，再修剪其中的双数线条花纹。两次修剪时间不同，草坪球场看上去显示出明显的条状花纹。两次修草的间歇时间一般应随季节变化而调整，各地可在试验中自己摸索而定。江湖水库、铁路、公路的护坡草坪，通常坡度在30°以下的斜坡，仍能使用剪草机做水平方向运行，超过 30 °，不利于使用 60cm 以上的宽幅剪草机，一般可改用背负式电动割灌机来代替。

（5）修剪物的处理

由剪草机修剪下的草坪草组织的总体称为修剪物或草屑。对于草屑的处理主要有 3 种方案：a. 如果剪下的叶片较短，可直接将其留在草坪内分解，将大量营养物质返回到土壤中；b. 草叶太长时，要将草屑收集带出草坪，较长的草叶留在草坪表面不仅影响美观，而且容易滋生病害，但若天气干热也可将草屑留放在草坪表面，以阻止土壤水分蒸发；c. 发生病害的草坪，剪下的草屑应清除出草坪并进行焚烧处理。

8.4.6 修剪顺序及注意事项

（1）修剪的顺序

独立枝修剪应掌握“一看”、“二剪”、“三检查”原则，修剪前先察看树木的生长势、枝条分布情况及冠型状态等，尤其对多年生枝条要慎重考虑后再下剪。剪时由上而下、由里及外，先粗剪后细剪。从疏剪入手把枯枝、密生枝、重叠枝等枝条先行剪去，再对留下的枝条进行短剪。剪口芽留在期望长出枝条的方向。需要回缩修剪时，应先处理大枝、再中枝、最后小枝。修剪后检查处理是否合理，有无漏剪与错剪，以便修正或补剪。

（2）修剪注意事项

1）注意安全。修剪时，所有用具、机械必须灵活、牢固，防止发生事故。修剪行道树时注意高压线路，并防止锯落的大枝砸伤行人车辆。

2）抹芽除蘖时不能撕裂树皮，以免影响树体生长。

3）修剪工具。剪口锋利，修剪病枝后应用灭菌剂处理，然后再修剪其他枝条，以防止交叉感染。修剪下的病虫枝及时收集烧毁。

8.5 病虫害防治

8.5.1 园林植物病虫害的特点

在病虫害的发生和防治方面，一些普遍规律是适合所有植物的，但园林植物由于在生长环境、群体结构和功能要求上存在特殊性，因而有其本身的特点。

1）园林植物生长在城市里，而城市环境中存在许多不利于植物生长发育的因素，如热岛效应、空气污染、热辐射、土壤紧实、根系伸展受阻等。因此，园林植物面临更多的环境胁迫，容易出现非侵染性病害。如果因环境胁迫导致植物生长发育不良，各种病原菌和害虫就会乘虚而入。

2）由于城市土地空间的限制，植物种类往往比较单调，树木常用孤植或块团状种植，其群落结构比较简单，这就削弱了生物的多样性和食物链的完整性，给病虫害的大发生创造了条件。

3）为了满足观赏的要求，常常对园林植物进行修剪和造型，过度修剪常干扰植物的正常生长，修剪留下的伤口给病虫的入侵以可乘之机。

8.5.2 园林植物病虫害防治的原则

病虫害防治的总方针是“预防为主，综合防治”。园林植物病虫害防治更应贯彻这一方针，因为前已述园林植物更易发生病虫害，且由于园林植物的生长环境就是人们工作和生活的环境，一旦病虫害大发生，处理起来非常困难。“预防为主”就是要对病虫害的发生有预见性，以园林经营管理技术防治为基础，将防治贯彻到园林设计、树种选配和养护管理等工作环节中，最大限度地利用各种自然防治因素，营造一个适宜植物生长而不利于病虫发生的生态环境。“综合防治”就是要采取综合措施防治病虫害。园林植物的高投人和集约化经营为开展综合防治创造了条件，应积极开展园林防治、生物防治、机械和物理防治，合理使用化学农药，杜绝使用对环境污染严重、对人畜危害大的剧毒农药。

园林绿化以创造优美、自然、和谐的环境为目的，蜂飞蝶舞、鸟语虫鸣是园林景观的重要组成部分，因此一般情况下要允许一定数量昆虫的存在。防治的任务主要是控制病虫害不成灾。当然，供出口的花卉苗木一般不能有病虫害，对幼虫上有毒刺、毒毛，可能对游人造成直接威胁的害虫，如刺蛾、毒蛾等，也应尽量消灭。

8.5.3 园林植物病虫害防治的方法

病虫害防治方法，按其作用原理和所用技术可分为五类，即植物检疫、园林防治、生物防治、物理机械防治、化学防治。

8.5.3.1 植物检疫

植物检疫是按照国家颁布的植物检疫法规，由专门机构实施，目的在于禁止或限制危险性生物从国外传到国内，或由国内传到国外，或传入后限制其在国内传播的一种措施，以确保农林业的安全生产。

植物检疫可分为对外检疫和国内检疫，其中国内检疫是防止国内已有的危险性病、虫、杂草从已发生的地区蔓延扩散。植物检疫是一项专业性很强的工作，这项工作抓得好，可以从源头上杜绝危险生物的传播。在当今世界，经济一体化步伐加快，国际贸易往来频繁，旅游业越来越兴旺，加强植物检疫工作显得尤为重要。

8.5.3.2 园林防治

园林防治是利用园林栽培技术措施，改变或创造某些环境因子，使其有利于园林植物生长发育，而不利于病虫的侵袭和传播，从而避免或减轻病虫害的发生。主要有以下一些措施。

（1）种苗选择

不同的树种其病虫危害不一样，应尽量选择那些病虫少的种类；同一树种，不同的种源、家系和品种的病虫危害也不一样，要注意选择病虫少或抗病虫能力强的种源、家系或品种；在种苗种植前，要进行病虫检验，确保种植的种苗无病虫或病虫少，如种苗上有少量病虫，应在种前进行处理。

（2）多树种种植

多树种种植有利于增强生物多样性和食物链的完整性，利用物种之间的相互制约来控制病虫害的种群数量，防止病虫害的大发生。实践证明，园林植物种类越单一，发生各种严重病虫害的可能性就越大。在20世纪70年代的美国，由于荷兰榆树病的暴发和流行，曾使以美国榆为主的行道树遭到极大破坏。后来美国许多城市采用了多树种营建行道树，取得良好效果。试验发现，当某一树种的栽植数量低于树种栽植总量的10%～15%时就不会出现大的病虫危害。我国许多城市也存在“多街一树”现象，不但景观单调，绿化效果差，而且容易发生大规模的病虫害，如西北部一些城市像银川市、包头市、呼和浩特市等地，过去行道树大多由杨树组成，所占比例几乎都在80%～90%。由于树种单一，造成杨树天牛虫害的大量蔓延，导致银川市等城市不得不将所有杨树砍掉、烧毁，几十年辛苦的绿化成果毁于一旦，造成极其巨大的损失。

(3) 合理配置

合理配置主要是利于空间上的阻隔防止病虫害的发生和蔓延。病原菌或害虫往往有比较固定的寄主或取食对象，用不同的树种进行配置或混交可起到隔离作用，防止病虫害的发生和蔓延。但要注意，能够相互传染病害的植物不要配置在一起，如海棠与圆柏、龙柏、铅笔柏等树种的近距离配置，常造成海棠锈病的大发生。

(4) 加强水肥管理

适宜的水肥条件是植物健壮生长的基础，水肥过多过少都容易引起病虫害的发生。水肥过多，树木徒长，不仅降低抗病虫能力，而且也降低抗寒性，植物冻伤后容易遭受病虫侵袭；水肥不足，容易出现生理性病害，植物生长衰弱，增大了病虫入侵的可能性。因此，为了培育健壮树势，增强抗病虫能力，合理施肥和灌溉是非常必要的。

(5) 保持清洁的环境卫生

保证园林植物生长环境的卫生是减少病虫侵染来源的重要措施。其主要工作有：及时清理被病虫危害致死或治疗无望的植株，将其掩埋或销毁；及时修剪病虫严重的枝叶；苗木、盆栽植物生病后，及时对病土进行消毒处理；杂草是病虫繁殖传播的温床，要及时清除杂草。

8.5.3.3 生物防治

利用有益生物及其天然产物防治害虫和病原物的方法称为生物防治。生物防治是综合防治的重要内容，它的优点是不污染环境、对人畜和植物安全、效果持久等，但也存在明显的局限性，如技术要求复杂，许多技术目前仍不完善，其效果受环境和寄主条件的限制较多，且生物防治制剂的开发周期长，成本高等。生物防治技术主要有以下几种。

(1) 利用害虫天敌

自然界天敌昆虫的种类很多，可分捕食性天敌和寄生性天敌两类，前者如瓢虫、草岭、食蚜蝇、食虫蛇、蚂蚁、胡蜂、步甲等，后者有寄生蜂和寄生蝇等。另外，一些鸟类、爬行类、两栖类等动物以害虫为食，对控制害虫的种群数量起着重要的作用，如啄木鸟和灰喜鹊是森林和树木的卫士。保护和利用天敌有许多途径，其中重要的是合理使用农药，减少对天敌的伤害；其次要创造有利于天敌栖息繁衍的环境条件，如保持树种和群落的多样性，保护天敌安全越冬，必要时补充寄主以招引天敌等。

(2) 利用病原微生物

利用某些细菌、真菌、病毒等微生物使昆虫生病并使之死亡，是一种非常有效的生物防治措施，例如用白僵菌可防治松毛虫。病原微生物也可用于病害防治，如用野杆菌放射菌株84防治细菌性根癌病在世界许多国家都已成功，用它防治月季细菌性根癌病，防治效果非常理想。

（3）利用昆虫激素

昆虫激素是由内分泌器官分泌的、能控制昆虫生长发育和繁殖的物质，通过人工合成这些激素，使其大量地作用于昆虫，能干扰昆虫正常的生长发育和繁殖，从而控制昆虫的种群数量。目前用得最多的是保幼激素和性激素，前者能使昆虫保持幼稚状态，后者能干扰昆虫的雌雄交配，也可引诱昆虫以便捕杀。

（4）利用农用抗生素

农用抗生素是细菌、真菌和放线菌的代谢产物，通过工厂生产出来，在较低的浓度下能抑制或消灭病原微生物及一些害虫。杀虫剂主要有阿维菌素、绿宝素等，杀菌剂主要有井冈霉素、灭菌素、多抗霉素、春雷霉素等。

8.5.3.4 物理机械防治

利用人工、器械或各种物理因子如光、电、色、温度、湿度等防治病虫的方法称为物理方法。它操作简便，节省经费，不污染环境，但在田间大面积实施受到一些限制，难以收到彻底的效果，一般可作为辅助性防治手段，主要有以下一些措施。

① 热处理　染病的苗木可用 35～40℃的热风处理 1～4 周，或用 40～50℃的温水浸泡 10min～3h，带病毒且含水量低的种子也可进行热处理。种苗热处理关键是要把握好温度和时间，不能超过种苗的忍受范围，否则会对种苗造成伤害。一般先用少量种苗做试验，温度要慢慢升高，让种苗有一个适应过程。

对染病的温室或盆栽土壤可用 90～100℃的热蒸汽处理 30min；盛夏时将土壤翻耙，让太阳暴晒，也能杀死病原菌。

② 机械阻隔作用　常用地膜覆盖阻隔病原物。许多叶部病害的病原物是在病残体（根系或枯落物）上越冬，早春地膜覆盖后可阻止病原物向上侵染叶片，且由于覆膜后土壤温度、湿度提高，加速病残体腐烂，减少侵染源，如芍药地膜覆盖后可显著减少叶斑病的发生。

③ 其他措施　包括利用简单的器械进行人工捕杀，拔除或修剪病虫植株或受害器官，利用昆虫的趋光性和对颜色的趋性诱杀等。

8.5.3.5 化学防治

化学防治具有见效快、效果好、使用方便等优点，但也存在许多显而易见的缺点，如污染环境、破坏生态平衡、杀伤天敌及其他有益生物，使害虫和病原菌产生抗药性，使用不当易对植物产生药害，引起人畜中毒等。因此，园林植物病虫害防治主要要做好预防和综合防治工作，尽量减少化学农药的使用，特别是不能使用一些剧毒的、残效期长的农药，不得不使用少量农药时也要选择高效、低毒、残效期短的种类，并讲究科学施用，将副作用减少到最低水平。

（1）农药的种类及剂型

按防治对象的不同，农药可分为杀虫剂、杀螨剂、杀菌剂、除草剂、杀线虫剂等。园林植物病虫害防治常用的是前三种。杀虫剂按其作用方式可分为触杀作用、胃毒作用、内吸作用和熏蒸作用等，杀菌剂对真菌、细菌等有抑制或中和其有毒代谢产物等作用。

工厂制造出来未经加工的产品称原药，加工后的农药称为制剂，制剂的形态称为剂型。常用的农药剂型有乳剂、粉剂、可湿性粉剂、颗粒剂、水剂、悬浮剂等。

（2）施药方式

农药施用的方式很多，要根据植物的形态，病虫的习性、危害部位和特点，药剂的性质和剂型选择合适的施药方式，以充分发挥药效，减少副作用。常用的施药方式有以下几种。

① 喷雾　用喷雾器将药液雾化后均匀喷在植物受害部位。所用剂型有一般乳剂、可湿性粉剂或悬浮剂等。

② 撒施　将农药与细土按一定比例均匀混合制成毒土，撒施于植株根际周围土中，有时也将颗粒剂直接撒入土中。撒施主要是防治地下害虫、根部或茎基部病害。

③ 种子处理　主要目的是消灭种子中的病虫害，常用方法是用农药拌种、浸种或闷种。

④ 土壤处理　在播种前，通过喷雾、喷粉、撒毒土等方法将药剂施于土壤表面，再翻耙到土中，目的是杀死地下病虫，减少苗期病虫害的发生。

⑤ 毒饵法　将药剂与一些饵料如糠饼、豆饼、青草等混合，诱杀地下害虫的方法。

⑥ 熏蒸法　在封闭或半封闭的空间里，利用熏蒸剂释放出来的有毒气体杀灭病虫的方法。容器育苗土壤、盆栽土和温室土壤可用此法消毒和杀虫。

(3) 农药的安全合理施用

农药的安全合理施用要注意以下几点。

① 合理选择农药种类　要根据药剂的作用机理、防治对象的生物学特性、危害方式和危害部位，以及环境条件等合理地选择药剂的种类，尽量选择高效低毒、低残效的农药品种。为了延缓害虫和病原菌抗药性的产生，要注意药剂的轮换使用，或将作用机理不同的品种混合使用。

② 选择合适的施药期和施药量　确定合适的施药期、施药量和间隔期是合理施药的基础。施药期因施药方式和病虫对象不同而异，熏蒸、土壤或种子处理常在播种之前进行。田间喷药应在病虫害发生的初期进行；对害虫，在幼虫或成虫期用药效果较好；对病原菌，应在侵染发生前或发生初期用药。用药量的确定是一个十分复杂的问题，一般可在规定的用药范围内，根据病虫害的严重程度、植物耐药能力和环境条件等因素确定。

③ 保证施药质量　施药的作业人员应掌握有关农药使用的知识，熟悉药剂配制和器械操作技术。喷药时，宜选择无风或风小的天气，在高温季节宜在早晨或傍晚进行，注意行走的路线、速度和喷幅能保证施药均匀、适量、不重施或漏施。

④ 避免产生药害　农药使用不当，可使植物受到损害，即产生药害。产生药害的原因很多，常见的是施药量过大、施药不均、在植物敏感期及高温期或光照强烈时施药等。另外，药剂选择不当、配制不合理或药剂过期变质等都有可能造成药害。

8.6 越冬防寒

在我国北方地区，冬季寒冷、干燥多风、气温变化幅度大，温度骤降或连续降雪的天气会经常出现，特别是冬季严寒开春倒春寒，树木易受冻伤，轻者树体衰弱，重者易发生腐烂病甚至直接被冻死。这几年冬季极端低温和强降雪天气也在逐步南延，2016 年山东省部分地区就出现了气候反常，造成了很多南方树种（尤其是江苏苏北地区的香樟、浙江地区的棕榈科植物）也发生了不同程度的冻害，给城市园林建设带来了非常严重的影响。虽然一些园林苗木在冬季会通过自身休眠的方式进行自我保护来过冬，但还有很多不耐寒的树种或者刚移栽的小树，抗寒能力差，很难度过严冬，极易产生冻害或造成“生理干旱”。这种冻害对于园林苗木来说伤害是非常大的，会造成苗木部分枝条出现干枯，甚至会出现苗木死亡，对园林建设极为不利。因此，为保护苗木免受冻害，顺利过冬，必须在冬季来临之际对苗木采取相应的防护措施，帮助苗木安全过冬。

8.6.1 容易发生冻害的部位及原理

8.6.1.1 枝杈

枝杈的冻害主要是在分叉的内侧，主要表现为皮层出现变色、凹陷以及坏死症状，或者是垂直下裂。这主要是由于分叉的地方由于导管少，营养供给不良，分杈处营养寄存能力差等容易使导管破裂，这也是树木在春季发生流胶现象的原因。并且在树木的分叉部位容易积雪，这使得树皮等表层组织变柔软，而使得其对突降的气温抵抗力降低。对于此类部位冻害的发生如要是采用包草以及挂草等方式，但是考虑到美观问题，而在城市地区不宜使用。

8.6.1.2 主干

主干受到冻害主要分为两种：一种是冬季日灼，这是由于在初冬以及早春昼夜的温差比较大，树木的向阳面皮部组织由于受到日晒而在白天活动，但是夜间由于温度骤降而发生冻害；第二种是冻裂，这是由于气温骤降，而使得皮层迅速冷缩，木质部产生张力导致树皮撑裂。造成裂缝的另一种原因是由于细胞间隙结冰。

8.6.1.3 根颈

根颈的抗寒性也很差，这主要是由于根颈的活动时间较长，生长停滞最晚而开始较早。并且接近地表，接受的温差变化最大，因此根颈的皮层极易受到低温以及温差的伤害。对于根颈的保护一般是选用培土的方法。

8.6.1.4 根系

根系不具有自然休眠的能力，因此抗冻性较差。在靠近地表部分的根系极易受到冬季寒冷干旱的危害，尤其是在沙土地，加之冬季少雪干旱。并且根系的冻害不易被及时的发现。因为根系受冻后树木在春天仍旧会发芽，可是过一段时间后就会突然死亡。因此，冬季以及初春对根系做好防冻工作是必要的。

8.6.2 冬季园林植物抗寒防冻措施

8.6.2.1 加强肥水管理

（1）肥水管理的加强可以保住植被更好地贮存营养物质

在春季对苗木进行肥水管理可以促进叶片以及新梢的生长，对于光合作用的提高以及树体的成长都有所加强。在秋季可以通过减少灌水以及适度使用磷钾肥使得树木提前进入休眠期。延长贮存营养物质的时间便于更好地抗冻。

（2）适时的冬灌，以保证植物越冬以及来年萌芽

冬灌不但可以保证地下根系免受冬季干燥气候影响，又可以保证地上的植物对于水分的吸收，对开花的植物的第二年花期的延长有着重要的作用。植物的根系在低温高于5℃时吸水，低于5℃时植物根系将会停止吸水。因此冬灌应当在低温低于5℃以前一次浇透水；而地温在低于0℃时，土壤中的水分会结冰，这时也应当浇水一次，以保证地下根系不会因为风而被抽干。而温度继续降低后，根部的冻水则会放出潜热，可以一定程度提高温度。因此冬灌应当进行2次，分别在10月下旬以及11月的上旬进行。对于针叶树种的幼苗就可以采

用冬灌的方式进行防寒。

8.6.2.2 加强保温措施

(1) 在根颈部位进行培土

在冬灌进行完毕后，进行封堰操作，培起土堆的规格直径在 50～80cm 之间，高度约在 30～50cm 之间，这样不仅仅可以减少水分从土壤中过多的蒸发掉，同时也可以保证根颈以及树根部位不至于由于低温而冻伤。

(2) 覆土

在早春时期气温回升，空气还很干燥，所以蒸发量大。由于气温仍旧偏低，土壤还未能及时化冻，因此根系对于水分的吸收很难及时的供应，于是就会造成植物出现生理干枯现象。对于此类问题，可以采取埋入法进行处理，即在立冬前后将整株苗木埋在土里，这样就可以保证树苗和土壤保持在一定的温度上，而不会受到外界的气温变化影响，减少不良因素对树苗的危害。并且这样处理也可以保证土壤水分，减少树木的本身水分的蒸发，避免了因低温以及生理上的干旱而造成的苗木死亡。这种措施主要可以适用于一些常绿针叶植物的幼苗以及部分的花灌木，诸如月季、蔷薇以及小叶黄杨等。

(3) 架设风障

风障也是一种良好的降低大风以及冻旱等对树苗造成伤害的措施。一般常使用的风障是由高粱秆或者是芦苇以及玉米秆等编制而成的篱笆状墙体，在高度上要求超过苗木的高度。通过竹竿以及杉木进行捆绑固定，防止被风吹倒或者倾斜，在漏风处可以另外覆盖用细棍夹住的稻草，或者涂抹泥浆填补。架设风障的方式一般常常用于常绿针叶的幼苗以及一些引进树种，多为珍贵树种或者是阔叶植物树苗的防寒工作。

(4) 涂白

枝干的涂白技术是通过使用石灰和石硫合剂对树木的枝干进行涂抹，如此一来既可以杀死越冬的害虫，同时也可以对向阳面的树干皮部进行保护，避免由于昼夜温差出现伤害。涂白的时间点一般选在 10 月下旬或者是 11 月的中旬这一段时间，并且在时间的选取上有严格的规定，不能超出这一时间段，因此涂白的材料在低温下可能会出现成片脱落的现象而达不到涂白的目的。

(5) 覆盖塑料薄膜

通过对云杉、桧柏等种类的树苗进行覆盖塑料薄膜的方法对其进行防寒处理，即通过在树苗的上方用铁筋以及珠片等物撑出拱形，然后覆盖塑料薄膜形成坚实的防寒棚，操作简单方便。并且该种方法也可以对道路的绿化灌木以及花草进行防寒处理。但需要注意的是，在覆盖塑料薄膜前要进行灌浇防止植物缺水。

8.6.3 建立冻后应急机制

针对可能发生的雪灾等自然灾害做好应急预案。北方冬季多雪，降雪之后应及时组织人力打落树冠上的积雪，尤其是枝叶茂密的常绿树，更应及时组织人员清理，防止发生树枝弯垂，难以恢复原状，甚至折断或劈裂。对已结冰的枝条，不能敲打，可任其不动；如结冰过重，可进行支撑，待化冻后再拆除支架。树体冻后失水较多，根系和树体十分需要水分，应在解冻后及时灌水，一次性灌足灌透。可将清理的积雪堆积在树木根部周围，可以有效减少根部温度过低，避免过冷大风侵袭，在早春可增湿，降低土温，防止芽的过早萌动而受晚霜危害等作用。

园林植物造型设计

随着城市园林景观的发展，各种植物造型以其独特的魅力，广泛地应用于园林绿地中。园林植物造型，是植物种植技术和园林艺术的巧妙结合，也是利用植物进行造景的一种独特手法。小至低矮的草本植物大至数米高的大树都可以用来造型，观赏价值很高。人们称它们为“无笔的画”“无言的诗”，是“绿色的植物雕塑”。优美的园林植物造型给人们提供了文明、健康、舒适的工作与生活环境，使人的身心在紧张的工作、生活节奏中得以调整、舒缓。

9.1 园林植物造型设计的概念和形式

9.1.1 园林植物造型设计的概念

园林植物造型设计是园艺师选择不同类型的植物进行独具匠心的构思、运用巧妙的技艺，结合栽培管理、整形修剪、搭架造型等技术，创造出美妙的艺术形象的过程。它融合园艺学、文学、美学、建筑学等艺术于一体，体现并能满足人们对美好环境及崇尚自然的追求。

9.1.2 园林植物造型设计的形式

对植物造型艺术的处理和表现方法，根据各个国家、民族、地区等不同的自然条件与文化传统而有所区别。归纳起来主要有以中国为代表的东方“自然式”艺术形态和以意大利、法国等为代表的西方“几何图案式”艺术形态两大类。

（1）东方园林植物造型设计

中国古典园林最能体现东方园林的特色。中国园林艺术一贯遵循“虽由人作，宛若天开”的造园原则。这是中国天人合一、物成相融、顺应自然的传统哲学思想在中国园林艺术中的体现。这种造园思想具体到园林植物的配置中则是充分体现植物的自然美和意境美。与西方园林中理性和直接的造型形式相比，中国园林植物造型的表现形式则是感性和间接的，是在保持植物的自然面貌和生态学特征基础上，突出其形象和色彩的个性，选用花、叶、干等观赏品位较高的植物进行自由式造型，注重布局的整体气势和神韵的表达，讲究诗情画意。盆景艺术便是很好的例证（图9-1）。

（2）西方园林植物造型设计

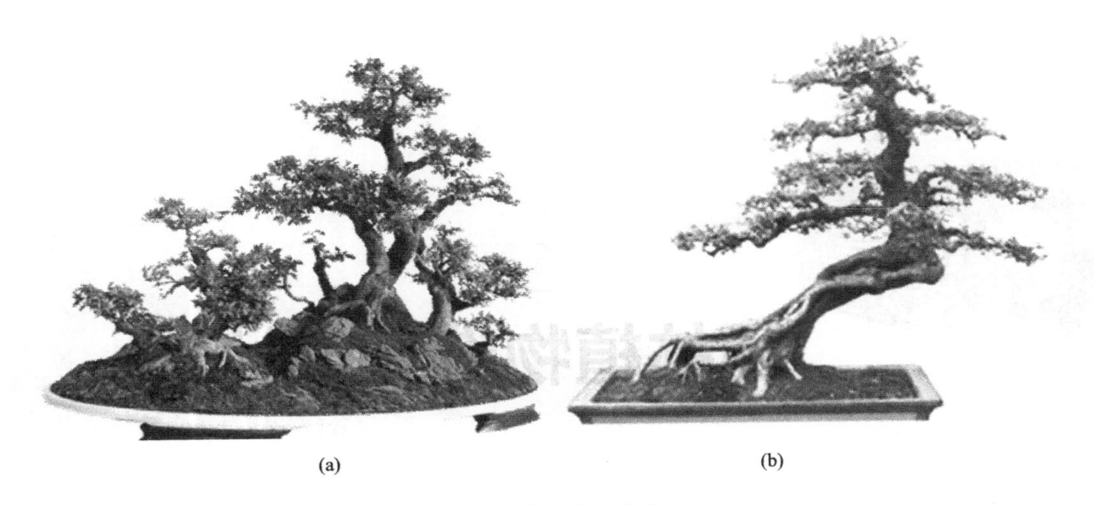

(a) (b)

图 9-1 中国盆景艺术

西方园林的造园思想和理论深受哲学思想、美学思想和政治思想的影响。它的绿化风格就是在其造园思想的直接指导下形成的“几何图案式”艺术形态，其特点在于园林植物的配置不管是总体布局还是分株形态，都按照整齐对称的几何图案处理，把花草布置成织花地毯式的所谓“刺绣花圃”，树木成排列地种植，有的园林还将树木按几何形状或按照瓶、塔、舟、人物、动物等形象修剪，被称为“绿色雕塑”。

① 意大利园林中的植物造型　意大利境内由山地和丘陵组成，其中丘陵占 80%。夏季谷地和平原闷热，而山上凉爽。这一地理地形和气候特点构成了意大利的传统园林——台地园林。其突出的特点是十分强调园林的材料运用功能，其植物运用也是适应其避暑功能要求的。由于意大利大部分地处亚热带，夏季炎热，因此庄园内的植物以不同深浅的绿色为基调，尽量避免色彩鲜艳的花卉，使人在视觉上感到凉爽宁静。园艺师将植物作为建筑材料来对待，代替了砖、石、金属等，起着墙垣、栏杆的作用（图 9-2）。不同高矮、形状各异的修剪绿篱在意大利园林中的运用十分普遍，除了形成绿丛植坛、迷园以外，在露天剧场中也得到广泛应用，形成舞台背景、侧幕人口拱门和绿墙等。在高大的绿墙中还可修剪成壁画，内设雕像等。绿墙也是雕塑的好背景，尤其是大理石雕像。植物雕刻比比皆是，或点缀在园地角隅及道路交叉点上，如雕塑和瓶饰一般；或修剪成各类人物、动物形象及几何形状。其复杂程度愈演愈烈，以至过分地矫揉造作。

② 法国园林中的植物造型　在意大利台地园林的影响下，法国形成了象征君权的勒诺特式园林。其风格下的植物造型、花卉布置以各种各样的花坛和花境为主，花灌木被修剪成球形、方形、柱形、锥形、三角形等抽象的几何形状或是鸟兽等具象的形状。花坛是法国花园中最重要的构成要素之一，从把花园简单地划分成格形花坛，到把花园当作整幅构图，按图案来布置刺绣花坛，形成与宫殿相匹配的气魄。丰富的阔叶乔木往往集中种植在林园中，形成茂密的丛林。这种丛林式的种植是法国平原上森林的缩影，边缘经过修剪，被直线形道路所规范，形成整齐的外观。这种丛林式的尺度与巨大的宫殿、花坛相协调，形成统一的效果。丛林所体现的是一个众多树木枝叶的整体形象，而每棵树都丢失了个性，甚至将树木作为建筑要素来处理布置成高墙，或构成长廊，或呈圆形的天井，或成排立柱，像一个宫殿（图 9-3）。

园林植物造型可以根据不同时期的植物材料和空间环境选择不同的造型进行设计，在设计的基础上经过长期的整形修剪，逐步实现造型的目的。植物造型根据其表现形式和结构的

图 9-2 意大利冈贝里亚庄园中的植物绿墙造型

(a) 乔木绿墙

(b) 修剪为锥形的乔木造型

图 9-3 法国索园中的植物造型

不同可分为平面式园林植物造型和立体式园林植物造型；从取材来看，可分为具象造型和抽象造型；从组织形式来看，可分为单独造型、规则式造型和综合式造型。下面主要从平面造型和立体造型两个方面进行讨论。

9.2 平面式园林植物造型设计

平面式园林植物造型是运用低矮易修剪的灌木或地被花卉等色彩丰富的植物素材，在二维空间（水平或竖向空间）有机组合成各种图案、线条，强调空间的平面延伸感。根据人们的视野和形状之间的相互对比关系，又可将平面式植物造型分为点式、线式、面式三种类型。

9.2.1 点式植物造型设计

（1）点的含义

点作为造型要素中最原始的形态元素，是造型构图中相对较小的单位，带有明显区别于其他部分的特征和独立存在的倾向。点的大小与形状是相互依存的，要根据其所在空间的大小和与物体之间的相互关系来判断，靠人们的感觉来比较。任何形状的物体在特定的环境中都可当作点来解释。点可以理解为节点，是一种具有中心感的缩小的面，通常起到线之间或者面之间连接体的作用。

(2) 点的视觉特征

点容易引起人的注意，成为视线中心，用以丰富造型、打破单调。在园林设计中最典型的点的运用就是观赏树木的使用。

点景的植物景观有特别突出的特征，能够长时间吸引游人的视线。而点的数量、位置在空间来回变化时，其视觉效果则有很大差异。此外，在园林植物景观设计中还有很多形态都可以作为点来丰富景观层次，如造型花篮、花坛、灌木球等。

(3) 点在平面式植物造型中的应用

在平面式植物造型设计中，点的范围一般较小，平面多呈圆形、椭圆形、扇形、梯形、正方形或三角形等，长宽比不超过 4∶1，主要应用的形式以花坛为主，如天安门广场前每到重大节日如国庆节都会设计一个非常浓墨重彩的花坛，以增加节日气氛（图 9-4）。

图 9-4　天安门广场前主题为“万众一心”的花坛

点式植物造型以点的形式作为造型要素，有高度聚积的特点，常常用作景观的视觉焦点和中心，主要应用于城市广场、交通岛、公园、居住区、大型公共绿地等场所出入口处，有时也用在视线醒目的坡地上（图 9-5），还可用于竖直平面上。通过点式植物造型的渲染，使原本景色欠佳或线条生硬的景观变得活泼生动。

图 9-5　时钟花坛适宜用作斜坡上，既美化环境又具有实用功能

9.2.2 线式植物造型设计

9.2.2.1 线的含义

线是造型要素中构成视觉形象的基本条件，是基本的一维图形记录，是由无数点按线性排列的结果。线比点更具有明确的方向感，可以表达特定的事物和思维的发展过程，没有线就谈不上景观的造型与构图。在点、线、面造型 3 个要素中，线最具方向和力的蕴含，从线性结构生发的形式会使设计产生较强的力感。线可分为直线和曲线。直线主要有 3 种形式：a. 水平线；b. 垂直线；c. 倾斜线。

曲线分自由曲线和几何曲线两种。几何曲线又可分为圆线、波状线、抛物线、双曲线、螺旋线等。

线作为一种形态，还有粗、细、断开、连续、相交、相切、相接等构成形式。

9.2.2.2 线的视觉特征

直线具有男性的特征，它有力度、相对稳定，给人以刚直、硬朗、顽强、单纯、冷静、明快、力量等视觉效果。直线的方向感很强，线的粗线程度不同也会产生视觉情感差异。细线具有锐利、快速、敏感的特性。但细到极致的线会让人神经质。粗线由于视觉冲击力强，常常跃于画面的前列。细线则有远距离感，但粗线和细线组合在一起时，表现出明显的视觉空间效果。

曲线则具有女性化特征，具有柔软、优雅的特质，给人以活泼、跳动、优雅、流畅、轻快、柔顺等视觉效果。不同的曲线给人不同的心理感受，如充满激情而富有动感的曲线给人感觉激情、激昂、快节奏、活泼等特性。而起伏平稳的水波曲线则给人感觉以优雅、流畅、轻快、柔软的特性。

9.2.2.3 植物种植设计中的线式造型

直线在园林设计中应用非常广泛，如直线形道路划分、广场铺地的直线形铺装线、富有韵律感的层层台阶、修剪整齐的绿篱等，无一不显现出水平线的美，而山体、水体驳岸、园路、花木造型、建筑设施小品等，随处都可以看到曲线的存在。在植物造型设计中，线式造型多数以绿篱或花带的形式存在，一般长宽比大于 4∶1，以突出线的形态、长度和方向为主，体现一种线条美。在极简主义风格的作品中，常常以简单的几何元素（点、线、面）形式来营造景观，如彼得·沃克设计的德国慕尼黑凯宾斯基酒店花园，如图 9-6 所示。花园布局强调整体形式与秩序的变化，采用网格的形式，由点、线、面三种元素构成，斜插的道路将绿地不同部分联系起来，形成主要的功能通道。网格与建筑轴线成 10°左右的角度，增加了景观的变化与活跃，与建筑轴线垂直种植的杨树与建筑构图场所产生对接关系。通过在网格的边缘栽植绿篱强调线性的几何秩序，又形成了绿篱围合的小面状空间。在网格轴线的交点，布置方形的绿篱块，形成局部节点空间的强调。如图 9-7、图 9-8 所示，采用黄杨绿篱围合成一个正方形的空间，空间内部用红色的碎石和绿色的草地将里面的地面划分成不同的区域，在草地上种植 3 株柱状的高耸杨树，在绿篱的一角是一个修剪成立方体的紫杉篱。

同样，玛莎·舒瓦茨的作品中，大量出现曲线、直线、网格、条形的设计和椭圆形的土丘，具有强烈的秩序感。她认为直角与直线是人类创造的，当我们在园林中加入几何秩序时，我们把园林与人类的思想结合在了一起。在西安世园会里，玛莎·舒瓦茨设计了一个同时具有中国、美国特色的迷宫；迷宫结合了西安的青砖墙和古典欧洲迷宫园里树篱两种元

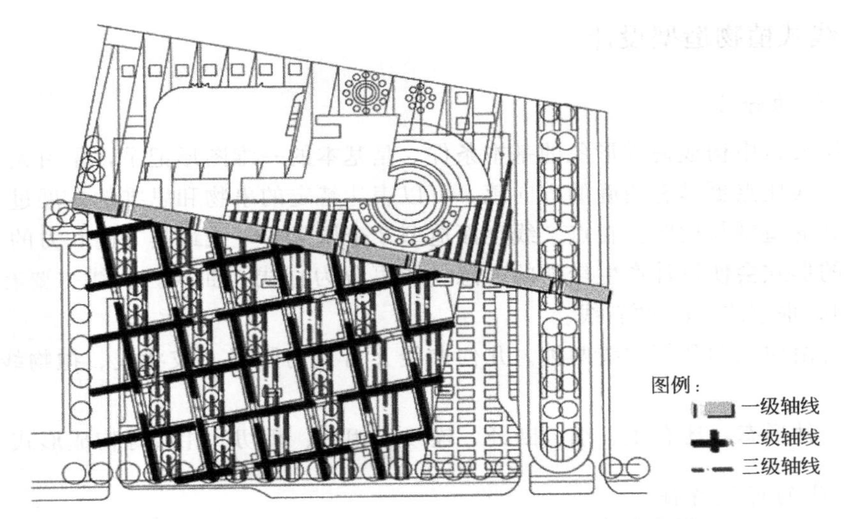

图 9-6　德国慕尼黑凯宾斯基酒店花园景观轴线布局

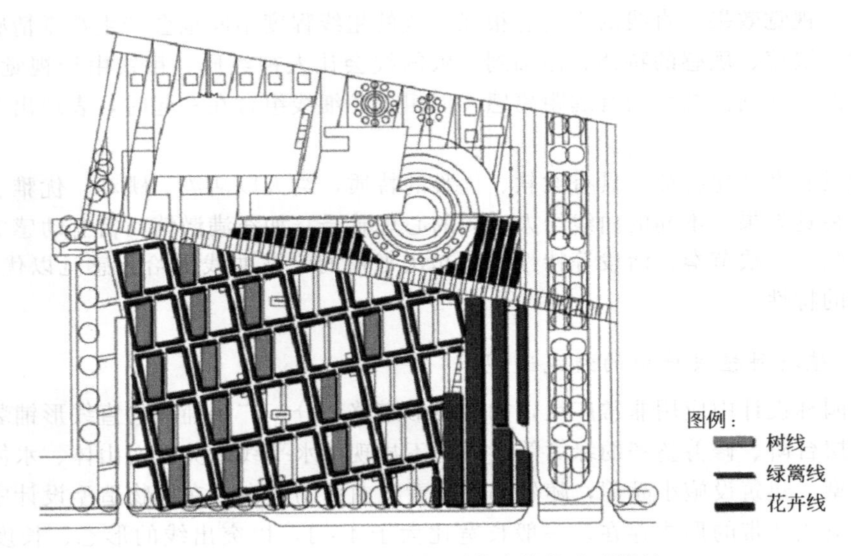

图 9-7　凯宾斯基酒店花园线式植物造型设计

图 9-8　凯宾斯基酒店花园实景

素，迷宫的“树篱”由一系列3m高、1.4m厚的青砖墙组成，它们把这个35m×35m的小花园分割成6个狭长的小空间（见图9-9），而人们所看到的1.4m厚的墙其实是由两堵薄墙共同组成的，墙与墙之间留有1.1m宽的空隙种植垂柳，垂柳的树冠自然伸展出来，因此，游人从墙外看到的只是3m高墙上柔软下垂的绿油油的柳枝（图9-10）。109棵垂柳均等地分布在园子中，每棵垂柳的枝条上都系了许多大小不等的铜铃，每当微风拂过，柳枝摇曳，优美的铃声随之响起。

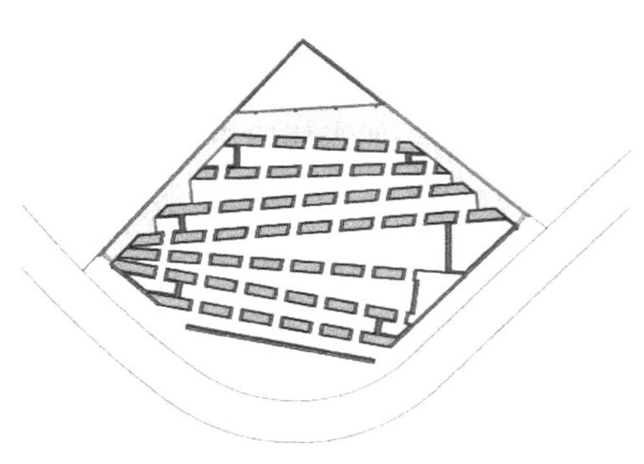

图9-9 西安世园会迷宫园的线式布局

图9-10 迷宫园中垂柳和砖墙形成的树篱

现代园林中的绿篱、模纹绿篱、绿墙也都是线式造型的实例运用（图9-11）。

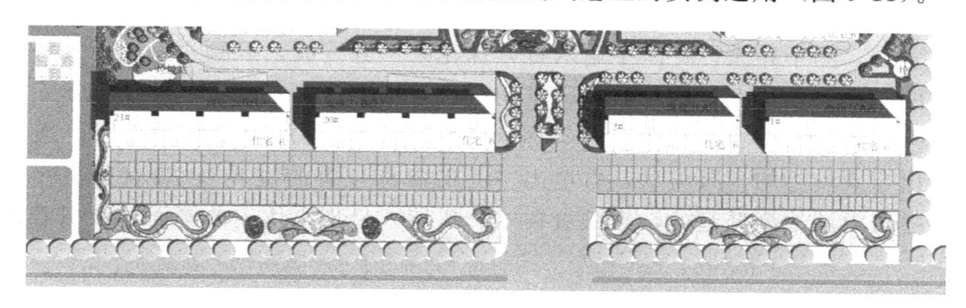

图9-11 模纹绿篱是线式造型运用的常用形式

9.2.3 面式植物造型设计

9.2.3.1 面的含义

面是点按照矩阵排列的结果，是线移动的轨迹，是线呈封闭状态时构成的形式。面有规则的、不规则的，有圆形面、方形面、三角形面，还有根据这些最基本的规则形面衍生而成的不规则面。二维性质的面有长度和宽度而无厚度，它是体的外表。

一般来说，面与“形”是有密切关系的。面有轮廓线，它在造型上比点和线更能确定形的意义。面的形状是识别事物特征的重要因素，它因呈现事物的形象而被我们所理解。面的缩小就是点，因而在某些场合下提到线面关系时，实际上包含了点的要素。

9.2.3.2 面的视觉特征

从美学角度看，圆形面是与方形面相对的一种图形，具有舒展、流畅、柔润、婉转、和谐、完美等特点，蕴含着丰富的美学哲理，具有强烈的向心和离心作用。圆形容易吸引人的视线，引起注目，容易形成视线重心；同时能给人以饱满、柔和、活泼、统一感，圆形易与周围环境谐调。

方形面又分正方形和长方形，正方形由劲直、挺拔的直线构成，其性质为阳为刚；以直角构成，给人以大方、单纯、庄严、安定、规则的感觉，然而正方形四边相等，缺乏变化，会产生乏味单调感。长方形作为直角和直角的结合，对边相等、四角相等，具有平稳、单纯、安定、整洁、规则之感。在众多矩形中以符合黄金比例的矩形更富有美感。

三角形面一般被视为最稳定的结构，给人以稳定、灵敏、锐利、醒目的感觉。倒三角则给人不稳定的运动感。自由形是由不规则的曲线及直线组合而成的，审美属性差异较大，灵活感大于几何形，理性成分少，更具有人情味。自由形面具有洒脱性和随意性，深受人们的喜爱。正是有自由形的存在，才使现代园林设计拥有了除规则形以外的更丰富的设计语言，有了创新的依据。面是现代园林设计中应用最广泛的造型要素，如水体的水面、建筑的表面、各种铺装广场、草地等，在园林景观中随处可见。

9.2.3.3　植物造型设计中面的应用

在植物造型设计中，面通常以大块而连续的景观形式出现，一般没有固定的形状和长宽比，实际上是点式和线式平面的扩大与延伸。

如荷兰库肯霍夫公园中的植物景观以大面积林下绿茵草地为“画布”，以宿根的郁金香、百合、风信子等为“颜料”，勾勒出大面积、大色块的流畅曲线或规则的几何平面图形，营造自由、流畅、优雅、浪漫的氛围（图 9-12）。林外的花田中，每年 9 月底至初霜来临之前，各个花卉供应商会挑选各自最新最好的球根花卉品种，按照库肯霍夫公园事先规划好的位置和图案种植下去。隔年春天，花园中逾六百万株花朵一齐绽放，五颜六色的花卉将库肯霍夫装点成了花的海洋。那迷人壮美的景象很难用语言来形容，置身其中能够不由让人沉醉，因而它享有“欧洲最美丽的春季花园”的美称（图 9-13）。法国的普罗旺斯地区，连片种植的薰衣草打造出令人震撼的田园美景，营造出“花的海洋，香的世界”，薰衣草盛开时节，整齐的花垄伴随着山坡地高低起伏，点缀着树木、房屋，呈现出优美的画面，吸引着世界各地的游客。

图 9-12　荷兰库肯霍夫公园中的成片的花海

在 20 世纪 90 年代后期发展起来的创意农田景观中，运用不同植物品种种植各种艺术图案，吸引了大量的游客前来观赏。如日本的稻田艺术、英国的麦田怪圈、美国的玉米迷宫等。

在浙江省首个世界自然遗产地——江山江郎山下，利用紫色稻、淡黄色稻、淡绿色稻、绿色稻等不同颜色品种开展彩色水稻“稻田艺术”创意种出江郎山和“幸福江山”

图 9-13 库肯霍夫公园中的花田

四个大字构成的彩色稻田创意图案，成为江郎山景区又一道独特靓丽的景观（图 9-14）。整幅彩色稻艺图案面积 50 多亩，图案壮观宏伟、视觉冲击力极强，是华东地区规模最大的稻田艺术景观。在江山市峡口镇省级现代农业综合区内，用 5 亩稻田创作的“喜迎十八大”彩色稻艺在朵朵祥云的映衬下美轮美奂，表达了江山市各界喜迎党的十八大的心情（图 9-15）。

图 9-14 “幸福江山”稻田艺术

图 9-15 “喜迎十八大”稻田艺术

9.2.4 平面式植物造型设计的植物选择

用于平面式园林造型的植物应选择定要选择生长缓慢整齐、株型矮小、分枝紧密、叶子细小、四季绿叶或彩叶、萌蘖性强、耐移植、耐修剪、易栽培、缓苗快且繁殖与管理维护容易的多年生植物的植物材料，如红绿草、白草、尖叶红叶苋等。

观叶植物应选择萌蘖性强、生长旺盛、分枝多、四季彩叶或绿叶的多年生木本或草本植物，常用的有小龙柏、洒金变叶木、小叶黄杨、雀舌黄杨、偃柏、六月雪、龟甲冬青、小蚌兰、福建茶、九里香、花叶假连翘、红桑、花叶鹅掌柴、鹅掌柴、小腊类、朱蕉类、紫绢苋、彩叶草、白苋草、红苋草、绿苋草、圆叶洋苋、小叶冷水麻、冷水花等。

9.2.5 平面式植物造型设计实施

平面式园林植物造型技艺包括整地、放样、种植与植株的整形修剪 4 个步骤。

（1）整地

整地是植物造型技艺中关键的一步，包括翻耕土壤，捡去石头、杂物、草根等。整地应注意以下 2 点：a. 因地制宜，制造地形变化，达到最佳的视觉效果；b. 整地后地面应疏松平整，中心地面应高于四周地面，以避免渍水。

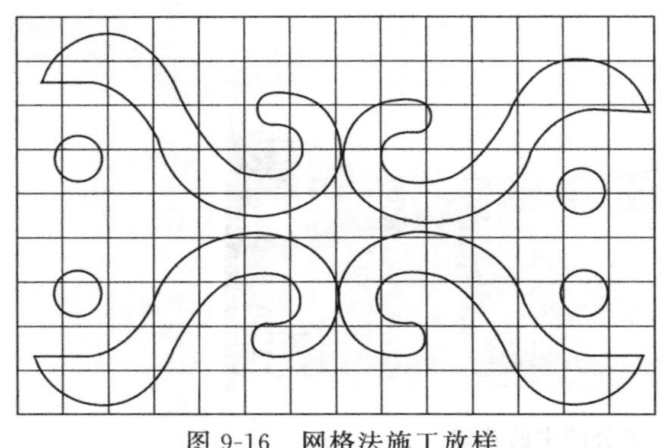
图 9-16　网格法施工放样

（2）放样

放样是按施工图纸上的原点、曲线半径等，按放大的比例直接在施工地面定点放样；或通过方格网法，先在图纸上描好方格，然后按放大的比例放大方格，将原设计图纸上的图案描到放大的方格上，这样可在施工地面上按比例确定图案形状大小（图 9-16）。

施工放线的方法多种多样，可根据具体情况灵活采用，此外，放线时要考虑先后顺序，以免人为踩坏已放的线。几种常用的放线方法如下。

① 规则式绿地、连续或重复图案绿地的放线

1）图案简单的规则式绿地，根据设计图纸直接用皮尺量好实际距离，并用灰线做出明显标记即可。

2）图案整齐线条规则的小块模纹绿地，其要求图案线条要准确无误，故放线时要求极为严格，可用较粗的铁丝、铅丝按设计图案的式样编好图案轮廓模型，图案较大时可分为几节组装，检查无误后在绿地上轻轻压出清楚的线条痕迹轮廓。

3）有些绿地的图案是连续和重复布置的，为保证图案的准确性、连续性，可用较厚的纸板或围帐布、大帆布等（不用时可卷起来便于携带运输），按设计图剪好图案模型，线条处留 5cm 左右宽度，便于撒灰线，放完一段再放一段这样可以连续的撒放出来。

② 图案复杂的模纹图案　对于地形较为开阔平坦，视线良好的大面积绿地，很多设计为图案复杂的模纹图案，由于面积较大一般设计图上已画好方格线，按照比例放大到地面上即可；图案关键点应用木桩标记，同时模纹线要用铁锹、木棍划出线痕后再撒上灰线，因面积较大，放线一般需较长时间，因此放线时最好钉好木桩或划出痕迹，撒灰踏实，以防突如其来的雨水将辛辛苦苦划的线冲刷掉。

（3）种植

种植一般应按“先中心后四周、先上后下”的顺序进行，尽量做到高矮一致、无明显间隙，而模纹图案部分则应先栽种图案的轮廓，然后再填植空隙。种植密度应根据种植方式、植物种类、分蘖习性等来确定，过稀则黄土裸露，失去观赏价值；过密则植株拥挤，通风透光差，脚叶易黄化甚至霉烂。

（4）植株的整形修剪

平面式园林植物造型其植株的整形修剪就是对已种植的平面植物进行修剪，使其整体外表整齐，图案外围线条流畅，同时剪去不必要的杂枝和病虫枝，促进新芽的生长发育，以达到某种平面造型的目的。

9.3 立体式园林植物造型设计

立体式园林植物造型与园林建筑小品中的雕塑有异曲同工之妙，故可谓之为“植物雕塑”。它是以植物为主要素材，通过各种素材在平面、立面等多维空间的有机组合、镶嵌，形成具有多维观赏面、多维空间延伸性的植物立体造型，成为园林景观环境中的闪光点，对

烘托景观主题与形象起着画龙点睛的作用。

园林植物立体造型是园林植物造型的重要组成形式，包括球形、圆锥形、螺旋体、层状、柱状以及立体花坛造型等各种形式。

9.3.1 立体式园林植物造型设计植物材料的选择

塑造出丰富多彩的立体式园林造型，其先决条件是要有丰富的植物素材，园林植物立体式造型对植物有特殊的要求，在实际运用中要考虑以下几个方面的要求。

（1）根据植物立体造型的目标要求选择植物

由于不同的绿化目的、不同的环境和不同的植物配置对园林植物的树形有着特殊的整形要求，所以首先应明确树木在园林绿化中的目的要求、景观配置要求，然后根据这种要求选择适宜的几何造型植物，以达到目标景观效果。例如，进行模纹立体几何造型时，通常选择色彩丰富、枝叶生长旺盛、耐修剪的灌木为主；进行圆柱体几何造型时，通常选择树体枝叶丰满、尖削度小、耐修剪、常绿的植物为宜。

（2）根据植物的生长发育习性选择植物

圆柱体、圆锥体、球体、正方体等立体造型，需要对植物长期不断地进行修剪与维护，才能达到预期的造型效果。因此，要紧密结合树种的生长发育习性，幼年期的植物处于营养生长的旺盛时期，植物的年生长量大，萌芽能力和成枝力强，在进行立体造型时应进行重剪，既可以刺激植物多发新枝，尽快形成丰满的树冠，有利于造型，又可以尽快形成形体骨架，为日后的进一步造型奠定良好的基础。成年期的树木，正处于旺盛开花结实时期，此时修剪整形的目的在于保持植株的健壮完美。尽量控制开花结实数量（观花、观果类植物造型除外），综合运用各种修剪方法，并配合其他管理措施，以达到调节均衡的目的。此时应按设计要求控制植物的几何形体体量，以达到最佳的观赏效果。

（3）根据植物生长地点的环境条件特点选择植物

一方面树木的生长发育与环境条件间具有密切关系，另一方面不同植物的立体造型方式对环境景观的影响作用也不一。因此，即使具有相同的园林绿化目的要求，但由于条件的不同，或者环境空间不同，在选择几何造型植物时也会有所不同。

一般在立体造型中木本类植物以柏科、松科、黄杨科、紫草科、紫茉莉科、海桐科、马鞭草科和桑科榕属植物为主，常用的有蜀桧、刺柏、侧柏、龙柏、真柏、千头柏、圆柏、雪松、大叶黄杨、云杉、黄杨、九里香、火棘、海桐、石楠、麻叶绣线菊、紫薇、女贞、小叶女贞等。

立体造型的草本植物，多用于镶嵌和图案纹样设计，观叶植物应选择萌蘖性强、枝叶细小、植株紧密、耐修剪、生长缓慢、分枝多、四季彩叶或四季绿叶的多年生草本，以苋科植物为主，常用的有紫绢苋、红龙草、白苋草、红苋草、绿苋草等。另外，暗紫色的小叶红草、玫红色的玫红草、银灰色的芙蓉菊、黄色的金叶景天，矮麦冬、金边过路黄、半柱花等都是优良的立体造型植物材料。

立体造型的观花植物应选择花期长、冠形整齐、色彩鲜艳的多年生宿根草本与部分一年生草本及灌木，以忍冬科、茜草科、凤仙花科、秋海棠科、景天科、锦葵科、百合科、马齿苋科及菊科等植物为主，常用的有矮牵牛、绣球花、龙船花、凤仙花、半枝莲、长寿花、扶桑、百合、郁金香、风信子、翠菊、四季海棠、万寿菊、大波斯菊、孔雀草、一串红、一串白等。

9.3.2 植物立体造型的工具和设备

整形修剪工具是园林植物立体造型的必备要素。园林植物几何造型的常用工具和设备包括修枝剪、绿篱剪、电动绿篱剪、修枝锯、人字梯、绳子、铁丝、木桩、直尺、大型木制三角板、模板、模具、金属框架、拉直器、麻布以及园艺技术人员戴的护目镜、护耳和耐磨手套等，可以减轻使用电动工具时所带来的不适并减少危险性。

9.3.2.1 修枝剪

修枝剪是整形修剪过程中最常用的工具，主要用于修剪较小的枝条（图 9-17）。选购修枝剪时主要看剪刀的小刀和弹簧的质量。修枝剪的剪刀要锋利，软硬适度，软的不耐用，易卷刃，而硬的容易造成缺口或断裂。弹簧的软硬也要适度，太软撑不开剪口，太硬用起来费力。弹簧的长度以能撑开剪口而又不易脱落为好，开张的角度也不能过大，以能用手挎住为宜。修枝剪还要求轻便灵活，造型美观。修枝剪一般剪截直径 3cm 以下的枝条，只要能够含入剪口内都能被剪断。操作时，如果用右手握剪，则用左手将粗枝向剪刀小片方向猛推就能迎刃而解，千万不要左右扭动剪刀，否则剪刀容易松口，刀刃也容易崩裂。

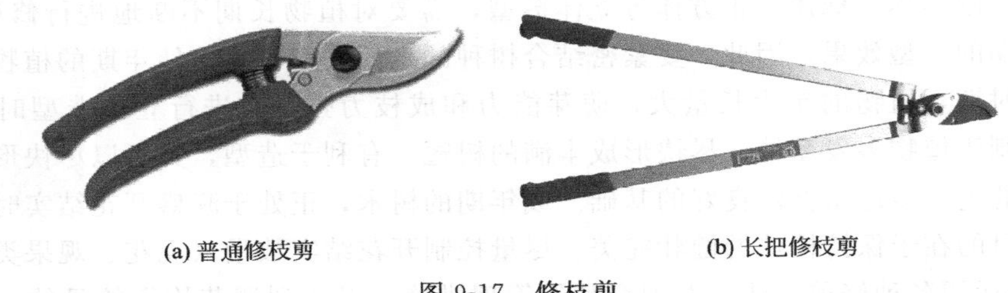

(a) 普通修枝剪　　(b) 长把修枝剪

图 9-17　修枝剪

9.3.2.2 长把修枝剪

园林中常有很多比较高的灌木，若要站在地面上就能短截株丛顶部的枝条，就应使用长把修枝剪。其剪刀呈月牙形，虽然没有弹簧，但手柄很长。因此，杠杆的作用力相当大，在双手各握一个剪柄的情况下操作，修剪速度也不慢。

9.3.2.3 高枝剪

高枝剪专用于剪除高大树冠上的小枝条。这种剪子的下部有一根长柄，长短可根据需要确定，一般长 3m 左右 [图 9-18(a)]。剪托上的小环用粗细适宜的尼龙绳连接起来，使用时拉动尼龙绳便可把大树上的枝条剪下。

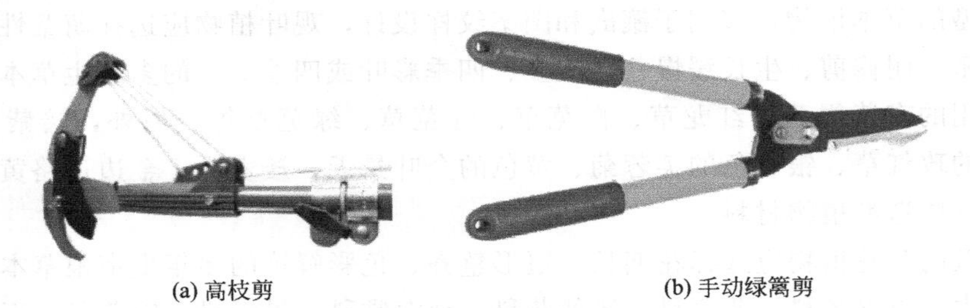

(a) 高枝剪　　(b) 手动绿篱剪

图 9-18　高枝剪和手动绿篱剪

9.3.2.4 绿篱剪

绿篱剪是造型植物修剪的最常用工具之一，有电动型和手工型两种。手工绿篱剪款式多样，可根据不同用途选用不同型号的绿篱剪［图 9-18(b)］。电动绿篱修剪机采用燃油作动力，工作效率高（图 9-19）。

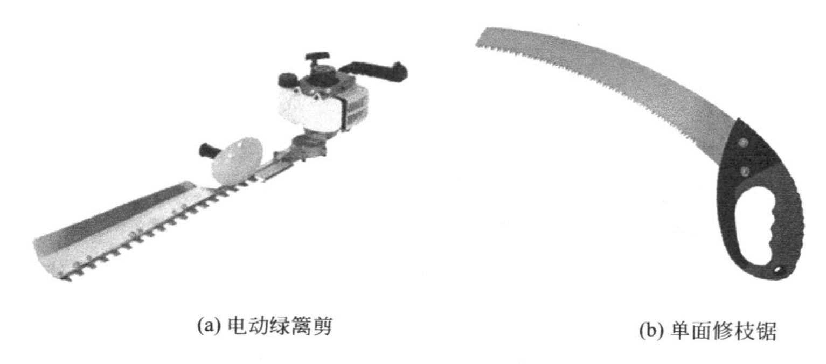

(a) 电动绿篱剪　(b) 单面修枝锯

图 9-19　电动绿篱剪和单面修枝锯

9.3.2.5　修枝锯

用于锯除剪刀剪不断的枝条，常用的有以下 4 种锯。

① 单面修枝锯　用于截断树冠内的一些中等枝条，弓形的细齿单面手锯非常适用于锯除这类枝条。由于此锯的锯片很狭窄，可以伸入到树丛当中去锯截，使用起来非常自由（图 9-19）。

② 双面修枝锯　在锯除粗大的枝时采用。这种锯的锯片两侧都有锯齿，一边是细齿，另一边是由深浅两层锯齿组成的粗齿。在锯除枯死的大枝时用粗齿，锯截活枝时用细齿，以保持锯面的平滑。这种锯的锯把上有一个很大的椭圆形孔洞，可以用双手握住来增加锯的拉力。

③ 油锯　随着园林工具的不断发展。各种省时省力的工具逐渐出现，目前油锯的应用已十分普遍。使用油锯可快速、省力地锯除较粗的枝条，提高工作效率。但因油锯要用燃油，使用成本相对较高（图 9-20）。

(a) 油锯　(b) 高枝锯

图 9-20　油锯和高枝锯

④ 高枝锯　高枝剪通过绳的拉力只能剪断一些小的枝梢，在修剪树冠上部的大枝时一般使用高枝锯，其原理和高枝剪类似。

9.3.3　园林植物立体造型的立意构思与造型设计

9.3.3.1　植物立体造型立意构思

植物立式造型是园林一项艺术创作活动，在动手创作以前先要明确创作意图，也就是创作的动机和目的。艺术是表现生活的，但又不是简单的再现生活，它应该是源于生活而高于生活，好的艺术作品可使人精神愉悦，奋发向上。

植物立体造型立意构思即为表现什么样的主题，是以观赏为主、烘托营造气氛为主还是要表现更深的内涵等，如 2016 年 8～10 月在加拿大蒙特利尔市举行盛大的立体花坛展览，展览的主题是“希望的大地”，要求参赛者的设计包含城市的自然濒危物种、生态环境、和平、积极行动等元素，让更多人关注环境和人类相依相存的关系。各国参赛选手贴近这一主题，用充满想象力的作品展现了各国风土及濒危物种，唤醒人们热爱自然、保护生态的意识。来自中国上海的“一个真实的故事”摘得大赛桂冠，这座美丽的立体花坛讲述了一个美丽忧伤的故事：一位年轻的姑娘以身救鹤。故事发生在江苏盐城自然保护区，她所救的丹顶鹤是濒危物种，如图 9-21 所示。又如中国每年国庆节天安门广场、长安街都会有盛大隆重的花坛景观布置，而国庆花坛既要体现节日的欢乐气氛，还要反映出国家的建设成就及繁荣富强的景象；确定了主题才能根据主题的需要来安排植物之间的比例关系以及其他方面。另外，还应充分考虑立体造型的宣传作用，以充分发挥设计人员的聪明才智，创造出具有新意的艺术造型。

图 9-21 “一个真实的故事”立体造型花坛

9.3.3.2 园林植物的立体造型的设计

(1) 形体设计

形体设计包括两个方面，即植物造型设计和用于支撑植物造型的结构设计。

① 造型设计 植物在外界自然环境因子的影响下，经过长期的自然选择才能产生形体优美的植物造型，而采用人工的办法，则可根据环境景观的需要创造出各式各样规则形体的植物造型。

人工造型讲究艺术构图的基本原则，即在统一的基础上寻求灵活的变化，在协调的基础上创造对比的动感，使用正确的比例、尺度，讲究造景的均衡与稳定。

观赏植物本身高与宽比例的不同，给人的感觉也不同，因此应根据不同的环境景观需要采用相应的高宽比例。

人工处理的观赏植物要给人留下均衡、稳定的感觉，就必须在造型过程中保持明显的均衡中心，使各方都受此中心控制。如要创造对称均衡，就要有明确的中轴线，各形体在轴线两边完全对称布置，如图 9-22 所示；如是不对称均衡就没有明显的轴线，各形体在无形的轴线周边自然分布而达到均衡（图 9-23）。均衡稳定的植物造型，不仅会给人们带来安定感，而且能够表现出自然的活力。

图 9-22 中轴对称的日晷花坛

图 9-23 不对称均衡立体造型花坛

② 结构设计

1）骨架设计。植物造型的骨架必须考虑外观形象、力学结构、外被附着方式、骨架的安装固定及便于施工等方面。有了结构合理的骨架才能制作出好的植物造型，可以说骨架是植物造型的基础。首先骨架外形设计应当符合造型的外观形象要求，即要按植物造型的尺寸来确定骨架轮廓，而植物造型的尺寸又包括骨架尺寸和外被厚度两部分。其次在设计骨架时应确定外被附着方式，制好的骨架一定要便于施工，特别是对于有预制组装要求的造型设计，要留有便于吊运、组装、衔接的结构。另外，在骨架设计时还必须进行承重与受力分析。骨架所受的外力主要是其所承受的外被重量及骨架材料自身的重量。受力分析应根据力学原理，考虑骨架所受外力在骨架中的合成、分解和传递等问题。分析结果用于指导骨架材料及其型号的选择和各部位具体结构的设计，目的在于找出既满足外观造型要求又符合力学原理的最简明的骨架结构，以便做到既安全可靠又省材料。

2）基础设计。基础设计应充分考虑地基承载力的允许值，以及作为造型体荷载支撑构件的合理布置。基础是承受上部荷载、稳定造型形体的重要结构，它不仅本身要有足够的强度，不能因受重荷而变形、破坏，而且与它接触的土层（即地基）也要有足够的承载强度，这种强度依土质而定。当植物造型荷载不大时，只要不是腐殖土或回填土，就只需进行地基土层夯实，使之达到一定承载强度即可。若上部荷载较重，造型形体所占面积较大，则需进行地基土质的钻探，并进行地基承载力的验算。当植物造型底面积较小时，可采用整体基础；当植物造型底面积较大或较长时，可采用条形或独立基础。上部荷载不大时，可采用毛石、砖基础，亦可采用毛石混凝土或素混凝土基础；当上部荷载较大时，则采用钢筋混凝土基础。基础施工图一般应绘出平面图、剖面图，标明尺寸、材料，并作相应的施工说明。

（2）色彩设计

园林植物蕴含着强大的生命力，其表现的色彩五彩缤纷，还带有蓬勃生机，这为植物的立体造型设计提供了丰富的素材。植物不同的色相会给人以不同感觉。如在红色的环境中，人的脉搏会加快，情绪兴奋冲动，会感觉到温暖；而在蓝色环境中，脉搏会减缓，情绪也较沉静，会感到寒冷。为了达到理想的植物景观效果，园林设计师也应该根据环境、功能、服务对象等选择适宜的植物色彩进行搭配。

为了更清楚地说明园林植物造型设计中的色彩设计原理，我们以色相环为基础来进行思考和探讨：选择 CCS 色体系 16 色相环，以色相 1-R（红）为基础，将与它的色相差为 0 的同一色相到和它的色相差为 8 的补色色相的配色来进行说明，如图 9-24 所示。

① 同一色相配色　同一色相配色是将相同色相的不同明度或纯度的颜色搭配在一起形成的一种配色关系。此种单一色相的变化，令人感觉稳定、温和，是统一性很强色配色方法

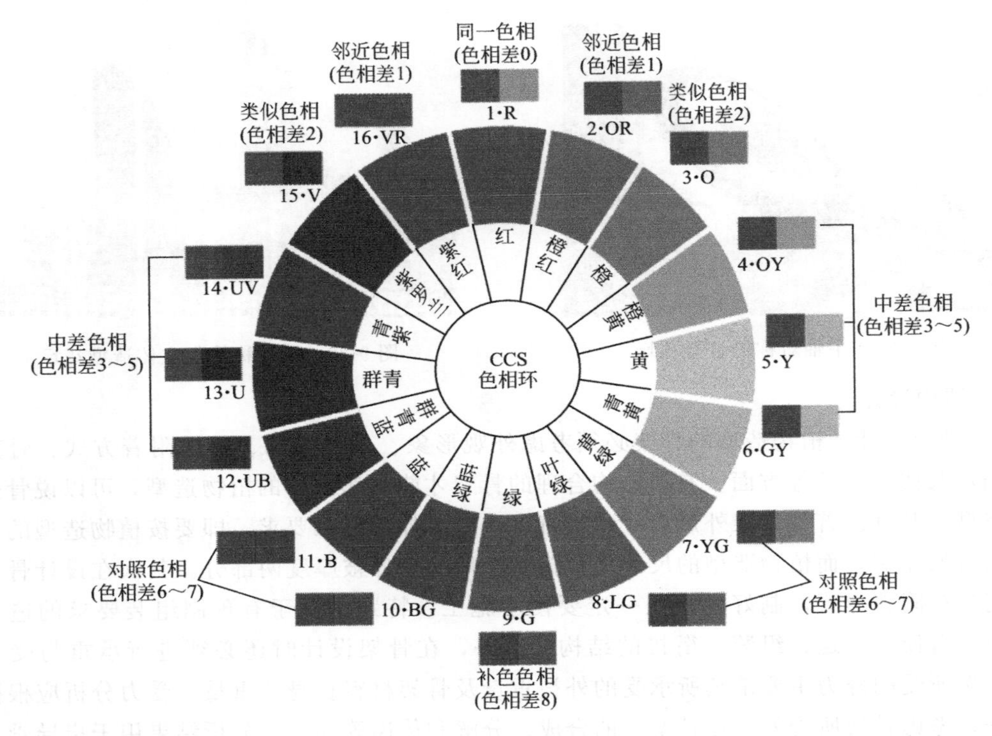

图 9-24　CCS 色相环

(图 9-24)。但是，如果色彩间的差异性太小便会显得单调，因此应该在明度及彩度上加以变化。如大面积的浅蓝色，镶以深蓝色的边则效果很好，但如果浓淡两色面积均等则会感到呆板。

② 类似色相配色　类似色相的配色是在色相环上呈 30°～60°角的色相间的配色。类似色配色的特征在于色调和色调之间有微妙的差异，较同一色调有变化，不会产生呆滞感。将深色调和暗色调搭配在一起，能产生一种既深又暗的昏暗之感；鲜艳色调和强烈色调再加明亮色调，便能产生鲜艳活泼的色彩印象。

③ 对比色配色　对比色相的配色时色相环上呈 120°～150°角的色相间的配色，如蓝与橙、黄与紫，具有活泼、明快的感觉。若再使用高彩度色相，很容易产生强烈对比，应用于造型的轮廓线上能起到良好的作用，但应该在色相的明度和彩度上加以变化，或是透过面积对比来进行调和。

④ 互补色相配色　位于色相环直径的两端，呈 180°角的两色的配色，如红色和绿色、黄色和紫色，即冷色与暖色的配色，对比最强烈。若不加以控制，容易产生炫目、喧闹等不调和的感觉。反之，因为补色具有完整的色彩区域，若配色关系处理得当，便可以得到清晰、漂亮、富有戏剧性的配色效果。

⑤ 灰色、白色的观赏植物属于无彩色，可以衬托其他颜色的植物，在造型中勾画出鲜明的轮廓线，但不能对两种不同色调的植物起调和作用。

⑥ 多色相的配色　多色相配色容易产生杂乱感，从而失去调和的感觉，为了避免杂乱，选择植物时应有一个主调色彩，其他颜色的植物则为陪衬，这样才能乱中有序，最后达到调和之美。

⑦ 应根据环境景观设计的需求选用植物色调。例如，公园、剧院前的草地应选择暖色

的植物作为主体，使人感觉鲜明活跃；办公楼、纪念馆、图书馆前的草地则应选用冷色的植物作为主体，使人感觉安静幽雅。

（3）设计图绘制

植物立体造型的设计和其他的园林设计一样，在初步设计时一般先绘制草图，经过反复修改、推敲，到构图满意后，再确定体量，定出主要尺寸，并根据需要以一定比例绘出平面图、立面图、效果图，必要时附以断面图及详细的构施工图，还要有文字说明。

① 平面图　平面图主要表明植物造型的平面效果及所用植物的材料。用阿拉伯数字或符号在图上依照设计的图案纹样使用的植物，从内向外依次编号，并与图案的植物材料表相对应。表内项目包括所用植物的中文名称、拉丁学名、株高、花色、数量等。若设计的植物随季节变化需要更换，也应在图中及材料表中予以绘制或说明。

② 立面图　立面图主要是用来表明设计的立面效果。它能较为直观地反映设计实施后的效果。在立面图中应绘出造型的图案同样也应标明所用的植物材料。由于植物立体造型多为四面观赏，因此还需要绘制除主立面图方位的其他方位的侧立面图，以便于施工。一些大的造型、造景花坛还应将骨架分解图一并绘制出来。

③ 效果图　效果图是对设计方案的最直观的表达，主要通过透视图或鸟瞰图来进一步表达设计意图及设计结果。

④ 骨架结构图　制作植物立体造型要依据骨架结构图进行简单的造型，例如具有规则几何形体的造型，可以仅用三维空间的结构图来完成。对于造型复杂的，要绘制结构体的平面、立面、剖面图及各种特殊形体的剖视图、节点大样图，标出尺寸、材料型号、焊接方法以及特殊的工艺要求。有的也可将整体划分成若干部分，分别绘制结构图。结构图的绘制可聘请从事建筑的专业人员来完成。

⑤ 施工程序说明书　施工程序说明书是为植物立体造型的施工而编制的。所谓程序也就是完成设计的先后顺序，应考虑施工的可行性和操作的方便。其内容涉及骨架吊运、组装、植物栽植、平面花卉的布置等环节，有了合理的程序安排，植物立体造型的施工才可顺利地、有条不紊地进行。

外形及结构复杂的造型，也可以编制一个骨架制作程序，按程序逐步放样、下料、焊接、绑扎，不仅能减少失误，也可以省去许多剖面图。

⑥ 设计说明书　设计说明是植物立体造型不可缺少的文字说明，应反映出设计方案的设计理念或主题，突出设计新颖、创新之处。其内容应当包括造型的名称、主题、设计思想、造型及图案解释、植物材料的要求、喷灌系统的设置方式、养护管理要求、工程预算等。设计图难以表现的内容也要在设计说明书中阐明，但总体上设计说明书的文字宜简练、扼要。

9.4 植物立体造型的常用方法

9.4.1 修剪

此种方法主要是以木本或草本植物为材料，根据艺术构思的特定要求整剪而成的各种轮廓的立体几何体造型。如将灌木或小乔木修剪成球形、圆柱形、多面体形等多种形状，形成与环境调和或与环境对比的多种效果。在法国、意大利、荷兰等国的古典园林中，植物常被整形修剪成各种几何形体及鸟、兽等动物形体（图 9-25）。随着时代的发展，近年来我国也开始把立体造型艺术应用到园林之中，这大大丰富了园林景观。

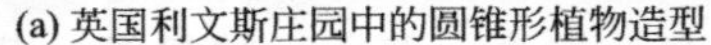

(a) 英国利文斯庄园中的圆锥形植物造型

(b) 美国长木花园中的组合植物雕塑造型

图 9-25 修剪整形

适合修剪成几何立体造型的植物一般以生长缓慢、树冠密实、耐修剪的小叶常绿树较好。随着人们对美化环境的需求，如今一些生长较快速的树种也常被用于造型植物的整剪。对于生长快速的植物，为了保持其造型，必须在生长季进行多次修剪。

常用的植物有蜀桧、刺柏、侧柏、龙柏、真柏、千头柏、圆柏、雪松、大叶黄杨、云杉、黄杨、九里香、火棘、海桐、石楠、麻叶锈线菊、紫薇、大叶女贞、小叶女贞、金叶女贞、金边女贞、红叶小檗、紫叶小檗等。

9.4.1.1 几何体造型修剪

用于人工修剪的几何体造型植物，一般需要各个方向均衡地生长才能给人以均衡、稳定的美感。因此，在修剪过程中要保持明显的生长中心，使各方都受此中心控制。对单个植株体来说，一般的几何体造型的对称均衡，多以主干或枝顶作为中轴线。但观赏植物本身高与宽比例的不同，给人的感觉也不同，因此在实际操作中，可根据环境景观的需要灵活应用。

常见的有单体几何体造型和组合几何体造型。单体几何体造型是采用单株植物或同一色调的植物整剪的造型。组合几何植物造型一般是由多株或两种以上造型不同或色调不同的单体几何植物造型组合而成。

人工修剪的几何造型一般选择萌芽能力强、耐修剪、树冠密集的小叶常绿树为宜。要得到一株理想的几何造型树，必须培育一株生长健壮、株形饱满的树木，最好从幼树开始培育，当幼树长到比造型的预期高度略高时，连续几年对树木进行轻度修剪，以刺激植物多发侧枝，生长得密实、均匀。然后，将植株剪至需要的高度并进行整形。

(1) 灌木球状造型的整剪过程

在灌木球状造型的修剪过程中，需要注意的是，进行球面修剪时要将修剪刀翻转过来，利用修剪刀的反面才能在植株上修剪出曲线。另外，修剪时一般要先剪上半部分，再修剪下半部分直至土壤，其成型过程如图 9-26 所示。若球形表面有缺口，只能等待新的枝叶长出后填补。

(2) 乔木类球状冠修剪过程

如图 9-27 所示，乔木类球状造型的修剪过程与灌木不尽相同：首先要确定主干的高度，培育主干，主干形成后，将预期树冠下部的侧枝全部短截，这样有利于主干生长强壮，并将其顶枝截去。随着植株的生长，对萌发出的侧枝继续进行短截，促进主干发育，并对欲培育树冠的枝条短截，促发新枝，以培育密实的树冠，如果树干已经足够粗壮，则将下部的侧枝全部疏除，并将已相对饱满的树冠整剪成球冠雏形；为了保证球形的均衡，先将球冠按要求的大小修剪出一条水平带，然后再从树冠顶部向下剪出一条中心带，最后以这两条带为引导修剪树冠的其他地方，完成球冠的造型。

(a) 从幼树开始，培育球形的轮廓

(b) 连续几年对其进行轻度修剪以刺激植物生长得密实

(c) 当植株长至需要的高度时，开始按球形植物进行整剪

(d) 经过多次修剪成型，一般需要2～3年

图 9-26　灌木类球形植物的整剪过程

(a) 培育主干

(b) 打顶

(c) 对萌发的侧枝进行短截

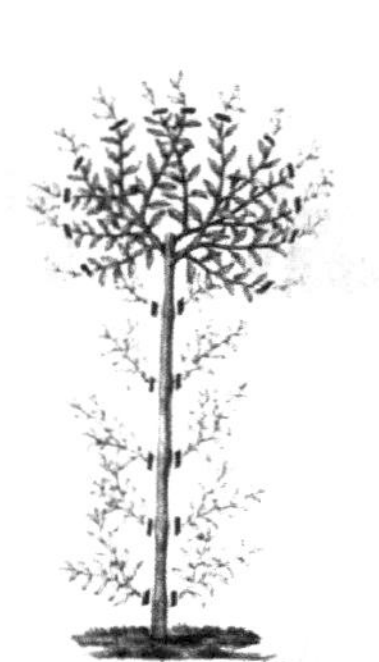
(d) 疏除侧枝，修剪球冠雏形

(e) 完成造型

图 9-27　乔木球状树冠修剪过程

(3) 圆锥形树冠修剪过程

圆锥形树冠修剪过程具体见图 9-28。

在进行圆锥形树冠造型修剪时，首先要站在比植株高的位置俯视被剪植株。最好将视线固定在中央垂直线上，按锥体所要求的角度或植株本身适合的高低比例，从中心向下修剪出 2 条或 4 条线（左右或前后对称的），以确定锥体的边线，然后根据确定的边线，进行其他地方的修剪。在修剪的过程中，要从不同角度审视修剪的锥体，这样才能保证修剪的均衡性。

(a) 幼树期重剪促发新枝

(b) 刷锥形树冠的雏形

(c) 圆锥造型的轮廓修剪

(d) 成型的圆锥形树冠

图 9-28　圆锥形树冠的整剪过程

(4) 利用模具塑造不同造型树冠的修剪过程

以棱锥形树冠的造型修剪为例，因徒手很难把握锥体的对称及各个面的大小。实际修剪过程中，可按预期的棱锥体大小制作相应的棱锥体网架模具，模具的大小规格可根据造型要

求制作，四周是牢固的铁丝网，而底部和顶部要求是空的。制作好后就将网架置于被修剪植株体上。在植物未长满网架时，只进行轻度的修剪，等植物体的枝条长出铁丝网后将伸出的枝条剪掉，直至植株的高度超过网架后就将顶枝截掉；之后继续以网架模具为界进行整体造型的修剪；主体完成后就可将网架模具移走。此后，每年即可以按原形进行1～2次修剪，剪除新生的枝叶。如果前后修剪的间隔时间较长，则最好借助模具，以保证棱锥体的最佳造型（见图9-29）。

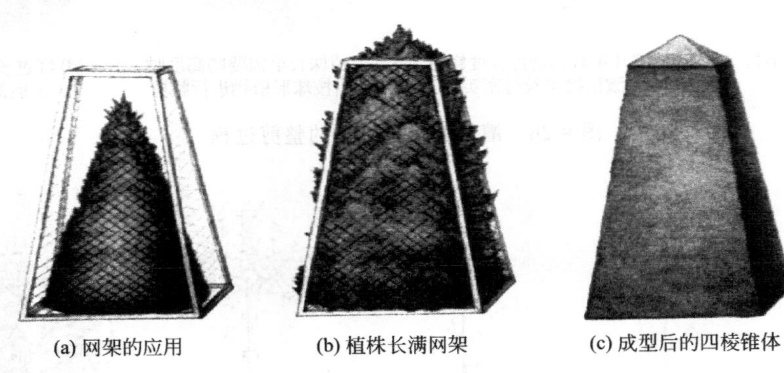

(a) 网架的应用　(b) 植株长满网架　(c) 成型后的四棱锥体

图9-29　棱锥体植物造型的整剪过程

（5）锥状螺旋形树冠的修剪过程

首先要将被剪植物修剪成圆锥形。因螺旋体的修剪，对植株本身结构的破坏相对较大，不管是盆栽还是地栽，在进行螺旋体造型前至少要有一年的适应期。具体的修剪过程如图9-30所示。

(a) 用皮尺缠绕锥体植株　(b) 沿标志线剪除枝叶,露出主干　(c) 成型后的锥状螺旋形树冠

图9-30　锥形螺旋体的整剪过程

开始修剪前，先用一条宽的皮尺或较粗的绳子对植株进行螺旋状的缠绕，以植株的大小，确定缠绕的圈数。利用整枝大剪刀在锥体上沿着皮尺（绳子）剪出一条细线，然后拿开皮尺（绳子），沿着剪出的标志线将枝叶剪掉，直至树干。最后利用修剪刀将螺旋转弯处的上下表面修剪平整，即完成锥形螺旋体的整剪。

（6）散球形与圆柱形造型修剪过程

散球形与圆柱形造型对植物要求比较严格，植物要常绿，枝叶要细密，枝条萌发性要强，而且要有比较强的耐修剪的性能。如冬青科常绿阔叶乔木全叶冬青，萌芽力强、能耐重剪，是很好的散球形与圆柱形造型材料。修剪时，首先应依据要造型的高度（即要求圆柱的高度）选择植株，在所选植株高度到达柱高要求的状况下，把骨干摘心（即打顶），然后依据料想的修剪线，从植株上部到下部把枝叶修剪成圆筒状，小枝长出后，再进行逐渐调整，直接培育圆柱树形。在所选植株高度达不到柱高要求的状况下，要增强水肥治理，把植株的中心竖立枝保存，将周围枝条剪短、剪圆，并进行培育；当植株高度到达要求后，把骨干打顶，并持续将植株周围枝条剪短、剪圆，经过逐渐修剪整理，即可培育出圆柱形树型。

9.4.1.2 动物造型的修剪

植物的生长发育方式使得采用植物修剪动物造型时有一定的局限性。如将植物基部分成几条腿是很困难的，实际操作中，可以使用将几株植物组合在一起，利用多条茎来做造型。

由于植物具有向上生长的自然趋势，要使植物向不同方向生长，需要在生长初期时就进行引导。模拟鸟类形体是用单株植物做动物造型整剪时最常见的，也许是因为鸟腿可以缩拢于身体之下，因而其造型相对其他的动物较为简单。

现以公鸡的造型整剪为例说明。

公鸡造型的修剪绑扎法如图 9-31 所示。首先制作骨架，用以引导枝条的生长方向。骨架材料可采用木材、竹条或铁丝等。结构衔接固定可用焊接、绑扎、螺栓固定等方式。在骨架制作、固定好以后，在植株枝条长到一定长度时将其按骨架造型绑扎，诱引其向骨架造型的需要生长。随着植株的生长，按既定的骨架逐步修剪超出轮廓的枝叶。对不饱满的地方，在修剪时要注意留下朝着该方向生长的枝条的芽。一个完整造型的出现，需经过多次细心的绑扎、整剪才能完成。

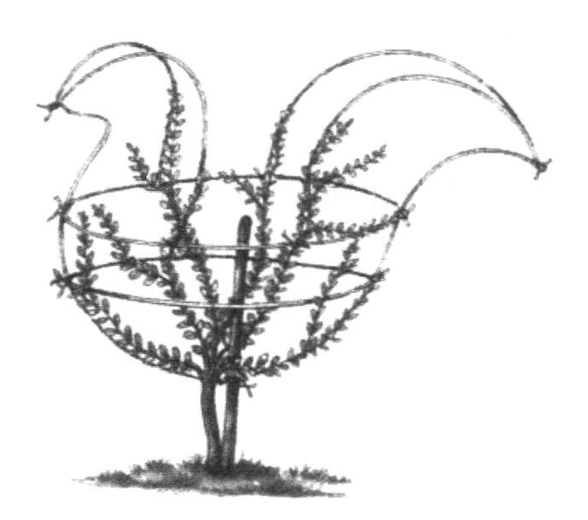

(a) 将所要造型的植株枝条与制作好的公鸡骨架绑扎，诱引其枝条按骨架的方向生长

(b) 成型后的公鸡造型，整洁、美观、形象逼真

图 9-31 公鸡造型的修剪绑扎法

9.4.2 植物栽植法

植物栽植法立体造型在景观中尤其在立体花坛造型中常用，通常运用一年生或多年生的小灌木或草本植物，结合园林色彩美学及装饰绿化原则，经过合理的植物配置，将植物种植在二维或三维的立体构架上而形成的具有立体观赏效果的植物艺术造型（图 9-32），它代表一种形象、物体或信息。

9.4.2.1 制作骨架

在园林绿化中，采用植物栽植法的钢结构立体造型较为常用。这种手法是用钢材按造型轮廓制成骨架固定在基础上，如果需要安装自动喷灌系统，则根据设计图纸安装压力泵、管道、微喷头、滴管等供水器件，并调节水压的大小、管道的走向、喷头的分布、方向等，力

图 9-32　栽植法在立体花坛中的应用

求使灌水均匀，避免有灌溉不到的地方，造成生长不良或死亡。安装完供水系统后，再用铁丝网扎成内网和外网，两网之间距离根据设计来定。

9.4.2.2　装土

安装完供水系统之后开始装土，土的干湿度以捏住一搓能散为宜。垂直高度超过 1m 的种植层，应每隔 50～60cm 设置一条水平隔断，以防止浇水后内部栽培基质往下塌陷。

装土时从基部层层向上填充，边装边用木棒捣实，使土紧贴内网。外网必须从下往上分段用铁丝绑扎固定在钢筋上，边绑扎边装土，并用木锤在网外拍打，调整立体形状的轮廓。为防止漏土，可用麻袋片贴附内网，两网之间再填入腐殖土，然后用竹签戳孔，就可以均匀栽植植物了。

9.4.2.3　种植植物

栽植法植物立体造型常选用的植物一般为草本植物，要求生长致密、植株低矮、色彩丰富如佛甲草、五色草、秋海棠等。

种植植物时，按照设计图案用线绳勾出轮廓，或者先用硬纸板、塑料纸等做出设计的纹样，再画到造型上。不管采用哪种方法，只要能在造型上做出比较清晰的图案纹样即可。

种植植物材料宜先上后下，一般先栽植花纹的边缘线，轮廓勾出后再填植内部花苗。栽植时用木棒、竹签或剪刀头等带有尖头的工具插眼，将植物栽入，再用手按实。注意栽苗时要和表面成锐角，防止和形体表面成直角栽入。锐角栽入可使植物根系较深地栽在土中，浇水时不至于冲掉。栽植的植物株行距视花苗的大小而定，如白草的株行距应为 2～3cm，栽植密度为 700～800 株/m²；小叶红、绿草、黑草的株行距为 3～4cm，栽植的密度为 350～400 株/m²；大叶红为 4～5cm，最窄的纹样栽白草不少于 3 行，绿草小叶红、黑草不少于 2 行。在立体花坛中最好用大小一致的植物搭配，苗不宜过大，大了会影响图案效果。

栽苗最好在阴天或傍晚进行。露地育苗可提前 2d 将花圃地浇湿，以便起苗时少伤根。盆栽育苗一般先提前浇水，运到现场后再扣出脱盆栽植。矮棵的浅栽，高棵的深栽，以准确地表达图案纹样。在具体施工中注意不要踩压已栽植物，可用周转箱倒扣在栽种过的图案部分，供施工人员踩踏。夏季施工，可在立体花坛上空罩一张遮阳网，可以防止强光灼射，有利于早期的养护生根。

9.4.2.4 栽后修剪

栽种后要修剪。修剪的目的一方面是促进植物分枝，另一方面修剪的轻重和方法也是体现图案花纹最重要的技巧。栽后第一次不宜重剪，第二次修剪可重些，在两种植物交界处各向中心斜向修剪，使交界处成凹状，产生立体感。特别是人物和动物造型，需要靠精雕细琢的修剪来实现。如在制作牛、羊等动物造型时很容易产生下列问题：将羊的肚子制作得滚圆，就变成了一匹肥羊，没有精神；开荒牛本来应该肌肉肋骨突出，脊梁高耸，但制作出来的作品却找不到那种奋发上进的感觉。

红绿草宜及时修剪，使低节位分蘖平展，尽快生长致密。晚修剪会造成高位分蘖，浪费植物的养分，延迟成型的时间。

植物栽植完工后，拆除脚手架。在立体造型基部周围按照设计图纸布置好平面，使主题更加突出，色彩更加鲜明，充分体现植物立体造型的特色和作用。

9.4.3 组合拼装法

根据植物造型设计要求，用钢筋按植物容器尺寸制作方形或圈状的网格，用来放置植物。组合拼装前应预先将造型植物培育在塑料制的圆形或方形的容器内，待造景需要时再按设计造型拼装而成。此法常用于屏风状、圆柱形或伞形（图 9-33）的立体造型，在造型表面可用各色花卉组成图纹、字样。

图 9-33 屏风是立体植物造型

9.4.4 插花造型法

此法是将鲜切花按图案要求插入花泥中，既简便省工，又能清晰表现装饰图案或文字，但花卉保持的时间不如其他方法长。

9.5 植物造型设计应用实例

9.5.1 植物造型设计在法国园林中的应用

法国古典主义的造园风格，出自当时造园家对自然美的理解：自然界中的树、水和石本身并不美丽，也不值得赞颂，只有经过人类控制并施以“人为中心”的秩序感、平衡度和对称性，才能达到优美和谐、尺度适宜。并以控制自然、征服自然为手段来实现自然美，强调由“自然”景色向几何建筑形体的转换，植物、水体和地形的自然生长及运动态势都被控制于人类手中。法国园林中植物造型的形式主要有以下几种类型。

(1) 花坛

花坛有 6 种类型，即刺绣花坛、组合花坛、英国式花坛、分区花坛、柑橘花坛和水花坛。刺绣花坛是将黄杨等树木成行种植，形成刺绣图案，在各种花坛中是最优美的一种（图 9-34）。组合花坛是由涡形图案栽植区、草坪、结花栽植区、花卉栽植区 4 个对称部分组合而成的花坛（图 9-35）。英国式花坛则是一片自然成形或经修剪的草地，四周辟有 0.5～0.6m 宽的小径，外侧再围以花卉形成的栽植带。分区花坛完全由对称的造型黄杨树组成，没有任何草坪或刺绣图案的栽植。柑橘花坛与英国式花坛相似，但不同的是柑橘花坛中种满了橘树和其他灌木。水花坛则是将草坪、树木、花圃等用穿流的泉水集中起来而形成。

图 9-34　维贡府邸花园刺绣花坛

图 9-35　组合花坛

(2) 树篱和丛林

树篱是花坛与丛林的分界线，厚度常为 0.5～0.6m，形式规则且相互平行。从 1m 的矮树篱到 10m 的高树篱，各种高度应有尽有。树篱一般栽种得很密，行人不能随意穿越，而另设有专门出入口。树篱常用树种有黄杨、紫杉、米心水青冈等。

丛林通常是指一种方形的造型树木种植区，分为滚木球戏场、组合丛林、星形丛林和 V 形丛林 4 种。滚木球戏场是在树丛中央辟出一块草坪，在草坪中央设置喷泉。草坪周围只有树木、栅栏、承盘，而没有其他装饰物。组合丛林和星形丛林中都设有许多圆形小空地。V 形丛林则是在草坪上将树木按每组五棵种植成 V 字形。

(3) 应用实例

① 沃·勒·维贡特府邸花园（Chateau Vaux-le-Vicomte，1656～1660）　沃·勒·维贡府邸花园为法国古典主义园林的第一个成熟的代表作。

整个庄园由府邸、花园、林园三部分组成。平面采用轴线式布局，由北向南依次展开。府邸位于中轴线北端，往南是花园部分，花园外侧由林园围合（图 9-36）。

庄园的核心部位是位于中轴线上的依次展开的花园。花园的三个主要段落各具鲜明特色，且富于变化，使花园的景色丰富多彩。第一段的中心是对刺绣花坛，红色碎石衬托着黄杨花纹，角隅部分点缀着修剪成几何形的紫杉及各种瓶饰。刺绣花坛和府邸的两侧，各有一组花坛台地。东侧台地略低，因为这里就是原有支流河谷的位置，著名的王冠喷泉就位于

图 9-36 沃·勒·维贡府邸花园鸟瞰图

此。第一段的端点是圆形水池，两侧为小运河，水渠东端原来是水栅栏和小跌水，现在是几层草地平台。第二段、第三段分别是水池和喷泉景观，本书不做介绍。

② 索园（Paredes Sceaux） 索园也是由勒诺特尔设计的古典主义园林作品。它是高勒拜尔的府邸花园，位于巴黎南面 8km 处，大约 1673 年开始动工兴建。

索园的面积约 400 公顷。平面接近正方形，用地非常紧凑。勒·诺特尔设计花园时，采用了数条纵横轴线的府邸建筑体量不大，坐东朝西（图 9-37）。从中引伸处花园东西向的轴线，地势东高西低。府邸的东侧，是整形树篱夹道的中轴路（图 9-38），经过两侧为附属建筑的前庭，中轴路继续向东延伸，形成贯穿城市的林荫道（图 9-39）。西侧有三层草坪台地围合着的一对花坛，各有一圆形泉池，接着是花坛环绕着的圆形大水池和布置成类似凡尔赛国王林荫道的草坪散步道，尺度之巨大，甚至超出凡尔赛，视线开阔而深远（图 9-40）。

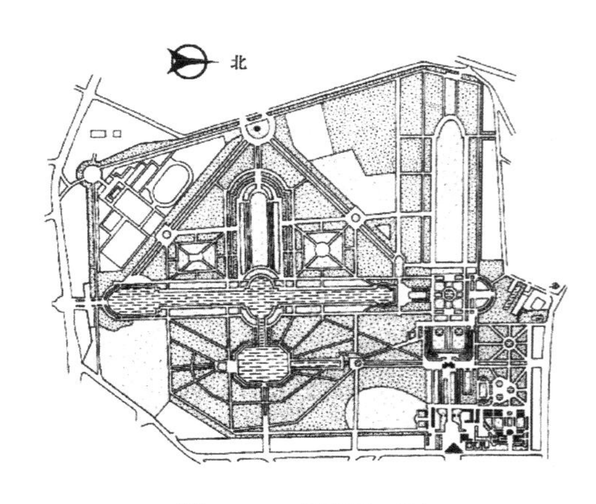

图 9-37 索园平面图

图 9-38 通向建筑的树篱和草坪

从东西轴线上的圆形大水池，引伸出南北向的轴线，将花园一分为二。这条轴线上是一条 1500 多米长的大运河，运河两侧是高耸且排列整齐的塔形树木将整个大运河衬托得更加宏伟壮观（图 9-41）。大运河的中部扩大成椭圆形，从中引伸出另一条东西向的次轴线。运河的西面处理成类似沃·勒·维贡特花园的绿荫广场，两边以林园为背景（图 9-42）。轴线西端是半圆形广场，从中放射出 3 条林荫道。运河的南面中心有巨大的八角形水池，与大运河相连，四周环绕着林园。八角形水池与府邸之间，有一条南北向的次轴线，其中一段倚山就势修建了大型的连续跌水，两侧是修剪整齐的树墙，使水景空间层次更加丰富（图 9-43）。这条轴线一直伸向府邸的北面，两侧是处理精致的小林园，以整形树木构成框架，里面是草坪花坛，形成封闭而亲密的休息场所（图 9-44）。

图 9-39 主建筑东面有修剪整齐的大树形成的宽阔林荫道，一直延伸为城市干道

图 9-40 大水池以西宽阔的道路中央为绿毯式的大面积草坪，宛如凡尔赛的国王林荫道，两侧为圆锥形的整齐排列的紫杉，沿路展开的视线开阔而深远

图 9-41 高耸且排列整齐的塔形树木形成了贯穿南北的景观轴线，同时将整个大运河衬托得更加宏伟壮观，使整个索园显得十分有气势

图 9-42　运河西侧处理为类似沃·勒·维贡特花园的绿荫广场

图 9-43　修剪整齐的树墙，使整个水景更有空间感，富有层次

图 9-44　整形树木构成了整个小空间的框架，宜人的草坪花坛，形成了封闭而亲密的休息场所

9.5.2　植物造型设计在英国园林中的应用

虽然英国园林以自然风景园林著称，但在英国自然风景园林中，依然有大量的植物造型

运用，如利文斯花园（Levens Hall）、克莱夫登花园（Cliveden）等。

（1）利文斯庄园（Levens Hall）

利文斯庄园位于英国北部风景秀丽的湖泊地区，是世界上最老的塑形植物花园。由于17世纪末人们偏爱抽象的几何形状，所以花园里的植物以圆柱形、三角形、正方形等造型居多。庄园里还有个果园，种着山毛榉、核桃等果树，旁边还有一片修剪整齐的草地，可以玩草地保龄球。

这里的植物被修剪成各种世所罕见，充满奇幻色彩形状：伞形、孔雀形、皇冠形、弓形、松鼠形、金字塔形、蛋糕形的树木比比皆是，走入利文斯花园仿佛走进了植物雕塑的森林（见图9-45～图9-50）。

图9-45　庄园中金字塔形的雕塑

图9-46　孔雀型植物造型

图9-47　小鸟造型

图9-48　皇冠造型

图9-49　绿墙

图9-50　各种组合造型

（2）克莱夫登花园（Cliveden）

克莱夫登花园在白金汉郡，修建于1666年。里面的植物有的像螺丝锥，有的像金字塔，有的像孔雀（图9-51）。庄园中一个0.3英亩（约1214m²）的紫衫迷宫最为有名。迷宫布置在庄园主题体建筑后的一块大草坪中，迷宫以不规则几何形紫衫绿篱为边界，绿篱边角是修剪为棱锥形的紫衫造型，绿篱围合的空间中种植不同色彩的宿根多年生草本花卉，别有趣味（见图9-52～图9-54）。

图9-51　建筑前修剪成圆锥形和绿篱的造型植物

图9-52　花园鸟瞰

图9-53　紫衫绿篱迷宫

图9-54　绿篱中种植不同宿根花卉

参 考 文 献

[1] 杨廷宝，戴念慈. 中国大百科全书. 建筑园林城市规划卷 [M]. 北京：中国大百科全书出版社，1998.

[2] 周维权. 中国古典园林史 [M]. 北京：清华大学出版社，1993.

[3] 王蔚. 外国古代园林史 [M]. 北京：中国建筑工业出版社，2011.

[4] 陈志华. 外国造园艺术 [M]. 郑州：河南科学技术出版社，2013.

[5] 周道瑛. 园林种植设计 [M]. 北京：中国林业出版社，2008.

[6] 过元炯. 园林艺术 [M]. 北京：中国农业出版社，1996.

[7] 朱钧珍. 中国园林植物景观艺术 [M]. 北京：中国建筑工业出版社，2003.

[8] 李敏，吴良镛. 城市绿地系统与人居环境规划 [M]. 北京：中国建筑工业出版社，1999.

[9] 臧德奎. 园林植物造景 [M]. 北京：中国林业出版社，2014.

[10] 余树勋. 园林美与园林艺术 [M]. 北京：中国建筑工业出版社，2006.

[11] CJJ 48—1992.

[12] CJJ 75—1997.

[13] 金煜. 园林植物景观设计 [M]. 沈阳：辽宁科学技术出版社，2015.

[14] 苏雪痕. 植物造景 [M]. 北京：中国林业出版社，1994.

[15] 冯采芹. 绿化环境效应研究 [M]. 北京：中国环境科学出版社，1992.

[16] 方彦. 园林植物. 北京：高等教育出版社，2002.

[17] 冷平生，苏淑钗. 园林生态学 [M]. 北京：气象出版社，2001.

[18] 徐德嘉，周武忠. 植物景观意匠 [M]. 南京：东南大学出版社. 2002.

[19] 俞孔坚. 景观：文化生态与感知 [M]. 北京：科学出版社，2004.

[20] 贾建中. 城市绿地规划设计 [M]. 北京：中国林业出版社，2001.

[21] 陈远吉. 景观草坪建植与养护 [M]. 北京：化学工业出版社，2013.

[22] 张程，彭重华. 树木花相理论在植物景观设计中的应用 [J]. 北方园艺，2010 (12)：123-125.

[23] 易军. 城市园林植物群落生态结构研究与景观优化构建 [D]. 南京：南京林业大学，2005.

[24] 吴刘萍，李敏. 论热带园林植物群落规划及其在湛江的实践 [J]. 广东园林，2005，29 (3)：6-10.

[25] 黄金锜. 屋顶花园设计与营造 [M]. 北京：中国林业出版社，1994.

[26] 王仙民. 上海世博立体绿化 [M]. 武汉：华中科技大学出版社，2011.

[27] 陈月华，王晓红. 植物景观设计 [M]. 长沙：国防科技大学出版社，2005.

[28] 金涛. 居住区环境景观设计与营建 [M]. 北京：中国城市出版社，2007.

[29] 何平，彭重华. 城市绿地植物配置及其造景 [M]. 北京：中国林业出版社，2001.

[30] 董丽. 园林花卉应用设计 [M]. 北京：中国林业出版社，2003.

[31] 王洪成，吕晨. 城市园林街景设计 [M]. 天津：天津大学出版社. 2003.

[32] 赵世伟，张佐双. 园林植物景观设计与营造 [M]. 北京：中国城市出版社，2003.

[33] 王莲清. 道路广场园林绿地设计 [M]. 北京：中国林业出版社. 2001.

[34] NancyA. Leszynski，卓丽环译. 植物景观设计 [M]. 北京：中国林业出版社，2004.

[35] 俞孔坚，李迪华. 城市景观之路：与市长们交流 [M]. 北京：中国建筑工业出版社，2003.

[36] 朱观海主编. 中国优秀园林设计集 [M]. 天津：天津大学出版社，2002.

[37] 张国强，贾建中. 风景园林设计——中国风景园林规划设计作品集 [M]. 北京：中国建筑工业出版社，2005.

[38] 中华人民共和国建设部. 城市居住区规划设计规范 [S]. 北京：中国建筑工业出版社，2002.

[39] 尼古拉斯・T・丹尼斯. 景观设计师便携手册 [M]. 刘玉杰等译. 北京：中国建筑工业出版社，2002.

[40] 中山正范著，王力超译. 庭院四季花卉配置：小庭院设计与花卉种植 [M]. 北京：中国林业出版社，2001.

[41] (美) 克来尔・库珀・马库斯，卡罗琳・弗郎西斯编著. 人性场所—城市开放空间设计设计导则（第二版） [M]. 俞孔坚，孙鹏，王志芳，等译. 北京：中国建筑工业出版社，2001.

[42] 种秀灵. 高速公路生态绿化植物的选择研究 [D]. 武汉：武汉理工大学，2007.

[43] 袁菡. 城市道路高切坡园林植物造景设计探讨 [D]. 重庆：西南大学，2013.

[44] 梁瑞明，禹兰景. 城市道路绿化中的景观设计与植物配置 [J]. 河北林业科技. 2009，(4)：71-72.

[45] 闫立杰，崔莉，王校. 城市交通岛绿化设计初探 [J]. 防护林科技. 2007，(5)：111-112.

[46] 顾文芸. 高速公路路体绿化研究 [D]. 南京：南京林业大学，2003.
[47] 游雯. 高速公路绿化设计理念与模式研究 [D]. 北京：中国林业科学研究院，2014.
[48] 彭一刚. 中国古典园林分析 [M]. 北京：中国建筑工业出版社，1986.
[49] 马军山. 现代园林种植设计研究 [D]. 北京：北京林业大学，2004.
[50] 刘源，周亘. 美国纽约中央公园的营建和管理 [J]. 陕西林业科，2012，(4)：63-65.
[51] 陈英瑾. 人与自然的共存——纽约中央公园设计的第二自然主题 [J]. 世界建筑. 2003，(4)：86-89.
[52] 汤影梅. 纽约中央公园 [J]. 中国园林，1994，10 (4)：36-39.
[53] Waxman，Sarah. The History of Central Park. Retrieved January. 2016，8.
[54] 刘新北. 纽约中央公园的创建、管理和利用及其影响研究 (1851-1876) [D]. 上海：华东师范大学，2009.
[55] 田丽萍. 奥姆斯特德城市公园规划理念的形成与发展 [D]. 晋中：山西农业大学，2014.
[56] 胡杨. 彼得. 沃克园林作品中的空间形态构成研究 [D]. 长沙：中南林业科技大学，2015.
[57] 施彦卿. 以极简主义为特征的彼得. 沃克作品 [J]. 花园与设计，2006，(12)：14-15.
[58] 马维鸽. 园林过渡空间研究 [D]. 咸阳：西北农林科技大学，2009.
[59] 田媛. 西湖两堤三岛景观格局及其植物景观研究 [D]. 杭州：浙江大学. 2016.
[60] 徐孝进. 杭州柳浪闻莺公园植物景观营造研究 [D]. 杭州：浙江大学，2015.
[61] 杨淑颖. 浅谈城市公园植物造景——以柳浪闻莺景观为例 [J]. 现代园艺，2014 (2)：115-118.
[62] 李伟强. 植物景观空间组合案例分析——以杭州西湖草坪空间为例. 中国园林. 2013，(4)：8-12.
[63] 泠文. 引炜. 游览杭州美景 [M]. 太原：北岳文艺出版社，2006.
[64] 吴淑平. 十七八世纪中法皇家园林比较研究—以清漪园和凡尔赛宫苑为例 [D]. 南昌：南昌大学，2012.
[65] 中国风景园林学会园林工程分会，中国建筑业协会古建施工分会. 园林绿化工程施工技术 [M]. 北京：中国建筑工业出版社. 2008.
[66] 北京市园林局. 城市绿化养护管理标准 [S] 北京市质量技术监督局发布，2003.
[67] 彭一刚. 建筑空间组合论 [M]. 北京：中国建筑工业出版社，2007.
[68] 魏晓玉. 植物造型修剪的艺术与理法研究 [D]. 北京：北京林业大学，2016.
[69] 唐旎，陈月华极简主义园林中点、线、面的运用 [J]. 现代农业科技. 2010，(5)：186-187.
[70] 赵明芝. 几何形式在景观设计中的应用——玛莎・施瓦茨作品解读 [J]. 环境艺术. 2012，(6)：97-100.
[71] 霍丹. 建筑环境的植物构建意义研究 [D]. 大连：大连理工大学，2009.
[72] 陈文凌. 浅谈园林建筑与植物配置的关系及作用 [J]. 山西建筑. 2007，33 (27)：349-350.
[73] 黄鹄. 解析线在园林景观设计中的形式表达 [J]. 生态经济. 2012，(5)：191-195.
[74] 黄鹄. 解析点在园林景观设计中的形式表达 [J]. 北方园艺. 2010，(10)：142-145.
[75] 黄玉华，刘艳等. 园林植物造型类型及方法研究 [J]. 中国园艺文摘. 2013，(9)：131-132.
[76] 庄莉彬等. 园林植物造型技艺 [M]. 福州：福建科学技术出版社，2004. 07.
[77] 祝志勇. 园林植物造型技术 [M]. 北京：中国林业出版社，2006. 08.
[78] 鲁平. 园林植物修剪与造型造景 [M]. 北京：中国林业出版社，2006. 03.